網頁程式設計

ASP.NET MVC 5.x 範例完美演繹

第四版

適用 Visual C# 2022/2019

作者序

ASP.NET MVC 在經歷多個版本及多年推廣下，ASP.NET 5.x 已廣泛成為企業網站的主流開發技術，它有許多優點，像 SoC 關注點分離、適合大型開發團隊、程式高度自訂性、開放源始碼、跨平台開發與執行、容易測試、框架可擴展及抽換元件等等，在 MVC 中都能輕易實現並獲得這些好處。

然而天下沒有白吃的午餐，在享受優質軟體架構和高度自訂性，便需付出一些心血與代價，第一個便是 MVC 入門的門檻較高，它有比較陡峭的學習曲線，初學者往往一開始便要面對架構上的實作分離，一支程式往往要拆解成許多區塊或模組，分散在 Model、View、Controller、Layout 等處，同時外加一堆 Conventions 約定、Razor 語法、HTML Helpers、Bundle and Minification 等機制，往往還沒弄懂故事情節，就先被這些技術弄暈方向。

為了讓讀者習得 MVC 程式精華，又不會被 MVC 較高的學習曲線給絆住，故聖殿祭司特意撰寫此書，目的是讓各位可以魚與熊掌兼得，無痛學習。從範例實作為主、理論為輔，依序有次第地安排每章所有主題，一步步穩紮穩打、奠定根基，讓您融會貫通 ASP.NET MVC 框架之精要。

且為使本書能不斷充實新生命力，配合新的 Visual Studio 2022 與.NET 6 作改版，同時增加一章 ASP.NET Core MVC，讓您一併淺嚐玩味新世代技術。

聖殿祭司　奚江華

目錄

Chapter 1 ASP.NET MVC 概觀與 Visual Studio 2022 開發環境

Chapter 2 掌握 Controller / View / Model / Scaffolding / Layout 五大元素

Chapter 3 Bootstrap 網頁美型彩妝師

Chapter 4 用 Razor 語法提升 View 的智慧與戰鬥力

Chapter 5 以開源 Chart.js 及 JSON 繪製 HTML5 互動式商業統計圖表

Chapter 8 以 Routing 路由建立汽車銷售網站的 URL 查詢實戰

Chapter 9 Entity Framework 與資料庫存取（一）：Database First 資料庫優先 & Model First 模型優先

Chapter 10 Entity Framework 與資料庫存取（二）：Code First 程式優先

Chapter 11 Unit Test 單元測試

Chapter 12 將 MVC 程式部署到 Microsoft Azure 雲端

Chapter 13 新世代 ASP.NET Core MVC 應用程式初體驗

線上下載

本書範例、附錄電子書請至

http://books.gotop.com.tw/download/AEL025500 下載。其內容僅供合法持有本書的讀者使用，未經授權不得抄襲、轉載或任意散佈。

範例目錄

CHAPTER 1

ASP.NET MVC 概觀與 Visual Studio 2022 開發環境

本章先對 MVC 設計樣式、ASP.NET MVC 框架做總體説明，再教您建立第一個 ASP.NET MVC 專案，同時解説專案中各個區塊功能及元素，以了解 MVC 系統運作及配置。

1-1 MVC 樣式 vs. ASP.NET MVC 框架

MVC 是一種設計樣式（Design Pattern），代表 Model、View 和 Controller 三個部分，Model 負責商業邏輯及資料面，View 負責 UI 介面，Controller 負責接收 Request 請求、指揮協調 Model 和 View、回應結果。這樣分工的好處是可以達到關注點分離（SoC, Separation of Concerns）、較好的分層架構、降低系統複雜度與提高理解性，系統自然比較好維護與擴展。

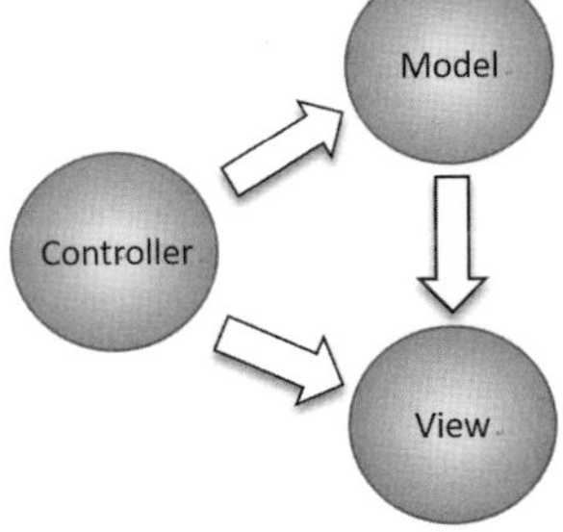

圖 1-1 MVC 設計樣式

而所謂的 SoC 關注點分離是一種設計原則，將一個電腦程式分為不同的部分或區塊，而每個部分都有一個關注點，每個關注點內部程式或功能只包含其關心的部分，具體化實現 SoC 的程式稱為模組化系統。而另一種實現 SoC 的手法則是系統分層設計（Layered design），將系統分為展現層、商業邏輯層、資料存取層、資料持久層。

那什麼又是 ASP.NET MVC？它是微軟實踐 MVC 理論而推出的 Web 框架，將概念上的 MVC 樣式轉變成具體可行之框架，針對 Model、View 和 Controller 提供實作功能，以及週邊配套與輔助機制。最後總結，MVC 是設計樣式，而 ASP.NET MVC 是支持 MVC 設計的框架。

像其他陣營程式言語也都有 MVC 框架，例如 Struts、Spring MVC 等，每種 MVC 框架實作理念、方式及細節都不盡相同，大家各有不同詮釋的角度，因此 MVC 的論述與建構方式有可能存在差異，但主體都是朝 Model、View 和 Controller 三者分離的方向去實現。

1-2 Visual Studio 2022 開發工具下載及安裝

開發 ASP.NET MVC 可使用 Visual Studio，而 Visual Studio 家族分為三大產品線：

1. VS 2022：限安裝於 Windows 平台，功能上較為齊全，有 Community（社群免費版）、Professional、Enterprise 版本。
2. Visual Studio Code：它是跨平台輕量級 Open Source 開發工具，支援 Windows、Linux 及 Mac 平台。
3. Visual Studio for Mac：Visual Studio 首次為 Mac 平台提供專屬開發工具，在 macOS 作業系統中使用 Xamarin 和.NET Core 來建置行動裝置、Web 和雲端應用程式，以及使用 Unity 來建置遊戲。

支援的功能	社群 免費下載	Professional 購買	Enterprise 購買
⊕ 支援的使用案例	●●●○	●●●●	●●●●
開發平台支援[2]	●●●●	●●●●	●●●●
⊕ 整合式開發環境	●●●○	●●●○	●●●●
⊕ 進階偵錯和診斷	●●○○	●●○○	●●●●
⊕ 測試工具	●○○○	●○○○	●●●●
⊕ 跨平台開發	●●○○	●●○○	●●●●
⊕ 共同作業工具和功能	●●●●	●●●●	●●●●

圖 1-2 VS 2022 版本功能比較

- VS 2022 版本詳細功能比較：https://visualstudio.microsoft.com/zh-hant/vs/compare/
- VS 2022 軟硬體安裝需求：https://bit.ly/3cezTkF

❖ VS 2022 支援作業系統與安裝

VS 2022 支援以下 64 作業系統：

- Windows 11 版本 21H2 或更高版本：家用、Pro、Pro 教育版、適用于工作站、Enterprise 和教育的 Pro
- Windows 10 1909 版或更高版本：家用版、Professional 版、教育版和 Enterprise
- Windows 伺服器 2022：Standard 和 Datacenter
- Windows 伺服器 2019：Standard 和 Datacenter
- Windows Server 2016：Standard 和 Datacenter

建議安裝 Community 免費版，於開發 ASP.NET MVC 功能已足夠。

- VS 2022 下載網址：https://visualstudio.microsoft.com/zh-hant/downloads/

下載 Community 版會得到一個「啟動載入器」，其名稱類似「vs_community__687496422.1621347858.exe」，有兩種安裝方式：

❖ 即時下載安裝

雙擊「vs_community__687496422.1621347858.exe」便會載入安裝畫面，至少勾選❶ASP.NET 與網頁程式開發，才能建立 ASP.NET MVC 專案，勾選❷Visual Studio 擴充功能開發。另外在【個別元件】及【語言套件】頁籤還可再個別自訂。

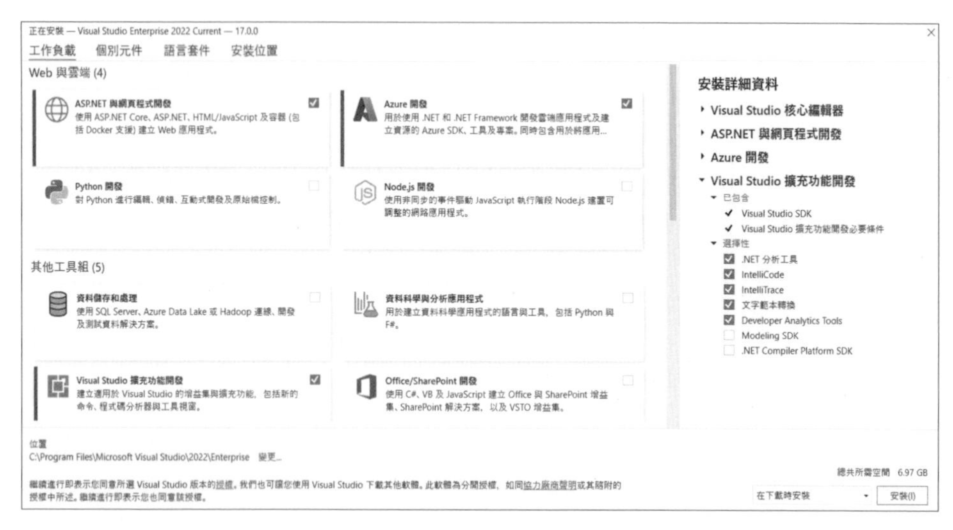

圖 1-3 安裝所需的工作負載

❖ 製作離線安裝程式

若想保存原始安裝程式重複使用，或拿到另外一台電腦安裝，可製作離線安裝程式，以下是步驟：

step01 建立 C:\VS2022 資料夾

step02 將安裝檔「vs_community__687496422.1621347858.exe」更名為 vs_community.exe，並複製到 C:\VS2022 資料夾

step03 開啟命令提示視窗，輸入「cd c:\VS2022」

step04 選擇不同開發功能的離線安裝

以下是三種不同功能的離線安裝，若只要開發 ASP.NET MVC，建議第一種就足夠了。

■ .NET Web 網頁開發（約 3.1G），在命令視窗輸入指令：

```
vs_community.exe --layout C:\VS2022
--add Microsoft.VisualStudio.Workload.NetWeb
--includeOptional --lang zh-Tw
```

■ .NET Web 和桌面開發環境（約 4.12G），指令為：

```
vs_community.exe --layout C:\VS2022
--add Microsoft.VisualStudio.Workload.NetWeb
--add Microsoft.VisualStudio.Workload.ManagedDesktop
--includeOptional --lang zh-Tw
```

■ 所有完整功能，指令為：

```
vs_community.exe --layout C:\VS2022 --lang zh-TW en-US
```

step05 離線安裝程式下載完成後，在 C:\VS2022 資料夾中，雙擊 vs_setup.exe 進行安裝。

✦ 製作 Visual Studio 離線安裝程式參考：https://bit.ly/3qcgiK3

1-3 ASP.NET MVC 框架組成及運作流程

ASP.NET MVC 框架的三個核心區塊是 Model、View 和 Controller，它們扮演的職責為：

✦ Controller 控制器：負責與使用者的互動，包括接收 Request 請求，協調 Model 及 View，最終輸出回應給使用者

- Model 模型：包含資料模型及商業邏輯兩部分，對資料庫的資料存取就是 Model 職責
- View 檢視：HTML 網頁、JavaScript、CSS、網站佈局等 UI 介面，皆是由 View 負責

而 MVC 從開始到結束的執行動線，可簡化成六大步驟：

1. 使用者在瀏覽器輸入 URL 網址後，會發出 Request 請求至伺服器
2. 中間經過 Routing 路由機制，找到對應的 Controller 及 Action Method
3. Action 呼叫 Model，以讀取或更新資料
4. Model 進行實際的商業邏輯計算與資料庫存取，然後回傳資料給 Action
5. Action 將 Model 資料傳給 View 作 HTML 的呈現
6. View Engine 將最終 HTML 結果寫入 Response 輸出資料流，回應給使用者瀏覽器

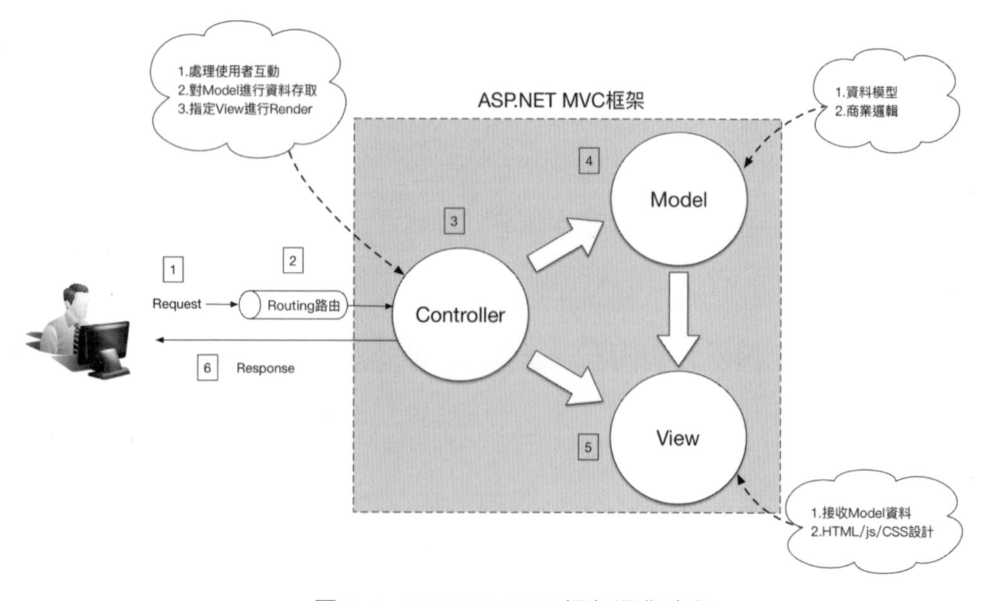

圖 1-4 ASP.NET MVC 框架運作流程

若用一句話來概括整個過程:Controller 收到使用者請求後,向 Model 進行資料存取,然後將資料傳給 View,最後由 View Engine 生成 HTML 回應給使用者。

TIP

1. 雖然口順上是講 Model-View-Controller,但實際執行的起點是 Controller,然後再來是 Model,最後才是 View。
2. 上圖是筆者擇要精簡後的流程,實際上 MVC 完整的生命週期橫跨了 20 幾個步驟,但有些是系統底層的運作,對一般開發無大用的部份可暫時略過,完整細節可參考微軟「Lifecycle of an ASP.NET MVC 5 Application」文章,網址是 https://goo.gl/NThJeg。

1-4 建立第一個 MVC 專案與檢視六大步驟的對應檔

為了讓各位快速理解前述 MVC 六大步驟,以下動手練習範例。

範例 1-1 建立第一個 MVC 專案

以 Visual Studio 建立第一個 MVC 專案,步驟如下:

step01 點擊【建立新的專案】→於 Web 範本中選擇「ASP.NET Web 應用程式(.NET Framework)」樣板→【下一步】。

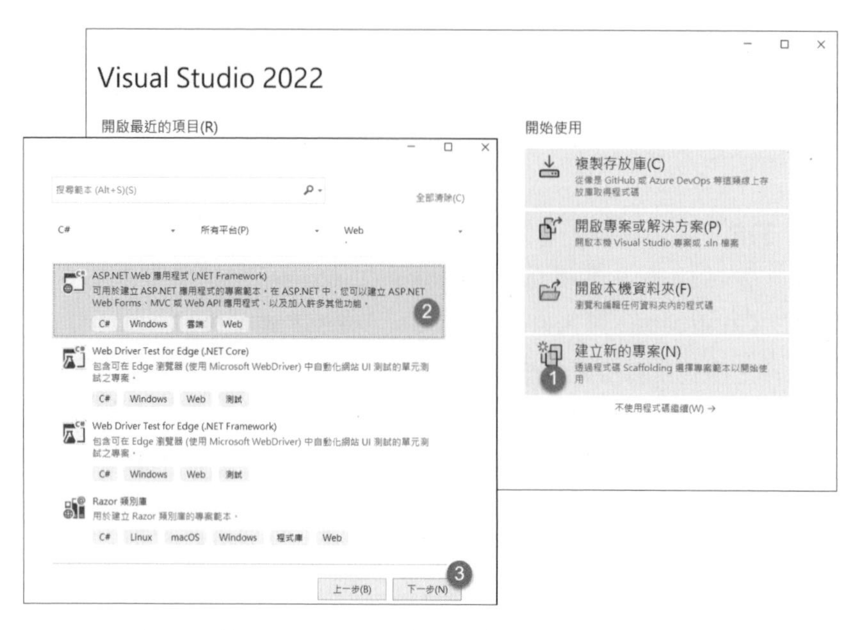

圖 1-5 建立 ASP.NET Web 應用程式(.NET Framework)

step02 專案名稱命名為「FirstMVC」→位置輸入「C:\MvcExamples」資料夾→【建立】→選擇【MVC】建立新的 MVC 專案→【建立】。

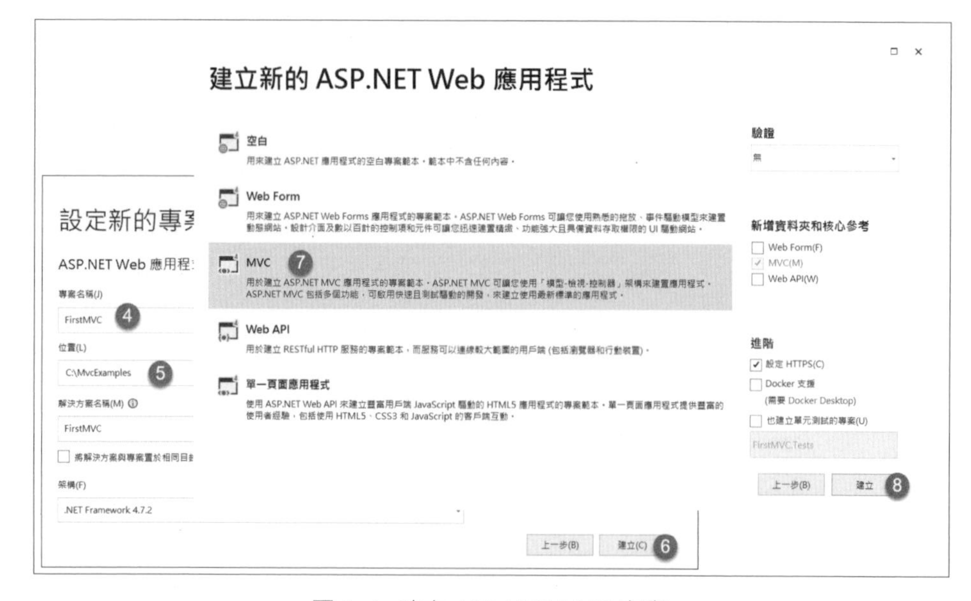

圖 1-6 建立 ASP.NET MVC 專案

step03 在方案總管中的 FirstMVC 專案結構如下。

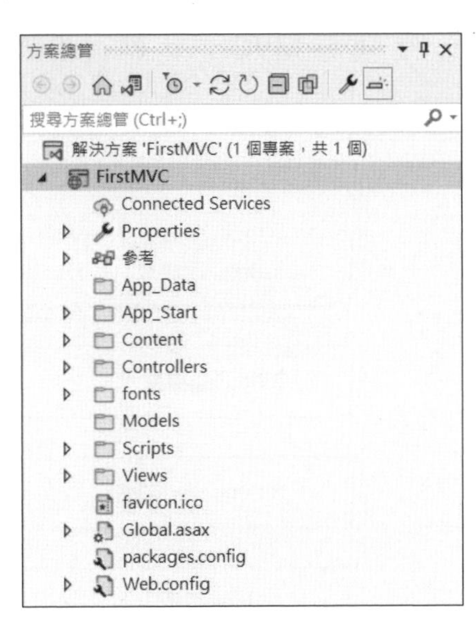

圖 1-7 ASP.NET MVC 專案結構

step04 按 F5 或 IIS Express 按鈕執行專案，便會出現 ASP.NET MVC 網頁畫面。

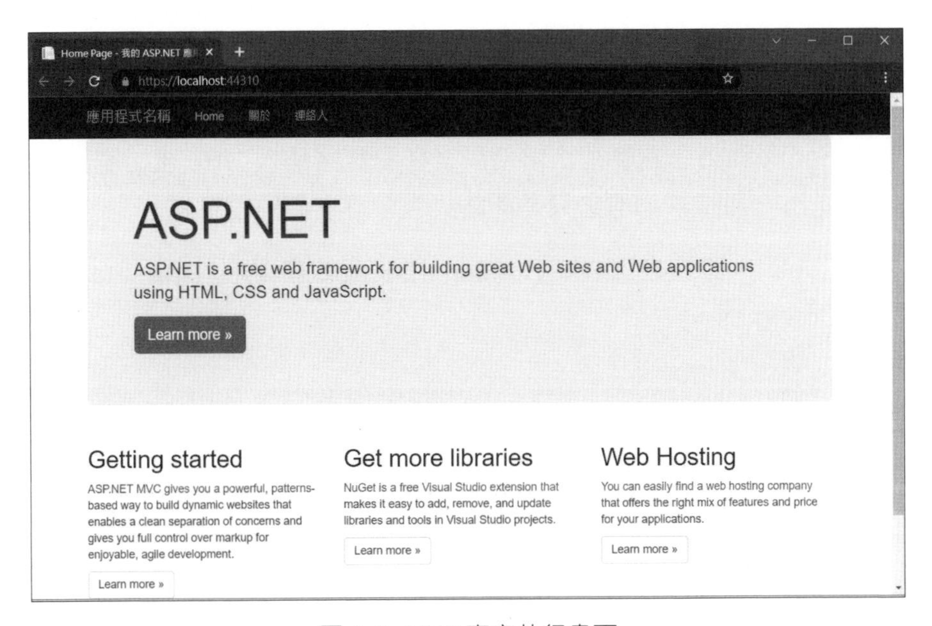

圖 1-8 MVC 專案執行畫面

❖ 追尋 MVC 六大執行步驟的對應檔

有了 MVC 專案後，下面追尋 MVC 六大執行步驟中，對應的相關檔案及資料夾。

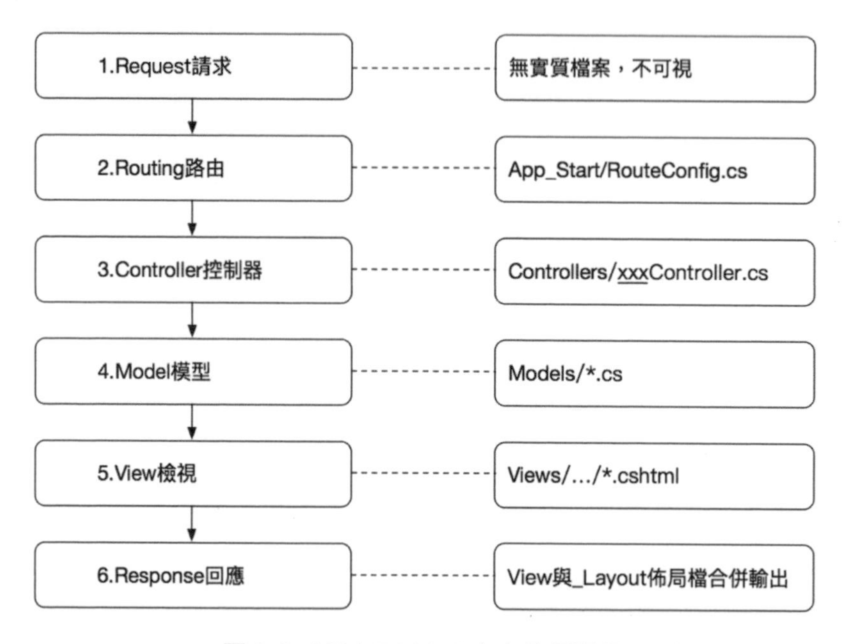

圖 1-9 ASP.NET MVC 六大執行過程

1. Request 請求在哪裡？當使用者在瀏覽器輸入 URL 後，瀏覽器便會送出一個請求，但它只是網路封包，沒有實質對應檔。
2. Routing 路由在哪裡？Routing 路由設定檔是在 App_Start/RouteConfig.cs。

```
namespace firstMVC
{
    1 個參考
    public class RouteConfig
    {
        1 個參考
        public static void RegisterRoutes(RouteCollection routes)
        {
            routes.IgnoreRoute("{resource}.axd/{*pathInfo}");

            routes.MapRoute(
                name: "Default",
                url: "{controller}/{action}/{id}",
                defaults: new { controller = "Home", action = "Index", id =
            );
        }
    }
}
```

預設的路由定義

圖 1-10 RouteConfig.cs 路由定義檔

3. Controller 控制器在哪？它位於 Controllers 資料夾中，MVC 專案建立時，預設會建立 HomeController.cs，稱為 Home 控制器，其中定義了 Index()、About()及 Contact()三個 Action Methods 動作方法。

```
using System.Web.Mvc;

namespace firstMVC.Controllers
{
    0 個參考
    public class HomeController : Controller
    {
        public ActionResult Index()
        {
            return View();
        }

        0 個參考|0 個要求|0 例外狀況
        public ActionResult About()
        {
            ViewBag.Message = "Your application description page.";

            return View();
        }

        0 個參考|0 個要求|0 例外狀況
        public ActionResult Contact()
        {
            ViewBag.Message = "Your contact page.";

            return View();
        }
    }
}
```

三個Action方法

圖 1-11 Controller 及 Action 方法

4. Model 模型在哪裡？位於 Models 資料夾，但目前空無一物，因為 MVC 專案並未建立任何 Model 類別檔，類別中會定義 Properties 屬性，用來持有資料。

5. View 檢視在哪？位於 Views 資料夾，其下有 Home 及 Shared 兩個子資料夾，Views\Home 資料夾是對應 Home 控制器，而通常一個 Action 方法會對應一個 View 檔案，例如 Index() 方法會對應到一個 Index.cshtml 檔，.cshtml 就是網頁的樣板檔，html、js、css 就是在個別的.cshtml 檔中設計。

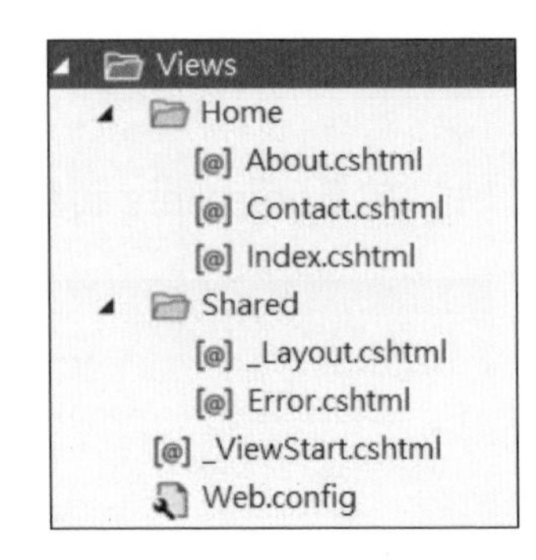

圖 1-12 View 資料夾及檔案

6. Response 回應在哪裡？Response 是一個回應的過程，由 Razor View Engine 將 View 及 Layout 佈局檔合併後的內容輸出，回應給使用者。

> **TIP**
>
> Request 和 Response 雖然沒有直接對應檔，但用偵錯模式/撰寫自訂程式/Fiddler 或 Postman 等工具，還是可以觀察或捕捉到資料流數據。

1-5 掌握 Controller、Model 及 View 的建立技巧

前面是 MVC 專案建立的樣板檔，但必須學會自行建立 Controller、Model 及 View 程式，才能證明自己跨入了 MVC 開發大門。

範例 1-2 逐步建立自訂的 Controller、Model 及 View

在 FirstMVC 專案中，假設欲建立 Product 產品網頁，依 Controller、View 及 Model 順序建立，步驟如下：

step01 建立 Controller 控制器

1. 在 Controllers 資料夾按滑鼠右鍵→【加入】→【控制器】。

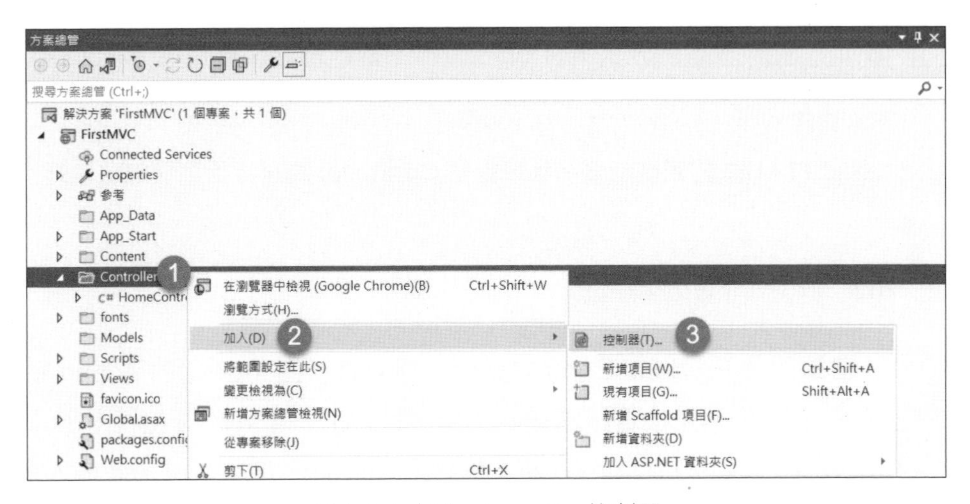

圖 1-13 加入 Controller 控制器

2. 在新增 Scaffold 畫面選擇「MVC 控制器－空白」樣板→【加入】。

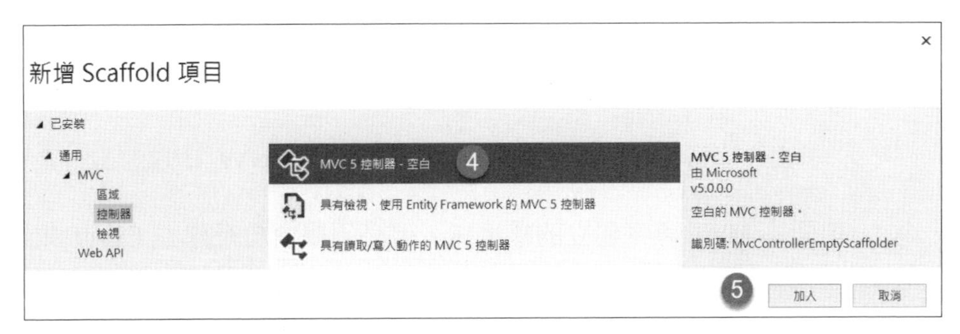

圖 1-14 選擇「MVC 控制器-空白」樣板

3. 將控制器名稱改為「ProductsController」→【加入】，在 Controllers 資料夾會建立 ProductsController.cs 檔，它就是 Products 控制器。

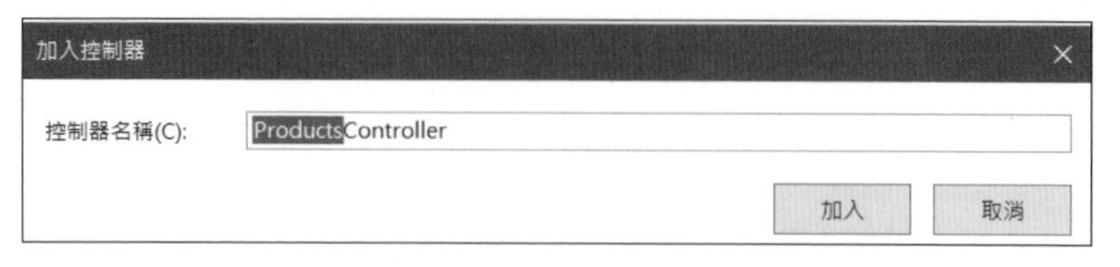

圖 1-15 為控制器命名

> **TIP**
>
> **ASP.NET MVC 約定控制器名稱一定是 Controller 結尾，否則便無法執行。**

step02 建立 View 檢視

雙擊開啟 ProductsController.cs，裡面有一個 Index()的 Action 動作方法，在 Index()上按滑鼠右鍵→【新增檢視】→【MVC 5 檢視】→【加入】→檢視名稱維持 Index→範本維持【Empty(沒有模型)】→【加入】。

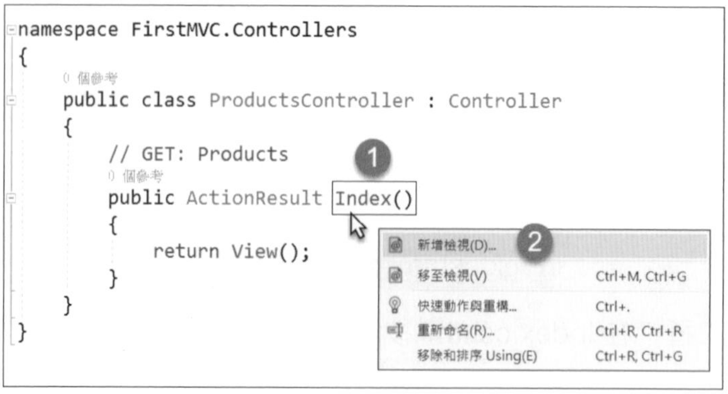

```
namespace FirstMVC.Controllers
{
    0 個參考
    public class ProductsController : Controller
    {
        // GET: Products
        0 個參考
        public ActionResult Index()
        {
            return View();
        }
    }
}
```

新增檢視(D)...
移至檢視(V) Ctrl+M, Ctrl+G
快速動作與重構... Ctrl+.
重新命名(R)... Ctrl+R, Ctrl+R
移除和排序 Using(E) Ctrl+R, Ctrl+G

圖 1-16 從 Action 新增 View 檢視

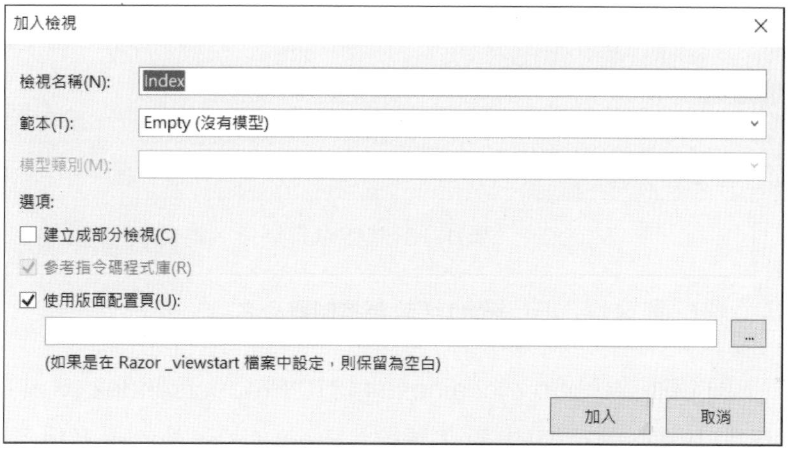

加入檢視

檢視名稱(N): Index

範本(T): Empty (沒有模型)

模型類別(M):

選項:

建立成部分檢視(C)

參考指令碼程式庫(R)

使用版面配置頁(U):

(如果是在 Razor _viewstart 檔案中設定，則保留為空白)

加入 取消

圖 1-17 加入 View 檢視

接下來會產生兩個東西：❶在 Views 資料下會建立 Products 子資料夾，❷裡面會產生 Index.cshtml 檢視檔，它與 Index()動作方法相對應。

Views\Products\Index.cshtml

```
@{
    ViewBag.Title = "Index";
}
<h2>Index</h2>
```

說明：View 檢視裡面是用來定義 HTML、JavaScript 及 CSS。

step03 若想看到 Index 網頁執行畫面，有三種方式：

1. 第一種：開啟 Index.cshtml 後，按 F5 執行
2. 第二種：在 Index.cshtml 按滑鼠右鍵→【在瀏覽器中檢視】
3. 第三種：在專案按滑鼠右鍵→【屬性】→【Web】→在【指定頁】指定「Products/Index」網址→儲存→再按 F5 執行

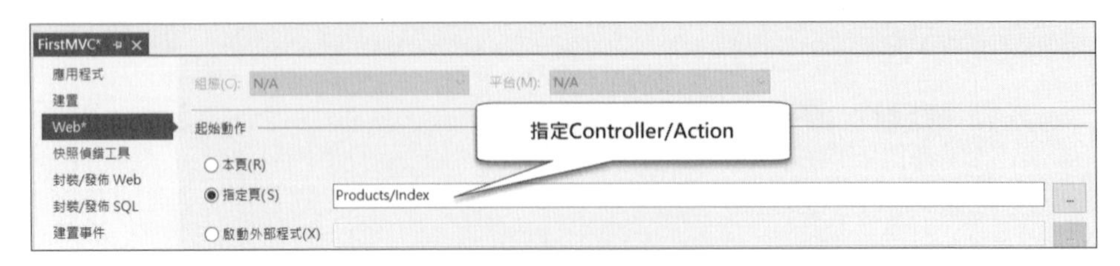

圖 1-18 指定執行網址

step04 解析瀏覽器 URL 網址代表的意義

下圖 URL 為「http://localhost:44310/Products/Index」，其中 44310 是 IIS Express 執行時的 Port 號碼，Products 是控制器名稱，Index 是 Action 名稱，Index 動作方法再對應到 Index 檢視。

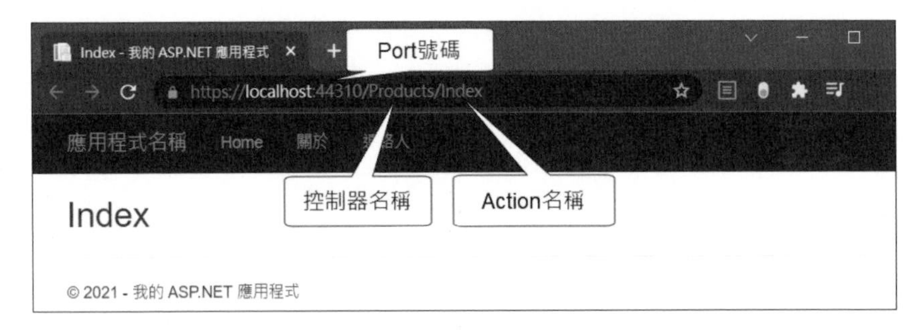

圖 1-19 URL 網址列代表的意義

step05 修改 Port 號碼

Port 號碼是 MVC 專案建立時隨機指定的，在開發時若需一個易記的號碼，可在專案按滑鼠右鍵→【屬性】→【Web】→【專案 URL】→改成想要的號碼如「44300」→儲存，下次執行就會使用新的 Port 號。

圖 1-20 修改專案 URL 的 Port 號碼(可介於 44300~44399)

step06 在 Index 檢視中象徵性修改標題及加入一張圖片，按 F5 執行，可看到三處改變。

Views\Products\Index.cshtml

```
{
    ViewBag.Title = "汽車型錄";
}
<h2>法拉利</h2>
<img src="~/Asset/images/ferrari_small.jpg" />
```

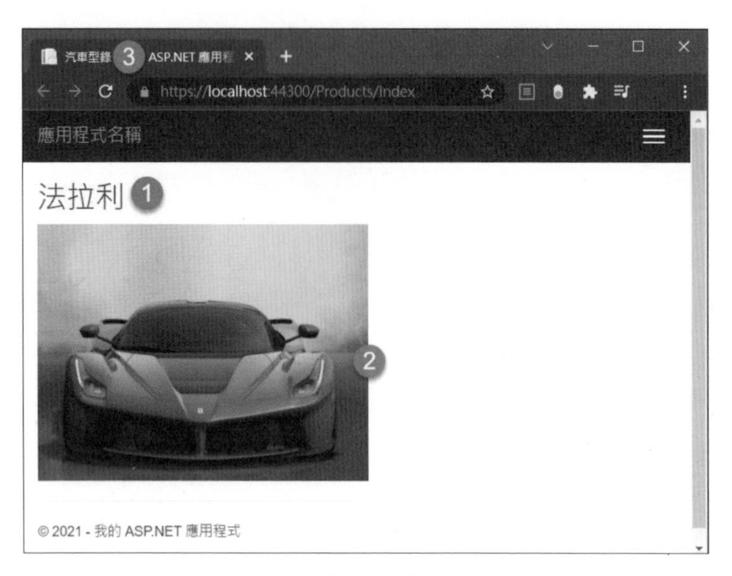

圖 1-21 View 加入自訂標題及圖片

step07 建立 Model 模型

在 Models 資料夾按滑鼠右鍵→【加入】→【類別】→命名「Product.cs」→【新增】。

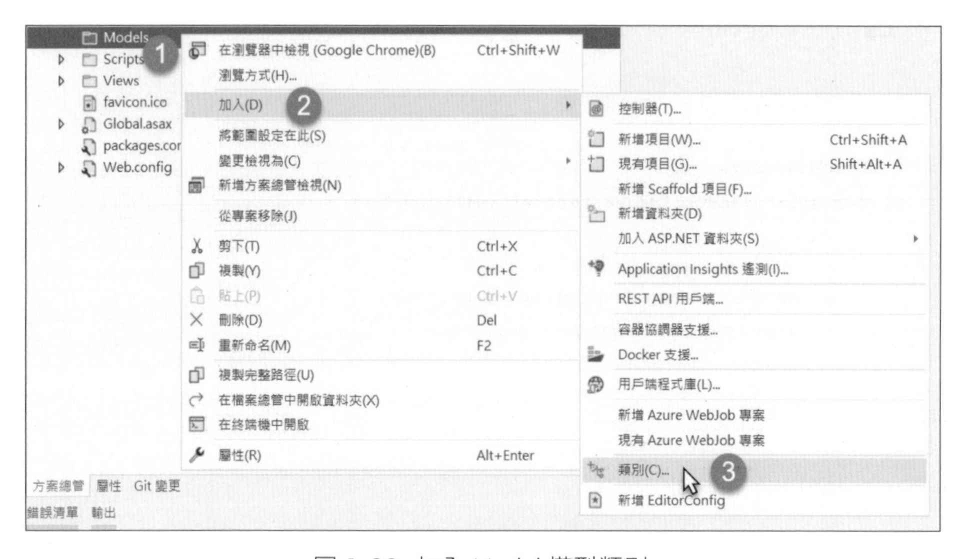

圖 1-22 加入 Model 模型類別

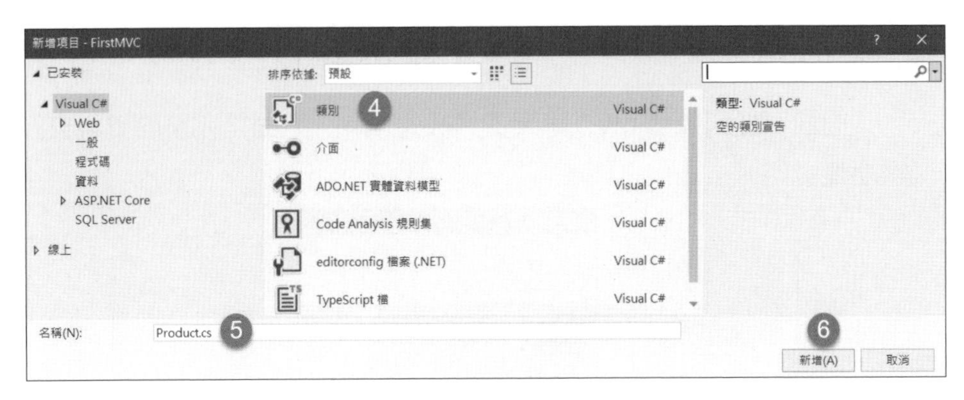

圖 1-23 Model 命名

> **TIP**
>
> **Model 檔案可隨意命名，它和 Controller 或 View 名稱沒有約定上的連動關係或限制。**

step**08** 定義 Model 模型的 Property 屬性

在 Product 模型加入 Id、ProductName 和 UnitPrice 三個 Property 屬性，用來持有產品資料：

Models\Product.cs

```
namespace FirstMVC.Models
{
    public class Product
    {
        public int Id { get; set; }
        public string ProductName { get; set; }
        public int UnitPrice { get; set; }
    }
}
```

說明：以上僅揭示 Model 模型長什麼樣子，尚不談論如何運用 Model 模型，因為還有一些配套機制未提及，在後續章節會一併講解。

1-6 解析 ASP.NET MVC 專案資料夾功用

前面已提到幾個 MVC 專案資料夾之功用，下面是完整的資料夾及檔案功能說明。

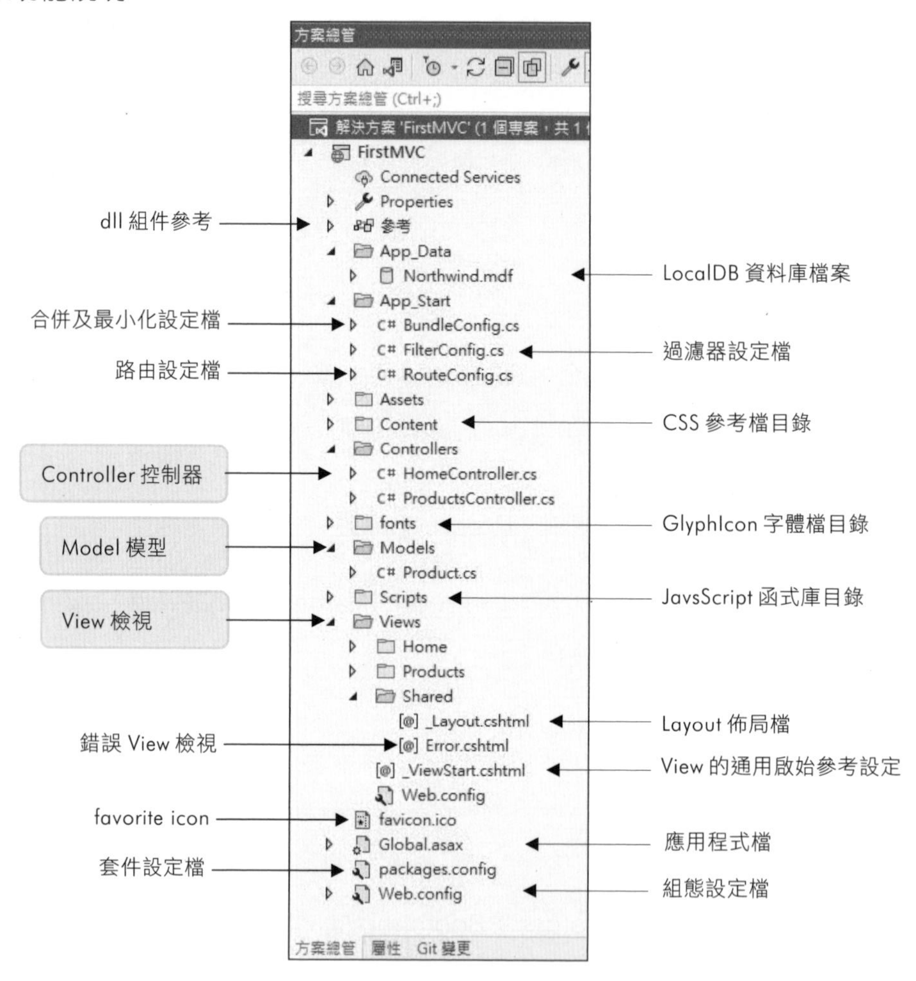

圖 1-24 ASP.NET MVC 專案資料夾結構

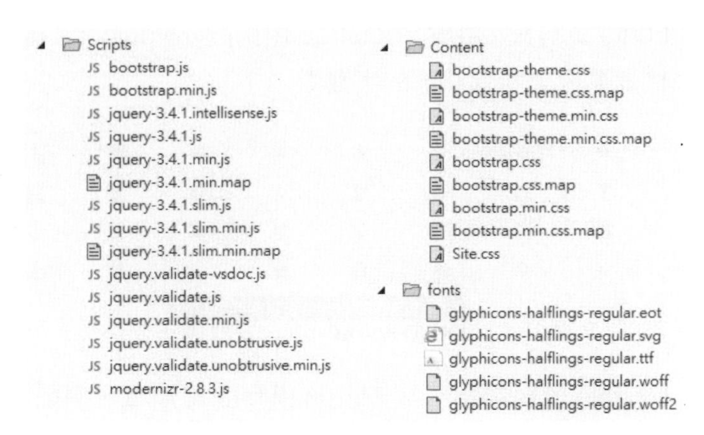

圖 1-25 Scripts、Content 及 Fonts 資料夾內容

說明：

- App_Data 資料夾：這是存放資料檔，例如 SQL Server Express LocalDB 檔(.mdf)、XML 或其他資料檔
- App_Start 資料夾，這裡包含三個組態檔：
  1. BundleConfig.cs：JavaScript 與 CSS 檔案合併及最小化的設定
  2. FilterConfig.cs：過濾器 Filter 設定
  3. RouteConfig.cs：Routing 路由設定
- Content 資料夾，這是用來存放靜態檔，如 CSS 和 Image 檔，裡面三個 CSS 檔功用為：
  1. bootstrap.css：Bootstrap 的 CSS 檔
  2. bootstrap.min.css：最小化的 Bootstrap CSS 檔
  3. Site.css：裡面宣告了幾個網站 CSS 定義，_Layout.cshtml 佈局檔有使用它
- Controllers 資料夾：存放 Controller 控制器的類別檔

- Fonts 資料夾：存放 Bootstrap 用到的 Glyphicons 檔，Glyphicons 檔是單色圖示或符號的字體庫

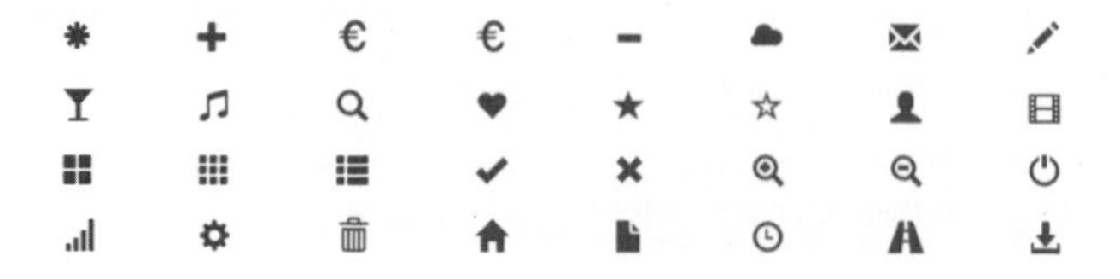

圖 1-26 GlyphIcon 圖示

- Models 資料夾：存放 Model 模型的類別檔，例如.cs 或.edmx
- Scripts 資料夾：存放 JavaScript 檔，有 Bootstrap、jQuery、Modernizr 這幾類的 JavaScript 檔
- Views 資料夾：存放 View 檢視檔，也就是.cshtml 或.vbhtml。其下有 Home 及 Shared 兩個子目錄，Home 目錄中有 Index、About、Contact 三個.cshtml 檔
- Shared 目錄中有_Layout.cshtml 佈局檔及 Error.cshtml 錯誤頁
- favicon.ico 是瀏覽器 URL 最前面的一個圖示檔
- Global.asax 是 ASP.NET 應用程式檔案，包含回應 ASP.NET 或 HttpModules 所引發應用程式層級事件的程式碼
- packages.config 是 NuGet 用來記錄目前應用程式安裝了哪些套件及其版本的檔案
- Web.config 是整個 ASP.NET 網站的組態檔

1-7 談身份驗證的四種模式

MVC 專案在建立時提供了四種驗證選項：

1. 無驗證（No Authentication）

   此模式不提供任何登入面的功能，像登入頁、使用者登入 UI 指示、Membership 成員資格資料庫或類別、Membership 資料庫連線字串等皆不提供。

2. 個別使用者帳戶（Individual User Accounts）

   個別使用者帳戶會使用 ASP.NET Identity 來進行使用者身份驗證，ASP.NET Identity 提供帳號註冊頁，讓使用者以帳號及密碼登入，或用 Facebook、Google、Microsoft Account 或 Twitter 社群 provider 進行登入，因此這個模式十分適合 Internet 身份驗證。預設 ASP.NET Identity 的使用者 Profile 資料是儲存在 LocalDB 資料庫，它也可以部署到正式環境的 SQL Server 或 Azure SQL 資料庫。

   新的 ASP.NET Membership 系統已改寫，好處有兩點：

   (1) 新的 Membership 系統是基於 OWIN（Open Web Interface for .NET），而上一版是基於 ASP.NET 表單驗證模組。這意謂著 Web Form、MVC in IIS、自我裝載的 Web API 和 SignalR 都可以適用同一套驗證機制

   (2) 新的 Membership 資料庫是受 Entity Framework Code First 管理，所有由 Entity 類別代表的 Tables 皆可修改與客製化，並透過 Code First Migrations 作更新

3. 組織帳戶（Organization Accounts）

   這個模式會使用 Windows Identity Foundation（WIF）作身份驗證，包括 Azure Active Directory（包括 Office 365）或 Windows Server Active Directory 上的使用者帳號。

4. Windows 帳戶（Windows Authentication）

   這個模式會使用 Windows Authentication IIS 模組做驗證，應用程會顯示 AD 的 Domain 和使用者 ID，或是已登入 Windows 的本機使用者帳號。但不提供使用者帳號註冊或登入的 UI 介面，適合 Intranet 網站使用。

圖 1-27 身份驗證模式選項

以上可以視 MVC 網站需求而選擇不同的身份驗證模式，而本書各章專案不需管制網站資源存取，故無需身份驗證，維持「無驗證」模式即可。

範例 1-3 使用 ASP.NET Identity 建立使用者帳號及存取管制

在此以 ASP.NET Identity 提供帳號註冊、登入及驗證等功能，並結合 Authorize 屬性來管制使用者對 Action 的存取權限，請參考 Mvc5IdentityAuthorize 專案，步驟如下：

step01 建立 MVC 專案時選擇「個別使用者帳戶」，它會建立 ASP.NET Identity 的相關程式。

step02 以 F5 執行，點擊網頁右上方的註冊，註冊 kevin@gmail.com、mary@gmail.com 和 john@gmail.com 三個使用者帳號。

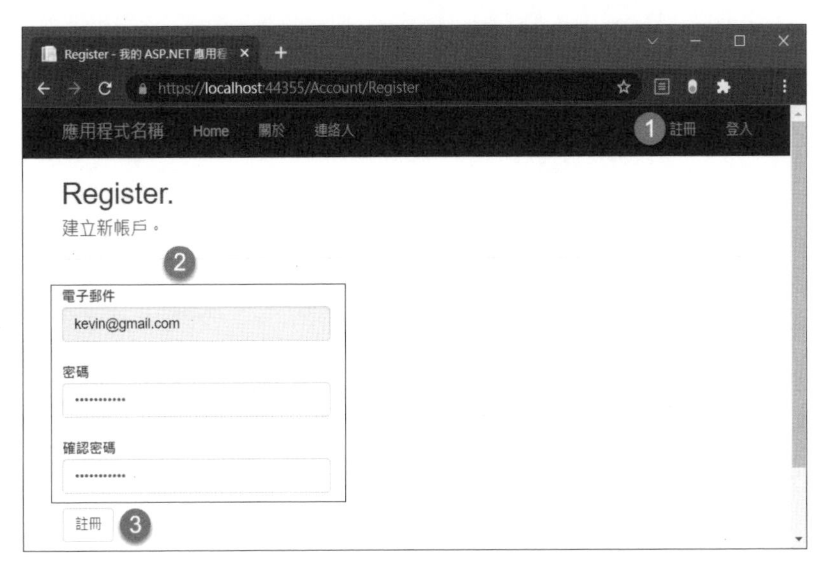

圖 1-28 註冊使用者帳號

註冊成功後，會自動執行帳號登入。

TIP

使用者註冊後，系統會以 SignInManager.SignInAsync 方法自動登入，並為使用者產生一個 CliamIdentity，而此 ClaimIdentity 會包含該使用者的所有 Claims，例如使用者名字，使用者屬於哪些 Roles。

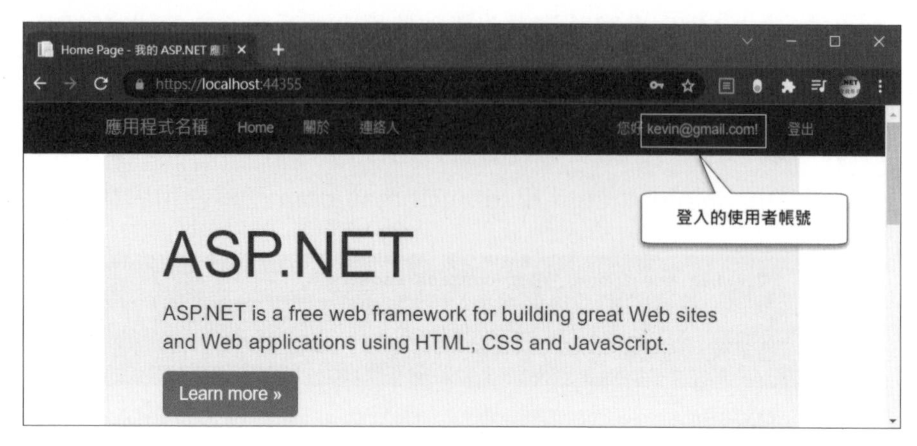

圖 1-29 使用者帳號自動登入

請點擊導覽列的首頁、關於和連絡人，未設定存取權限前，皆可自由瀏覽，沒有任何限制。然後結束網頁，下一步驟將設定使用者存取權限。

step03 設定 Home 控制器及 Actions 的存取權限

在此套用[Authorize]屬性來限制使用者存取權限：

Controllers\HomeController.cs

```
[Authorize]  ← 在 Controller 層級限制存取需經授權
public class HomeController : Controller
{
    [AllowAnonymous]  ← 允許匿名存取
    public ActionResult Index()
    {
        return View();
    }

    public ActionResult About()
    {                       ↓ 利用 Identity 判斷是否為特定使用者
        if(User.Identity.Name!="kevin@gmail.com")
        {
            return Content($"{User.Identity.Name}帳號無權存取此 Action 動作方法!");
        }
```

```
        ViewBag.Message = "Your application description page.";

        return View();
    }

    [Authorize(Users = "kevin@gmail.com, mary@gmail.com")]
    public ActionResult Contact()
    {
        ViewBag.Message = "Your contact page.";

        return View();
    }

    [Authorize(Roles = "Admin, Supervisor")]
    public ActionResult Administrators()
    {
        return View();
    }
}
```

授權指定使用者能存取

授權指定角色能存取

說明：

1. 以上分別在 Controller 及 Action 層級套用[Authorize]及[AllowAnonymous]屬性，前者限制只有通過驗證或授權的使用者能存取，後者則無條件開放匿名存取。
2. 在 About()則是另一種方式，以 User.Identity.Name 程式判斷是否為特定使用者，允許存取或拒絕。
3. [Authorize]的作用是使用者登入後就可以存取。
4. [Authorize(Users = "kevin@gmail.com, mary@gmail.com")]只允許特定使用者才能存取。
5. [Authorize(Roles = "Admin, Supervisor")]限制使用者必須屬於指定的角色才能存取。

請按 F5 執行，分別以未登入的匿名使用者、kevin、mary 及 john 瀏覽首頁、關於和連絡人，以檢驗是否受到不同的存取限制。

step 04 檢視 ASP.NET Identity 身份驗證資料庫。請在 Visual Studio【檢視】→【SQL Server 物件總管】找尋「Mvc5IdentityDB」資料庫→檢視「dbo.AspNetUsers」資料表，使用者註冊的帳號資料就在其中。

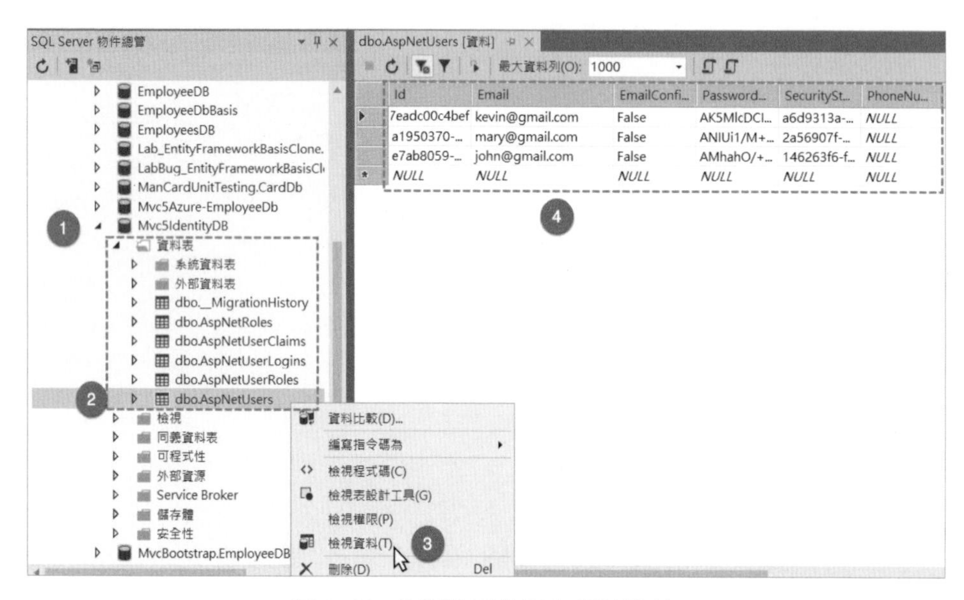

圖 1-30 檢視註冊使用者帳號資料

以上是運用 ASP.NET Identity 建立使用者帳號及存取管制的最基本形式。至於深入應用部分限於篇幅的關係，暫不進行深入討論或演示。

1-8 用 NuGet 管理專案 Library 套件

早期 ASP.NET 專案參考 JavaScript 或 CSS Library 都是手工加入與維護，包括版本升級。後來 Visual Studio 導入 NuGet 後，用它來管理 Library 的加入、移除與版本升級。

NuGet 安裝管理套件有 GUI 和命令兩種方式：

1. 使用 GUI 視覺化介面

   在專案按滑鼠右鍵→【管理 NuGet 套件】，可看到三個頁籤：瀏覽、已安裝及更新，【瀏覽】是用來找尋新的套件，【已安裝】是指專案目前已安裝的套件，【更新】是用來更新版本或解除安裝。

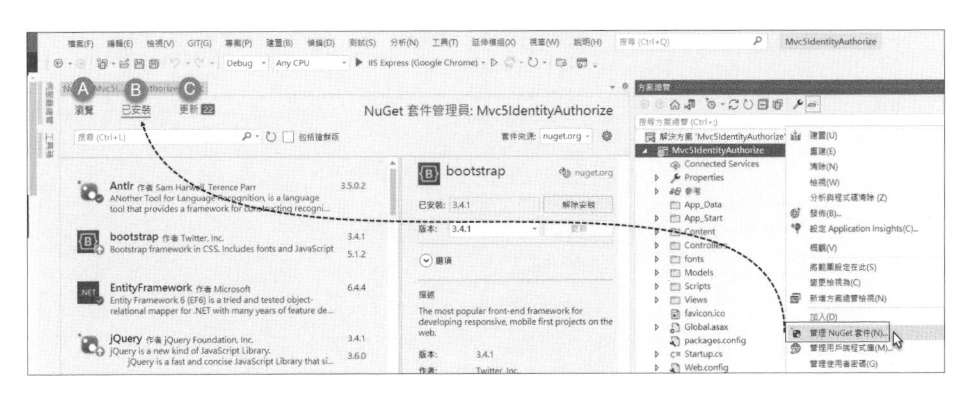

圖 1-31 用 NuGet 套件管理員管理套件

而 NuGet 安裝套件資訊最終會寫入 packages.config 檔中。

```
1  <?xml version="1.0" encoding="utf-8"?>
2  <packages>
3    <package id="Antlr" version="3.4.1.9004" targetFramework="net452" />
4    <package id="bootstrap" version="3.0.0" targetFramework="net452" />
5    <package id="EntityFramework" version="5.0.0" targetFramework="net452" />
6    <package id="EntityFramework.zh-Hant" version="5.0.0" targetFramework="net452" />
7    <package id="jQuery" version="3.1.1" targetFramework="net452" />
8    <package id="jQuery.Validation" version="1.11.1" targetFramework="net452" />
9    <package id="Microsoft.ApplicationInsights" version="2.2.0" targetFramework="net452" />
10   <package id="Microsoft.ApplicationInsights.Agent.Intercept" version="2.0.6" targetFramework="net452" />
11   <package id="Microsoft.ApplicationInsights.DependencyCollector" version="2.2.0" targetFramework="net452" />
12   <package id="Microsoft.ApplicationInsights.PerfCounterCollector" version="2.2.0" targetFramework="net452" />
13   <package id="Microsoft.ApplicationInsights.Web" version="2.2.0" targetFramework="net452" />
14   <package id="Microsoft.ApplicationInsights.WindowsServer" version="2.2.0" targetFramework="net452" />
15   <package id="Microsoft.ApplicationInsights.WindowsServer.TelemetryChannel" version="2.2.0" targetFramework="net452" />
16   <package id="Microsoft.AspNet.Mvc" version="5.2.3" targetFramework="net452" />
17   <package id="Microsoft.AspNet.Razor" version="3.2.3" targetFramework="net452" />
18   <package id="Microsoft.AspNet.Web.Optimization" version="1.1.3" targetFramework="net452" />
19   <package id="Microsoft.AspNet.WebPages" version="3.2.3" targetFramework="net452" />
20   <package id="Microsoft.CodeDom.Providers.DotNetCompilerPlatform" version="1.0.3" targetFramework="net452" />
21   <package id="Microsoft.jQuery.Unobtrusive.Validation" version="3.2.3" targetFramework="net452" />
22   <package id="Microsoft.Net.Compilers" version="1.3.2" targetFramework="net452" developmentDependency="true" />
23   <package id="Microsoft.Web.Infrastructure" version="1.0.0.0" targetFramework="net452" />
24   <package id="Modernizr" version="2.6.2" targetFramework="net452" />
25   <package id="Newtonsoft.Json" version="6.0.4" targetFramework="net452" />
26   <package id="Respond" version="1.2.0" targetFramework="net452" />
27   <package id="WebGrease" version="1.5.2" targetFramework="net452" />
28 </packages>
```

圖 1-32 packages.config 記錄的 NuGet 套件版本

2. 用 NuGet 命令安裝

   若想用 NuGet 命令安裝 Chart.js 函式庫，可在【工具】→【NuGet 封裝管理員】→【套件管理器主控台】→輸入安裝命令「Install-Package Chart.js」→按 Enter 就會下載安裝，之後在 Scripts 資料夾會出現 Chart.js 的函式庫套件。

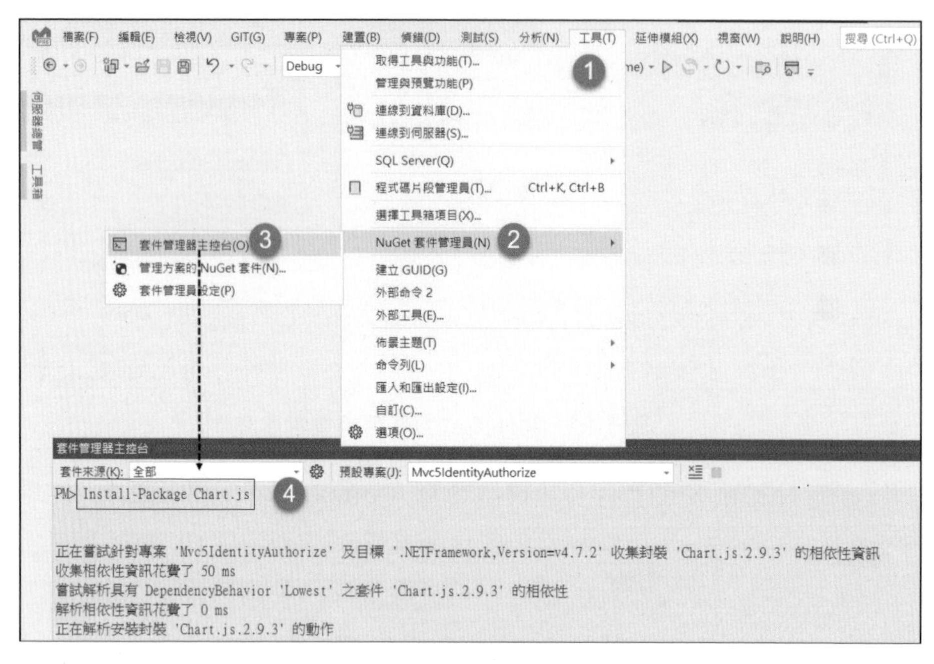

圖 1-33 用命令安裝 NuGet 套件

若初次使用 NuGet，可能會想知道安裝命令為何用「Install-Package Chart.js」？方式如下：

1. 到 https://www.nuget.org 官網搜尋「Chart.js」關鍵字。
2. 點選察看 Chart.js 套件詳細內容，在 Package Manager 可看到安裝命令是「Install-Package Chart.js」，其他套件的安裝命令也是同樣的查詢過程。

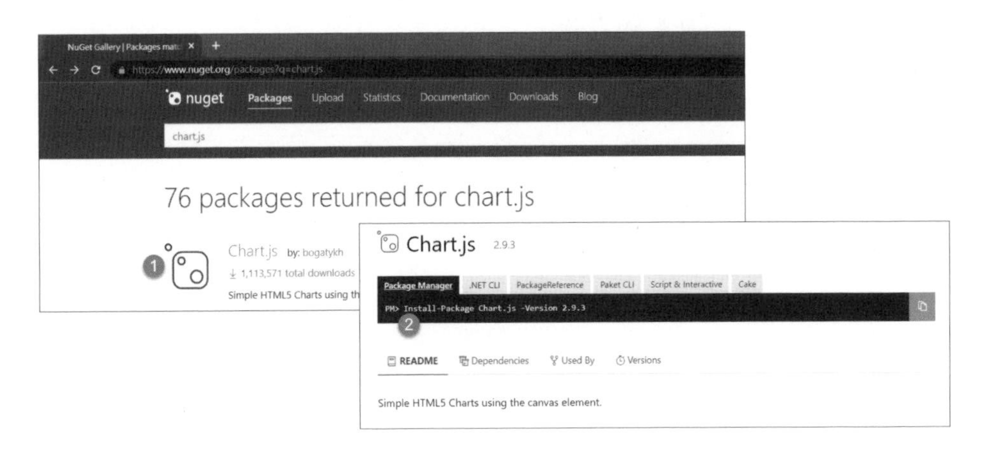

圖 1-34 在 NuGet 網站查詢個別套件安裝命令

1-9 IIS Express 及 SQL Server Express LocalDB 開發環境

VS 2022 安裝時會一併安裝 IIS Express 10 及 SQL Server Express 2019 LocalDB 資料庫引擎，以下說明。

IIS Express 10

IIS Express 10 是針對開發人員最佳化的 IIS 10.0 精簡版，它有的好處有：

1. 開發者電腦不需安裝 IIS 完整版
2. 執行 IIS Express 大部分工作不需管理者權限
3. 可與完整版 IIS 或其他 Web 伺服器並存安裝，且每個專案可選擇不同的 Web 伺服器
4. 多個使用者可以在相同的電腦上獨立操作
5. IIS Express 可在 Windows 7 SP 1 以後版本上執行

❖ SQL Server 版本與功能

SQL Server 2019 的版本有：Enterprise、Standard、Web、Developer、Express 和 LocalDB，因為後面三個版本是免費的，所以常在開發環境中使用。

表 1-1 SQL Server 2019 版本功能比較

功能 \ 版本	Enterprise	Standard	Express
單一執行個體所使用的計算容量上限 - Database Engine	作業系統最大值	限制為 4 個插槽或 24 個核心的較小者	限制為 1 個插槽或 4 個核心的較小者
每個實例的記憶體：最大緩衝集區大小	作業系統最大值	128 GB	1410 MB
每個 Database Engine 執行個體的資料行存放區區段快取記憶體上限	無限制的記憶體	32 GB	352 MB
每個 Database Engine 資料庫的記憶體最佳化資料大小上限	無限制的記憶體	32 GB	352 MB
最大資料庫大小	524 PB	524 PB	10 GB
生產環境使用權限	✓	✓	✓

✦ SQL Server 2019 版本及支援功能：https://bit.ly/3GFlg7O

❖ LocalDB 輕量級資料庫

LocalDB 是 SQL Server Express Database Engine 的輕量級版本，專供開發人員使用，全名是 SQL Server Express LocalDB，簡稱 LocalDB。Visual Studio 安裝時會一併安裝 LocalDB，故 MVC 專案若需資料庫，可用現成的 LocalDB。

連接 LocalDB 方式是在 Visual Studio 的【檢視】選單→【SQL Server 物件總管】即可看到 LocalDB。

圖 1-35 以 Visual Studio 連接 SQL Server 資料庫

若想瀏覽 LocalDB 上的 Northwind 資料庫，可點擊展開 Northwind 資料庫節點→在 Employees 資料表按滑鼠右鍵→選擇【檢視資料】即可看到員工資料表記錄。

圖 1-36 檢視 Employees 員工資料表記錄

但 LocalDB 只適合開發環境使用，不適合生產環境中使用，因它不是設計與 IIS 一同工作。此外，LocalDB 是在 user mode 模式下執行，具備快速、零組態安裝等特點，也能輕易遷移到 SQL Server 及 SQL Azure 中。

❖ 以 SQL Server Management Studio（SSMS）管理工具連接 LocalDB

雖然 Visual Studio 可以連接管理 LocalDB 資料庫，但論功能和速度，SSMS 明顯佔了優勢。SSMS 連接 LocalDB 資料庫方式為【連線】→【資料庫引擎】→伺服器名稱輸入「(localdb)\MSSQLLocalDB」→驗證選擇「Windows 驗證」→【連線】，即可連接到 LocalDB。

圖 1-37 以 SSMS 連接管理 LocalDB 資料庫

若你的 LocalDB 沒有 Northwind 資料庫的話，請至https://bit.ly/3pVCfNj 全選並複製產生 Northwind 資料庫的 SQL 命令→在 SSMS 按下【新增查詢】→貼上 SQL 命令→按下【執行】按鈕，完成後即可看到 Northwind 資料庫。

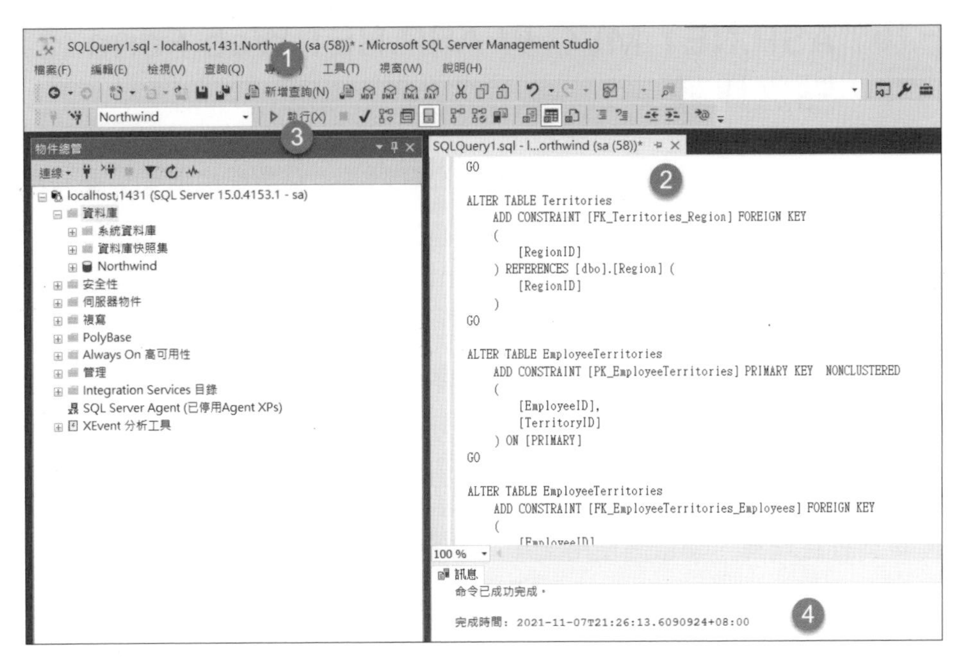

圖 1-38 在 LocalDB 產生 Northwind 資料庫

- SQL Server Management Studio 免費下載使用：https://bit.ly/3w1DrQe
- SQL Server 2019 最新更新：https://bit.ly/3GHuRL8

SQL Server 2019 Developer 免費版

SQL Server 2019 Developer 是免費版，功能與 Enterprise 企業版完全相同，唯一限制是只能用在開發及測試環境，不能用在生產環境。同時它的安裝不含 SSMS 管理介面，需另外安裝。

- SQL Server 2019 Developer 版下載：https://bit.ly/3mzhCEC

1-10 ASP.NET MVC 與 ASP.NET Web Form 優缺點之比較

相信很多讀者想知道 MVC 的優點在哪裡，或還在猶豫要不要將重心移轉至 MVC，故在此條列 MVC 與傳統 Web Form 的優缺點比較。

❖ ASP.NET Web Forms 優缺點

Web Forms 架構單純，入門及理解容易，曾引領熱門長達十多年，優點為：

1. 以 Page 為基礎的架構：包括.aspx 及 Code-Behind 檔結合，這種模式在理解、學習、使用上十分容易
2. 豐富的控制項：內建大量各類功能的控制項，可以協助程式設計師快速建置出網頁功能，不需要從零建構所需功能
3. 事件驅動模型：類似 Windows 程式的事件驅動模型，ASP.NET 控制項支援許多事件處理，如 click 或 submit 都有對應的事件程式區塊
4. 狀態管理：由於 ASP.NET 控制項會做自身的狀態管理，多數時候您僅需做非控制項的狀態管理，簡化狀態管理工作

世界上沒有一帖藥可以滿足所有人，可想而知 Web Forms 有缺乏一些特質，無法滿足某些族群需求，才催生出 ASP.NET MVC，其缺點為：

1. 控制項是複雜程式封裝後的元件，無法取得或修改原始碼，想深入了解控制項內部實作或客製化有其困難
2. 控制項產生的 HTML 及 CSS 修改及調整不易，或不是期望中的命名規則
3. 肥大的 ViewState 狀態管理，造成網頁效能低落與負擔
4. 難以做測試

❖ ASP.NET MVC 優缺點

MVC 優點如下：

1. SoC 關注點分離（Separation of Concerns），責任劃分清楚
2. 對 HTML 高度掌控性：因為沒有 ASP.NET 控制項的元件黑箱，完全是很透明的 HTML / JavaScript / CSS，可高度掌控、自訂與微調自己想要的方式
3. 適合大型開發團隊
4. 容易測試
5. 開放原始碼
6. 框架可擴展及抽換元件
7. 跨平台執行：除了 Windows 平台外，ASP.NET Core MVC 的開發、部署與執行也能夠跨 Linux 及 Mac OS 平台
8. Windows、Linux 及 Mac OS 平台皆有對應的 Visual Studio 開發工具可使用
9. 更好的 Web 行動開發支援
10. 引導軟體架構、設計樣式、分層、分工、系統擴展及可抽換性的思考

若要說 MVC 有什麼缺點，在非框架面的較多：

1. 上手難度較 Web Form 來得高，對初學者有較高的學習曲線
2. MVC 有許多隱含的約定和設定，其關係較 Web Form 來得複雜，需要花更多時間去理解、思索與記憶
3. 缺乏像 Web Form 具備一堆現成的內建控制項
4. 開發 MVC 程式，對 HTML、CSS、JavaScript 和 Bootstrap 需更深入的知識基礎及細節處理，學習的起步負擔較重

以上是兩種框架的優缺點比較，技術面上 ASP.NET MVC 勝出 ASP.NET Web Form 許多，但還有現實面的理由，MVC 會是更優的選擇：

1. 微軟對 ASP.NET Web Form 框架已定版，也就是不再推出重大新功能，取而代之是不斷的推出 MVC 框架，從 MVC 1 ~ MVC 5，再到 ASP.NET Core MVC，奠定了 MVC 的主流地位及未來希望
2. 就業市場上，許多企業在招募 ASP.NET 人才，MVC 技術具有較高的競爭優勢

1-11 部署 ASP.NET MVC 應用程式至 IIS 網站

一般在開發或練習時，執行 MVC 應用程式是用本機的 IIS Express，但若開發完成，則需部署到正式 IIS 伺服器，方式如下。

❖ IIS 及 ASP.NET 環境確認

在這要用 Visual Studio 內建的發行機制，將 MVC 專案部署到 IIS 上，首先 IIS 環境有兩點需確認：

1. Web Server 作業系統需安裝 IIS 伺服器

   IIS 伺服器安裝是在【伺服器管理員】→【新增角色及功能】。

圖 1-39 新增伺服器角色

2. IIS 中需安裝應用程式及 ASP.NET 4.7

安裝角色勾選【網頁伺服器 IIS】→【應用程式開發】→勾選【ASP.NET 4.7】→按【下一步】進行安裝。

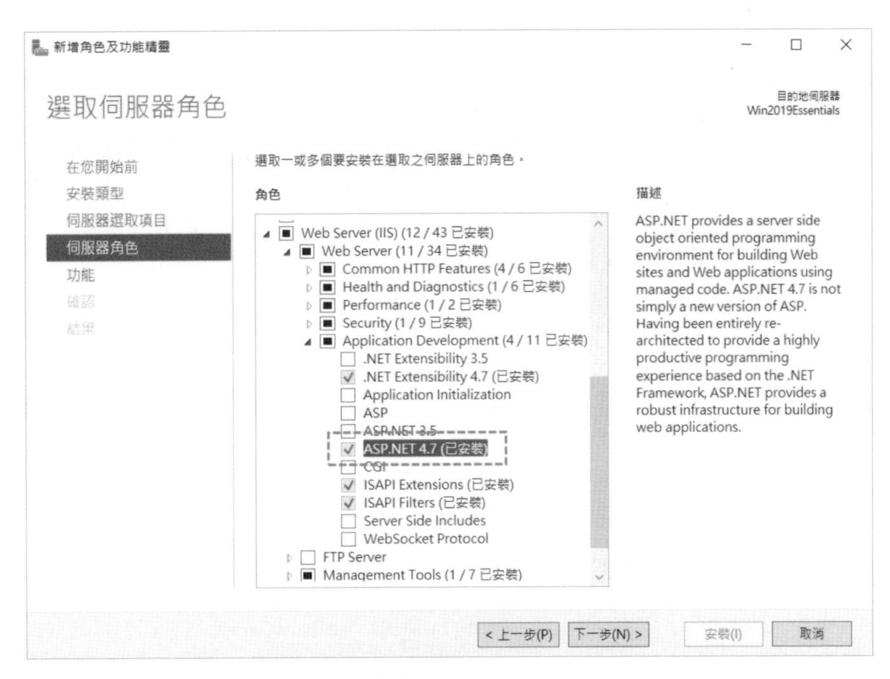

圖 1-40 安裝 IIS 及 ASP.NET 4.7

以上是部署到正式的 Windows Server IIS 伺服器，但若想部署到開發者 Windows 10 本身 IIS 作測試，請搜尋並開啟【控制台】→【程式和功能】→【開啟或關閉 Windows 功能】→將 Internet Information Services 中【應用程式開發功能】的【ASP.NET 4.8】打勾→按【確定】進行安裝。

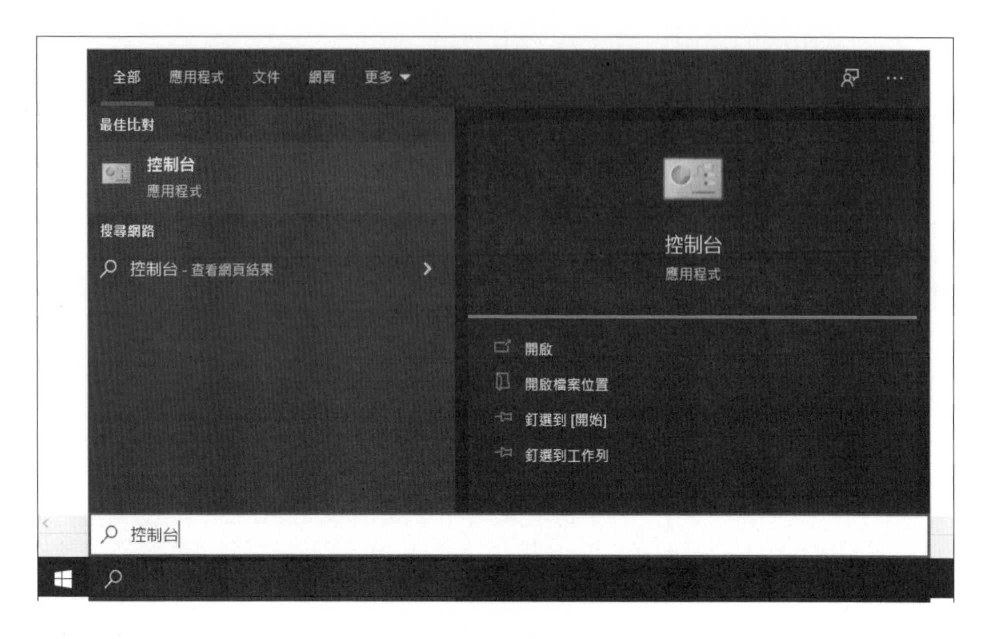

圖 1-41　搜尋及開啟控制台

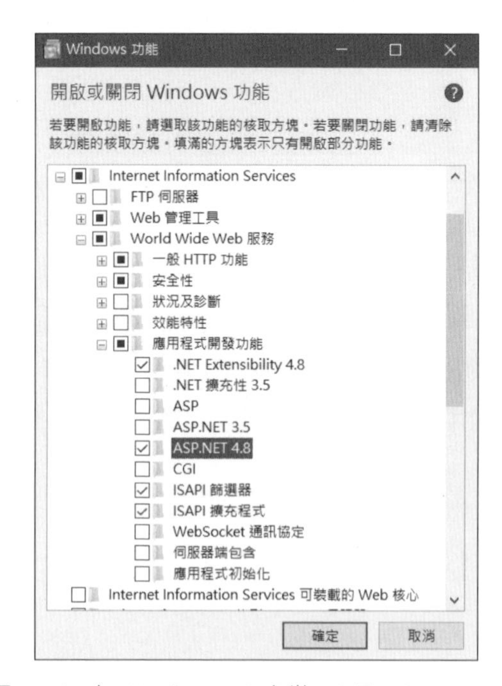

圖 1-42　在 Windows 10 安裝 IIS 及 ASP.NET 4.8

❖ ASP.NET MVC 部署過程

1. 以系統管理員權限開啟 Visual Studio

   用 Visual Studio 部署 MVC 專案到 IIS，需在 Visual Studio 圖示按滑鼠右鍵，選擇「以系統管理員身份執行」。

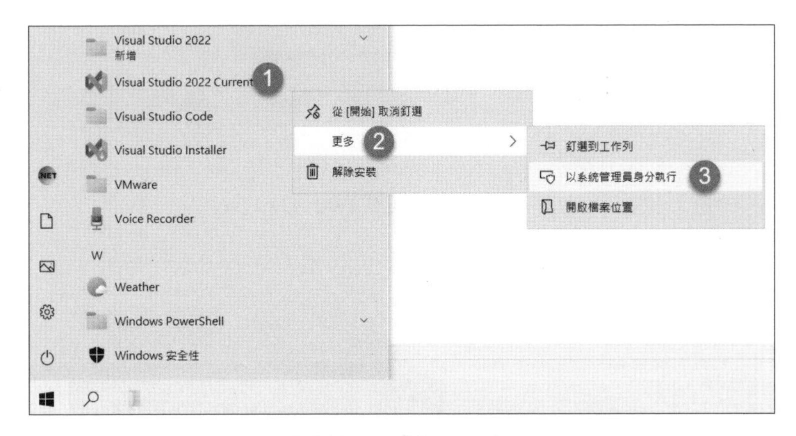

圖 1-43　以系統管理員權限開啟 Visual Studio

2. 在 FirstMVC 專案按滑鼠右鍵→【發佈】→目標為【網頁伺服器(IIS)】→【下一步】。

圖 1-44　發佈 MVC 專案至 IIS 網頁司服器

3. 選擇【Web Deploy】部署方式及設定 IIS 伺服器網站資訊。

圖 1-45 選擇 Web Deploy

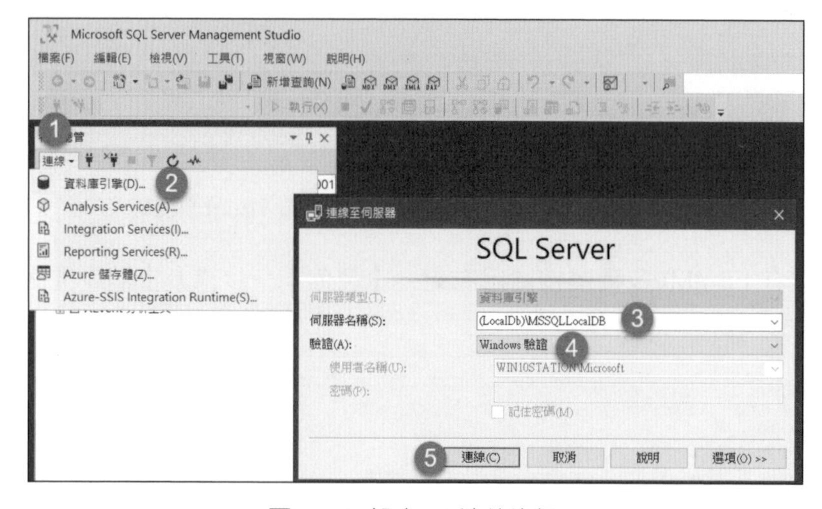

圖 1-46 設定 IIS 連線資訊

- 伺服器是指 IIS 網頁服務器的名稱，若是部署到本機則使用自身電腦名稱
- 網站名稱是指 IIS 的站台及虛擬目錄名稱。站台使用「Default Web Site」，而虛擬目錄名稱可和 MVC 專案相同，也可不同，組合起來的名稱是「Default Web Site/FirstMVC」

4. 按【驗證連線】測試是否正常，按【完成】。

5. 出現發佈畫面，按【發佈】按鈕即可將 MVC 專案佈署到 IIS 網站。

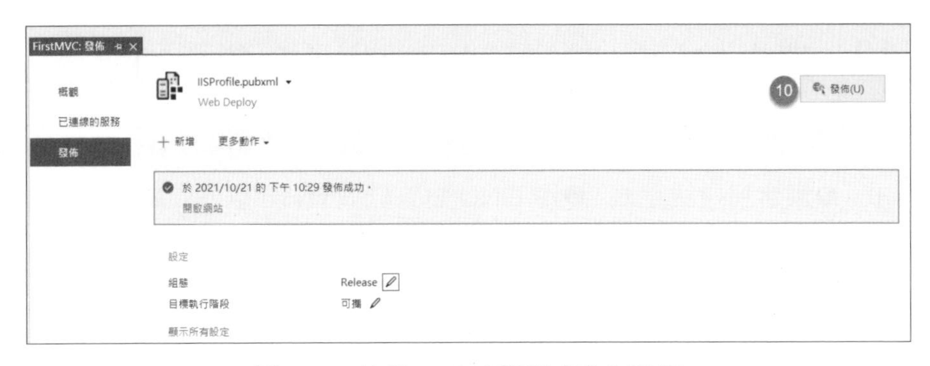

圖 1-47 執行 MVC 應用程式發佈到 IIS

6. 在 IIS 管理員的「FirstMVC」虛擬目錄按【瀏覽】，就會顯示 MVC 網頁。

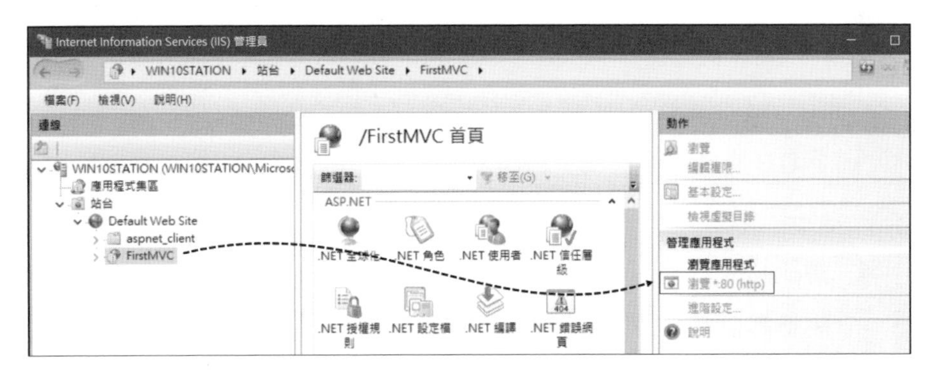

圖 1-48 在 IIS 瀏覽 MVC 網站

那發佈設定檔是儲存在哪？位於專案的 Properties\PublishProfiles 目錄，檔名是 IISProfile.pubxml，為 XML 格式。

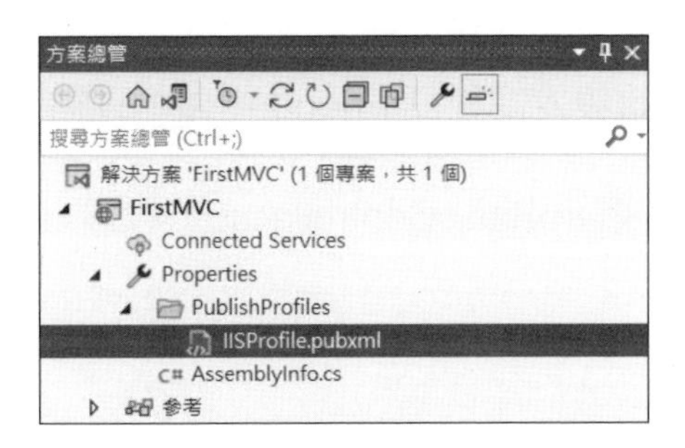

圖 1-49 發佈設定檔所在位置

1-12 建立Model時常用的C#物件和集合初始設定式

在 MVC 初始化建立 Model 資料物件時，常會用到：❶物件初始設定式，❷集合初始設定式，❸用 LINQ 對它們做查詢，以下介紹這幾個部分。

❖ 物件初始設定式（Object Initializers）

物件初始設定式讓你指派值給 Object 的 Fields 或 Properties，而不必叫用接著幾行指派陳述式的建構子。例如以下 Friend 類別是一個具名型別（Named Type）：

Controllers\CSharpBasisController.cs

```
public class Friend
{
    public string Name { get; set; }
    public string Country { get; set; }
}
```

■ 傳統物件建構法

用傳統語法建立一筆 Friend 物件資料需三行程式：

```
//傳統物件建構語法
Friend f = new Friend();
f.Name = "Rose";
f.Country = "USA";
```

■ 以物件初始設定式建構具名型別物件（Named Type）

但用物件初始設定式建立 Friend 物件，只需一行程式：

Controllers\CSharpBasisController.cs

```
public ActionResult ObjectInitializerwithNamedType()
{
    //以物件初始設定式建立具名型別物件
    Friend friend = new Friend { Name = "Rose", Country = "USA" };
```

```
    return View(friend);
}
```

說明：物件初始化屬性的運算式不可以是 null、匿名函式或指標類型。

■ 以物件初始設定式建構匿名型別物件（Anonymous Type）

除了具名型別外，物件初始設定式也能建立匿名型別物件：

Controllers\CSharpBasisController.cs

```
public ActionResult ObjectInitializerAnonymousType()
{
    //以物件初始設定式建立匿名型別物件
    var friend = new  { Name = "Mary", Country = "Japan" };

    return View(friend);
}
```

1。物件初始設定式

2。建立出來的是匿名型別物件

說明：以上是一筆物件資料，若需建立多筆則用集合或陣列，但在 MVC 中集合或陣列之成員應避免使用匿名型別物件，因為在設計支援、編譯檢查和執行效能都是最差的，使用具名型別的強型別物件是最好的。

❖ 集合初始設定式（Collection Initializers）

集合初始設定式讓你在初始一個實作 IEnumerable 的集合型別，可指定一或多個 Element Initializers，且具有 has 方法，方法有適當簽章可以作為 instance 方法或 extension 擴充方法。

以下是集合初始設定式，它用物件初始設定式初始化 Friend 類別物件，後續以 LINQ 查詢、過濾及排序。

Controllers\ CSharpBasisController.cs

```
public ActionResult CollectionInitializerswithNamedType()
{
    //集合初始設定式
    List<Friend> friends = new List<Friend>
    {                                            物件初始設定式
        new Friend { Name = "Rose", Country = "USA" },
        new Friend { Name = "David", Country = "Japan" },
        new Friend { Name = "John", Country = "USA" },
        new Friend { Name = "Bob", Country = "Italy" },
        new Friend { Name = "Johnson", Country = "Thailand" },
        new Friend { Name = "Cindy", Country = "Japan" },
        new Friend { Name = "Lucy", Country = "Korea" },
        new Friend { Name = "Angel", Country = "Italy" },
        new Friend { Name = "Maya", Country = "Thailand" },
        new Friend { Name = "Max", Country = "Korea" }
    };

    //以 LINQ 查詢泛型集合
    var friendsQuery = from f in friends
                       where f.Country == "USA" || f.Country == "Korea"
                       select f;

    return View(friendsQuery);
}
```

1-13 專案程式列表及使用方式

書籍專案範例程式請至以下網址下載：

- http://books.gotop.com.tw/download/AEL025500

  將 zip 檔解壓縮後，將「MvcExamples for vs 2022」目錄中各章程式複製到電腦的 C:\ MvcExamples，在 Visual Studio 的【檔案】→【開啟】→【專案/方案】→在 C:\MvcExamples\FirstMVC 專案目錄→選擇 FirstMVC.sln→按【開啟】打開專案。

圖 1-50 開啟 ASP.NET MVC 專案

在開啟專案後，在專案按滑鼠右鍵→【管理 NuGet 套件】→【還原】，讓專案參考的 NuGet 套件透過網路還原，並重新建置專案，確認是否能順利通過編譯。若專案仍不正常，可試著將 bin 及 obj 資料夾刪除後，再重新建置。

圖 1-51 還原專案的 NuGet 套件

表 1-2 各章 ASP.NET MVC 專案程式

章名	ASP.NET MVC 專案名稱
第一章	FirstMVC、Mvc5IdentityAuthorize
第二章	MvcBasic
第三章	MvcBootstrap
第四章	MvcRazor
第五章	MvcCharting、WebApiServices
第六章	MvcJsonWebAPI、WebApiServices
第七章	MvcHtmlHelpers
第八章	MvcRouting
第九章	EF_DatabaseFirst、EF_DatabaseFirstCRUD、EF_ModelFirst
第十章	EF_CodeFirstExistingDB、EF_CodeFirstNewDB、Mvc_CodeFirstBlog
第十一章	Mvc5WebApp、Mvc5Existing、Mvc5UnitTesting
第十二章	Mvc5Azure
第十三章	CoreMvcApp
附錄 A	MvcMobileWeb
附錄 B	MvcJqueryMobile

1-14 結論

本章以總體角度介紹 MVC 樣式、ASP.NET MVC 框架，以及 Model-View-Controller 在 MVC 專案中的相關配置，讓您理解 MVC 建立及運作的過程，熟悉這些基本但重要的相關細節，對後續開發與學習有很大的幫助。但 MVC 由於 SoC、系統分層、約定規則繁複，對初學者來說，一個範例實作或概念需要多幾次的反覆練習，才能深深烙印在心中。同時隨著練習次數的增加，對於 MVC 框架的種種為什麼這樣設計，功能為什麼這樣拆分，就會愈加理解、清晰，進而茅塞頓開，收穫滿滿。

掌握 Controller / View / Model / Scaffolding / Layout 五大元素

2 CHAPTER

本章從 Routing 路由開始，描述了 Controller、Model、View 三者實際運作動線，並說明 Model、View 與 Controller 建立步驟與細節。而在 MVC 程式建立過程中，可善用 Scaffolding 及 Layout 來加速與簡化整個網站的設計，迅速打造出一個可運作的雛型系統，再予以精修、添加功能，完成最終網站設計。

2-1 Controller / Action 之職責功用與運作流程

簡化來説，Controller 控制器是 Model-View-Controller 三者運作的起點，也是控制 MVC 運行的核心人物，而 Controller 最重要的成員又莫過 Action 動作方法，Action 是實際撰寫回應程式的單元，包括前端資料接收、Model 的資料存取、再到回傳動作結果都是在 Action 中進行。

2-1-1 從路由找到對應的 Controller 及 Action 進行調用

在 1-3 小節提到 MVC 執行六大步驟，當瀏覽器發出 Request 請求後，路由會比對 RouteCollection 中的路由定義（RouteConfig.cs），找出匹配的路由，得知對應的 Controller 及 Action，然後初始化 Controller 物件，並調用 Action。

App_Start\RouteConfig.cs 中的路由定義

```
public class RouteConfig
{
    public static void RegisterRoutes(RouteCollection routes)
    {
        routes.IgnoreRoute("{resource}.axd/{*pathInfo}");   ← 路由 1

        routes.MapRoute(
            name: "Default",
            url: "{controller}/{action}/{id}",               ← 路由 2
            defaults: new { controller = "Home", action = "Index",
               id = UrlParameter.Optional }
        );
    }
}
```

說明：

1. 專案建立之初有二筆路由定義，後續可依需求加入新的路由定義，URL 比對到第一筆符合的路由後，便會停止往下比對，接著調用對應的 Controller 及 Action。
2. 一個路由集合中，也許會有多筆路由樣式皆符合 Request 請求，但由於匹配到第一筆相符路由，便會停止往下比對，這種情況下，如果希望某個路由定義要先被挑選到，那麼請盡量往前擺。

❖ 使用者發出 Request 請求到網頁輸出的過程

當前端或瀏覽器發出 URL 請求給 MVC 網站後，其運作概略過程如下：

1. URL 請求首先經路由系統進行路由集合比對，找出匹配路由
2. 從匹配路由確立出對應的 Controller 和 Action 名稱

3. 接著初始化建立 Controller 物件，然後 Controller 會喚起 Action 執行工作
4. Action 對 Model 進行資料存取，並指定欲傳給 View 的資料
5. Action 執行最終須回傳一個 ActionResult 物件
6. 後續 ActionResult.ExecuteResult()方法會被呼叫執行，找到對應的 View，由 View Engine 轉譯輸出網頁回應給前端

例如在瀏覽器 URL 輸入「http://www.domain.com/**Friends/Index**」，那麼：❶Routing 路由機制會去比對路由定義，❷發現符合的路由，判定 Controller 名稱是 Friends，Action 名稱為 Index，❸初始化 Friends 控制器，調用 Index()動作方法，❹Action 進行邏輯運算或資料存取，❺回傳 ActionResult 物件，❻找到對應的 Index.cshtml 檢視，由 ViewEngine 轉譯（Render）輸出成 HTML 回應給使用者。

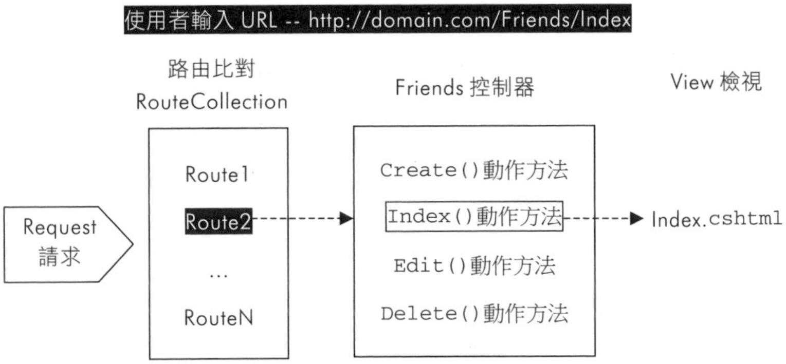

使用者輸入 URL -- http://domain.com/Friends/Index

路由比對 RouteCollection | Friends 控制器 | View 檢視

Request 請求

Route1
Route2
...
RouteN

Create()動作方法
Index()動作方法
Edit()動作方法
Delete()動作方法

Index.cshtml

圖 2-1 從 Routing 路由找到 Controller 及 Action 的過程

2-1-2 Controller 與 Action 的角色與功用

由此可知，真正負責處理 Request 請求的單元是 Action，而不是 Controller，Controller 是負責大的環境建立、管線執行、環境變數、屬性與方法的提供。簡單來說，Controller 是負責宏觀工作，而 Actions 是

負責微觀的個別工作，但由於 Actions 是包含在 Controller 中的成員，因此統稱上常說，Controller 負責接收使用者請求，協調 Model 及 View，最終輸出回應給使用者。

> **TIP**
> **其實仔細回想傳統 Class 類別與 Method 方法，也是 Controller 和 Action 這種關係，實際執行工作細節的是 Method，不是 Class 本身，但是統稱上仍會說某類別負責執行哪些工作。**

❖ Controller 類別檔結構

Controller 控制器是一種泛稱，位於專案的 Controllers 資料夾中會有許多 Controller 類別檔，因此在調用 Controller 時，須指明控制器名稱。以 Friends 控制器為例，它的檔名是 FriendsController.cs，原本是一個普通類別，但在繼承 Controllers 類別後就變成了控制器。

Controllers\FriendsController.cs

```
public class FriendsController : Controller
{
    ...
}
```

每個控制器會繼承 Controller 類別

說明：Controller 控制器建立步驟可回顧範例 1-2。

❖ Action 動作方法的作用

廣義來說 Controller 是類別，其成員 Action 也是 Method 方法的一種。那為何要別立名稱，稱呼它為 Action？首先 Action 設計有規範限制，二是 Action 回傳物件是特殊的 ActionResult 型別，這和一般類別方法自由的設計方式有明顯不同，在本章最末節會解釋，在此先做個起頭。

每個 Action 會被設計成執行不同任務，有的做邏輯運算，有的負責查詢、編輯或刪除等等。為了完成這些工作，Action 也會去呼叫 Model 模型，進行資料庫的存取，以下是 Actions 語法宣告的例子：

Controllers\FriendsController.cs

```
public class FriendsController : Controller
{
    private FriendContext db = new FriendContext();

    public ActionResult Index()
    {
        return View(db.Friends.ToList());
    }

    public ActionResult Details(int? id)
    {
        ...
        return View(friend);
    }

    public ActionResult Create()
    {
        ...
        return View();
    }

    public ActionResult Edit(int? id)
    {
        ...
        return View(friend);
    }

    // GET: Friends/Delete/5
    public ActionResult Delete(int? id)
    {
        ...
        return View(friend);
    }
```

- 初始 EF 的 DbContext 物件
- 統一的 ActionResult 回傳型別
- Index 動作方法。顯示資料
- db.Friends 是呼叫 Model - EF 資料庫
- 每個 Action 都會 return 回傳 ActionResult 衍生類別
- Details 動作方法。顯示資料明細
- Create 動作方法。建立資料紀錄
- Edit 動作方法。編輯資料
- Delete 動作方法。刪除資料

```
        protected override void Dispose(bool disposing)
        {
            if (disposing)
            {
                db.Dispose();        ◄── 釋放 EF - db 佔用的資源
            }
            base.Dispose(disposing);
        }
    }
```

說明：

1. Controller 會包含許多 Actions，每個 Action 都會被賦予特定任務，例如 Edit()是負責編輯功能，Delete()是負責刪除。
2. Action 的命名 Index、Edit、Details、Delete 只是系統樣板產生的名稱，並沒有強制一定要如此命名，可隨意換成其他合適的名字。
3. 每個 Action 最終必須回傳 ActionResult 型別物件(或衍生類別)。
4. Action 方法可接受參數，但不能單憑參數的不同而達到方法多載。
5. 幾乎每個 Action 方法都會對應一個 View 檢視，例如 Index()會對應 Index.cshtml，Create()會對應 Create.cshtml。
6. Action 也可做純邏輯運算或資料輸出，此時就不需建立對應的 View。

❖ Controller 屬性與方法

前面雖然提過處理請求的是 Action，但這並不是說 Controller 無所事事，事實上 Controller 提供了大量屬性與方法讓 Action 呼叫使用，簡化 Action 工作及環境資訊存取。以下概略瀏覽屬性與方法，後續範例及章節會看到實際運用。

表 2-1 Controller 屬性

屬性	說明
ActionInvoker	取得控制器的動作啟動程式。
AsyncManager	提供非同步作業。
Binders	取得或設定繫結器。
ControllerContext	取得或設定控制器內容。(繼承自 ControllerBase)
DisableAsyncSupport	取得是否要停用控制器的非同步支援。
HttpContext	取得關於個別 HTTP 要求的 HTTP 特定資訊。
ModelState	取得模型狀態字典物件，這個物件包含模型和模型繫結驗證的狀態。
Profile	取得 HTTP 內容設定檔。
Request	取得目前 HTTP 要求的 HttpRequestBase 物件。
Response	取得目前 HTTP 回應的 HttpResponseBase 物件。
RouteData	取得目前要求的路由資料。
Server	取得 HttpServerUtilityBase 物件，這個物件提供在 Web 要求處理期間使用的方法。
Session	取得目前 HTTP 要求的 HttpSessionStateBase 物件。
TempData	取得或設定暫存資料的字典。(繼承自 ControllerBase)
TempDataProvider	取得暫存資料提供者物件，這個物件用於儲存下一個要求的資料。
Url	取得 URL Helper 物件，這個物件使用路由來產生 URL。
User	取得目前 HTTP 要求的使用者安全性資訊。
ValidateRequest	取得或設定值，這個值表示此要求是否已啟用要求驗證。(繼承自 ControllerBase)
ValueProvider	取得或設定控制器的值提供者。(繼承自 ControllerBase)
ViewBag	取得動態檢視資料字典。(繼承自 ControllerBase)
ViewData	取得或設定檢視資料的字典。(繼承自 ControllerBase)
ViewEngineCollection	取得檢視引擎集合。

表 2-2 Controller 方法

方法	說明
BeginExecute()	開始執行指定的要求內容。
BeginExecuteCore()	開始在目前控制器內容中叫用動作。
Content(...)	多載。建立內容結果物件。
CreateActionInvoker()	建立動作啟動程式。
CreateTempDataProvider()	建立暫存資料提供者。
EndExecute()	結束在目前控制器內容中叫用動作。
EndExecuteCore()	結束執行核心。
File(...)	多載。建立 FileResult 類別衍生物件。
HandleUnknownAction()	當要求符合這個控制器，但在控制器中找不到指定動作名稱的方法時呼叫。
HttpNotFound(...)	多載。傳回 HttpNotFoundResult 類別的執行個體。
JavaScript()	建立 JavaScriptResult 物件。
Json(...)	多載。建立 JsonResult 物件，這個物件將指定的物件序列化為 JavaScript 物件標記法 (JSON)。
OnActionExecuted()	在叫用動作方法之後呼叫。
OnActionExecuting()	在叫用動作方法之前呼叫。
OnAuthentication()	在進行授權時呼叫。
OnAuthenticationChallenge()	在進行授權挑戰時呼叫。
OnException()	在動作中發生未處理的例外狀況時呼叫。
OnResultExecuted()	在動作方法所傳回的動作結果執行之後呼叫。
OnResultExecuting()	在動作方法所傳回的動作結果執行之前呼叫。
PartialView(...)	多載。建立 PartialViewResult 物件，用來呈現部分檢視。
Redirect()	建立 RedirectResult 物件，用來重新導向至指定的 URL。
RedirectPermanent()	傳回將 Permanent 屬性設定為 true 之 RedirectResult 類別的執行個體。

方法	說明
RedirectToAction(...)	多載。重新導向至指定的動作。
RedirectToActionPermanent(...)	多載。傳回其 Permanent 屬性設為 true 的 RedirectResult 類別的執行個體。
RedirectToRoute(...)	多載。重新導向至指定的路由。
TryUpdateModel<TModel>(...)	多載。更新指定的模型執行個體。
TryValidateModel(...)	多載。驗證指定的模型執行個體。
UpdateModel<TModel>(...)	多載。更新指定的模型執行個體。
ValidateModel(...)	多載。驗證指定的模型執行個體。
View(...)	多載。建立 ViewResult 物件，用來轉譯回應的檢視。

2-2 View 檢視

View 檢視是負責視覺化內容與 UI 介面，View 的延伸檔名為.cshtml 或.vbhtml，依其用途分為三類：

1. View 檢視：就是一般的網頁內容及 UI 介面的設計，裡面是 HTML、CSS、JavaScript 或 Razor 語法的宣告
2. Partial View 部分檢視：它也是 View 的一種，將網頁某一小塊可重複的部分獨立成一個.cshtml，然後提供給 View 或 Action 呼叫使用
3. Layout 佈局檔：佈局檔概念上就是 ASP.NET 的 Master Page 主版面頁，是網站的骨架樣板，裡面是 Navigation 導航選裡單、Header、Footer、SiderBar、jQuery、Bootstrap、css 定義，將網站固定的部分抽離出來讓所有 Views 套用，這樣 Views 就不必再重複定義這些東西，也簡化設計

Views 資料夾

View 檢視是放在 Views 資料夾中，在專案建立之初有 Home 和 Shared 兩個資料夾，及_ViewStart.cshtml 和 Web.config 檔。

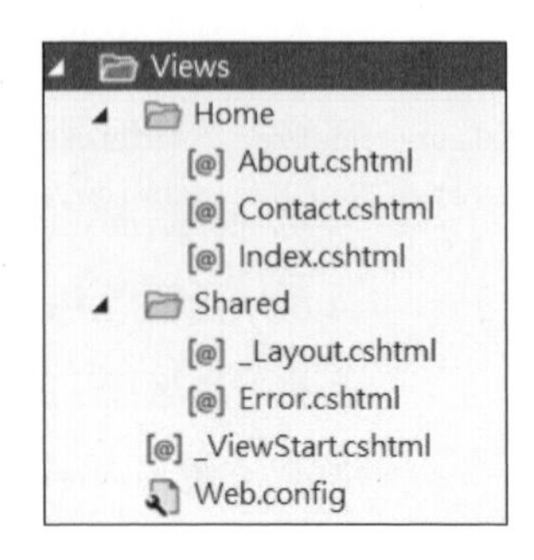

圖 2-2 預設的 Views 資料夾

功能說明：

1. Home 資料夾：它是對應 HomeController 控制器而建立出的，其下的 About.cshtml、Contact.html 和 Index.cshtml 三個檢視檔，與 Home 控制器中 About()、Contact()和 Index()三個 Actions 彼此對映，等於是 Index()動作方法調用 Index.cshtml 檢視，Contact()調用 Contact.cshtml，以此類推。

2. Shared 資料夾：它是存放整個網站共用的佈局檔、部分檢視檔或自訂錯誤頁面。以_Layout.cshtml 來說，它是整個所有 Views 預設套用的佈局檔。

3. _ViewStart.cshtml：而所有 Views 之所以會套用_Layout.cshtml，並不是有什麼神奇魔法使然，而是 _ViewStart.cshtml 的設定所致。因此若想更換整個網站預設的佈局檔，在這裡改成其他佈局檔名稱即可。

Views_ViewStart.cshtml

```
@{
    Layout = "~/Views/Shared/_Layout.cshtml"; ◄── 指定預設佈局檔名稱
}
```

4. Web.config：它是與 Views 檢視有關的設定，例如若有額外命名空間想讓全體 Views 參考，可在這裡加入。

Views\Web.config

```
<system.web.webPages.razor>
  <host factoryType="System.Web.Mvc.MvcWebRazorHostFactory, System.Web.Mvc,
    Version=5.2.3.0, Culture=neutral, PublicKeyToken=31BF3856AD364E35" />
  <pages pageBaseType="System.Web.Mvc.WebViewPage">
    <namespaces>
      <add namespace="System.Web.Mvc" />
      <add namespace="System.Web.Mvc.Ajax" />
      <add namespace="System.Web.Mvc.Html" />
      <add namespace="System.Web.Optimization"/>
      <add namespace="System.Web.Routing" />
      <add namespace="MvcBasic" />
      <add namespace="MvcBasic.Models" />  ◄── 可手動加入所需的命名空間
    </namespaces>
  </pages>
</system.web.webPages.razor>
```

View 的建立方式

View 的建立方式有兩種：

1. 使用 Scaffolding 從 Actions 產生 View（自動）

   這在範例 1-2 已練習過，例如在 MvcBasic 專案的 TestController.cs 中 Index()動作方法上按滑鼠右鍵→【新增檢視】→【MVC 5 檢視】→【加入】→範本【Empty(沒有模型)】→【加入】，就會建立 Views\Test\Index.cshtml 的 View。這是透過 MVC 的 Scaffolding 機制產生出 View 的樣板，此方法較為簡便。

2. 自行加入 View 檢視目錄及檔案（手動）

   若用純手工的方式：❶先在 Views 下建立 Test 資料夾，❷在 Views\Test 目錄下加入 Index.cshtml 檔，由於 MVC Convention 約定的關係，Index()會找到對應的 Views\Test\Index.cshtml 檢視檔。

Views\Test\Index.cshtml

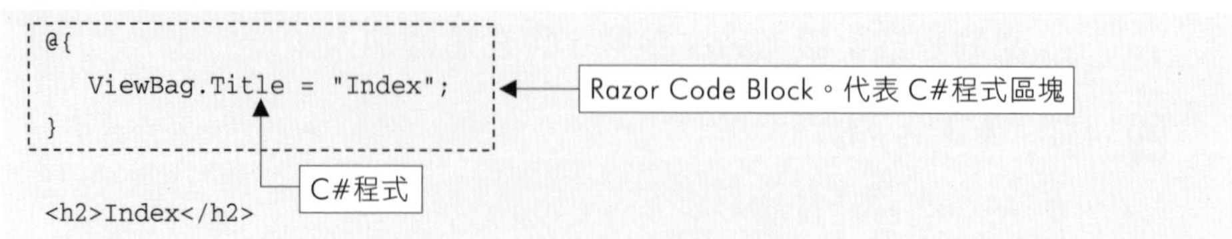
@{
ViewBag.Title = "Index";
}
Razor Code Block。代表 C#程式區塊
C#程式
<h2>Index</h2>

範本【Empty(沒有模型)】會建立出近乎空白的 View 樣板，這是設計網頁內容的地方。而 View 又稱為 Razor View 或 Razor Page，是因為 View 預設的語法就是 Razor。Razor 語法是 HTML + C#的組合，預設是 HTML 語法，若用到 C#變數或區塊，開頭需加上@作為切換符號，而 Razor 語法在後續每個範例都會用到，在第四章會專門介紹。

❖ Action 指定 View 檢視的方式

例如 Home 控制器的 Index()要指定 View 檢視作為輸出，約定默認，View 的名稱和 Action 名稱一致，因此在 Action 中只需調用 View()方法，它就會自動找到 Index.cshtml：

```
return View();  //約定 Action 與 View 名稱一致，故 View 名稱可省略
```

但也可明確定 View 名稱，或指定不同的 View 名稱：

```
return View("Index"); //指定 View 名稱，但不需指定延伸檔名
return View("About"); //Index()動作方法也可指定 About 檢視作為 Render 輸出
```

或可指定完整路徑和檔名，但結尾須加上.cshtml：

```
return View("~/Views/Home/Index.cshtml");
return View("~/Views/Results/Index.cshtml");
```

View 的配套技術與議題

MVC 技術本身不難，但對初學者最複雜的是，它有一堆看不見的系統約定，以及技術上的隱性配套，如果沒弄對，或沒人告訴你正確做法，便會感到不知從何下手，這也是 MVC 較難入手原因。

而雖然 View 表面上和 HTML 檔一樣，也是在做 HTML、CSS 和 JavaScript 的設計，但是 View 整體潛在約定、配套、設計與設定卻複雜得多，為了讓您完全理解 View 的使用，後續小節將討論以下議題：

- Controller / Action 傳遞資料給 View 的四種途徑，而 View 又如何接收及使用資料
- Scaffolding 的進一步運用
- View 如何套用 Layout 佈局檔
- 在 View 中如何引用 CSS 或 JavaScript 函式庫
- Controller / Action / View 三者間的對應關係及名稱調整
- View 預設的搜尋路徑及過程
- Action 須回傳 ActionResult 型別物件，以輸出網頁或資料

2-3 Controller 傳遞資料給 View 的四種途徑

在 MVC 架構及精神下，一個網頁設計會拆分到 Model、View 及 Controller 三個部分。也由於這樣的職責劃分，Controller 和 View 實質上是兩個各自獨立的個體，Controller 有資料想給 View 使用，並非在 Controller 類別中任意宣告一個變數或物件，傳遞給 View，View 就能直接存取到這些變數。

例如 Controller 手上有員工資料，若想傳送給 View，須使用 MVC 內建的四種傳遞機制：ViewData、ViewBag、Model 及 TempData。

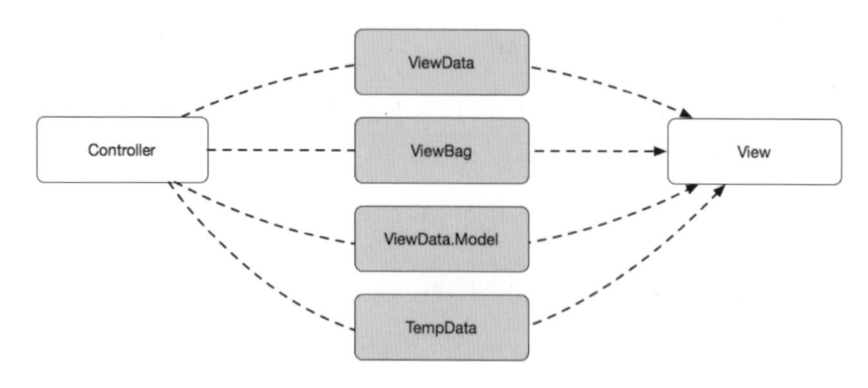

圖 2-3 Controller 傳遞資料到 View 的四種機制

表 2-3 Controller 傳遞資料到 View 的四種方式

說明 / 方式	特性	使用時機與限制
ViewData	為 ViewDataDictionary 型別，key 與 value 成對的 Dictionary。	用於 Action 傳遞資料給 View。若網頁轉向資料便會消失，無法跨 Controller/Action 傳遞資料。
ViewBag	dynamic 動態型別 Property，內部為 DynamicViewDataDictionary 型別。	同上
Model	為廣義的資料模型，像集合、陣列或物件皆可作為 Model 傳遞至 View。	同上
TempData	為 TempDataDictionary 型別，也是 key 與 value 成對的 Dictionary。	用於跨 Controller/Action 傳遞資料。但因資料儲存在 Session 中，資料不受網頁轉向影響而消失。

以下說明：

1. ViewData、ViewBag 和 Model 表面上是三個存取個體，但實際資料都是儲存在同一個 ViewData 個體中。

2. ViewData、ViewBag 和 Model 資料的僅存活於當次 Request 請求，一旦做轉向，資料就會消失。

3. ViewDataDictionary 和 TempDataDictionary 皆繼承 IDictionary <string, object>介面，但最大不同點是，TempDataDictionary 資料是儲存在 Session 中，即使網頁轉向資料仍在，可跨 Controller/Action 傳遞資料。

2-3-1 以 ViewData 傳遞資料

ViewData 是一種 Key 和 Value 成對的 Dictionary，在 Action 中用 ViewData["Key 名稱"]指定 Value 值，作為傳遞的資料，資料可為任何類型：

Controllers\PassDataController.cs

```
public ActionResult PassViewData()
{
    ViewData["Name"] = "Kevin";             //儲存字串
               Key        Value
    ViewData["Age"] = 33;                   //儲存整數
    ViewData["Single"] = true;              //儲存布林值
    ViewData["Employees"] = empsList;  //儲存 model 集合物件

    return View();
}
```

說明：

1. 因 ViewData 是 IDictionary<string, object>緣故，資料是以 object 型別加入到 ViewDataDictionary 中，故 ViewData 可儲存任何型別資料。
2. ViewData 資料使用時需做轉型（String 型別除外）。
3. 如果網頁發生轉向動作，ViewData 資料會被清空。

而在 View 檢視中使用 Key 名稱存取 ViewData 資料：

Views\PassData\PassViewData.cshtml

```
<ul>
    <li>Name : @ViewData["Name"]</li>
    <li>Age : @((int)ViewData["Age"]+1)</li>  ← 除字串外，資料需明確轉型
    <li>Single : @ViewData["Single"]</li>
</ul>

<hr />
<ul>   ViewData 有公開 GetEnumerator()方法，故可用 foreach 存取 ViewData 資料
    @foreach (var item in ViewData)
    {
        <li>@item.Key, @item.Value</li>
    }
</ul>
```

- Name : Kevin
- Age : 34
- Single : True

- Name, Kevin
- Age, 33
- Single, True
- Employees, System.Collections.Generic.List`1[MvcBasic.Models.Employee]
- Title, PassViewData

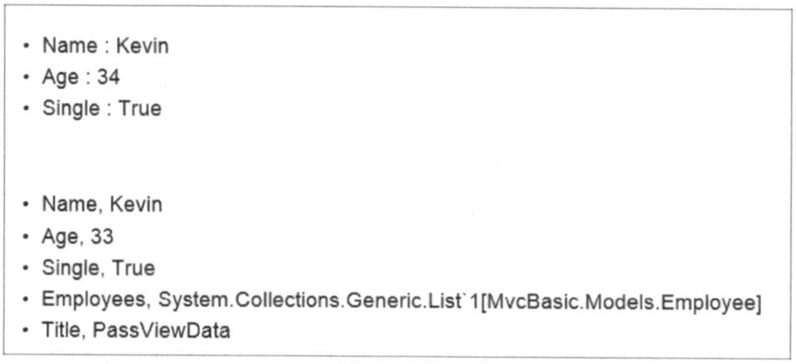

圖 2-4 在 View 中讀取及顯示 ViewData 資料

2-3-2 以 ViewBag 傳遞資料

ViewBag 是 dynamic 型別的 Property，可動態新增無限多個屬性，指派的 Value 值可為任何型別：

Controllers\PassDataController.cs

```
public ActionResult PassViewBag()
{
    ViewBag.Nickname = "Mary";
    ViewBag.Height = 168;
```

```
    ViewBag.Weight = 52;
    ViewBag.Married = false;
    ViewBag.EmpsList = empsList;     //儲存model 集合物件

    return View();
}
```

說明：

1. ViewBag 可以和 ViewData 同時使用，但 ViewData 的 Key 與 ViewBag 屬性名稱必須錯開。
2. ViewBag 資料使用時不需做轉型，這點比 ViewData 來得方便。
3. dynamic 型別是.NET Framework 4.0 加入之功能，其特性是會略過編譯時期的型別和 Operation 作業檢查。
4. ViewBag 之所以能動態加入屬性，是因為它是 DynamicView-DataDictionary 型別物件，繼承了 DynamicObject 類別，並實作 TryGetMember 和 TrySetMember 方法，故能動態設定與讀取屬性。

在 View 檢視中存取 ViewBag 的語法為：

Views\PassData\PassViewBag.cshtml

```
<ul>
    <li>Name : @ViewBag.Nickname</li>
    <li>Height : @ViewBag.Height</li>
    <li>Weight : @ViewBag.Weight</li>
    <li>Married : @ViewBag.Married</li>
</ul>
```

2-3-3 以 Model 傳遞資料

如果資料是 Data Model、View Model、集合或陣列類型，廣義上它們都是 Model 的概念，傳遞 Model 資料給 View 的方式有兩種：

Controllers\PassDataController.cs

```
public ActionResult PassModel()
{
    //1.呼叫 View()方法時，直接將 model 當成參數傳入
    return View(model 物件);

    //2.將 model 物件指定給 ViewData.Model 屬性
    //ViewData.Model = model 物件;
    //return View();
}
```

說明：建議使用第一種方式，因為簡潔俐落。另外雖然 ViewData 和 ViewBag 也能傳遞 model 物件，但不建議這麼做，這是因為 Model 和 Action 及 View 之間還有額外的配套運作機制，2-5 小節會提到。

範例 2-1 Controller 傳遞資料給 View－以寵物店為例

在此用一個簡單的寵物店為例，示範由 Controller 傳遞資料到 View 的三種方式，包括 ViewData、ViewBag 和 Model，步驟如下：

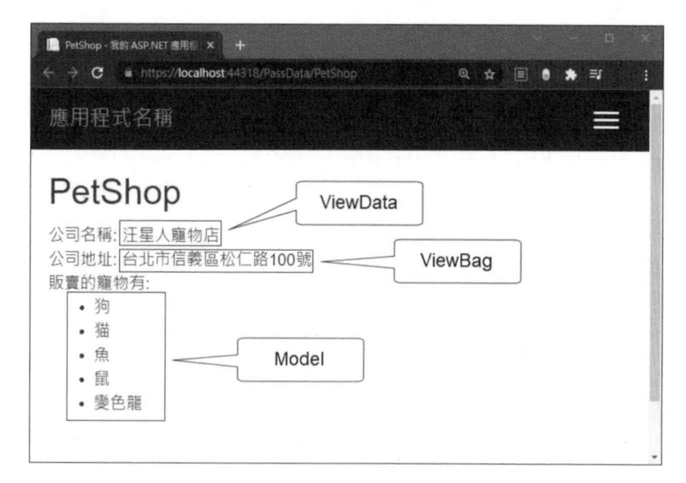

圖 2-5 在 PetShop 檢視中顯示 Controller 傳來的資料

step01 在 Controllers 資料夾按滑鼠右鍵→【加入】→【控制器】→【MVC 5 控制器-空白】→【加入】，命名為「PassDataController」。

加入控制器

控制器名稱(C): PassDataController

加入 取消

圖 2-6 命名 PassData 控制器

step02 在 PassData 控制器中新增一個 PetShop()的 Action。

Controllers\PassDataController.cs

```
namespace MvcBasic.Controllers
{
    public class PassDataController : Controller
    {
      ...
       public ActionResult PetShop()
       {
           return View();
       }
    }
}
```

3.回傳型別

1.Action 動作方法

2.以 View()方法回傳 ActionResult 型別結果

step03 在 PetShop()中以 ViewData、ViewBag 和 Model 傳遞資料給 View：

```
public ActionResult PetShop()
{
    //1.使用 ViewData 傳遞資料到 View
    ViewData["Company"] = "汪星人寵物店";
    //2.使用 ViewBag 傳遞資料到 View
    ViewBag.Address = "台北市信義區松山路 100 號";
    //宣告一個 List 泛型集合,代表 model 資料模型
    List<string> petList = new List<string>();
    petList.Add("狗");
    petsList.Add("貓");
    petsList.Add("魚");
    petsList.Add("鼠");
    petsList.Add("變色龍");
```

ViewData["Company"]指定資料

ViewBag.Address 指定資料

List 泛型集合代表 model 物件

```
    //3.將 petsList 資料模型指派給 ViewData.Model 屬性，傳遞到 View
    ViewData.Model = petsList;    ◄── 用 ViewData.Model 指定 model 物件
    return View();
           ▲
           └── 呼叫 View()方法後，三種資料就會傳遞給 View 檢視
    //實際上傳送 model 物件給 View,會更常使用 View(petsList)語法取代

    //return View(petsList);
}
```

說明：

1. ViewData 的 Key 名稱不能和 ViewBag 的 property 名稱相同，例如不能同時設定 ViewData["**Name**"]="Kevin"和 ViewBag.**Name** ="Kevin"。

2. Action 呼叫 View()方法後，會用 ViewData、model、TempData、ViewName 和 ViewEngineCollection 五個參數初始化並回傳 ViewResult 物件。

step04 在 PetShop()方法按滑鼠右鍵→【新增檢視】→【MVC 5 檢視】→【加入】→範本【Empty(沒有模型)】→【加入】，於 PetShop.cshtml 加入以下程式，顯示 ViewData、ViewBag 和 Model 三種資料：

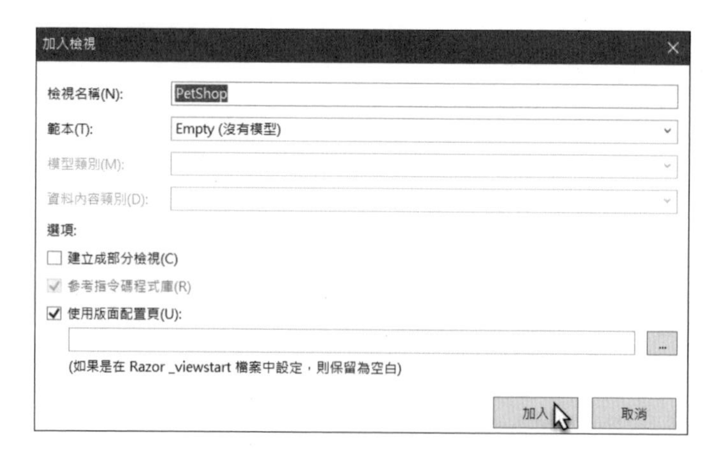

圖 2-7 新增 View 檢視

Views\PassData\PetShop.cshtml

```
@{
    ViewBag.Title = "PetShop";
}
<h2>PetShop</h2>
公司名稱: @ViewData["Company"] <br />
公司地址: @ViewBag.Address <br />
販賣的寵物有:<br />

<ul>
    @foreach (var pet in Model)
    {
        <li>@pet</li>
    }
</ul>
```

用@ViewData["Company"]讀取資料

用@ViewData.Address 讀取資料

用 foreach 或 for 迴圈讀取 Model 中 List 集合項目

用 Model 關鍵字讀取資料

pet 為 Model 中資料項目

說明：在 View 頁面（.cshtml）中存取 C#變數或.NET 物件，開頭一律用@符號，這是 Razor 語法規則。

step**05** 改用 View(model 物件)取代 ViewData.Model 的簡潔語法。

✦ 原本語法

```
ViewData.Model = petsList;
return View();
```

✦ 簡化語法

```
//實際上傳送 model 物件給 View,會更常使用 View(petsList)語法
return View(petList);
```

2-3-4 以 TempData 傳遞資料

ViewData、ViewBag 和 Model 三種傳遞資料的方式，適用於 Controller / Action 傳遞資料給 View。但若不同 Actions 之間傳遞資料，無論是同一個 Controller 或不同 Controller，就必須使用 TempData。

例如 PassData 控制器的 PassTempData()動作方法，要使用 TempData 傳遞資料給 ErrorHandler 控制器之 ErrorMessage()動作方法：

Controllers\PassDataController.cs

```
public ActionResult PassTempData()
{
    TempData["ErrorMessage"]="無足夠權限存取系統資料, 請連絡系統管理人員";
    TempData["UserName"] = "David";
    TempData["Time"] = DateTime.Now.ToLongTimeString();
    return RedirectToAction("ErrorMessage", "ErrorHandler");
}
```

轉向到另一個 Action　　Action 名稱　　Controller 名稱

說明：

1. 跨 Actions 傳遞資料實際上是網頁轉向動作，而 TempData 之所支持這種跨 Actions 能力，是因為 TempData 是儲存在 Session 的緣故。
2. TempData 資料使用時需做轉型（String 型別除外）。

而 ErrorHandler 控制器這端的 ErrorMessage()也可做一些 TempData 資料檢查。

Controllers\ErrorHandlerController.cs

```
public ActionResult ErrorMessage()
{
    if (!TempData.ContainsKey("ErrorMessage"))
    {
```

檢查是否有"ErrorMessage"這個 key

```
        return new EmptyResult();   // 不回傳任何東西
    }

    TempData.Keep();   // 指示系統保留 TempData 資料，不要清除
    //TempData.Keep("ErrorMessage");   // 保留指定的 key 資料

    return View();
}
```

說明：

1. 為求嚴謹，TempData 可做資料防呆檢查，但並非強制性。
2. TempData 是儲存在 Session 中，View 用完後 TempData 就消失了，可在瀏覽器按 F5 驗證。若想將 TempData 做保存，可使用 Keep()方法。

而 View 存取 TempData 語法如下：

Views\ErrorHandler\ErrorMessage.cshtml

```
<h2>訊息摘要 : </h2>
<ul>
    <li>使用者 : @TempData["UserName"]</li>
    <li>時  間 : @TempData["Time"]</li>
    <li>訊  息 : @TempData["ErrorMessage"]</li>
</ul>
```

2-4 建立 Model 模型與強型別檢視

Model 職責上包含商業邏輯和資料存取兩大範圍，不過這節並未要廣泛介紹 Model 所有層面細節，而是討論以下幾個面向：

- Model 模型的建立及資料初始化
- 利用 Scaffolding 從 Model 產出 View 檢視
- 強型別檢視與動態型別檢視的區別

2-4-1 利用 Scaffolding 從 Model 產出 View 檢視

前面 PetShop 範例用 List<string>泛型集合建立簡單的 model 物件，然後透過 Model 傳遞給 View。那下面的員工通訊錄資料要如何用 List 泛型集合建立 Model？

表 2-4 員工通訊錄

員工編號	姓名	電話	電子郵件
10001	David	0933-154228	david@gmail.com
10002	Mary	0925-157886	mary@gmail.com
10003	John	0921-335884	john@gmail.com
10004	Cindy	0971-628322	cindy@gmail.com
10005	Rose	0933-154228	rose@gmail.com

先點出 Model 語法形式：

```
List<Employee> employees = new List<Employee>
{
 new Employee {Id=10001, Name="David", Phone="0933-154228", Email="david@gmail.com"},
 new Employee {Id=10002, Name="Mary", Phone="0925-157886", Email="mary@gmail.com"},
 new Employee {Id=10003, Name="John", Phone="0921-335884", Email="john@gmail.com"},
 new Employee {Id=10004, Name="Cindy", Phone= "0971-628322", Email="cindy@gmail.com"},
 new Employee {Id=10005, Name="Rose", Phone="0933-154228",  Email="rose@gmail.com"}
};
```

以上 List<Employee>是泛型集合，共有五個 Employee 型別物件（代表五筆資料），而 employees 就代表 model 物件，將 employees 以 Model 的方式傳遞給 View 做顯示。

範例 2-2 製作員工通訊錄列表

製作員工通訊錄步驟如下：

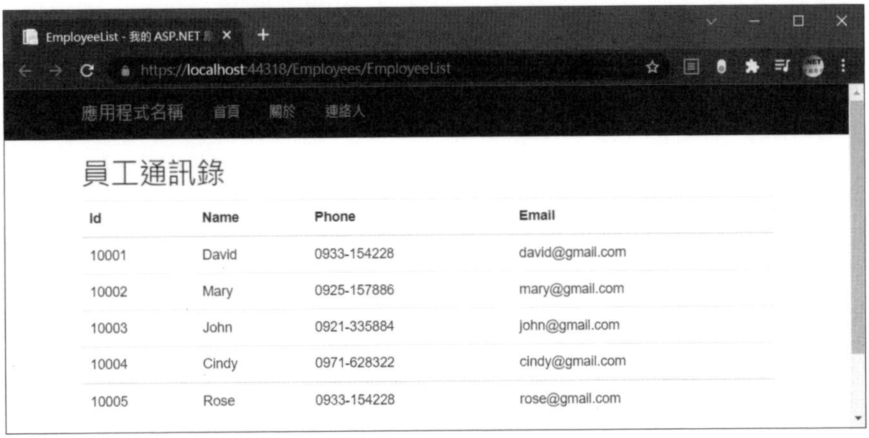
EmployeeList - 我的 ASP.NET
https://localhost:44318/Employees/EmployeeList
應用程式名稱
首頁
關於
連絡人
員工通訊錄
Id Name Phone Email
10001 David 0933-154228 david@gmail.com
10002 Mary 0925-157886 mary@gmail.com
10003 John 0921-335884 john@gmail.com
10004 Cindy 0971-628322 cindy@gmail.com
10005 Rose 0933-154228 rose@gmail.com

圖 2-8 員工通訊錄列表

step01 建立 Employee 的 Model 模型

在 Action 建立 List<Employee> 泛型集合前，需先建立 Employee 模型，在 Models 資料夾按滑鼠右鍵→加入 Employee.cs 類別及四個屬性：

Models\Employee.cs

```
namespace MvcBasic.Models
{
    public class Employee
    {
        public int Id { get; set; }
        public string Name { get; set; }
        public string Phone { get; set; }
        public string Email { get; set; }
    }
}
```

Model 模型定義

step02 在 Controllers 資料夾按滑鼠右鍵→【加入】→【控制器】→【MVC 5 控制器-空白】→【加入】，命名為「EmployeesController」。

step03 在 Controller 引用 Model 命名空間，這樣 Controller 才能參考到 Models 資料夾中的 Employee.cs 類別。

```
using MvcBasic.Models;
```

step04 建立 model 資料物件

在 Action 中建立 model 資料物件，是在 Employees 控制器的 EmployeeList()方法，以 List 泛型集合初始員工資料：

Controllers\EmployeesController.cs

```
public class EmployeesController : Controller
{
    public ActionResult EmployeeList()
    {
        List<Employee> employees = new List<Employee>
        {
 new Employee {Id=10001, Name="David", Phone="0933-154228",Email="david@gmail.com"},
 new Employee {Id=10002, Name="Mary", Phone="0925-157886", Email="mary@gmail.com"},
 new Employee {Id=10003, Name="John", Phone="0921-335884", Email="john@gmail.com"},
 new Employee {Id=10004, Name="Cindy", Phone="0971-628322", Email="cindy@gmail.com"},
 new Employee {Id=10005, Name="Rose", Phone="0933-154228", Email="rose@gmail.com"}
        };
        return View(employees);
    }
}
```


說明：以上「集合初始化設定」在 1-12 小節曾介紹過。

step05 利用範本及 Model 模型類別快速產出 View 檢視樣板

在這借助 Scaffolding 樣板自動產生機制，快速建立出 View 檢視。在 EmployeeList ()方法按滑鼠右鍵→【新增檢視】→【MVC 5 檢視】

→【加入】→範本選擇【List】→模型類別選擇「Employee (MvcBasic.Models)」→【加入】。

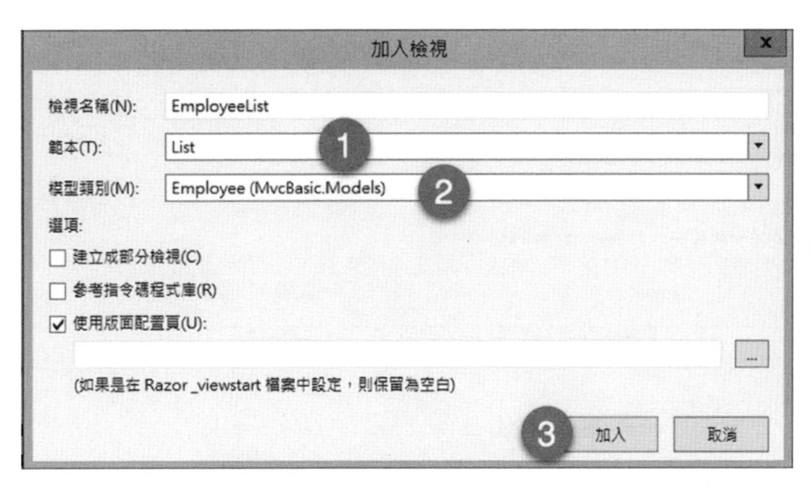

圖 2-9 設定檢視的範本及模型類別

step06 下面是自動產生的View樣板，檔名結尾是.cshtml，它就是Razor Page，裡面是HTML和C#兩種語法混合體，而C#指令前面一定要加@符號。

Views\Employees\EmployeeList.cshtml

```
@model IEnumerable<MvcBasic.Models.Employee>
                              ↑ 用@model 指示詞明確設定傳入 model 物件的型別
@{
    ViewBag.Title = "EmployeeList";
}
<h2>員工通訊錄</h2>
@*<p>                                          註記掉
    @Html.ActionLink("Create New", "Create")
</p>*@
<table class="table">
    <tr>
                          DisplayNameFor 方法是用來顯示 Model 標題名稱
        <th>
            @Html.DisplayNameFor(model => model.Id)
        </th>
        <th>
```

```
            @Html.DisplayNameFor(model => model.Name)
        </th>
        <th>
            @Html.DisplayNameFor(model => model.Phone)
        </th>
        <th>
            @Html.DisplayNameFor(model => model.Email)
        </th>
    </tr>
                                    用 foreach 逐一取出 Model 中 Item 項目
@foreach (var item in Model) {
    <tr>
                                    DisplayFor 方法是用來顯示 Item 項目值
        <td>
            @Html.DisplayFor(modelItem => item.Id)
        </td>
        <td>
            @Html.DisplayFor(modelItem => item.Name)
        </td>
        <td>
            @Html.DisplayFor(modelItem => item.Phone)
        </td>
        <td>
            @Html.DisplayFor(modelItem => item.Email)
        </td>
                                                                    註記掉
        @*<td>
            @Html.ActionLink("Edit", "Edit", new { id=item.Id }) |
            @Html.ActionLink("Details", "Details", new { id=item.Id }) |
            @Html.ActionLink("Delete", "Delete", new { id=item.Id })
        </td>*@
    </tr>
                                    ActionLink 是用來產生 Action 方法的超連結 URL
}
</table>
```

說明：

1. @model 是用來宣告強型別檢視，好處是支援 IntelliSense 及編譯時檢查。

2. IEnumerable<MvcBasic.Models.Employee>就是針對傳入的 List<Employee>集合公開一個列舉器。

3. Html.DisplayNameFor(model => model.Id)指令，其中 Html 是指 HTML Helper，DisplayNameFor 是 HTML Helper 支援的眾多方法之一，用來顯示 Model 的標題，model => model.Id 是 Lambda 表示式。

4. Html.DisplayFor(modelItem => item.Id)是用來顯示 Model 項目值。

5. 原本自動產生的 View 沒有顯示 Id 欄位，需要的話可以自行補上。

6. ActionLink()是用來產生 Action 方法超連結 URL，包含完整的 Controller/Action/Id。

7. HTML Helpers 的相關指令詳細用法在第七章會介紹。

2-4-2 強型別檢視和動態型別檢視之區別

Action 以 Model 方式傳遞資料給 View，而在 View 這端，卻會因為是否用@model 指示詞具體指明傳入 Model 的型別為何，而有強型別檢視（Strongly Typed View）與動態型別檢視（Dynamic Typed View）之差異。

像之前寵物店例子，Action 傳遞 Model 給 View，在 View 開頭處並未使用@model 指示詞宣告型別，那麼這個 View 就會是動態型別檢視，而缺點是效能較差、不支援 IntelliSense 和編譯時期型別檢查。比較好的作法是在開頭處用@model 宣告 Model 型別，View 就會是強型別檢視：

Views\PassData\PetShop.cshtml

```
@model List<string>  ◄── 因明確指定了 Model 型別，所以 View 為強型別檢視
...
<ul>
    @for(int i=0; i < Model.Count;i++)
    {
        <li>@Model[i]</li>
    }
</ul>
```

然而，為了見識到強型別檢視對 IntelliSense 和型別檢查的支援，下面有兩個 Actions 分別傳送單筆和多筆 Model 資料給 View，重點在 View 的@model 指示詞單筆和多筆會有不一樣的宣告方式。

Controllers\PassDataController.cs

```
public ActionResult StronglyTypedView()
{
    //傳送單筆資料
    Employee employee = new Employee
    {
        Id = 10001,
        Name = "David",
        Phone = "0933-154228",
        Email = "david@gmail.com"
    };

    return View(employee);
}

public ActionResult StronglyTypedViewList()
{
    //以 List<Employee>泛型集合傳送多筆資料
    return View(empsList);
}
```

以下在 StrongTypedView 檢視用@model 指示詞，明確宣告傳入 Model 型別為 Employee，這個 View 便會成為強型別檢視，有較好效能，支援 IntelliSense 和編譯時期型別檢查。

Views\PassData\StronglyTypedView.cshtml

```
@model Employee
        單筆資料(非集合)。用@model 指示詞宣告傳入 Model 為 Employee 型別
@{
    ViewBag.Title = "Strongly Typed View";
}
<h2>Strongly Typed View</h2>
<ul>
    <li>@Model.Id   </li>
    <li>@Model.Name </li>     支援 IntelliSense 和編譯型別檢查
    <li>@Model.Phone</li>
    <li>@Model.Email</li>
</ul>
```

說明：

1. 非集合類型的單筆資料之 model 物件，通常直接宣告型別，前面不需加上 IEnumerable<T>。
2. 許多人常會被@model 和@Model 二者混淆，@model 是指示詞，用來指定傳入 model 型別；而@Model 開頭的@符號，恰巧只是 Razor 中的 C#切換符號，而 Model 屬性是用來讀取 model 物件資料。
3. Model 屬性如果在 Razor 的程式區塊中，使用上就不需加上@符號。

StronglyTypedViewList 檢視傳入的 List<Employee>泛型集合，@model 指示詞宣告如下：

Views\PassData\StronglyTypedViewList.cshtml

```
@model IEnumerable<MvcBasic.Models.Employee>
...
```

集合式多筆資料。用 IEnumerable<T>來具體指明 Model 型別

2-5 利用 Data Annotations 技巧將 Model 欄位名稱用中文顯示

Model 功能不單只是用來容納資料，還可在 Model 上做資料驗證、資料規則設定，甚至是欄位名稱的改變。

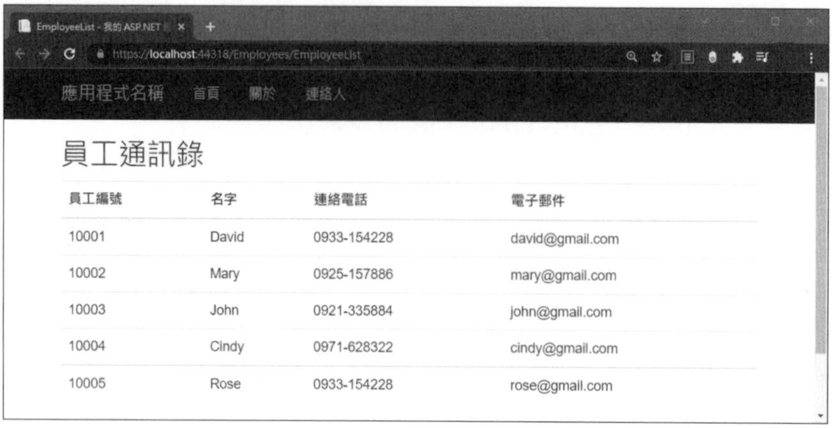
EmployeeList - 我的 ASP.NET
https://localhost:44318/Employees/EmployeeList
應用程式名稱
首頁
關於
連絡人
員工通訊錄
員工編號 名字 連絡電話 電子郵件
10001 David 0933-154228 david@gmail.com
10002 Mary 0925-157886 mary@gmail.com
10003 John 0921-335884 john@gmail.com
10004 Cindy 0971-628322 cindy@gmail.com
10005 Rose 0933-154228 rose@gmail.com

圖 2-10 Table 欄位標題以中文顯示

在此利用 Data Annotations 機制將英文欄位標題改為中文顯示，方式是在 Employee 模型的屬性前加上[Display(Name = "...")]設定：

Models\Employee.cs

```
using System.ComponentModel.DataAnnotations;   ◄── 引用 Data Annotations 命名空間
namespace MvcBasic.Models
{
    public class Employee          使用 Display(Name = "…") 變更顯示名稱
    {
        [Display(Name = "員工編號")]
        public int Id { get; set; }
        [Display(Name = "名字")]
        public string Name { get; set; }
        [Display(Name = "連絡電話")]
        public string Phone { get; set; }
        [Display(Name = "電子郵件")]
        public string Email { get; set; }
    }
}
```

說明：Data Annotations 是用來定義中繼資料的屬性類別，而[...]中括號就是它的表示法，使用前須 using 參考 DataAnnotations 命名空間。

2-6 以 Scaffolding 快速建立完整的 CRUD 資料庫讀寫程式

目前為止的範例，僅止於資料的唯讀顯示，且資料還不是從 SQL Server 讀取。這節則是要製作完整 CRUD 功能的資料庫讀寫程式，目標有兩個：

1. 用 Scaffolding 機制快速建立出具備 CRUD 功能的 MVC 程式。
2. CRUD 的讀/寫/新增/刪除功能完全是對 SQL Server 作業（LocalDB）。

> **TIP**
>
> CRUD 是 Create、Read、Update 及 Delete 四字的縮寫。

2-6-1 以 Scaffolding 快速建立 CRUD 資料庫讀寫程式

Scaffolding 是什麼？它是 Visual Studio 用來產生各種 MVC 程式樣板的 Code Generation Framework（程式產生框架，或想成程式產生器）。透過 Scaffolding 可迅速產出 CRUD 相關的 Controller / Actions、Views 及 Entity Framework 及資料庫設定，立即建立出現成可用的網頁資料庫程式。這樣便不需從零辛苦編寫程式，省掉前段產出工作，然後對這些樣板再修改或精緻化，這就是 Scaffolding 用意。

範例 2-3 以 Scaffolding 快速建立 CRUD 的資料庫應用程式

這裡以朋友連絡資訊為例，以 Scaffolding 快速建立具備 CRUD 讀寫資料庫的 MVC 程式，過程如下。

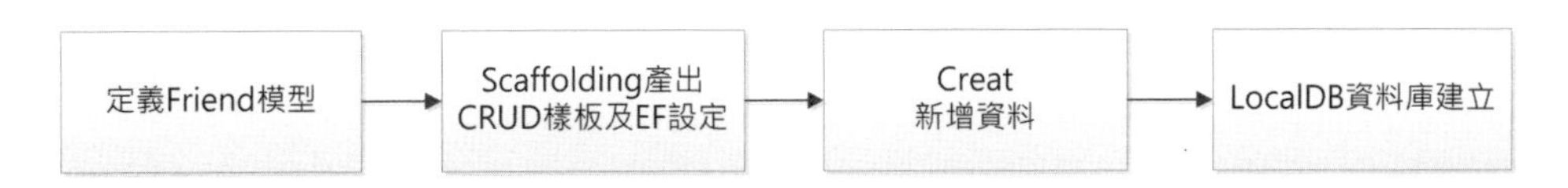

step01 在 Models 資料夾加入 Friend.cs 模型，然後儲存，按下 Ctrl+Shift+B 建置專案（必要）。

Models\Friend.cs

```
namespace MvcBasic.Models
{
    public class Friend
    {
        public int Id { get; set; }
        public string Name { get; set; }
        public string Phone { get; set; }
        public string Email { get; set; }
        public string City { get; set; }
    }
}
```

step02 利用 Scaffolding 建立 Controller、View 及資料庫設定

1. 在 Controllers 資料夾→【加入】→【新增 Scaffold 項目】→【控制器】→【具有檢視、使用 Entity Framework 的 MVC 5 控制器】。

圖 2-11 新增 Scaffold 項目

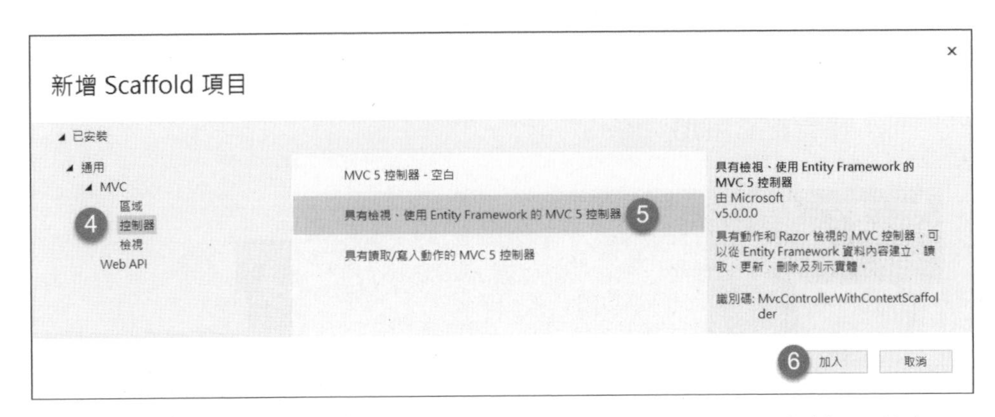

圖 2-12 選擇「具有檢視、使用 Entity Framework 的 MVC 5 控制器」範本

2. 模型類別選擇「Friend」→點選資料內容類別右側的＋加號→名稱改為「FriendContext」→【加入】→【加入】。然後 Scaffolding 就會建立相關檔案及設定。

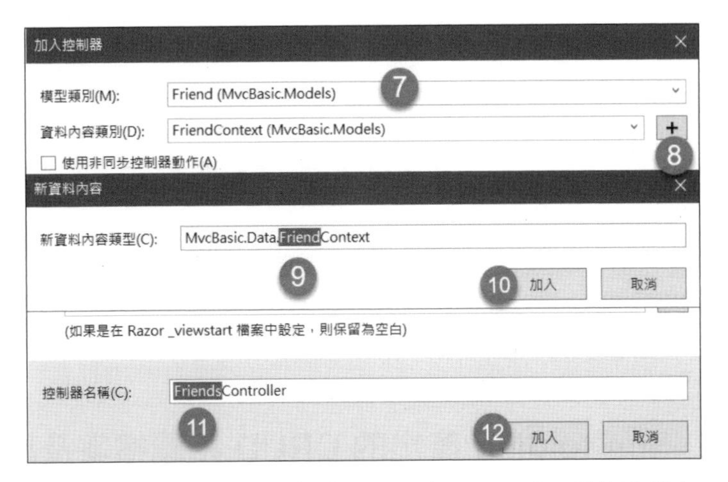

圖 2-13 以 Scaffolding 新增 CRUD 之 Controller 及範本設定

step03 瀏覽 Friends/Index，點選 Create 連結，建立一筆新資料。然後在 Index 頁面中，每筆資料右側有 Edit、Details 與 Delete，構成完整 CRUD 功能。

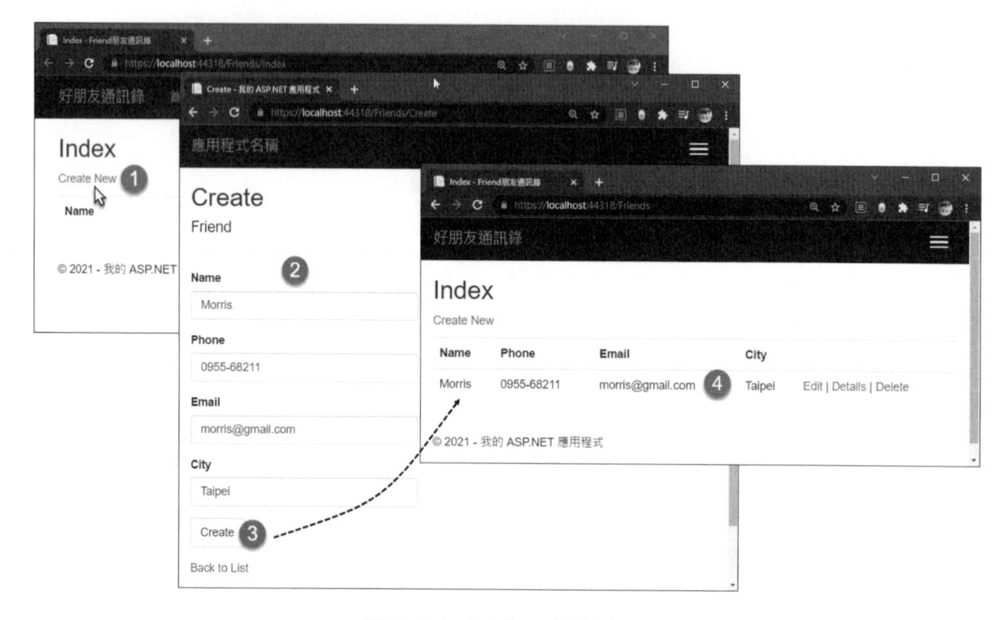

圖 2-14 新增一筆資料

用 Scaffolding 產出 CRUD 程式的核心起點，就是先定好義 Model，後續 Controller、View 及 Entity Framework 及資料庫設定，Scaffolding 就能幫你瞬間產生，省掉不少力氣。

2-6-2 Scaffolding 產出的 CRUD 相關檔案及結構說明

Scaffolding 後產出的四類檔案及設定：

1. 在 Controllers 資料夾中產生一個 FriendsController.cs 檔
2. 在 Views 資料夾下建立 Friends 子資料夾，其中又包含五個.cshtml 檔

3. 在 Models 資料夾中建立一個 FriendContext.cs 檔，它是 Entity Framework 負責對資料庫作業的物件

4. 在 Web.config 中加入資料庫連線設定

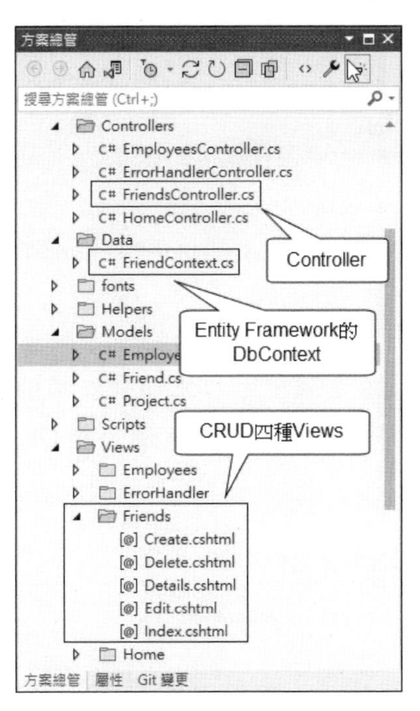

圖 2-15 Scaffolding 產出的 Controller 及 View 等檔案

> **TIP**
>
> **後續會用 EF 簡稱 Entity Framework，必要時才使用全名。**

■ LocalDB 資料庫檔案

先前用瀏覽器新增資料後，EF 會對 LocalDB 進行資料寫入動作，若想瀏覽資料，可 SQL Server 物件總管的 Friends 資料表【檢視資料】瀏覽記錄。

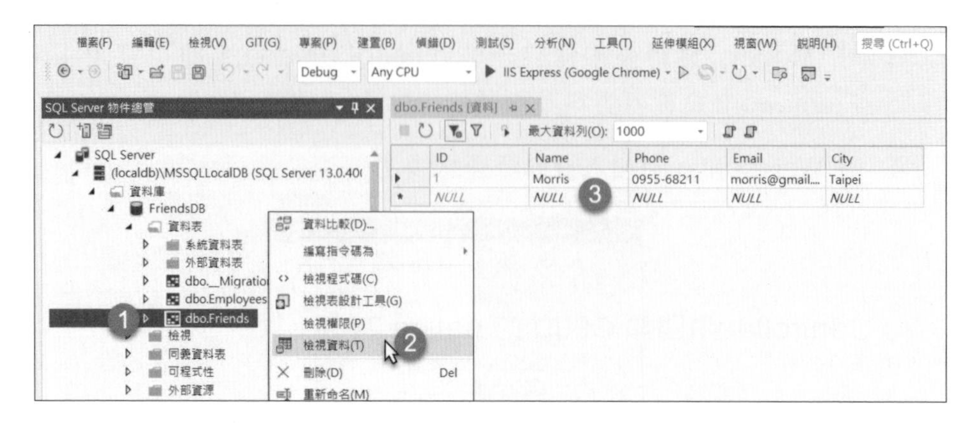

圖 2-16 檢視 LocalDB 中的 FriendsDB 資料庫

■ FriendContext.cs 檔

FriendContext.cs 是繼承自 DbContext 類別，簡言之，EF 對 SQL 資料庫的作業就是透過 DbContext 來管理，而 DbSet 是用來查詢 Entity 個體資料集合。

Models\FriendContext.cs

```
public class FriendContext : DbContext
{
    public FriendContext() : base("name=FriendContext")
    {
    }
    public System.Data.Entity.DbSet<MvcBasic.Models.Friend> Friends { get; set; }
}
```

指定 Web.config 中的資料庫連線名稱

■ Web.config 中的資料庫連線設定

Scaffolding 會在 Web.config 中加入資料庫連線設定：

Web.config

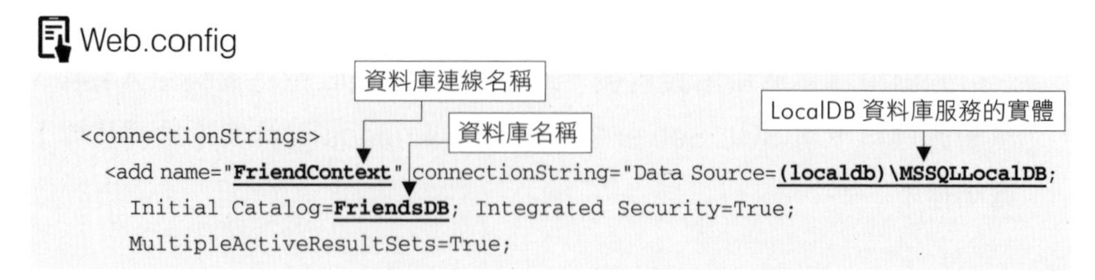


```
<connectionStrings>
  <add name="FriendContext" connectionString="Data Source=(localdb)\MSSQLLocalDB;
    Initial Catalog=FriendsDB; Integrated Security=True;
    MultipleActiveResultSets=True;
```

```
    AttachDbFilename=|DataDirectory|FriendsDBFile.mdf"
    providerName="System.Data.SqlClient" />          資料庫檔名稱
</connectionStrings>
```

以上有關資料庫的部分都是以 FriendContext 為名稱或開頭，但這只是樣板命名的巧合，三者可使用全然不同的名稱。

❖ Controller 中四類 CRUD 的 Action 方法

Friends 控制器有四類 CRUD 的 Actions：Index（顯示列表）、Details（顯示明細）、Create（新增）、Edit（編輯）、Delete（刪除）資料，以下是重點說明：

1. Index 和 Details 是用於顯示，作為顯示功能的只有一個 Action 方法。
2. 異動用途的，像新增有兩個 Create 方法，編輯也有兩個 Edit 方法，以 Edit 為例，一個用於顯示（GET 方法），另一個用於異動資料（POST 方法）。
3. 那麼刪除是否一定需要兩個 Delete 方法，一個用於顯示、一個用於異動？這是因為樣板做成雙重確認的緣故，其實做成一個 Delete 方法也行。
4. Create、Edit 和 Delete 三個異動資料的 Action 方法都有套用 [ValidateAntiForgeryToken] attribute，目的是為防止 Cross-Site Request Forgery（CSRF）跨網站偽造請求的攻擊。

Controllers\FriendsController.cs

```
public class FriendsController : Controller
{
    private FriendContext db = new FriendContext();
                                    初始化 EF 的 DbContext 物件

    // GET: Friends ◄── Action 預設為 GET 方法
    public ActionResult Index()
    {
        return View(db.Friends.ToList());
```

```
}

// GET: Friends/Details/5                    資料明細，需傳入 id 參數
public ActionResult Details(int? id)
{
    if (id == null)
    {
        return new HttpStatusCodeResult(HttpStatusCode.BadRequest);
    }
    Friend friend = db.Friends.Find(id);
    if (friend == null)
    {
        return HttpNotFound();
    }
    return View(friend);
}

// GET: Friends/Create                Create 新增資料－顯示用
public ActionResult Create()
{
    return View();
}

// POST: Friends/Create
// 若要免於過量張貼攻擊，請啟用想要繫結的特定屬性，如需
// 詳細資訊，請參閱 https://go.microsoft.com/fwlink/?LinkId=317598。
[HttpPost]  ← Create、Edit、Delete 異動資料需搭配 POST 方法
[ValidateAntiForgeryToken]  ← 防止跨網站偽造請求的攻擊
public ActionResult Create([Bind(Include = "Id,Name,Phone,Email,City")]
  Friend friend)        Create 新增資料－Form 表單資料回寫用
{
    if (ModelState.IsValid)
    {
        db.Friends.Add(friend);
        db.SaveChanges();
        return RedirectToAction("Index");
    }

    return View(friend);
}

// GET: Friends/Edit/5          Edit 編輯資料，需傳入 id 參數－顯示用
public ActionResult Edit(int? id)
```

```
{
    if (id == null)
    {
        return new HttpStatusCodeResult(HttpStatusCode.BadRequest);
    }
    Friend friend = db.Friends.Find(id);
    if (friend == null)
    {
        return HttpNotFound();
    }
    return View(friend);
}

// POST: Friends/Edit/5
// 若要免於過量張貼攻擊，請啟用想要繫結的特定屬性，如需
// 詳細資訊，請參閱 https://go.microsoft.com/fwlink/?LinkId=317598。
[HttpPost]
[ValidateAntiForgeryToken]
public ActionResult Edit([Bind(Include = "Id,Name,Phone,Email,City")] Friend
    friend)
{
    if (ModelState.IsValid)
    {
        db.Entry(friend).State = EntityState.Modified;
        db.SaveChanges();
        return RedirectToAction("Index");
    }
    return View(friend);
}

// GET: Friends/Delete/5
public ActionResult Delete(int? id)
{
    if (id == null)
    {
        return new HttpStatusCodeResult(HttpStatusCode.BadRequest);
    }
    Friend friend = db.Friends.Find(id);
    if (friend == null)
    {
        return HttpNotFound();
    }
    return View(friend);
```

Edit 編輯資料－Form 表單資料回寫用

Delete 刪除資料－顯示用

```
    }

    // POST: Friends/Delete/5
    [HttpPost, ActionName("Delete")]
    [ValidateAntiForgeryToken]                    Delete 刪除資料的最後確認
    public ActionResult DeleteConfirmed(int id)
    {
        Friend friend = db.Friends.Find(id);
        db.Friends.Remove(friend);
        db.SaveChanges();
        return RedirectToAction("Index");
    }

    protected override void Dispose(bool disposing)
    {
        if (disposing)
        {
            db.Dispose(); ← 釋放 db 佔用的資源
        }
        base.Dispose(disposing);
    }
}
```

說明：至於這四類 CRUD 的 Action 方法為什麼為什麼長這樣，每個 Action 裡面的指令是在做什麼，在第七章會有詳細解釋，請暫時不必糾結。

❖ 四類 CRUD 的 Views 檢視檔

Views\Friends 資料夾中產生了 Index、Details、Create、Edit、Delete 五個 View 檢視檔，正常情況下，一個 Action 方法會對應一個 View 檔案，對應如下圖。

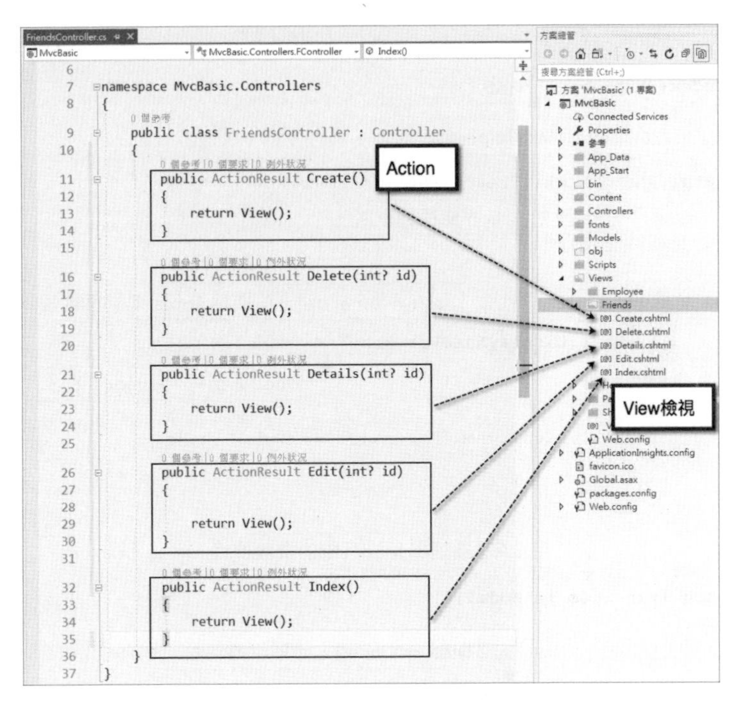

圖 2-17 Action 與 View 的一對一關係

以下說明 View 檢視檔內容是什麼：

1. View 稱為 View Template，它是一個中介樣板，不是最終的網頁成品，通常不直接拿來回應給使用者，它需和_Layout.cshtml 佈局檔合併後，才能輸出成最終的 HTML。

2. View 也稱為 Razor View，裡面包含兩種東西，一是 HTML，二是以@符號開頭的 C#程式，混合兩種截然不同性質的代碼，這就是 Razor 語法。

Views\Friends\Index.cshtml

```
@model IEnumerable<MvcBasic.Models.Friend>

@{
    ViewBag.Title = "Index";
    Layout = "~/Views/Shared/_LayoutFriend.cshtml";
}
```

C#程式區塊

```
<h2>Index</h2>  ◄── HTML

                  MVC 的 HTML Helper
<p>
    @Html.ActionLink("Create New", "Create")
</p>                 產生 Action 路徑超連結
<table class="table">
    <tr>
        <th>           DisplayNameFor()方法顯示 Table 欄位標題名稱
            @Html.DisplayNameFor(model => model.Name)
        </th>                      model 物件，Lambda 表示式
        <th>
            @Html.DisplayNameFor(model => model.Phone)
        </th>
        ...
    </tr>                用 C#迴圈列舉 Model 中的資料項目

@foreach (var item in Model) {
    <tr>
        <td>           DisplayName()方法顯示資料列
            @Html.DisplayFor(modelItem => item.Name)
        </td>
        ...
    </tr>
}
</table>
```

2-7 網站 Layout 佈局檔

不知您是否注意到一件奇怪的事，就是之前的範例，明明在 View 沒有宣告任何的 Navigation、Header 或 Footer，執行後卻憑空出現？

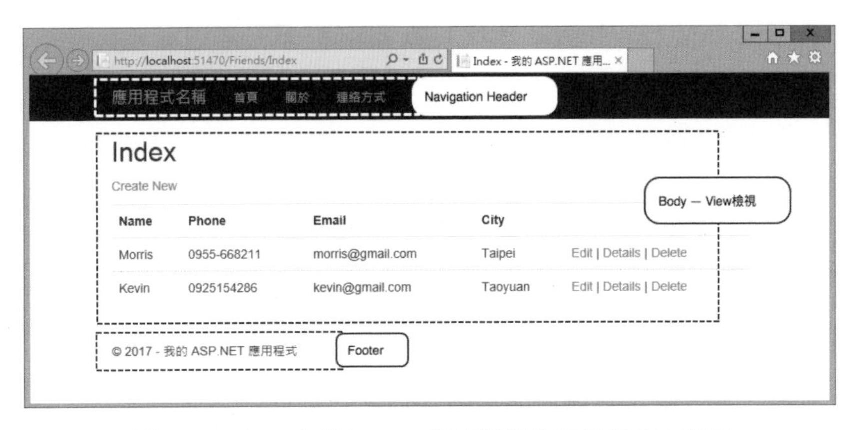

圖 2-18 View 合併 Layout 佈局檔後的最終 HTML 畫面

這是因為 MVC 會強制每一個 View 自動套用 Layout 佈局檔樣板，在 Views_ViewStart.cshtml 中以 Layout 變數指定佈局檔：

Views_ViewStart.cshtml

```
@{
    Layout = "~/Views/Shared/_Layout.cshtml"; ◄── MVC 預設的佈局檔
}
```

Layout 佈局檔是網站骨架樣板，View 是內容樣板，View 的內容會合併到 Layout 佈局檔之中，最後再輸出完整的 HTML 頁面。

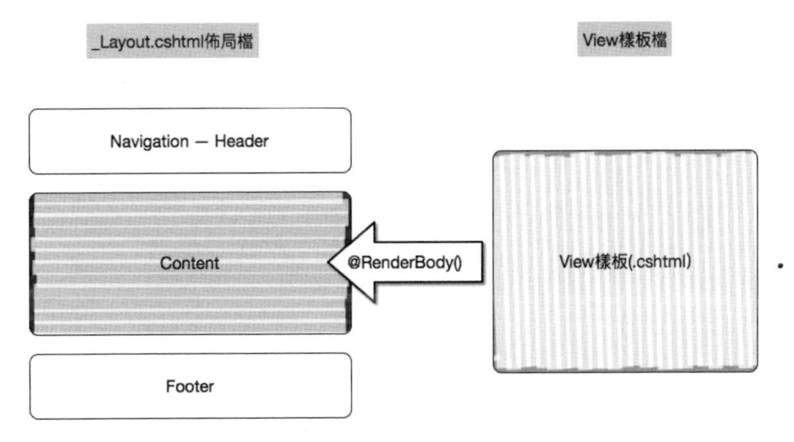

圖 2-19 Layout 佈局檔與 View 合併的方式

每個 View 也可單獨指定不同的佈局檔，或是為特定資料夾下的 Views 建立專用的_ViewStart.cshtml，於其中指定專用佈局檔，然後該資料夾中所有 View 會自動套用它。

2-7-1 Layout 佈局檔實際內容結構

下圖_Layout.cshtml 佈局檔用完整的 HTML 標籤來宣告，包括<html>、<head>、<body>、CSS 及 JavaScript 函式庫參考。那究竟 View 是如何被合併帶入佈局檔的呢？全靠@RenderBody()一道指令，View 中的全部定義就會帶入這個區塊，完成合併動作，最後再由 Razor View 引擎輸出 HTML。

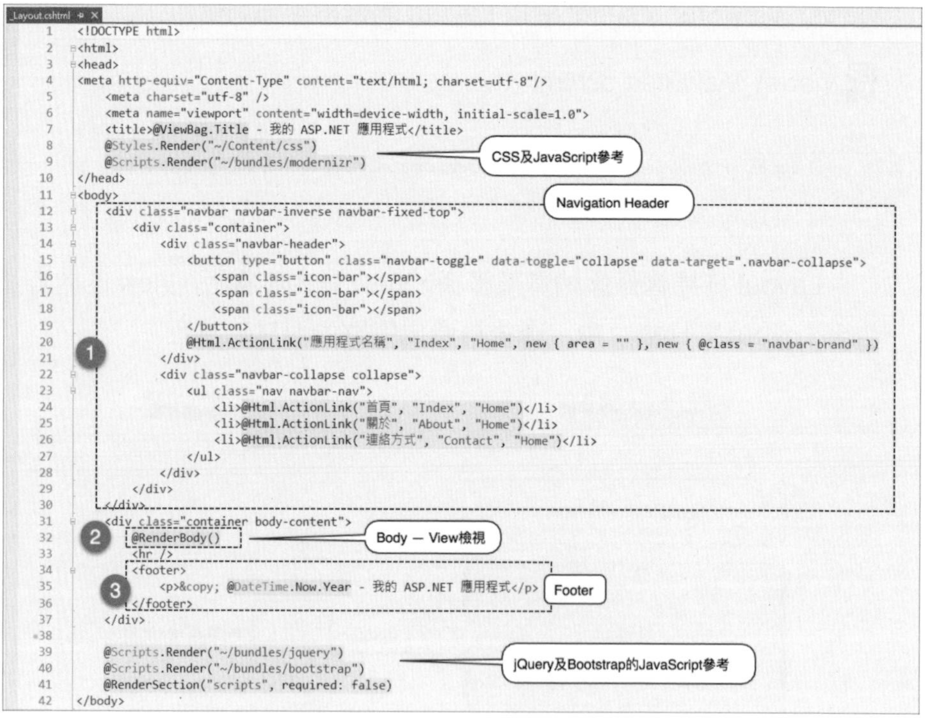

_Layout.cshtml

```
1  <!DOCTYPE html>
2  <html>
3  <head>
4  <meta http-equiv="Content-Type" content="text/html; charset=utf-8"/>
5      <meta charset="utf-8" />
6      <meta name="viewport" content="width=device-width, initial-scale=1.0">
7      <title>@ViewBag.Title - 我的 ASP.NET 應用程式</title>
8      @Styles.Render("~/Content/css")
9      @Scripts.Render("~/bundles/modernizr")
10 </head>
11 <body>
12     <div class="navbar navbar-inverse navbar-fixed-top">
13         <div class="container">
14             <div class="navbar-header">
15                 <button type="button" class="navbar-toggle" data-toggle="collapse" data-target=".navbar-collapse">
16                     <span class="icon-bar"></span>
17                     <span class="icon-bar"></span>
18                     <span class="icon-bar"></span>
19                 </button>
20                 @Html.ActionLink("應用程式名稱", "Index", "Home", new { area = "" }, new { @class = "navbar-brand" })
21             </div>
22             <div class="navbar-collapse collapse">
23                 <ul class="nav navbar-nav">
24                     <li>@Html.ActionLink("首頁", "Index", "Home")</li>
25                     <li>@Html.ActionLink("關於", "About", "Home")</li>
26                     <li>@Html.ActionLink("連絡方式", "Contact", "Home")</li>
27                 </ul>
28             </div>
29         </div>
30     </div>
31     <div class="container body-content">
32         @RenderBody()
33         <hr />
34         <footer>
35             <p>&copy; @DateTime.Now.Year - 我的 ASP.NET 應用程式</p>
36         </footer>
37     </div>
38
39     @Scripts.Render("~/bundles/jquery")
40     @Scripts.Render("~/bundles/bootstrap")
41     @RenderSection("scripts", required: false)
42 </body>
```


圖 2-20 _Layout.cshtml 佈局檔內容

因此可理解，佈局檔像是網站骨架，供全體 Views 套用；View 則是個別頁面，只負責單一網頁內容設計，然後再合併到佈局檔，最終再輸出成 HTML。

2-7-2 為個別 View 指定新的 Layout 佈局檔

有經驗的你一定會想到，一個專案能不能建立多個佈局檔靈活套用？讓個別 View 指定新的佈局檔？答案是可以，且看以下範例。

範例 2-4 建立新的佈局檔讓 View 套用

以下建立新的佈局檔讓 View 套用，步驟如下：

step01 建立新的佈局檔

為求簡便，直接複製_Layout.cshtml 檔，在同一個 Shared 資料夾貼上，改名為_LayoutFriend.cshtml。

step02 照下圖修改_LayoutFriend.cshtml 三處內容，然後儲存。

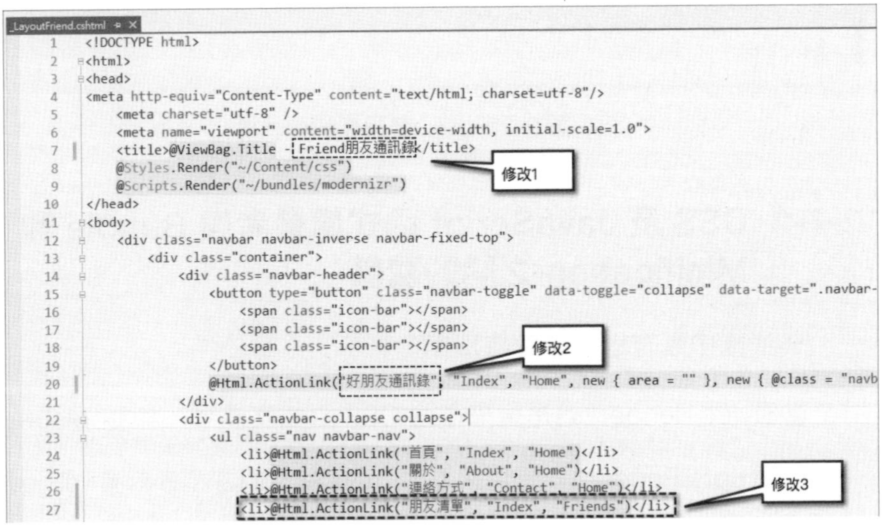

```
_LayoutFriend.cshtml
1  <!DOCTYPE html>
2  <html>
3  <head>
4  <meta http-equiv="Content-Type" content="text/html; charset=utf-8"/>
5      <meta charset="utf-8" />
6      <meta name="viewport" content="width=device-width, initial-scale=1.0">
7      <title>@ViewBag.Title - Friend朋友通訊錄</title>
8      @Styles.Render("~/Content/css")
9      @Scripts.Render("~/bundles/modernizr")
10 </head>
11 <body>
12     <div class="navbar navbar-inverse navbar-fixed-top">
13         <div class="container">
14             <div class="navbar-header">
15                 <button type="button" class="navbar-toggle" data-toggle="collapse" data-target=".navbar-
16                     <span class="icon-bar"></span>
17                     <span class="icon-bar"></span>
18                     <span class="icon-bar"></span>
19                 </button>
20                 @Html.ActionLink("好朋友通訊錄", "Index", "Home", new { area = "" }, new { @class = "navb
21             </div>
22             <div class="navbar-collapse collapse">
23                 <ul class="nav navbar-nav">
24                     <li>@Html.ActionLink("首頁", "Index", "Home")</li>
25                     <li>@Html.ActionLink("關於", "About", "Home")</li>
26                     <li>@Html.ActionLink("連絡方式", "Contact", "Home")</li>
27                     <li>@Html.ActionLink("朋友清單", "Index", "Friends")</li>
```

修改1 修改2 修改3

圖 2-21 修改_LayoutFriend 佈局檔內容

step03 開啟 Friends\Index.cshtml，用 Layout 變數指定新佈局檔，按 F5 瀏覽。

Views\Friends\Index.cshtml

```
@model IEnumerable<MvcBasic.Models.Friend>
@{
    ViewBag.Title = "Index";
    Layout = "~/Views/Shared/_LayoutFriend.cshtml"; ← View 指定套用佈局檔
}
```

以下是三個不同之處，表示確實套用了新的_LayoutFriend.cshtml 佈局檔。

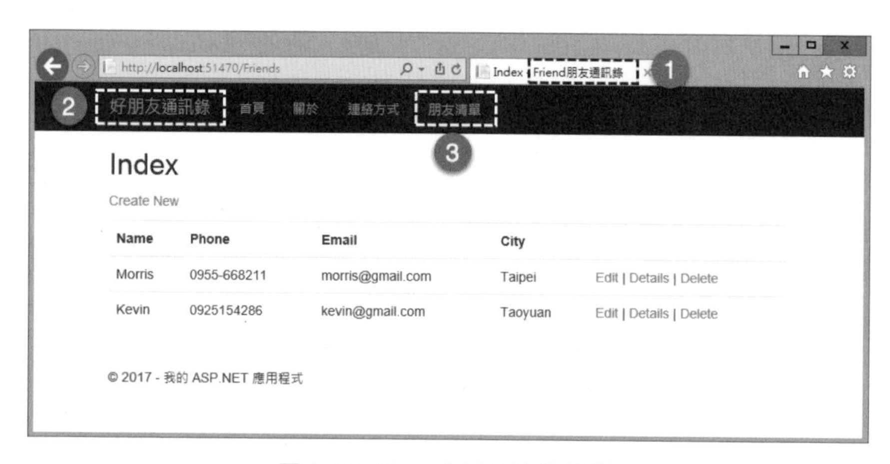

圖 2-22 View 套用新的佈局檔

2-7-3 CSS 及 JavaScript 函式庫參考與 Bundle 和 Minification 之間的關係

佈局檔中還有以下幾個特別指令：

1. @Styles.Render(...)是用來產生 CSS 函式庫參考，如 bootstrap。
2. @Scripts.Render(...)是用來產生 JavaScript 函式庫參考，如 jquery。

3. @RenderSection(...)是將 View 中定義 CSS 及 JavaScript 區段帶入佈局檔。

Views\Shared_Layout.cshtml

```
<!DOCTYPE html>
<html>
<head>
    ....
    @Styles.Render("~/Content/css")          ← Styles 產生 CSS
    @Scripts.Render("~/bundles/modernizr")   ← Scripts 產生 JavaScript
</head>
<body>
    @RenderBody()
    ...
    @Scripts.Render("~/bundles/jquery")
    @Scripts.Render("~/bundles/bootstrap")
    @RenderSection("scripts", required: false)   ← 將 View 中定義的 CSS 或 JavaScript 區段帶入佈局檔
</body>
</html>
```

說明：佈局檔中@RenderBody()只能有一個，但 Styles.Render()、Scripts.Render()或 RenderSection()可以有多個。

❖ 對應 BundleConfig.cs 中的 Bundle 和 Minification 檔案合併及最小化設定

Styles.Render()與 Scripts.Render()指令是用來產生 CSS 及 JavaScript 參考，但根據一般網頁設計法則，參考 CSS 或 JavaScript 必定是.css 或.js 檔名結尾，不可能只有路徑或目錄名稱，這是怎麼回事呢？

```
@Styles.Render("~/Content/css")
@Scripts.Render("~/bundles/modernizr")
```

以下是_Layout.cshtml（左邊）與 BundleConfig.cs（右邊）對應圖。

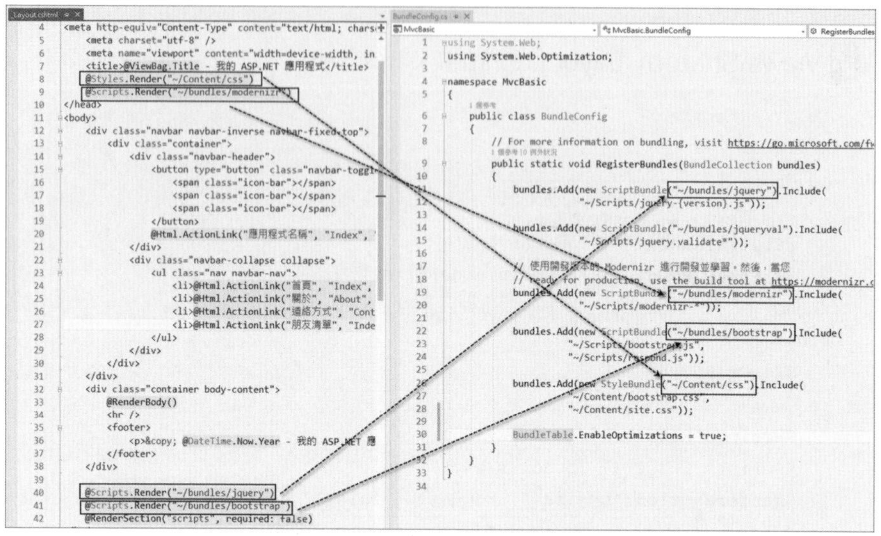

圖 2-23 佈局檔 Render 方法與 BundleConfig.cs 之間的對應

Render("xxx...")中的 xxx 是 Bundle 名稱，而不是目錄或.css/.js 檔名，它對應的是 App_Start\BundleConfig.cs 中的設定名稱，如 Styles.Render()方法對應 StyleBundle 名稱，Scripts.Render()對應 ScriptBundle 名稱。

表 2-5 Render 方法與 Bundle 對應關係

_Layout.cshtml 佈局檔中 Render 方法	BundleConfig.cs 中 Bundle 設定
@Styles.Render("~/**Content/css**")	StyleBundle("~/**Content/css**")
@Scripts.Render("~/**bundles/modernizr**")	ScriptBundle("~/**bundles/modernizr**")
@Scripts.Render("~/**bundles/jquery**")	ScriptBundle("~/**bundles/jquery**")
@Scripts.Render("~/**bundles/bootstrap**")	ScriptBundle("~/**bundles/bootstrap**")

BundleConfig.cs 用途是設定 Bundle 和 Minification，説明如下：

- Bundle 多檔合併

  什麼是 Bundle？它是將多個 css 或 js 合併成一個檔的機制，一個 Bundle 設定，一次可包含多個檔案，以少 I/O，加快傳輸，然後佈局檔在 Render 方法中指定 Bundle 名稱，便等同一次加入多個參考。

- Minification 檔案縮小

  那 Minification 又是什麼？它是一種用來縮小 css 和 js 大小的機制，透過去除空白、變數名稱縮短等方式來達成。

而 BundleConfig.cs 同時提供以上兩種能力，但 Bundle 和 Minification 需明確啟用才會運行：

App_Start\BundleConfig.cs

```
public class BundleConfig
{
    public static void RegisterBundles(BundleCollecti
    {
     ...
      BundleTable.EnableOptimizations = true;
    }            ↑ 啟用 Bundle 和 Minification
}
```

說明：啟用 Bundle 和 Minification 有兩種方式：一是 BundleTable.EnableOptimizations設為true，另一是在Web.config設定<compilation debug="false" .../>。

下面執行一個 MVC 程式為例，在瀏覽器的【開發人員工具】中察看其網路傳輸，比較幾個差異：❶因 Bundle 檔案合併的關係，傳輸的檔案數量變少，因此檔案 I/O 也變少，❷因 Minification 最小化的關係，傳輸檔案 Size 變小，❸傳輸的總時間變短，個別時間也減少（因檔案 I/O 變少，檔案 Size 變小），❹檔名變成 Bundle 中設定的名稱。

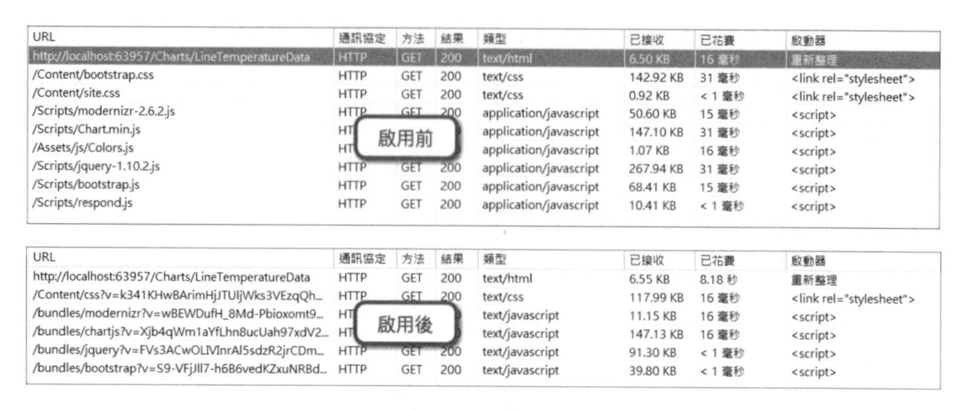

URL	通訊協定	方法	結果	類型	已接收	已花費	啟動器
http://localhost:63957/Charts/LineTemperatureData	HTTP	GET	200	text/html	6.50 KB	16 毫秒	重新整理
/Content/bootstrap.css	HTTP	GET	200	text/css	142.92 KB	31 毫秒	<link rel="stylesheet">
/Content/site.css	HTTP	GET	200	text/css	0.92 KB	< 1 毫秒	<link rel="stylesheet">
/Scripts/modernizr-2.6.2.js	HTTP	GET	200	application/javascript	50.60 KB	15 毫秒	<script>
/Scripts/Chart.min.js	HT			application/javascript	147.10 KB	31 毫秒	<script>
/Assets/js/Colors.js	HT			application/javascript	1.07 KB	16 毫秒	<script>
/Scripts/jquery-1.10.2.js	HTTP	GET	200	application/javascript	267.94 KB	31 毫秒	<script>
/Scripts/bootstrap.js	HTTP	GET	200	application/javascript	68.41 KB	15 毫秒	<script>
/Scripts/respond.js	HTTP	GET	200	application/javascript	10.41 KB	< 1 毫秒	<script>

URL	通訊協定	方法	結果	類型	已接收	已花費	啟動器
http://localhost:63957/Charts/LineTemperatureData	HTTP	GET	200	text/html	6.55 KB	8.18 秒	重新整理
/Content/css?v=k341KHwBArimHjJTUljWks3VEzqQh...	HTTP	GET	200	text/css	117.99 KB	16 毫秒	<link rel="stylesheet">
/bundles/modernizr?v=wBEWDufH_8Md-Pbioxomt9...	HT			text/javascript	11.15 KB	16 毫秒	<script>
/bundles/chartjs?v=Xjb4qWm1aYfLhn8ucUah97xdV2...	HT			text/javascript	147.13 KB	16 毫秒	<script>
/bundles/jquery?v=FVs3ACwOLIVInrAl5sdzR2jrCDm...	HTTP	GET	200	text/javascript	91.30 KB	< 1 毫秒	<script>
/bundles/bootstrap?v=S9-VFjJlI7-h6B6vedKZxuNRBd...	HTTP	GET	200	text/javascript	39.80 KB	< 1 毫秒	<script>

圖 2-24 Bundle 和 Minification 啟用前後之比較

因此可看到 Bundle 和 Minification 帶來傳輸效能的提升，但記得，你不啟用它，它是不會理你的。

2-8 Controller / Action / View 名稱調整與 Convention 約定

在撰寫 MVC 的過程中，一定會遇到 Controller / Action / View 名稱調整的問題，例如 Controller 或 Action 名稱要更改，View 要改成另一個名字，這時就需要了解 ASP.NET MVC 背後隱含的 Conventions 約定。

所謂的約定就是 MVC 框架設定的規則，開發人員必須遵守這些約定，框架才能正常運作，那 Controller 和 View 存在著哪些約定規則？如：

1. 控制器的名稱結尾必須帶有 Controller，例如 ProductController。
2. Product 控制器的名稱與 View 目錄名稱是一致的，例如 Product Controller 會對應 Views/Product 目錄。
3. Action 名稱與 View 檢視名稱也必須保持一致，例如 Product 控制器中三個 Actions 會對應 Product 目錄中的三個.cshtml 檢視檔，像 ProductList() 會對應 ProductList.cshtml。

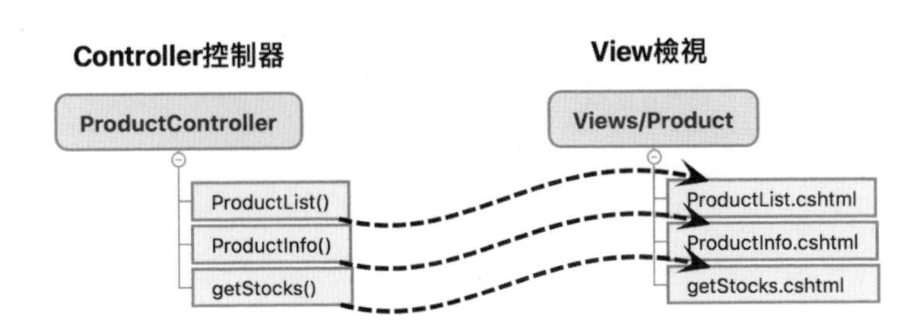

圖 2-25 Controller、Action 及 View 名稱的對應關係

由此可知，Controller / Action / View 名稱必須保持對應，才能符合系統約定，否則程式就無法正常執行。

範例 2-5 Controller / Action / View 名稱異動的練習

在 MvcBasic 專案中有一個 Product 控制器，其中有三個 Actions，以及對應的三個 Views，以下欲做兩項變更：

- 將 ProductsController 控制器變更為「ProductsNewController」
- 將 Action－ProductInfo()名稱改為「ProductDetails()」

步驟如下：

step01 更改 Controller 控制器名稱。在 ProductsController 類別名稱按滑鼠右鍵→【重新命名】→更名為「ProductsNewController」。

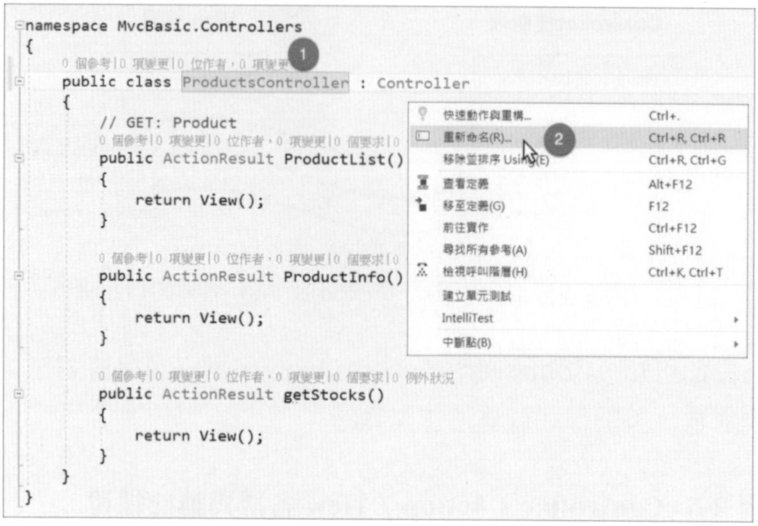

```
namespace MvcBasic.Controllers
{
    0 個參考|0 項變更|0 位作者，0 項變更
    public class ProductsController : Controller
    {
        // GET: Product
        0 個參考|0 項變更|0 位作者，0 項變更|0 個要求|0
        public ActionResult ProductList()
        {
            return View();
        }

        0 個參考|0 項變更|0 位作者，0 項變更|0 個要求|0
        public ActionResult ProductInfo()
        {
            return View();
        }

        0 個參考|0 項變更|0 位作者，0 項變更|0 個要求|0 例外狀況
        public ActionResult getStocks()
        {
            return View();
        }
    }
}
```

快速動作與重構...	Ctrl+.
重新命名(R)...	Ctrl+R, Ctrl+R
移除並排序 Using(E)	Ctrl+R, Ctrl+G
查看定義	Alt+F12
移至定義(G)	F12
前往實作	Ctrl+F12
尋找所有參考(A)	Shift+F12
檢視呼叫階層(H)	Ctrl+K, Ctrl+T
建立單元測試	
IntelliTest	
中斷點(B)	

圖 2-26 變更 Controller 控制器名稱

step02 ProductsController.cs 檔名也一併改為 ProductsNewController.cs。實體檔連帶更名雖非強制性，但為了維持一致性，故一併更名。

step03 在 ProductInfo()動作方法按滑鼠右鍵→【重新命名】→更名為「ProductDetails」。

step04 將 Views 下的 Product 資料夾名稱改為「ProductsNew」。

step05 將 ProductInfo.cshtml 檢視名稱改為「ProductDetails.cshtml」。如果修改正確的話，開啟 ProductDetails.cshtml 後，按 F5 可正常顯示網頁。

2-9 View 預設的搜尋路徑及過程

如果 Action 最終 return View()後，若找不到對應的 View 檢視檔，便會引發找不到檢視的錯誤，這是學 MVC 幾乎都曾遇到過。而本節要說明 View 的搜尋路徑與過程，並解釋找不到 View 的原因及解法。

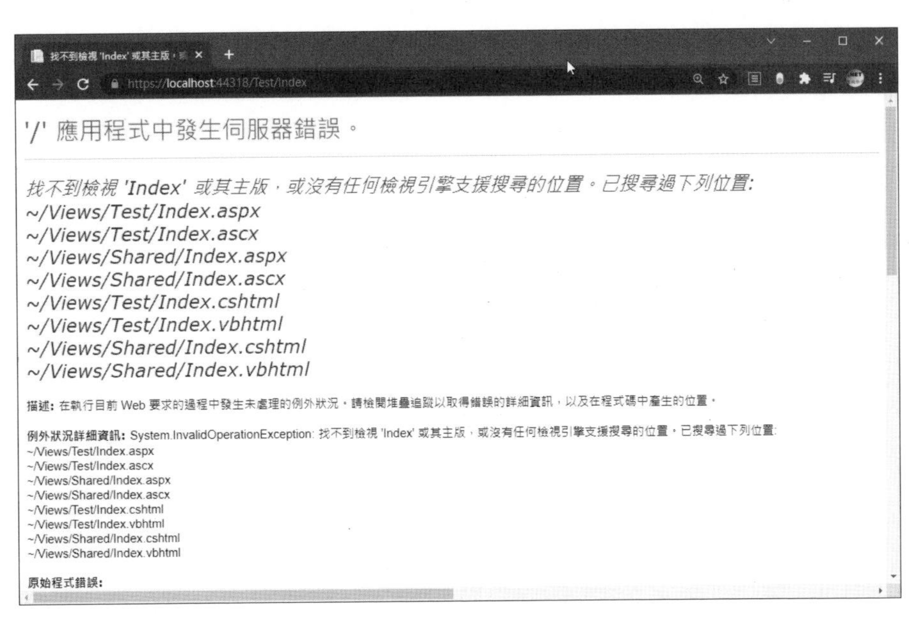

圖 2-27　找不到 View 檢視之錯誤

View 預設搜尋路徑與過程

在 Action 呼叫 View()方法後，會回傳 ViewResult 物件，而 ViewResult 物件的 ExecuteResult()方法會被呼叫執行，ViewEngine 就會去尋找對應的 View 檢視檔，搜尋的路徑/檔名過程如下：

```
~/Views/<ControllerName>/<ViewName>.aspx
~/Views/<ControllerName>/<ViewName>.ascx
~/Views/Shared/<ViewName>.aspx
~/Views/Shared/<ViewName>.ascx
~/Views/<ControllerName>/<ViewName>.cshtml
~/Views/<ControllerName>/<ViewName>.vbhtml
~/Views/Shared/<ViewName>.cshtml
~/Views/Shared/<ViewName>.vbhtml
```

以 Test 控制器與 About()為例，網址輸入「http://..../Test/About」：

- 首先到~/Views/Test/目錄找尋 About.aspx 和 About.ascx 檔案
- 若找不到，會到~/Views/Shared/目錄找尋 About.aspx 和 About.ascx

- 仍找不到，接著到~/Views/Test/目錄找尋 About.cshtml 和 About.vbhtml
- 最後到~/Views/Shared/目錄找尋 About.cshtml 和 About.vbhtml

若這些路徑搜尋後仍無所獲，就會產生找不到 View 之錯誤。

找不到 View 檢視的幾種原因

那何時會發生找不到檢視的錯誤？有幾種情況：

1. 沒有建立對映的.cshtml 檢視檔

例如在 Test 控制器建立了 About()方法，但卻沒建立對應的 About.cshtml 檢視，那麼 View 搜尋相關路徑和預設檔名後仍無所獲，便會引發錯誤。

Controllers\TestController.cs

```
public class TestController : Controller
{
    // GET: Test
    public ActionResult About()
    {
        return View();
    }
}
```

按 F5 執行專案，在網址測試「http://localhost..../Test/About」，就會產生找不到 View 檢視之錯誤。解決方式是在 About()方法按滑鼠右鍵→範本【Empty(沒有模型)】→【加入】檢視。

2. Controller 和 Action 更名後，對映的 View 資料夾/檔名沒有同步更名

這是前一節所講的 Convention 約定對應不到所致，解決方式是將三者對應的名稱調整成一致。

3. Action 指定的 View 檢視名稱錯誤

例如在 View 方法中原本要指定檢視"Message"，卻誤打成"Massage"，那麼肯定無法找到 Massage.cshtml。解決方式是改成正確的檢視名稱即可。

Views\Test\Massage.cshtml **檢視**

```
public ViewResult ShowMessage()
{
    return View("Massage"); //指定錯誤的檢視名稱
    //return View("Message");  //這是正確名稱
}
```

2-10 Action 的設計限制

Action 動作方法和傳統 Method 主要差異，在於設計和回傳型別有規範限制。而 Action 的設計限制為：

- Action 必須宣告為 public，不得為 private 或 protected
- Action 不得宣告為 static 靜態
- Action 不能有未繫結的泛型型別參數
- Action 無法單憑參數進行多載，必須套用 NonActionAttribute 或 AcceptVerbsAttribute 屬性，讓 Action 的意義清楚、不混淆，才能多載

2-11 Action 回傳的十五種 Action Result 動作結果

每個 Action 最終會回傳一個結果，通稱為 Action Result 動作結果，例如在 Index()動作方法中呼叫 View()，會回傳一個 ViewResult 型別的動作結果。

```
                ActionResult 類別是所有動作結果的基底類別
public ActionResult Index()
{
    return View();
}
                呼叫 View()方法會回傳 ViewResult 型別物件
```

說明：

1. 請注意 Action Result 和 ActionResult 二者是不同的，前者英文字中間有空隔，代表動作結果的通稱，而後者是指 ActionResult 類別。
2. 回傳 ViewResult 物件代表要 Render 轉譯 View 檢視檔。

2-11-1 ActionResult 基底類別與其衍生類別

但每個 Action 被賦予的任務不同，不見得總是回傳 ViewResult，也有可能回傳 PartialResultView、HttpStatusCodeResult、JsonResult 或 ContentResult，那究竟有多少種的 Action Result？請看下圖。

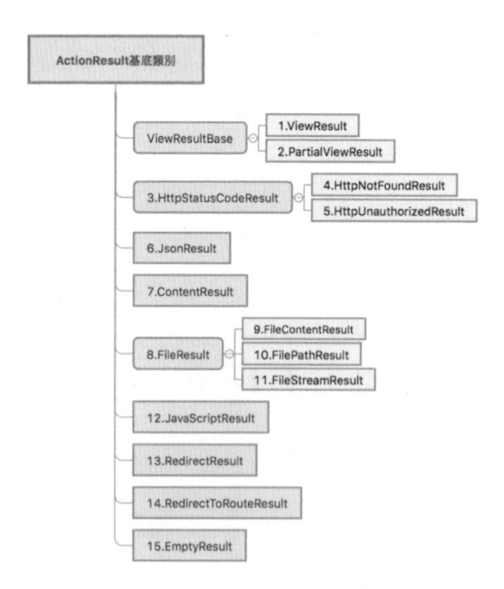

圖 2-28 ActionResult 衍生類別及內建 Action Result 型別

這張圖可從兩個角度來看：

1. 類別衍生階層：從類別衍生或繼承角度來看，ActionResult 類別是所有動作結果的基底類別，從這可清楚看到類別衍生關係。
2. 內建 Action Result 類型：若以內建 Action Result 類型來看，共有十五種（編號 1~15），每種皆有其特定實作。唯一例外是 ViewResultBase 抽象類別，它無法直接用，只能使用 ViewResult 及 PartialViewResult 衍生類別。

下面是 Action Result 動作結果列表，若想產生什麼類型的動作結果，一般只需在 Action 中呼叫對應的 Controller 方法，例如想回傳 ViewResult 以產生 View 檢視，只需呼叫 Controller.View()方法即可。

表 2-6 內建的 Action Result 類型

	Action Result 類型	Controller 內建對應的方法	說明
1	ViewResult	View(...)	回傳 ViewResult 物件，用來將 View 轉譯輸出到 Reponse 資料流。
2	PartialViewResult	PartialView(...)	回傳 PartialViewResult 物件，用來轉譯 PartialView 部分檢視。
3	HttpStatusCodeResult	● Controller 沒有提供現成方法 ● 以 new HttpStatusCodeResult (...)建立物件	回傳具有特定 HTTP 回應狀態碼和描述的結果。
4	HttpNotFoundResult	HttpNotFound(...)	回傳 HTTP Error 404.0 - Not Found 之訊息。
5	HttpUnauthorizedResult	● Controller 沒有提供現成方法 ● 以 new HttpUnauthorizedResult() 建立物件	回傳 401 未經授權的 HTTP 狀態代碼。
6	JsonResult	Json(...)	回傳一個序列化的 JSON 物件。
7	ContentResult	Content(...)	回傳文字訊息內容，可選擇性指定內容類型及內容編碼。
8	FileResult	File(...)	回傳 File 檔案內容。

	Action Result 類型	Controller 內建對應的方法	說明
9	FileContentResult	File(...)	回傳 File 檔案內容。傳入參數是檔案的二進位內容。
10	FilePathResult	File(...)	回傳 File 檔案內容。傳入參數是檔案路徑與名稱等參數。
11	FileStreamResult	File(...)	回傳 File 檔案內容。傳入參數是檔案 Stream。
12	JavaScriptResult	JavaScript(...)	回傳一段 JavaScript。
13	RedirectResult	● Redirect(...) 302 ● RedirectPermanent() 301	以 URL 網址重新導向到另一個 Action。發出 HTTP 301 或 302。
14	RedirectToRouteResult	● RedirectToAction(...) 302 ● RedirectToActionPermanen 301 ● RedirectToRoute(...) 302 ● RedirectToRoutePermanent(...) 301	導向另一個 Action 方法，而這方法可為同一個或不同個 Controller。
15	EmptyResult	● Controller 無提供現成方法。 ● 用 return new EmptyResult()，或 return null。	不回傳任何值，代表沒有 Response 回應。

OK，在了解 ActionResult 是所有 Action Results 動作結果的基底類別後，再來重新檢視 Index()動作方法：

Controllers\ResultsController.cs

```
public ActionResult Index()
{
    return View();
}
```

因 ActionResult 為基底類別，故可以代表 ViewResult 型別

Controller.View()方法實際上是回傳 new ViewResult()物件實例

它與下面三種語法是相等的，站在簡化的立場，用上面語法總攝就行了。但如果要精確表示也沒什麼不行，且你有可能拿到別人的程式就是這麼寫，這時你要有識別能力。

```
public ViewResult Index2()
{                  用 ActionResult 替代
    return new ViewResult();
}                     用 View()替代

public ViewResult Index3()
{                  用 ActionResult 替代
    return View();
}

public ActionResult Index4()
{
    return new ViewResult();
}                     用 View()替代
```

2-11-2 ViewResult 動作結果

在 Action 中呼叫 View()方法，實際是調用 Controller.View()，它是用來建立並回傳 ViewResult 物件。ViewResult 物件是用來將 View 檢視轉譯成為 Web 頁面。

而呼叫 View()，其內部程式實作是「return new ViewResult()」，所以就不需撰寫「new ViewResult()」這樣長長的指令。

Controllers\ResultsController.cs

```
//呼叫 View()方法,回傳 ViewResult 物件
public ViewResult Index()
{                  用 ActionResult 總代表即可
    return View();
}

//呼叫 View()方法,同時傳入一個 model 物件
public ViewResult FriendsList()
{                  用 ActionResult 替代即可
    List<Friend> friends = new List<Friend>
    {
        new Friend { Id=1, Name="David", Email="david@gmail.com" },
        new Friend { Id=1, Name="Mary", Email="mary@gmail.com" },
```

```
        new Friend { Id=1, Name="Cindy", Email="cindy@gmail.com" },
    };

    return View(friends);
}                  └─ 傳入 friends 資料模型

//GetMassage()以指定 View 名稱調用 Message.cshtml 檢視
public ViewResult GetMessage()
{         └─ 用 ActionResult 替代即可
    return View("Message");
}                    └─ 指定檢視名稱
```

說明：

1. 以上三個 Actions 回傳型別皆為 ViewResult，目的是為了讓讀者清楚看到背後回傳物件實際型別是什麼。而實務開發上，用 ActionResult 型別總攝代表即可。
2. 所有 Actions 可直接在瀏覽器輸入對應的 URL，測試回應結果。

2-11-3 PartialViewResult 動作結果

在 Action 中呼叫 PartialView()方法，實際是調用 Controller.PartialView()，它會回傳 PartialViewResult 物件。PartialViewResult 是用來轉譯部分檢視。

Controllers\ResultsController.cs

```
public PartialViewResult getPartialCard()
{                └─ 用 ActionResult 替代即可
    //回傳_SimpleCardPartial.cshtml 部分檢視
    return PartialView("_SimpleCardPartial");
}                          └─ 指定部分檢視名稱
```

說明：

1. 相對於 View 是一個完整的檢視，PartialView 是將網頁中可重複使用的部分抽離出來，做成部分檢視，然後供 View 呼叫使用。在 4-7 小節會介紹 PartialView 部分檢視的設計及運用。

2. 同樣的，回傳型別精確標示出 PartialViewResult，只是為了讓讀者明確看到，實際上用 ActionResult 代表即可，後續不再重複提示。

2-11-4 ContentResult 動作結果

在 Action 中呼叫 Content()方法，它是調用 Controller.Content()，會建立並回傳 ContentResult 物件。ContentResult 物件是用來回傳自訂型別內容，且是純文字類的內容，例如字串、HTML、JavaScript、CSS、XML 或 JSON 資料。

Controllers\ResultsController.cs

```
public ContentResult About()
{
    return Content("聖殿祭司"); //回傳純文字
}

public ContentResult AboutName()
{
    return Content("<h3>聖殿祭司</h3>", "text/plain");  //回傳純文字
}
                                   指定 ContentType(MIME Type)
public ContentResult getInfomation()
{
    //指定編碼
    string info = "這是plain text 純文字";
    return Content(info, "text/plain", Encoding.UTF8);  //回傳純文字,並指定編碼
}
                                   指定編碼方式
public ContentResult AboutMe()
{
    //回傳 HTML Tags
    string time = DateTime.Now.ToLongTimeString();
    return Content($"<h2>聖殿祭司, {time}</h2>", "text/html");  //回傳 html
}

public ContentResult AlertMessage()
{
    //要回傳一段 JavaScript 也不成問題
```

```
    string script = "<script> alert('This is JavaScriptResult!'); </script>";

    return Content(script, "application/javascript");
}
```

2-11-5 EmptyResult 動作結果

EmptyResult 物件代表回傳 null 結果，但 Controller 沒有內建對應的呼叫方法，須用「new EmptyResult()」指令，以下三種語法是相等的。

Controllers\ResultsController.cs

```
public EmptyResult Empty()
{
    return new EmptyResult();
}

public EmptyResult Nothing()
{
    EmptyResult empty = new EmptyResult();
    return empty;
}

public EmptyResult DoNothing()
{
    return null;
}
```

2-11-6 JavaScriptResult 動作結果

在 Action 中呼叫 JavaScript()方法，會回傳 JavaScriptResult 物件，它最終會回傳一段 JavaScript 到 Response 回應。

Controllers\ResultsController.cs

```
//呼叫 JavaScript 方法，回傳 JavaScriptResult 物件
public JavaScriptResult JsFunction()
{
```

```
    string script = "function showMessage(){ alert('這是 JavaScriptResult 定義的
                          function'); }";

    return JavaScript(script);
}
```

說明：其結果會回傳 Content-Type 為 application/x-javascript 的 script 到前端。

```
function showMessage(){ alert('這是 JavaScriptResult 定義的 function');
```

2-11-7 JsonResult 動作結果

在 Action 中呼叫 Json()方法，會回傳 JsonResult 物件，是用來回傳 JSON 格式資料。

Controllers\ResultsController.cs

```
public JsonResult JsonFriends()
{
    List<Friend> friends = new List<Friend>
    {
      new Friend { Name="David", Email="david@gmail.com", City="Taipei", ... },
      new Friend { Name="Mary", Email="mary@gmail.com",City="Taoyuan" , ...},
      new Friend { Name="Cindy", Email="cindy@gmail.com",City="Kaohsiung", ... }
    };

    return Json(friends, JsonRequestBehavior.AllowGet);
    //return Json(friends, "application/json", Encoding.UTF8,
                 JsonRequestBehavior.AllowGet);
}
```

說明：

1. 若不熟悉 JSON，第五及第六章會介紹 JSON 的建立及運用。
2. 其結果會回傳 Content-Type 為 application/json 格式資料到前端。

```
[{"Name":"David","Email":"david@gmail.com","City":"Taipei"},
{"Name":"Mary","Email":"mary@gmail.com","City":"Taoyuan"},
{"Name":"Cindy","Email":"cindy@gmail.com","City":"Kaohsiung"}]
```

2-11-8 FileResult 動作結果

FileResult 類別衍生以下三種類型：

1. FilePathResult：將檔案內容傳送至 Response 作輸出
2. FileContentResult：將二進位的內容傳送至 Response 作輸出
3. FileStreamResult：使用 Stream 執行個體將二進位內容傳送至 Response 作輸出

不過一如前面所說，回傳型別統一用 ActionResult 代表，在 Action 方法中統一叫用 File()方法即可。但為明確指出每個類型差異，使用了精確的關鍵字。以下介紹 FileResult 的三種衍生類型。

❖ FilePathResult 動作結果

如果有實體檔案要回傳前端，可在 Action 中呼叫 File()方法，會回傳 FilePathResult 物件，後續會將檔案輸出到前端。

Controllers\ResultsController.cs

```
//回傳 JPG 圖片
public FilePathResult ImageFile(string id)
{
    if (string.IsNullOrEmpty(id))
    {
        id = "vader";
    }

    var picture = $"~/assets/images/{id}.jpg";
    return File(picture, "image/jpg");
}
```

指定檔名稱　　指定 MIME Type

```
//回傳 PDF
public FilePathResult PdfFile()
{
    string pdfName = @"~/assets/documents/AnnualSalesReport.pdf";
    string contentType = "application/pdf";
    string downloadName = "模範生購物公司年度營收報告.pdf";

    return File(pdfName, contentType, downloadName);
}
                    指定 MIME Type    指定檔案下載名稱
//回傳 XML 檔
public FilePathResult XmlFile()
{
    string filePath = @"~/assets/xml/customers.xml";
    return File(filePath, "application/xml", "customers.xml");
}

//回傳 HTML 檔(將 EmployeeList.cshtml 回傳)
public FilePathResult htmlFile()
{
    string filePath = @"~/Views/Employees/EmployeeList.cshtml";
    return File(filePath, "text/html", "EmployeeList.html");
}
```

說明：測試方式是在 URL 輸入「.../Results/Action 名稱」，就會回傳檔案。

❖ FileContentResult 動作結果

若是 byte[]二進位的資料要回傳前端，也是呼叫 File()方法，回傳 FileContentResult 物件，後續將資料輸出到前端。

Controllers\ResultsController.cs

```
public FileContentResult ByteArrayContent()
{
    Bitmap bitmap = new Bitmap(Server.MapPath(@"~/Assets/images/darthmual.jpg"));
    ImageConverter converter = new ImageConverter();
    byte[] imageArray = (byte[])converter.ConvertTo(bitmap, typeof(byte[]));
```

```
    return File(imageArray, "image/jpeg", "darthmual.jpg");
}
```

❖ FileStreamResult 動作結果

若是 Stream 及其衍生類型的資料要回傳前端，可呼叫 File()方法回傳 FileStreamResult 物件。

Controllers\ResultsController.cs

```
public FileStreamResult FileStream()
{
    MemoryStream ms = new MemoryStream();
    Bitmap bitmap = new Bitmap(Server.MapPath(@"~/Assets/images/darthmual.jpg"));
    bitmap.Save(ms, System.Drawing.Imaging.ImageFormat.Jpeg);
    ms.Seek(0, SeekOrigin.Begin);

    return File(ms, "image/jpeg", "starwar.jpg");
}
```

2-11-9 RedirectResult 動作結果

Controller 回傳 RedirectResult 物件有兩個方法，一是 Redirect()，另一是 RedirectPermanent()，前者會發出 Http 302 臨時轉向，後者是 301 永久轉向。

Controllers\ResultsController.cs

```
//傳統的導向語法
public void Yahoo()
{
    Response.Redirect("https://tw.yahoo.com/");
}

//Http 302 -- 臨時轉向,例如 Login 登入
public RedirectResult ToLogin()
{
    return Redirect("/Account/Login");
}
```

```
//Http 301 -- 永久轉向，例如網站搬到新的 Domain
public RedirectResult goNewHome()
{
    return RedirectPermanent("https://NewHome.com.tw"); //永久導向新的 Domain
}
```

2-11-10 RedirectToRouteResult 動作結果

回傳 RedirectToRouteResult 物件有兩個方法，一是 RedirectToAction()，另一是 RedirectToRoute()，前者是指定 Controller 和 Action 名稱，後者是指定 URL 路由位置作轉向。

Controllers\ResultsController.cs

```
// RedirectToAction()指定 Action/Controller 名稱作轉向
// RedirectToRoute()指定 URL 路由資訊作轉向
public ActionResult Create([Bind(Include = "Id,Name,Phone,Email,City")] Friend
friend)
{
    if (ModelState.IsValid)
    {
        db.Friends.Add(friend);
        db.SaveChanges();
        return RedirectToAction("Index");
    }                          ↑ 指定 Action 名稱

    return View(friend);
}

public RedirectToRouteResult redirectFriendIndex()
{
    return RedirectToAction("Index", "Friends");
}                            ↑ Action   ↑ Controller

public RedirectToRouteResult redirectFriendEdit(int Id)
{
    return RedirectToAction("Edit", "Friends", new { id = Id });
}                          ↑ URL 路由參數。最終成/Firends/Edit/1
```

```
public RedirectToRouteResult redirectFriendDelete(int Id)
{
    return RedirectToRoute(new { controller = "Friends", action = "Delete", id = Id });
}
                                                              指定 URL 路由資訊
//使用 RouteConfig.cs 中的"FriendDetials"路由定義作轉向
public RedirectToRouteResult redirectFriendDetails(int Id)
{
    return RedirectToRoute("FriendDetials", new { id = 3 });
}
                                   轉換成/Firends/Details/3
```

2-11-11 HttpStatusCodeResult 動作結果

HttpStatusCodeResult 類別是用來產生 HTTP 狀態代碼，如 400、401、404、500。其底下衍生 HttpNotFoundResult 和 HttpUnauthorizedResult 兩種子類別，前者用 HttpNotFound() 方法產生 404，後者用 new HttpUnauthorizedResult()指令產生 401。

❖ HttpNotFoundResult 動作結果

Controllers\ResultsController.cs

```
//Http 404
public HttpNotFoundResult NotFoundError()
{
    return HttpNotFound();
    //return HttpNotFound("Nothing here.");
}

//Http 404
public HttpStatusCodeResult StatusCode404()
{
    return new HttpStatusCodeResult(HttpStatusCode.NotFound);
    //return new HttpStatusCodeResult(404, "Found nothing.");
}

//Http 500
public HttpStatusCodeResult StatusCode500()
```

```
{
    return new HttpStatusCodeResult(HttpStatusCode.InternalServerError);
    //return new HttpStatusCodeResult(500, "The Server is stopping.");
}

public ActionResult Edit(int? id)
{
    if (id == null)
    {
        //Http 400
        return new HttpStatusCodeResult(HttpStatusCode.BadRequest);
    }
    Friend friend = db.Friends.Find(id);
    if (friend == null)
    {
        //Http 404
        return HttpNotFound();
    }
    return View(friend);
}
```

HttpUnauthorizedResult 動作結果

Controllers\ResultsController.cs

```
//Http 401
public HttpUnauthorizedResult Unauthorized()
{
    return new HttpUnauthorizedResult("Access is denied.");
}
```

說明：HttpStatusCode 列舉成員包含各種常見 HTTP 狀態，列舉值會對應到實際數字代碼，在 https://goo.gl/zDDRVX 網址可查看詳細列表。

2-12 結論

在了解 MVC 的 Model、View 與 Controller 三大核心基石後，可深刻體會到三者的職責與功用，同時要懂得善用 Scaffolding 與 Layout 的輔助雙翼，提升開發速度與節省心力。若能熟稔這五大元素的建立、操作與運用，就能夠牢牢掌握 MVC 開發的精髓，進而立下厚實之根基。

Bootstrap 網頁美型彩妝師

3 CHAPTER

Bootstrap 是一款十分受歡迎的 CSS 前端開發框架，透過其內建的功能可快速建立網頁佈局、美化 HTML 元件外觀，立馬讓網頁質感提升好幾倍。它同時也是以 Mobile First 為著眼點的 RWD 響應式開發框架，於全世界網站有極高的採用率，可謂是當今網頁開發者必修的一門課。

3-1 Bootstrap 功能概觀

Bootstrap 是一款具備 Layout 佈局及佈景主題功能的框架，利用 CSS3 提供對 RWD 支援，因此在面對不同尺寸的瀏覽器視窗時，可動態變換不同 Layout 及 UI 介面。而 MVC 專案直接與 Bootstrap 做緊密整合，在 UI 設計時可以輕易套用 Bootstrap 到 View 檢視中。

而 Bootstrap 發展歷史，是 2010 年中由 Twitter 的 Mark Otto 及 Jacob Thornton 兩位員工所開發，故也有人稱為 Twitter Bootstrap，二者實為相同。不過 Bootstrap 官網指出正確的名稱是 Bootstrap，不叫 Twitter Bootstrap，也不該寫成 BootStrap。

以宏觀角度來看，Bootstrap 功能分為兩大類：

1. 全域 CSS 樣式設定：包括 CSS 樣式及 Grid 網格系統，前者是影響全域性的 CSS 樣式設定，後者是一種網格狀的佈局系統。
2. UI 元件：包括 HTML 元件及 JavaScript 插件，前者是 Bootstrap 提供的 HTML 元件，後者是用 JavaScript 撰寫的元件，二者皆為視覺化 UI 元件。

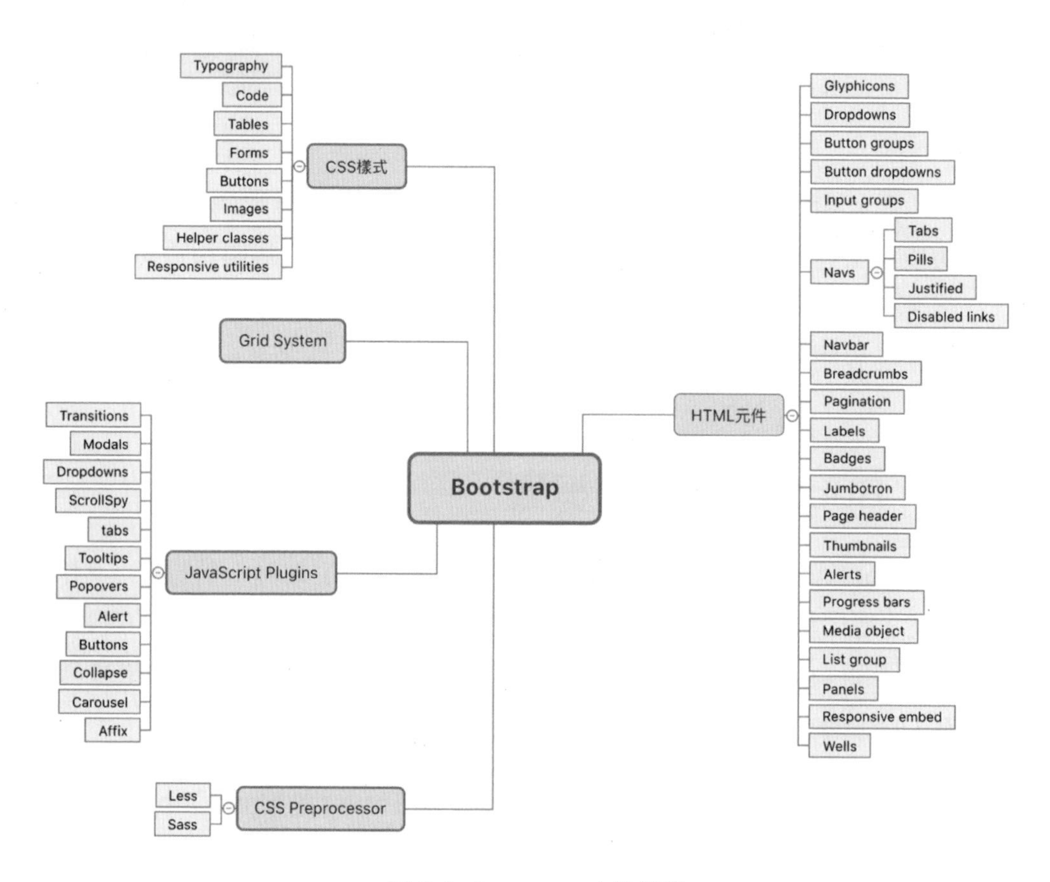

圖 3-1　Bootstrap 功能概觀

此外還有 CSS Preprocessor 並未歸在以上兩大類，CSS Preprocessor 是 CSS 預處理器，Less 與 Sass 是 Preprocessor 具體技術實作，透過 Less 或 Sass 可讓你用語言的方式撰寫 CSS，得到更大的威力與彈性，同時大型 CSS 維護上也更容易。

TIP

1. Less 或 Sass 對 Bootstrap 的使用並非必要，除非你要客製化 Bootstrap，或是此類的愛好者。
2. Less 及 Sass 檔最終需編譯成原生的 CSS 才能執行。

本章內容以 Bootstrap 3.4 為準，其詳細資訊與發展史可參考以下網址。

- Bootstrap 3.4 官網：https://getbootstrap.com/docs/3.4/
- Bootstrap 發展歷史：https://getbootstrap.com/docs/3.4/about/

TIP

現今 Bootstrap 5 都推出了, 為何本章不使用最新版?原因是 ASP.NET MVC 5 所有樣板和 Scaffolding 都是基於 Bootstrap 3，若升級到 4 或 5 會有跑板和樣式不符的問題，易令初學者難以正確調整，故維持 Bootstrap 3。

3-2 MVC 中的 Bootstrap 環境與設定

使用 Visual Studio 建立 ASP.NET MVC 5.x 專案時，就已包含 Bootstrap 所需的檔案及環境設定，故 MVC 可直接使用 Bootstrap，不需額外安裝。此外 View 檢視和_Layout.cshtml 佈局檔也使用 Bootstrap 網格佈局、樣式及元件，二者結合十分緊密。

但 MVC 的 Bootstrap 資料夾及檔案與 Bootstrap 官方版有些差異，特別是資料夾名稱的不同，如使用 Bootstrap 官方範例或第三方樣板時，MVC 專案參考 Bootstrap 路徑就必須跟著調整，其餘使用上不變。

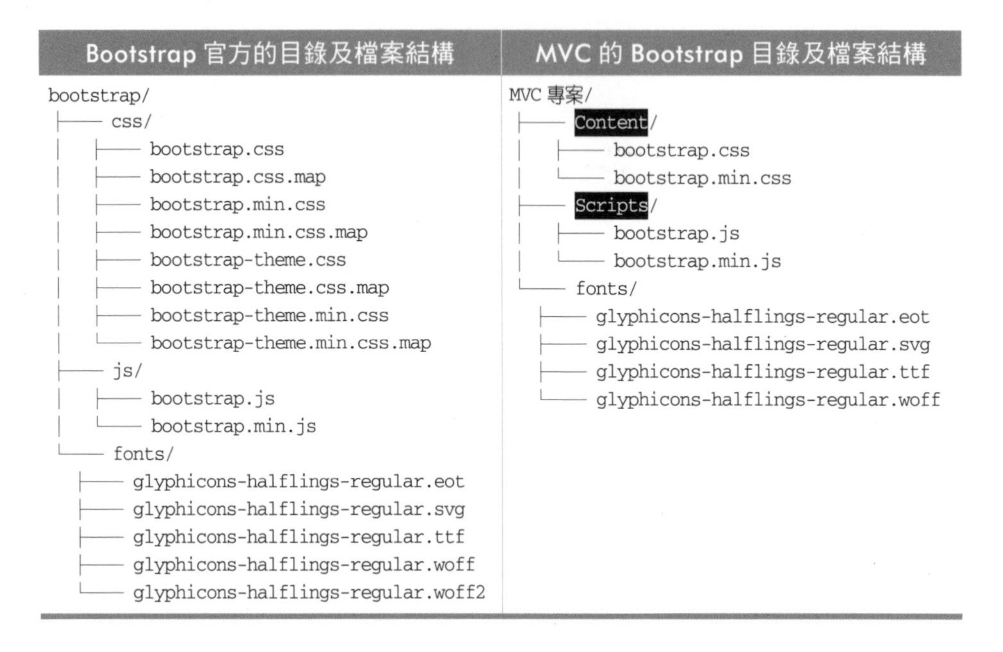

Bootstrap 官方的目錄及檔案結構	MVC 的 Bootstrap 目錄及檔案結構
bootstrap/	MVC 專案/
├── css/	├── Content/
│ ├── bootstrap.css	│ ├── bootstrap.css
│ ├── bootstrap.css.map	│ └── bootstrap.min.css
│ ├── bootstrap.min.css	├── Scripts/
│ ├── bootstrap.min.css.map	│ ├── bootstrap.js
│ ├── bootstrap-theme.css	│ └── bootstrap.min.js
│ ├── bootstrap-theme.css.map	└── fonts/
│ ├── bootstrap-theme.min.css	├── glyphicons-halflings-regular.eot
│ └── bootstrap-theme.min.css.map	├── glyphicons-halflings-regular.svg
├── js/	├── glyphicons-halflings-regular.ttf
│ ├── bootstrap.js	└── glyphicons-halflings-regular.woff
│ └── bootstrap.min.js	
└── fonts/	
├── glyphicons-halflings-regular.eot	
├── glyphicons-halflings-regular.svg	
├── glyphicons-halflings-regular.ttf	
├── glyphicons-halflings-regular.woff	
└── glyphicons-halflings-regular.woff2	

- ✦ Bootstrap 3.4 框架下載：https://getbootstrap.com/docs/3.4/getting-started/

若第一次接觸 Bootstrap，不熟悉其設計及使用，Bootstrap 官網有提供約 20 個範例樣板，可供參考使用。

- ✦ Bootstrap v3.4.1 範例樣板程式下載：https://github.com/twbs/bootstrap/archive/v3.4.1.zip

Cover

A one-page template for building simple and beautiful home pages.

Carousel

Customize the navbar and carousel, then add some new components.

Blog

Simple two-column blog layout with custom navigation, header, and type.

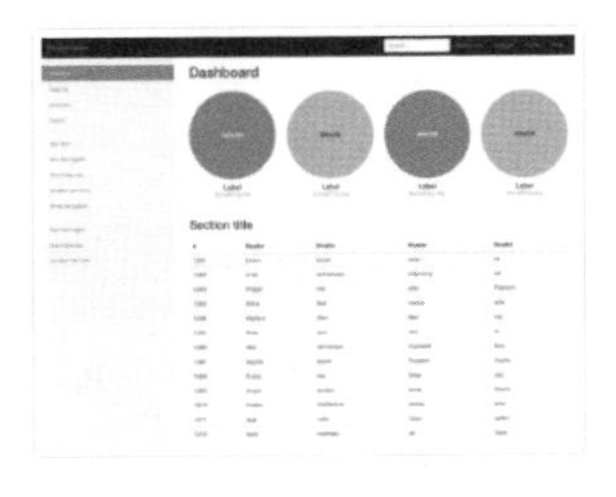

Dashboard

Basic structure for an admin dashboard with fixed sidebar and navbar.

Sign-in page

Custom form layout and design for a simple sign in form.

Justified nav

Create a custom navbar with justified links. Heads up! Not too Safari friendly.

圖 3-2 Bootstrap 範例樣板

> **TIP**
>
> Bootstrap 某些功能會使用到 jQuery（且有版本對應關係），故 MVC 專案的佈局檔中除 Bootstrap 外，也加入了 jQuery Library 參考。

3-3 在 HTML 中使用 Bootstrap 樣式與 UI 元件

本節先介紹 HTML 中如何使用 Bootstrap，那為何不直接以 MVC 示範？因為 MVC 將一個完整的 Bootstrap 參考檔及使用，打散在三個檔中：❶BundleConfig.cs、❷_Layout.cshtml 佈局檔及❸View 檢視檔，這對剛入門的讀者不是很好理解，故先在 HTML 檔中練習，下一節再說明 Bootstrap 如何套用到 MVC。

3-3-1 Bootstrap 支援的瀏覽器版本

使用 Bootstrap 前，需確認瀏覽器是否支援？Bootstrap 最低限度支援 IE 9，因此盡可能使用最新的 IE 版本。但若網頁是要部署到網站，就要一併考量使用者瀏覽器版本的支援性，特別是桌面版瀏覽器，行動版反而全數支援。

- Bootstrap 支援的瀏覽器版本：https://getbootstrap.com/docs/3.4/getting-started/#support-browsers

表 3-1 Bootstrap 支援的桌面瀏覽器

	Chrome	Firefox	IE	Opera	Safari
Windows	✓	✓	✓	✓	✕
Mac	✓	✓	--	✓	✓

表 3-2 Bootstrap 支援的 Mobile 瀏覽器

	Chrome	Firefox	Safari
Android	✓	✓	--
iOS	✓	✓	✓

TIP

Respond.js 可讓 IE 8 得到一定程度的 Bootstrap 支援，但某些樣式會不完整。

3-3-2 Bootstrap 的 HTML 樣板

Bootstrap 在 HTML5 中使用上有幾個重點，依序為：

1. 先加入 bootstrap 的 css 檔案參考。

2. 在<body>中宣告<div class="container">...</div>區段，區段中是 Bootstrap 的作用力場，裡面可使用 Bootstrap 樣式及元件等功能。

3. 在<body>末兩行加入 jQuery 與 Bootstrap 的 js 函式庫。

有了上述四個部分後，就可開始使用 Bootstrap，但為了支援 RWD 和各種版本瀏覽器，還會加入額外的宣告，語法樣板如下：

```
<!DOCTYPE html>  ← 這是 HTML5
<html>
<head>
                      行動裝置 viewport 檢視區設定
    ...
    <!-- Mobile First -->
    <meta name="viewport" content="width=device-width, initial-scale=1">
    <!-- Bootstrap CSS-->
    <link href="../Content/bootstrap.min.css" rel="stylesheet" />
</head>                          參考 bootstrap 的 css 檔
<body>                      在 container 中宣告 Bootstrap 樣式和元件
    <!--Bootstrap 基本樣板-->
    <div class="container">
        <!--這裡是宣告 HTML + Bootstrap 的地方-->


    </div>

                              先載入 jQuery 函式庫參考
    <script src="../Scripts/jquery-3.4.1.min.js"></script>
    <script src="../Scripts/bootstrap.min.js"></script>
</body>                       後載入 bootstrap 的 js 函式庫參考
</html>
```

以上需解釋 Viewport 的作用，Viewport 是檢視區的設定，特別是針對行動裝置的設定，Viewport meta tag 中 width=device-width 是宣告 Viewport 寬度等於裝置的寬度，而 initial-scale=1 是宣告內容的縮放比例為 1。Viewport 在 8-2 小節有詳細介紹。

若不想讓行動裝置使用者縮放網頁大小，加上 user-scalable=no 就能禁用縮放功能：

```
<meta name="viewport" content="width=device-width, initial-scale=1,
     maximum-scale=1, user-scalable=no">
```

範例 3-1 建立 Bootstrap 的 HTML 樣板

在此示範於 HTML 檔中，如何參考及使用 Bootstrap。

step01 新增一個 MVC 專案「MvcBootstrap」。

step02 在專案按滑鼠右鍵→【加入】→【資料夾】→命名為「HtmlPages」。

step03 在 HtmlPages 資料按滑鼠右鍵→【加入】→【HTML 頁面】→命名為「BootstrapTemplate」→【確定】。

step04 建立 BootstrapTemplate.html 程式，作為後續 Bootstrap 樣板複製。

HtmlPages\BootstrapTemplate.html

```
<!DOCTYPE html>
<html>
<head>
    <meta charset="utf-8" />
    <!-- 確保 IE 使用最新的 Rendering mode -->
    <meta http-equiv="X-UA-Compatible" content="IE=edge">
    <!-- Mobile First -->
    <meta name="viewport" content="width=device-width, initial-scale=1">
    <!-- Bootstrap -->
    <link href="../Content/bootstrap.min.css" rel="stylesheet" />
    <!-- html5shiv.js 讓 IE 8 支援 HTML5 elements-->
    <!--<script src="../Scripts/html5shiv.min.js"></script>-->
    <!-- Respond.js 讓 IE 8 支援 media queries -->
    <script src="../Scripts/respond.js"></script>
    <!--<title>第一個 Bootstrap</title>-->
</head>
<body>
```

```
    <!--Bootstrap 基本樣板-->
    <div class="container">
        <!--這裡是宣告 HTML + Bootstrap 的地方-->
        ...
    </div>

    <script src="../Scripts/jquery-3.4.1.min.js"></script>
    <script src="../Scripts/bootstrap.min.js"></script>
</body>
</html>
```

step05 在 HtmlPages 資料夾按滑鼠右鍵→【加入】→【HTML 頁面】→命名為「BootstrapBasic」→【確定】。

step06 將 BootstrapTemplate.html 內容複製&貼到 BootstrapBasic.html 中，以快速建立 Bootstrap 基本結構（或可手動從零建立，印象會更深刻）。

接下來的 3-3-3 到 3-3-14 小節，將說明常用的 Bootstrap 樣式及元件，原始的語法是在 HtmlPages\BootstrapSyntax.html 中，你可以在 BootstrapBasic.html 同步做語法練習，而不致更動到 BootstrapSyntax.html。

3-3-3 Panel 面板（元件）

Panel 面版中可放置 HTML 元素或控制項。

圖 3-3 Panel 面板

Panel 中包括 Header、Body 及 Footer 三個區塊，Body 是必要的，Header 和 Footer 為選擇性加入，語法為：

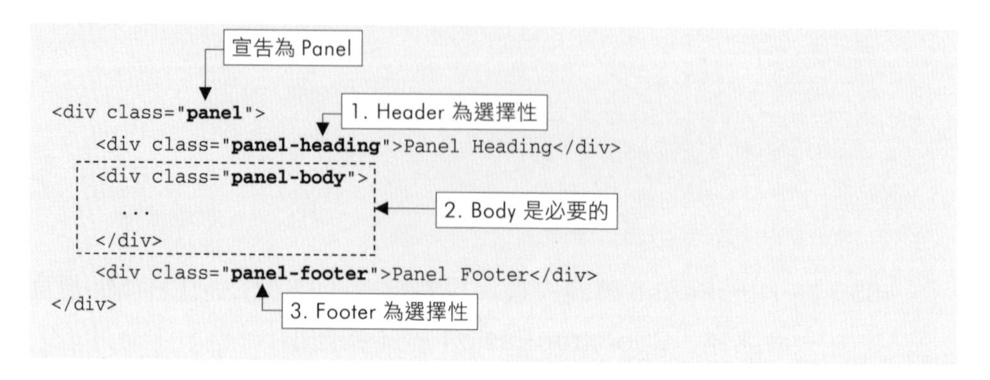


```
<div class="panel">
   <div class="panel-heading">Panel Heading</div>
   <div class="panel-body">
     ...
   </div>
   <div class="panel-footer">Panel Footer</div>
</div>
```

Panel 程式如下：

HtmlPages\BootstrapSyntax.html

```
<div class="panel panel-primary">
   <div class="panel-heading"><h4 class="text-center">神力女超人</h4></div>
   <div class="panel-body">
      <img src="../Assets/images/wonderwoman.jpg" alt=""/>
      <p class="text-success">
         《神力女超人》是由美國漫畫大廠 DC Comics 推出的年度大作，由
         蓋兒加朵飾演亞馬遜族的公主戴安娜，自幼生長在與世隔絕的天堂島，
         當她得知世界正經歷一場大戰，她決定挺身而出為正義而戰。
      </p>
   </div>
   <div class="panel-footer alert-danger">蓋兒·加朵主演</div>
</div>
```

每種 Bootstrap 樣式或元件會做重點語法介紹，目的是讓您快速上手；但限於篇幅關係，無法窮盡所有用法，故附上相關網址供您參考。

- Panels 元件：https://getbootstrap.com/docs/3.4/components/#panels

3-3-4 Button 按鈕（樣式）

也許你會覺得奇怪，HTML 本身不就提供了 Button 按鈕，那麼 Bootstrap 是重複提供，還是說有什麼不同？Bootstrap 提供的是 Button 樣式，HTML 的<button>套用 Button 樣式後，就會變成 Bootstrap 風格的 Button 按鈕，質感立刻變美，且還有多種色系可選。

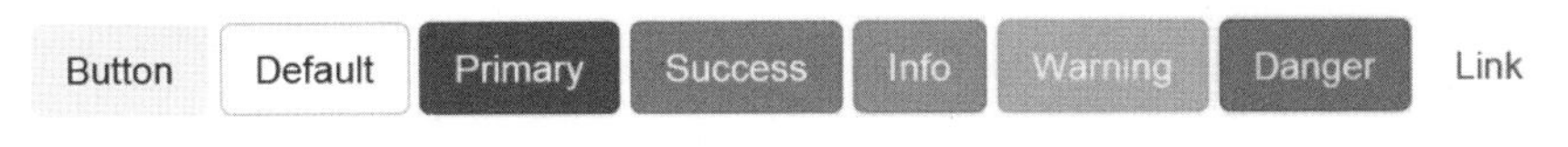

圖 3-4 套用 Button 樣式後的按鈕

HTML <button>套用 Bootstrap Button 語法為：

HtmlPages\BootstrapSyntax.html

1.宣告為 Button

2.套用 7 種不同的 Button 樣式

```
<div class="container">
    <button type="button" class="btn">Button</button>
    <button type="button" class="btn btn-default">Default</button>
    <button type="button" class="btn btn-primary">Primary</button>
    <button type="button" class="btn btn-success">Success</button>
    <button type="button" class="btn btn-info">Info</button>
    <button type="button" class="btn btn-warning">Warning</button>
    <button type="button" class="btn btn-danger">Danger</button>
    <button type="button" class="btn btn-link">Link</button>
</div>
```

- Button Options 樣式：https://getbootstrap.com/docs/3.4/css/#buttons

3-3-5 Jumbotron 超大螢幕（元件）

Jumbotron 是超大螢幕，它會佔據一大片瀏覽器視口（viewport），以醒目的方式顯示網站關鍵內容（預設是一大片灰色區域）。

圖 3-5 Jumbotron 超大螢幕

Jumbotron 內容區塊完全是自由發揮，無制式格式：

HtmlPages\BootstrapSyntax.html

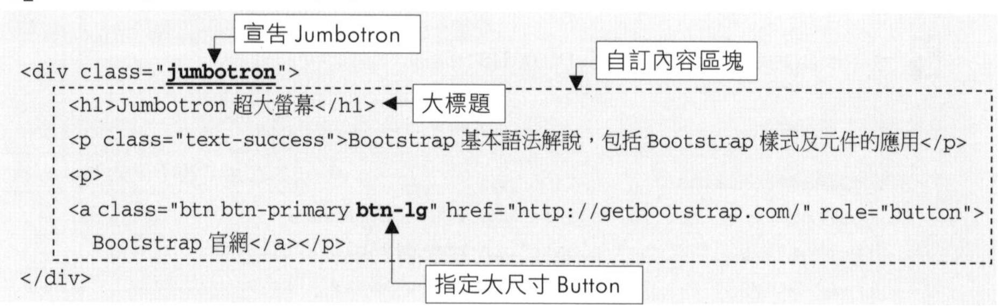

```
<div class="jumbotron">
  <h1>Jumbotron 超大螢幕</h1>
  <p class="text-success">Bootstrap 基本語法解說，包括 Bootstrap 樣式及元件的應用</p>
  <p>
  <a class="btn btn-primary btn-lg" href="http://getbootstrap.com/" role="button">
    Bootstrap 官網</a></p>
</div>
```


- Jumbotron 元件：https://getbootstrap.com/docs/3.4/components/#jumbotron

3-3-6 Glyphicons 字型圖示（元件）

有別於傳統用圖片製作圖示，Bootstrap 的 Glyphicons 是字型圖示，它利用字型檔提供約 250 多個圖示，方便網頁快速引用。

圖 3-6 Glyphicons 字型圖示

Glyphicons 一般是在<span>的 class 屬性中宣告：

HtmlPages\BootstrapSyntax.html

```
<span class="glyphicon glyphicon-home"></span>
<span class="glyphicon glyphicon-user"></span>
<span class="glyphicon glyphicon-search"></span>
<span class="glyphicon glyphicon-envelope"></span>
<span class="glyphicon glyphicon-info-sign"></span>
<span class="glyphicon glyphicon-cog"></span>
```

Glyphicons 字型檔是在 Fonts 資料夾中的五個檔案。此外 Glyphicons 圖示數量眾多，詳細列表請至以下網址查詢。

- Glyphicons 列表：https://getbootstrap.com/docs/3.4/components/#glyphicons

3-3-7 Label 標籤（元件）

Label 就是具有背景色塊的文字標籤，如下圖 New、Stable 等。

Angular 4 New
MVC Stable
Bootstrap 4 Coming soon

圖 3-7 Label 標籤

Label 語法：

HtmlPages\BootstrapSyntax.html

1.宣告為 Label　2.指定 Label 樣式

```
<h5>Angular 4<span class="label label-danger">New</span></h5>
<h5>MVC<span class="label label-success">Stable</span></h5>
<h5>Bootstrap 4<span class="label label-primary">Coming soon</span></h5>
<h5>HTML5<span class="label label-info">Ready</span></h5>
<h5>CSS3<span class="label label-default">Ready</span></h5>
<h5>C3.js<span class="label label-warning">Ready</span></h5>
```

✦ Labels 元件：https://getbootstrap.com/docs/3.4/components/#labels

3-3-8 Input groups 輸入群組（元件）

Input groups 是在 input 控制項的前後，加上文字、Glyphicons 或其他控制項而形成一個群組，進而強化 input 的語意及識別性。

Your Name. 姓名
Your Phone No. 手機
Your Email. 電郵

圖 3-8 Input groups 輸入群組

Input groups 前後文字或控制項的 class 屬性皆需宣告 input-group-addon，語法為：

HtmlPages\BootstrapSyntax.html

宣告 input group

前。Glyphicon 圖示

Input 控制項

後。文字

```
<div class="input-group">
    <span class="input-group-addon">
        <span class="glyphicon glyphicon-user"></span>
    </span>
    <input type="text" class="form-control" placeholder="Your Name." >
    <span class="input-group-addon">姓名</span>
</div>
```

圖 3-8 程式：

HtmlPages\BootstrapSyntax.html

```
<div class="input-group">   第一個 input-group
    <span class="input-group-addon">
        <span class="glyphicon glyphicon-user"></span>
    </span>
    <input type="text" class="form-control" placeholder="Your Name."
      aria-describedby="basic-addon1">
    <span class="input-group-addon">姓名</span>
</div>
<div class="input-group">   第二個 input-group
    <span class="input-group-addon">
        <span class="glyphicon glyphicon-phone-alt"></span>
    </span>
    <input type="text" class="form-control" placeholder="Your Phone No."
      aria-describedby="basic-addon2">
    <span class="input-group-addon">手機</span>
</div>
<div class="input-group">   第三個 input-group
    <span class="input-group-addon">
        <span class="glyphicon glyphicon-envelope"></span>
    </span>
    <input type="text" class="form-control" placeholder="Your Email."
        aria-describedby="basic-addon3">
    <span class="input-group-addon">電郵</span>
</div>
```

- Input groups 元件：https://getbootstrap.com/docs/3.4/components/#input-groups

3-3-9 Badge 徽章標誌（元件）

Badge 是用來附加文字或數字到 HTML 元素或控制項中。

圖 3-9 Badge 徽章標誌

Badge 是用<span class="badge">嵌入其他 HTML 元素中，語法為：

HtmlPages\BootstrapSyntax.html

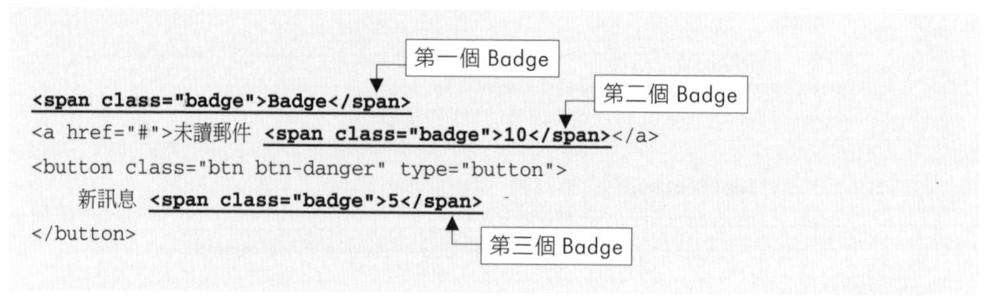


```
<span class="badge">Badge</span>
<a href="#">未讀郵件 <span class="badge">10</span></a>
<button class="btn btn-danger" type="button">
    新訊息 <span class="badge">5</span>
</button>
```

✦ Badge 元件：https://getbootstrap.com/docs/3.4/components/#badges

3-3-10 文字顏色（樣式）

有時文字若配上適當的顏色，可進一步強化情境意義，Bootstrap 提供六種文字顏色樣式，可套用到<div>、<p>、<h1>～<h6>等 HTML 元素。

尚未收到您這個月的信用卡費用，請速繳納，以免逾期產生利息。
若您已繳款，請毋需理會此訊息。
轉帳成功！帳款於次日會匯入對方帳戶。
此為提示訊息！您的密碼已超過一年未更換了，請盡速變更。
警告！ATM提款機不具備退款功能，，請勿受騙。
系統錯誤！發生嚴重不可回復之錯誤，請連絡管理員。

圖 3-10 文字套用顏色

文字顏色語法：

HtmlPages\BootstrapSyntax.html

```
<div class="text-primary">尚未收到您這個月的信用卡費用，請速繳納，以免愈期產生利息。</div>
<div class="text-muted">若您已繳款，請毋需理會此訊息。</div>
<div class="text-success">轉帳成功！帳款於次日會匯入對方帳戶。</div>
<div class="text-info">此為提示訊息！您的密碼已超過一年未更換了，請盡速變更。</div>
<div class="text-warning">警告！ATM 提款機不具備退款功能，，請勿受騙。</div>
<div class="text-danger">系統錯誤！發生嚴重不可回復之錯誤，請連絡管理員。</div>
```

- Contextual colors 樣式：https://getbootstrap.com/docs/3.4/css/#helper-classes-colors

3-3-11 背景顏色（樣式）

同樣地，背景顏色也能強化或傳達情境意義，Bootstrap 提供五種背景色樣式，可套用到<div>、<p>、<h1>...<h6>等 HTML 元素。

天地玄黃 宇宙洪荒 日月盈昃 辰宿列張 寒來暑往
秋收冬藏 閏餘成歲 律呂調陽 雲騰致雨 露結為霜
金生麗水 玉出崑岡 劍號巨闕 珠稱夜光 果珍李柰
菜重芥薑 海鹹河淡 鱗潛羽翔 龍獅火帝 鳥官人皇
始制文字 乃服衣裳 推位讓國 有虞陶唐 弔民伐罪

圖 3-11 背景套用顏色

背景顏色語法：

HtmlPages\BootstrapSyntax.html

```
<div class="bg-primary">天地玄黃 宇宙洪荒 日月盈昃 辰宿列張 寒來暑往</div>
<div class="bg-success">秋收冬藏 閏餘成歲 律呂調陽 雲騰致雨 露結為霜</div>
<div class="bg-info">金生麗水 玉出崑岡 劍號巨闕 珠稱夜光 果珍李柰</div>
<div class="bg-warning">菜重芥薑 海鹹河淡 鱗潛羽翔 龍獅火帝 鳥官人皇</div>
<div class="bg-danger">始制文字 乃服衣裳 推位讓國 有虞陶唐 弔民伐罪</div>
```

且文字顏色和背景顏色還能一起搭配：

文字顏色　背景顏色

```
<div class="text-muted bg-danger">秋收冬藏 閏餘成歲 律呂調陽 雲騰致雨 露結為霜</div>
<div class="text-danger bg-success">金生麗水 玉出崑岡 劍號巨闕 珠稱夜光 果珍李柰</div>
<div class="text-warning bg-info">菜重芥薑 海鹹河淡 鱗潛羽翔 龍獅火帝 鳥官人皇</div>
<div class="text-info bg-warning">始制文字 乃服衣裳 推位讓國 有虞陶唐 弔民伐罪</div>
<div class="text-primary bg-danger">周發商湯 坐朝問道 垂拱平章 愛育黎首 臣伏戎羌</div>
```

- Contextual backgrounds 樣式：https://getbootstrap.com/docs/3.4/css/#helper-classes-backgrounds

3-3-12 文字對齊（樣式）

文字對齊在 HTML 佈局設計中也蠻常使用，Bootstrap 提供五種文字對齊方式：靠左、置中、靠右、左右、文字不換行，可套用在各種 HTML 元素上。

文字對齊範例

文字靠左對齊

文字置中對齊

文字靠右對齊

文字左右對齊

文字不換行

圖 3-12 文字對齊樣式

文字對齊語法：

HtmlPages\BootstrapSyntax.html

```
<p class="text-left">文字靠左對齊</p>
<p class="text-center">文字置中對齊</p>
<p class="text-right">文字靠右對齊</p>
<p class="text-justify">文字左右對齊</p>
<p class="text-nowrap">文字不換行</p>
```

而文字左右對齊（text-justify）和不換行（text-nowarp）兩種，需用長一點文章，才能察覺到效果，請瀏覽 GridSystem/TextAlignment 展示。

- Alignment classes 樣式：https://getbootstrap.com/docs/3.4/css/#type-alignment

3-3-13 Table 表格（樣式）

Bootstrap 也提供 Table 樣式用來美化 HTML 的<table> element。

產品名稱	產品編號	容量	單價
INTEL Intel 600P 512G SSD	SSDPEKKW512G7X1	512GB	5,499
Kingston 240G SSD	HyperX Savage SHSS37A	240GB	3,645
Micron Crucial 525GB SSD	MX300	525GB	4,588
SSD固態硬碟			

圖 3-13 套用 Table 樣式

在<table>的 class 屬性套用 Table 樣式語法：

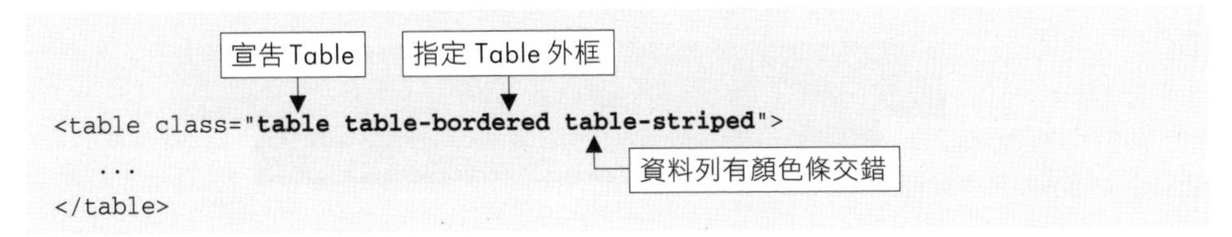
宣告 Table
指定 Table 外框
<table class="table table-bordered table-striped">
...
資料列有顏色條交錯
</table>

Table 程式：

HtmlPages\BootstrapSyntax.html

```
<table class="table table-bordered table-striped">
    <thead class="bg-primary">
        <tr>
            <th>產品名稱</th>
            <th>產品編號</th>
            <th>容量</th>
            <th>單價</th>
        </tr>
```

```
        </thead>
        <tbody>
            <tr>
                <td>INTEL Intel 600P 512G SSD</td>
                <td>SSDPEKKW512G7X1</td>
                <td>512GB</td>
                <td>5,499</td>
            </tr>
            ...
        </tbody>
        <tfoot class="bg-info">
            <tr>
                <td colspan="4" class="text-center">SSD 固態硬碟</td>
            </tr>
        </tfoot>
    </table>
```

✦ Table 樣式：https://getbootstrap.com/docs/3.4/css/#tables

3-3-14 Navbar 導航列（元件）

Navbar 是網頁中作為導航用途的一條 Bar，Bar 上通常是放產品、服務或連絡方式的超連結，給使用者作網頁導引用途。

圖 3-14 Navbar 導航列

Navbar 元件也支援 Responsive，也就是在行動裝置或瀏覽器寬度小於 768px 時，導航超連結選單便會隱藏，在按下 Toggle 切換按鈕就會出現。

圖 3-15 Navbar 的 Toggle 模式

Navbar 是從<div class="navbar" >開始，其下<div class="container">包含：Header 列和導航超連結兩大區塊，而 Header 列中有：Toggle 切換按鈕和 Brand 兩部分，語法如下：

HtmlPages\BootstrapSyntax.html

```
<div class="navbar navbar-inverse">
    <div class="container">
      <div class="navbar-header row">              ← 區塊 1：Header 列
        <button type="button" class="navbar-toggle" data-toggle="collapse"   ← (1)Toggle 切換按鈕
         data-target=".navbar-collapse">
           <span class="icon-bar"></span>
           <span class="icon-bar"></span>          ← 按鈕圖示上的三條線
           <span class="icon-bar"></span>
        </button>
        <a class="navbar-brand" href="#">
           Bootstrap 語法                           ← (2)Brand
        </a>
      </div>
      <div class="navbar-collapse collapse">
          <ul class="nav navbar-nav">
              <li><a href="#">產品</a></li>
              <li><a href="#">關於</a></li>        ← 區塊 2：導航超連結
              <li><a href="#">客服</a></li>
          </ul>
      </div>
    </div>
</div>
```

以下就 Navbar 的幾個區塊做語法說明。

❖ Toggle 切換按鈕

Toggle 按鈕的 data-target=".navbar-collapse"的名稱，要指向區塊 2 的 class="navbar-collapse"屬性，二者名稱必須對映。

宣告為 Navbar 的 Toggle 按鈕

collapse 為摺疊隱藏模

```
<button type="button" class="navbar-toggle" data-toggle="collapse"
        data-target=".navbar-collapse">  ← 指向套用.navbar-collapse 樣式 element
    <span class="icon-bar"></span>
    <span class="icon-bar"></span>
    <span class="icon-bar"></span>  ← Toggle 按鈕上的線條
</button>
```

說明：至於<span class="icon-bar"></span>的作用，是在 Toggle 按鈕上畫出一條水平線，以上共有三條線，想加到六條也沒問題。

❖ Brand 區塊

Brand 用途是放品牌文字。

```
<a class="navbar-brand" href="#">
    Brand 品牌文字
</a>
```

但也能放網站 Logo、品牌 Logo 圖片：

```
<a class="navbar-brand" href="#">
    <img alt="Brand" src="...">
</a>
```

❖ 導航超連結區塊

Navbar 的導航超連結項目是在這宣告，而 class="**navbar-collapse**" 名稱必須與 Toggle 按鈕的 data-target="**.navbar-collapse**"對映，這樣 Toggle 按鈕 click 時，導航超連結才會被調用，由隱藏狀態，下拉出選單。

```
<div class="navbar-collapse collapse">
    <ul class="nav navbar-nav">
        <li><a href="#">產品</a></li>
        <li><a href="#">關於</a></li>      ◄── 可自行添加導航項目
        <li><a href="#">客服</a></li>
    </ul>
</div>
```

最後 Navbar 導航列還可以放置 Textbox、文字、Form 表單、一般 Button 按鈕、位置固定等功能，細節請參考官網說明。

✦ Navbar 元件：https://getbootstrap.com/docs/3.4/components/#navbar

3-3-15 Dropdown（元件）

Dropdown 是下拉式選單元件。

圖 3-16 Dropdown 下拉式選單

Dropdown 語法為：

HtmlPages\BootstrapSyntax.html

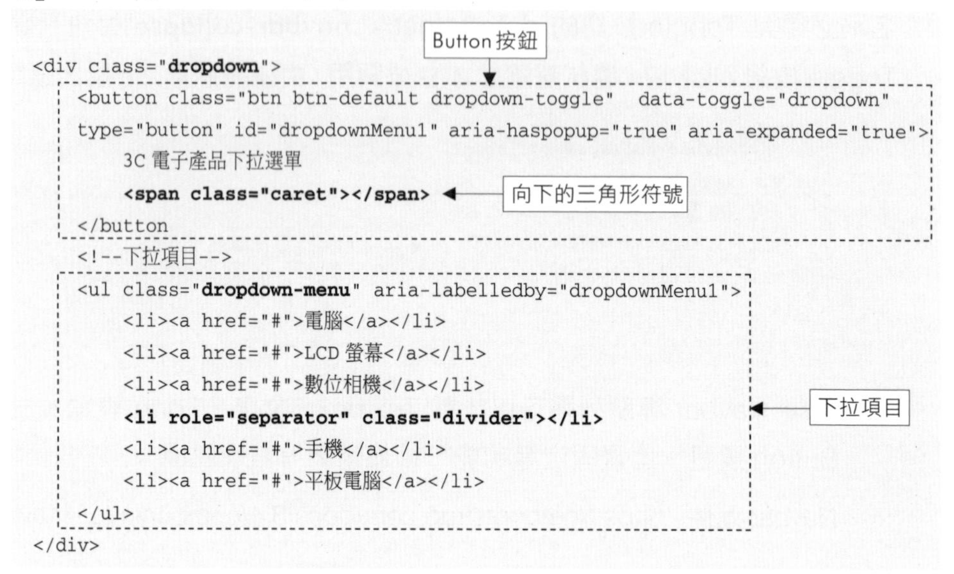


```
<div class="dropdown">
  <button class="btn btn-default dropdown-toggle"  data-toggle="dropdown"
  type="button" id="dropdownMenu1" aria-haspopup="true" aria-expanded="true">
      3C 電子產品下拉選單
      <span class="caret"></span>
  </button
  <!--下拉項目-->
  <ul class="dropdown-menu" aria-labelledby="dropdownMenu1">
      <li><a href="#">電腦</a></li>
      <li><a href="#">LCD 螢幕</a></li>
      <li><a href="#">數位相機</a></li>
      <li role="separator" class="divider"></li>
      <li><a href="#">手機</a></li>
      <li><a href="#">平板電腦</a></li>
  </ul>
</div>
```

- Dropdowns 元件：https://getbootstrap.com/docs/3.4/components/#dropdowns

3-3-16 List group（元件）

List group 是用於條列資訊的元件，且每個條列項目允許複雜結構的自訂。

圖 3-17 List group 元件

List group 是在<ul><li>...</li></ul>的區段中宣告：

```
<ul class="list-group">
    <li class="list-group-item">
        條列項目 1                                  ← 項目一
    </li>
    <li class="list-group-item">
        條列項目 2                                  ← 項目二
    </li>
    <li class="list-group-item ">
        條列項目 2                                  ← 項目三
    </li>
</ul>
```

List group 還可以結合 Badge，語法為：

HtmlPages\BootstrapSyntax.html

```
<ul class="list-group">
    <li class="list-group-item list-group-item-info">
        <span class="badge">3</span>
        上級交辦事項
    </li>
    <li class="list-group-item list-group-item-success">
        <span class="badge">16</span>
        客服案件
    </li>
    <li class="list-group-item list-group-item-danger">
        <span class="badge">8</span>
        待處理事項
    </li>
</ul>
```

- List group 元件：https://getbootstrap.com/docs/3.4/components/#list-group

3-4 在 MVC 專案中使用 Bootstrap 樣式及元件

在熟悉 Bootstrap 樣式及元件語法後，這裡要説明 Bootstrap 在 MVC 專案中的設定及使用方式，這才是 MVC 運用 Bootstrap 的主要重點。

3-4-1 解說 MVC 專案如何參考及引用 Bootstrap

Bootstrap 在 HTML 中引用相關函式庫十分直覺，但在 MVC 專案中就不是那麼直覺，因為 Bootstrap 散佈在 MVC 專案的三塊部分：

1. BundleConfig.cs：用來將 Bootstrap 相關的 Scripts 和 CSS 建立成 Bundle。

App_Start\BundleConfig.cs

```
public class BundleConfig
{
    public static void RegisterBundles(BundleCollection bundles)
    {
        bundles.Add(new ScriptBundle("~/bundles/bootstrap").Include(
                "~/Scripts/bootstrap.js",
                "~/Scripts/respond.js"));

        bundles.Add(new StyleBundle("~/Content/css").Include(
                "~/Content/bootstrap.css",
                "~/Content/site.css"));
    }
}
```


說明：建立好的 Bundle，一般是在_Layout.cshtml 佈局檔中叫用，用指令呼叫某個 Bundle，那麼 Bundle 中所包含的數個檔案便會一次帶出。

2. _Layout.cshtml：佈局檔透過@Styles.Render()和@Scripts.Render()呼叫 Bundle，然後將 Bundle 中包含的檔案帶入，轉變成實際的 css 和 js 參考。

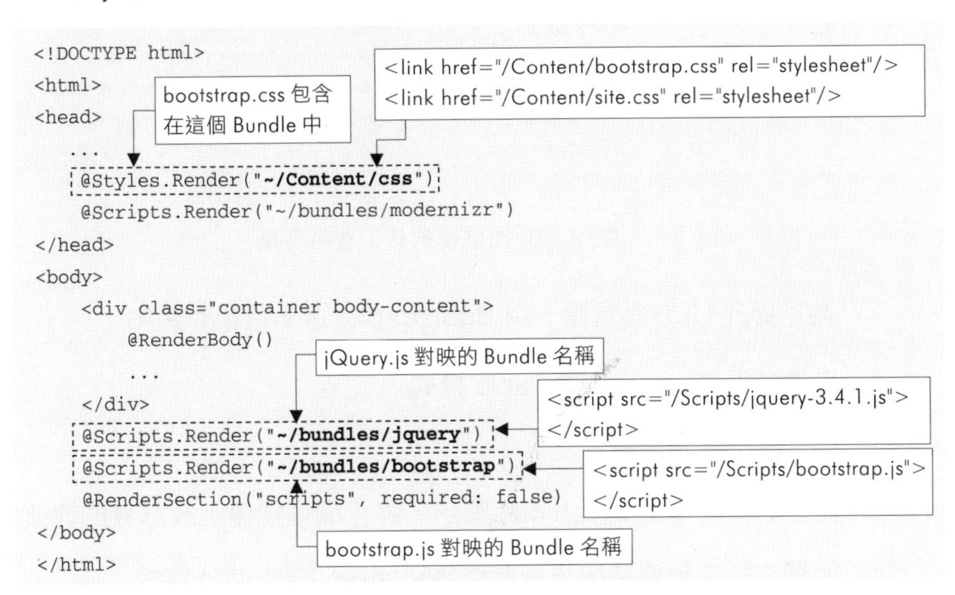

<!DOCTYPE html>
<html>
<head>
...
@Styles.Render("~/Content/css")
@Scripts.Render("~/bundles/modernizr")
</head>
<body>
<div class="container body-content">
@RenderBody()
...
</div>
@Scripts.Render("~/bundles/jquery")
@Scripts.Render("~/bundles/bootstrap")
@RenderSection("scripts", required: false)
</body>
</html>
bootstrap.css 包含在這個 Bundle 中
<link href="/Content/bootstrap.css" rel="stylesheet"/>
<link href="/Content/site.css" rel="stylesheet"/>
jQuery.js 對映的 Bundle 名稱
<script src="/Scripts/jquery-3.4.1.js">
</script>
<script src="/Scripts/bootstrap.js">
</script>
bootstrap.js 對映的 Bundle 名稱

3. View 檢視：因 View 預設會套用佈局檔，等同間接加入 Bootstrap 和 jQuery 所需的 css、js 及<div class="container">。於是 View 不需再次宣告<div class="container">，直接使用 Bootstrap 就行了。同時 View 中還支援 Bootstrap 的 IntelliSense 提示。

3-4-2 用 Bootstrap 改造與美化 View 檢視頁面

本節要用 Bootstrap 改造 View 檢視頁面，先就程式背景及改造目標做說明，對比出改造前和改造後的網頁質感差異，再用兩個範例詳述實作步驟。

首先介紹程式背景，有個 Employee 員工資料模型，用 Scaffolding 產出 CRUD 樣板，包括 Employees 控制器及 Views，下圖是 Index.cshtml 頁面，裡面用<table>表格呈現員工資料，功能運行上雖然 OK，但在 UI 外觀上頗為陽春，談不上什麼美感。

員工基本資料

Create New

姓名	Mobile	Email	Department	Title	
David	0933-152667	david@gmail.com	總經理室	CEO	Edit | Details | Delete
Mary	0938-456889	mary@gmail.com	人事部	管理師	Edit | Details | Delete
Joe	0925-331225	joe@gmail.com	財務部	經理	Edit | Details | Delete
Mark	0935-863991	mark@gmail.com	業務部	業務員	Edit | Details | Delete
Rose	0987-335668	rose@gmail.com	資訊部	工程師	Edit | Details | Delete
May	0955-259885	may@gmail.com	資訊部	工程師	Edit | Details | Delete
John	0921-123456	john@gmail.com	業務部	業務員	Edit | Details | Delete

圖 3-18 改造前的員工資料表格

為了提升 UI 介面質感，用 Bootstrap 改造，目標有幾點：

1. 表格套用 Bootstrap 的 Table 樣式
2. 英文欄位名稱改成中文
3. 欄位名稱前加上 Glyphicon 圖示，強化欄位視覺上及意義的傳達
4. 所有按鈕或超連結按鈕皆套用 Bootstrap 的 Button 樣式
5. 讓 Mail 資料具備<a href="mailto:...">...</a>超連結

員工基本資料

員工編號	姓名	行動電話	電子郵件	部門	職稱	
1	David	0933-152667	david@gmail.com	總經理室	CEO	編輯 明細 刪除
2	Mary	0938-456889	mary@gmail.com	人事部	管理師	編輯 明細 刪除
3	Joe	0925-331225	joe@gmail.com	財務部	經理	編輯 明細 刪除
4	Mark	0935-863991	mark@gmail.com	業務部	業務員	編輯 明細 刪除
5	Rose	0987-335668	rose@gmail.com	資訊部	工程師	編輯 明細 刪除
6	May	0955-259885	may@gmail.com	資訊部	工程師	編輯 明細 刪除
7	John	0921-123456	john@gmail.com	業務部	業務員	編輯 明細 刪除

新增員工資料

圖 3-19 用 Bootstrap 改造後的表格

以下兩個範例，第一個用 Scaffolding 產生員工資料的 CRUD 過程，第二個用 Bootstrap 改造檢視頁的過程。

範例 3-2 以 Scaffolding 產生 CRUD 樣板及員工資料

第二章介紹過用 Scaffolding 產生 CRUD 樣板，在此重新溫習，同時介紹新功能元素，步驟如下：

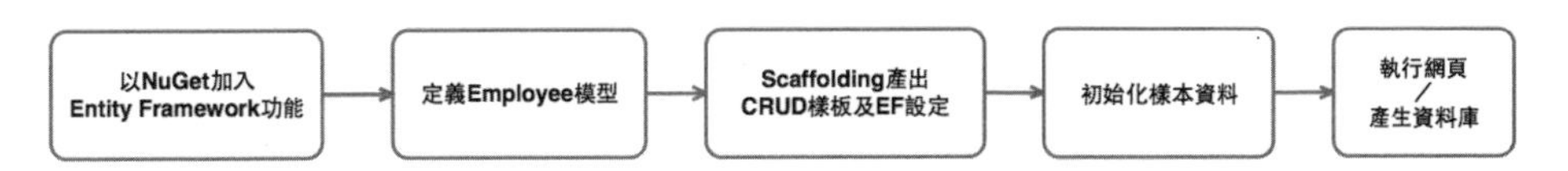

step01 以 NuGet 加入 Entity Framework 函式庫參考。在 MvcBootstrap 專案按滑鼠右鍵→【管理 NuGet 套件】→在【瀏覽】輸入「Entity Framework」按 Enter 搜尋→選擇 Entity Framework→【安裝】。

圖 3-20 以 NuGet 安裝 Entity Framework

step02 在 Models 資料夾新增 Employee.cs 類別，加入六個屬性。完成後儲存，按 Shift+Ctrl+B 建置專案（務必建置）。

Models\Employee.cs

```
public class Employee
{
    public int Id { get; set; }
    public string Name { get; set; }
    public string Mobile { get; set; }
```

```
        public string Email { get; set; }
        public string Department { get; set; }
        public string Title { get; set; }
    }
```

step03 利用 Scaffolding 從 Employee 模型產出 EF、Controller 及 Views 的 CRUD 樣板。

1. 在 Controllers 資料夾按滑鼠右鍵→【加入】→【新增 Scaffold 項目】→【控制器】→「具有檢視、使用 Entity Framework 的 MVC 5 控制器」→【加入】。

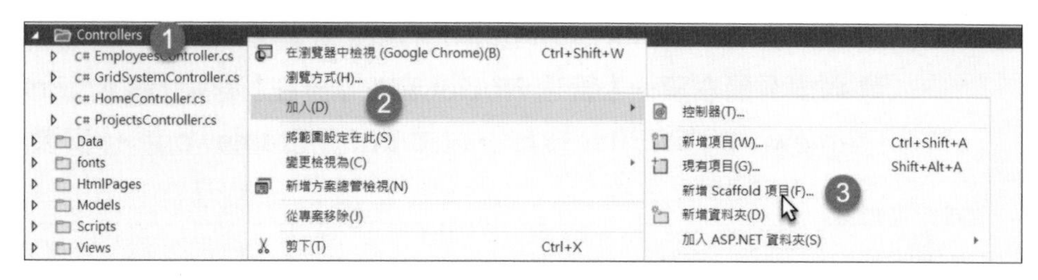

圖 3-21 新增 Scaffolding 項目

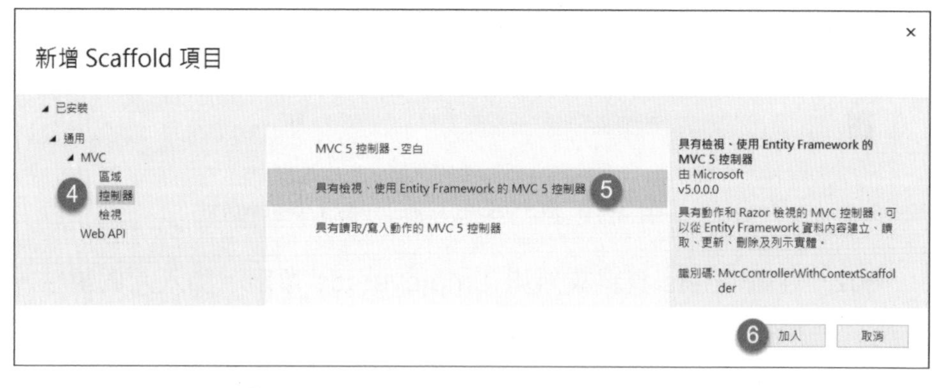

圖 3-22 選擇「具有檢視、使用 Entity Framework 的 MVC 5 控制器」

2. 指定 Employee 模型類別。

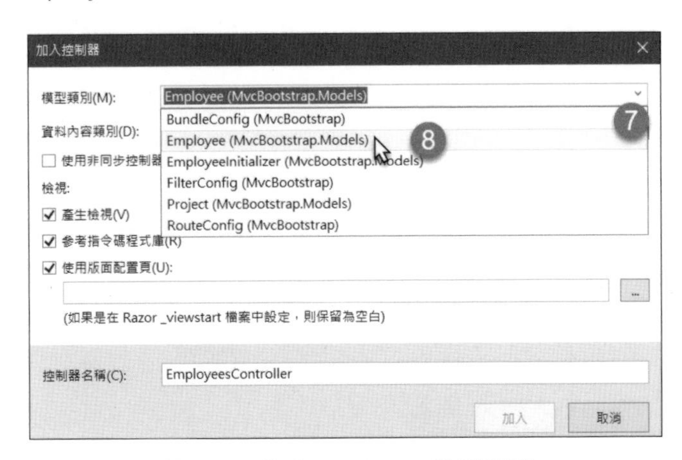

圖 3-23 指定 Employee 模型類別

3. 在資料內容類別最右側按加號→將名稱改為「EmployeeContext」→【加入】→【加入】→。EmployeeContext 代表對 Entity Framework 作業的物件。

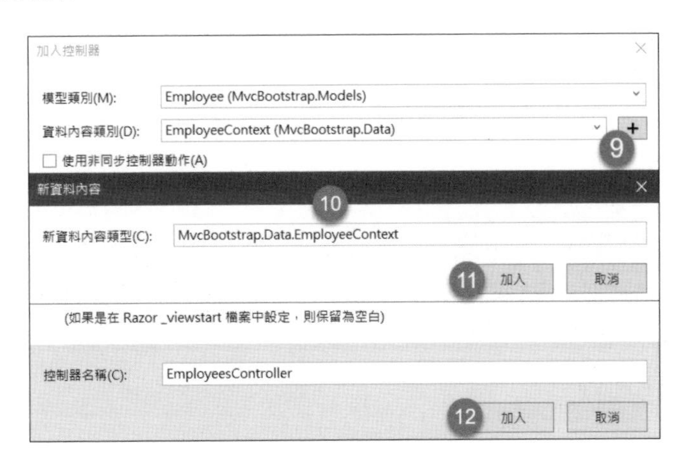

圖 3-24 指定資料內容類別

然後 Scaffolding 會建立：❶Entity Framework 設定、❷在 Web.config 新增 EF 的 SQL Server 連線設定、❸ EmployeesController 和 Actions 及 ❹Views\Employees 資料夾中五個 CRUD 的 Views（.cshtml）檔。

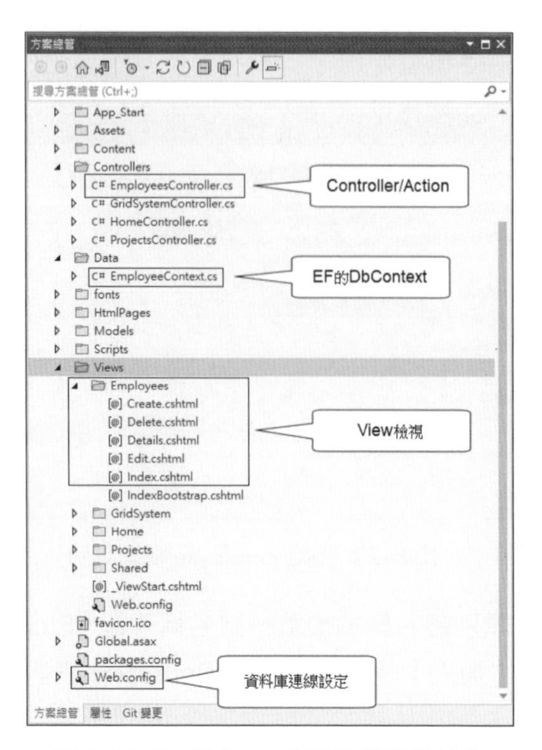

圖 3-25 Scaffolding 產出的檔案及設定

step04 瀏覽 Employees/Index 頁面，若出現 Name 等五個欄位，表示目前為止所有操作正確。但勿新增任何資料，留給後面步驟處理。

圖 3-26 空的員工資料表

step05 修改 Web.config 資料庫連線中 Initial Catalog 和.mdf 成較有意義的名稱，前者是 SQL Server 的資料庫名稱，後者是實體檔名。

修改後（修改粗體標示處）

Web.config

```
<connectionStrings>
  <add name="EmployeeContext" connectionString="Data Source=(localdb)\MSSQLLocalDB;
    Initial Catalog=EmployeesDB;Integrated Security=True;
    AttachDbFilename=|DataDirectory|EmployeesDbFile.mdf;
    MultipleActiveResultSets=True;"
    providerName="System.Data.SqlClient" />
</connectionStrings>
```

資料庫名稱：EmployeesDB
實體檔名：EmployeesDbFile.mdf

step06 用 EF 的 Database Initializer 機制，對 LocalDB 資料庫注入員工資料樣本。

1. 在 Models 資料夾中建立 EmployeeInitializer.cs 程式：

Models\EmployeeInitializer.cs

```
using System.Data.Entity;
namespace MvcBootstrap.Models
{
    public class EmployeeInitializer :
      DropCreateDatabaseIfModelChanges<EmployeeContext>
    {
        protected override void Seed(EmployeeContext empContext)
        {
            // Step 1:以List泛型集合建立員工資料
            List<Employee> Employees = new List<Employee>
            {
                new Employee { Id=1, Name="David", Mobile="0933152667",
                        Email="david@gmail.com", Department="總經理室", Title="CEO"},
                new Employee { Id=2, Name="Mary", Mobile="0938-456889",
                        Email="mary@gmail.com", Department="人事部", Title="管理師" },
                new Employee { Id=3, Name="Joe", Mobile="0925-331225",
                        Email="joe@gmail.com", Department="財務部", Title="經理"},
                new Employee { Id=4, Name="Mark", Mobile="0935-863991",
                        Email="mark@gmail.com", Department="業務部", Title="業務員"},
```

```
            new Employee { Id=5, Name="Rose", Mobile="0987-335668",
                    Email="rose@gmail.com", Department="資訊部", Title="工程師"},
            new Employee { Id=6, Name="May", Mobile="0955-259885",
                    Email="may@gmail.com", Department="資訊部", Title="工程師"},
            new Employee { Id=7, Name="John", Mobile="0921-123456",
                    Email="john@gmail.com", Department="業務部", Title="業務員"}
        };
        //Step 2: 將List的每筆資料逐一加入Entity Framework的Employees之中
        Employees.ForEach(x => empContext.Employees.Add(x));
        //Step 3: 儲存異動
        empContext.SaveChanges();
    }
  }
}
```

2. 在 Web.config 的<entityFramework>區段加入 databaseInitializer 設定：

Web.config

```
<configuration>
   <entityFramework>
     <contexts>
       <context type="MvcBootstrap.Data.EmployeeContext, MvcBootstrap">
        <databaseInitializer type="MvcBootstrap.Models.EmployeeInitializer,
          MvcBootstrap"/>
       </context>
     </contexts>
   </entityFramework>
</configuration>
```

命名空間

組件名稱

新增 databaseInitializer 設定

step07 再次執行 Employee/Index 頁面，EF 便會對資料庫注入員工資料。

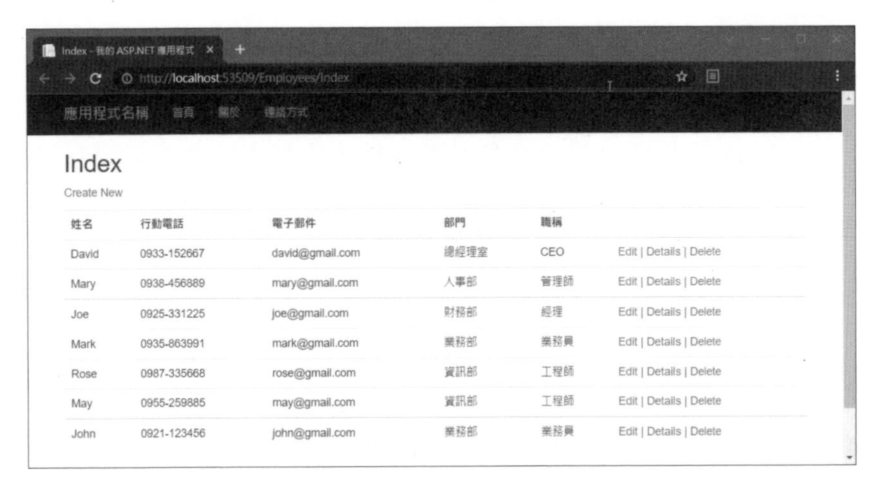

圖 3-27 員工資料樣本

step08 若要察看資料記錄，在 Visual Studio 的選單【檢視】→【SQL Server 物件總管】→在 EmployeesDB 資料庫的 Employees 資料表按滑鼠右鍵→【檢視資料】。

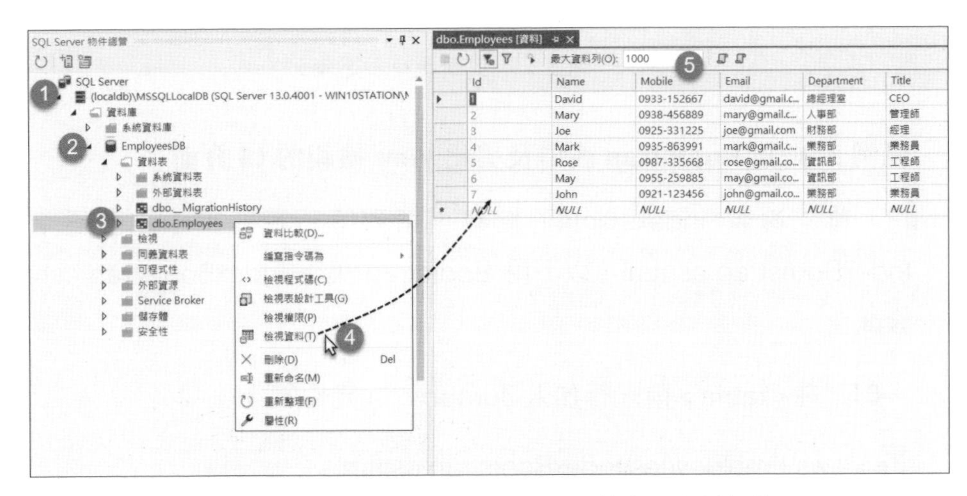

圖 3-28 檢視 EmployeesDB 資料庫檔案及資料記錄

step09 在 Employees 資料表的【開啟資料表定義】，可看到五個欄位的資料型別是 nvarchar(MAX)，但長度定義成 MAX 並不合適，請依下圖修改成合適的長度，按【更新】即會更新資料表定義。

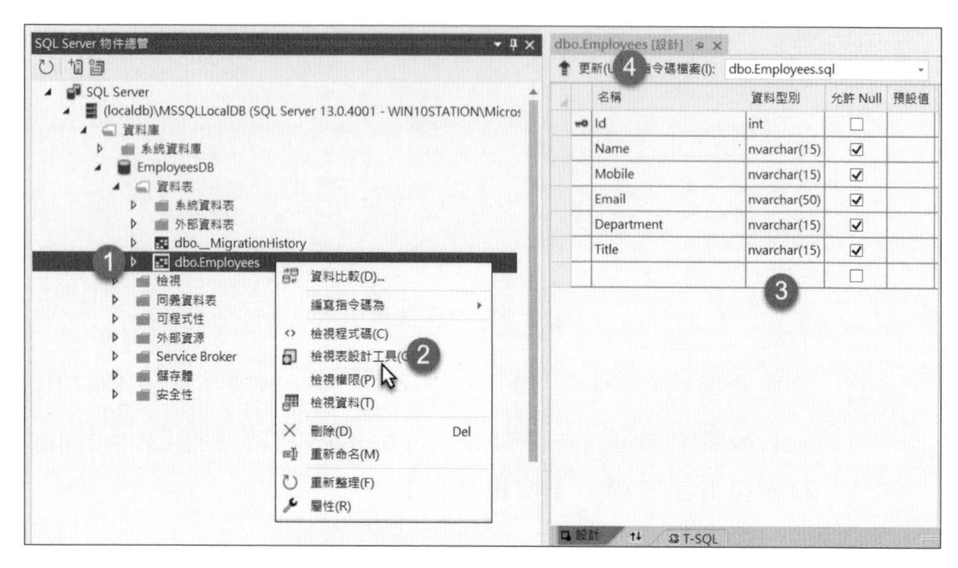

圖 3-29 更新資料表定義

範例 3-3 以 Bootstrap 改造及美化 View 檢視的 UI 介面

首先複製 Index.cshtml 檔案，貼到同一資料夾中，並更名為 IndexBootstrap.cshtml，以下用 Bootstrap 美化 IndexBootstrap.cshtml 介面：

step01 在<table>前一行加入 Jumbotron 元件。

Views\Emplpoyees\IndexBootstrap.cshtml

```
<div class="jumbotron alert-success">
    <h2>員工基本資料</h2>
</div>
```

step02 用 Bootstrap 的 Table 樣式美化<table>。

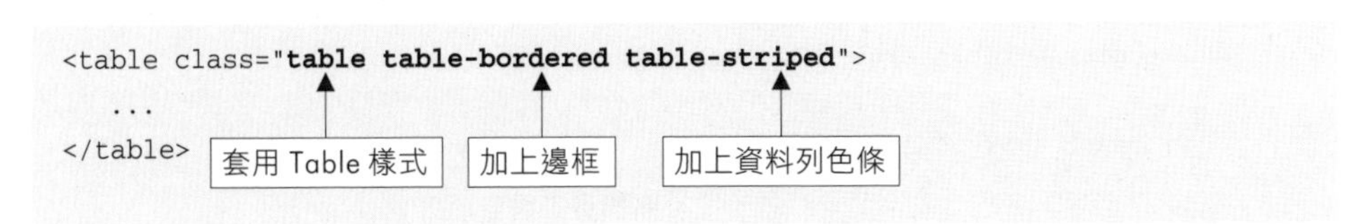

step03 在每個欄位標題前加上 Bootstrap 的 Glyphicons 圖示，同時新增員工編號欄位。

```
<table class="table table-bordered table-striped">
    <tr>
        <th>
            <div class="glyphicon glyphicon-th-list"></div>
            @Html.DisplayNameFor(model => model.Id)
        </th>
        <th>
            <div class="glyphicon glyphicon-user"></div>
            @Html.DisplayNameFor(model => model.Name)
        </th>
        <th>
            <div class="glyphicon glyphicon-phone"></div>
            @Html.DisplayNameFor(model => model.Mobile)
        </th>
        <th>
            <div class="glyphicon glyphicon-envelope"></div>
            @Html.DisplayNameFor(model => model.Email)
        </th>
        <th>
            <div class="glyphicon glyphicon-home"></div>
            @Html.DisplayNameFor(model => model.Department)
        </th>
        <th>
            <div class="glyphicon glyphicon-king"></div>
            @Html.DisplayNameFor(model => model.Title)
        </th>
        <th></th>
    </tr>
    ...
</table>
```

新增 Glyphicon

新增員工編號欄位

step04 新增員工編號欄位資料。

```
<table class="table table-bordered table-striped">
    ...
    @foreach (var item in Model)
    {                                          新增員工編號項目
        <tr>
            <td>
                @Html.DisplayFor(modelItem => item.Id)
            </td>
            <td>
                @Html.DisplayFor(modelItem => item.Name)
            </td>
      ...
        </tr>
    }
</table>
```

step05 將英文超連結改成中文，並加入 Bootstrap 的 Button 樣式。

```
                    改成中文                        class 屬性加入 Button 樣式
@Html.ActionLink("編輯", "Edit", new {id=item.Id}, new{@class="btn btn-primary"})
@Html.ActionLink("明細", "Details", new {id=item.Id}, new{@class="btn
   btn-success"})
@Html.ActionLink("刪除", "Delete", new {id=item.Id}, new{@class="btn
   btn-danger"})
```

step06 將「@Html.ActionLink("Create New", "Create")」移至最末行，並修改。

```
<p>
    @Html.ActionLink("新增員工資料", "Create", null, new { @class = "btn
      btn-warning" })
</p>
```

step07 新增 CSS 定義，為 Table 設定欄位標題顏色，及資料列加上 Hover 光棒的效果。

```
<style type="text/css">
    /*設定 Table 欄位標題顏色*/
    th {
        color: white;
        background-color: black;
        text-align: center;
    }

    /*設定 Table 資料列 Hover 時的光棒效果*/
    .table > tbody > tr:hover {
        background-color: antiquewhite;
    }
</style>
```

step08 將英文欄位名稱改成中文，方式是在 Employee 模型每個屬性前加上[Display(Name = "中文名稱")]。

Models\Employee.cs

```
using System.ComponentModel.DataAnnotations;
public class Employee
{
    [Display(Name = "員工編號")]
    public int Id { get; set; }
    [Display(Name = "姓名")]
    public string Name { get; set; }
    [Display(Name = "行動電話")]
    public string Mobile { get; set; }
    [Display(Name = "電子郵件")]
    public string Email { get; set; }
    [Display(Name = "部門")]
    public string Department { get; set; }
    [Display(Name = "職稱")]
    public string Title { get; set; }
}
```

step09 在瀏覽 IndexBootstrap.cshtml 前，需於 Employees 控制器中加入對應的 IndexBootstrap()動作方法。

Controllers\EmployeesController.cs

```
public ActionResult IndexBootstrap()
```

```
{
    return View(db.Employees.ToList());
}
```
將 model 物件傳給 View 檢視

3-5 以 Section 機制將 View 自訂的 css 及 js 投射到佈局檔指定位置

前一節 Step 7，在 IndexBootstrap.cshtml 中自訂了一段 css 樣式，下圖左邊是檢視檔，右邊是執行後的 HTML 輸出。其中有個問題，就是 View 中自訂的 css 或 js，即便擺在最前面位置，佈局檔的 RenderBody() 始終將它放到中段位置（RenderBody()將 View 帶入佈局檔），輸出位置不甚理想。

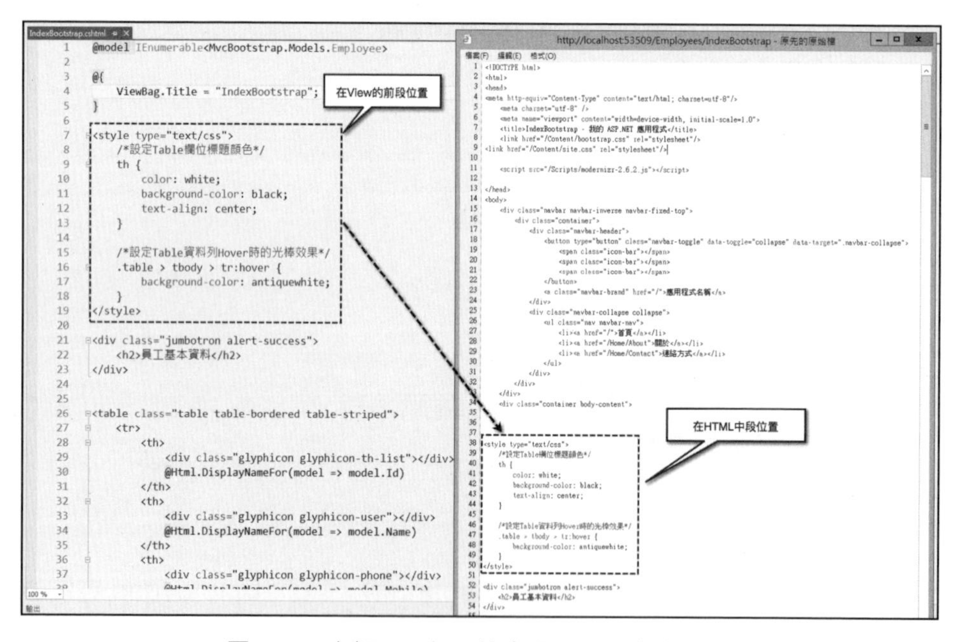

圖 3-30 自訂 css 和 js 輸出至 HTML 中的位置

若想把 View 中自訂的 css 和 js 產生到佈局檔的前段或末段，可利用佈局檔的 Section 機制來達成。一個 Section 定義需做兩件事，一在 View 定義 Section，二在佈局檔中用 RenderSection()將 View 定義的 Section 帶進來，兩邊的 Section 名稱要匹配，下表是例子。

View 檢視檔(.cshtml)	佈局檔(_Layout.cshtml)

`@section topCSS{`
`    …CSS 宣告`
`}`
	`@RenderSection("topCSS ", false)`

`@section topJS{`
`    … JavaScript 程式`
`}`
	`@RenderSection("topJS", true)`

`@section endCSS{`
`<link href="~/Assets/css/site.css"`
`    rel="stylesheet"/>`
`}`
	`@RenderSection("endCSS",true)`

`@section endJS{`
`    <script src="~/Assets/js/alert.js" >`
`    </script>`
`}`
	`@RenderSection("endJS",true)`

RenderSection()方法的參數說明：

1. 第一個參數是 View 檢視中 Section 的名稱，可隨意命名，但不能撞名重複，否則會執行錯誤。
2. 第二個參數是指，如果 Section 在 View 中沒有實作，是否要拋出例外錯誤。參數接受以下 true 或 false 的型式。

```
@RenderSection("myScripts", true)
@RenderSection("myScripts", require: true)
@RenderSection("myScripts", false)
@RenderSection("myScripts", require: false)
```

範例 3-4 以 Section 將 View 自訂的 css 及 js 產生到指定位置

在此將 View 自訂 css 投射到佈局檔的前段位置，將 js 投射到佈局檔的末段位置，步驟如下：

step01 在_Layout.cshtml 佈局檔的前後加入四個@RenderSection 定義，放在最前段的是 topCSS 和 topJS，放在末段的是 endCSS 和 endJS。

Views\Shared_Layout.cshtml

```
<!DOCTYPE html>
<html>
<head>
    ...
    @RenderSection("topCSS",required:false)
    @RenderSection("topJS", required: false)
</head>
<body>
    ...
    <div class="container body-content">
        @RenderBody()
    </div>
    ...
    @Scripts.Render("~/bundles/jquery")
    ...
    @RenderSection("endCSS", required: false)
    @RenderSection("endJS", required: false)
</body>
</html>
```

新增 RenderSection 方法

新增 RenderSection 方法

說明：RenderSection()的第二個參數皆設為 false，即便 View 沒實作 Section，執行時也不會產生錯誤。

step02 在 IndexBootstrap.cshtml 中加入兩段 Section 實作。

Views\Employees\IndexBootstrap.cshtml

```
@model IEnumerable<MvcBootstrap.Models.Employee>
@{
    ViewBag.Title = "IndexBootstrap";
}
```

```
@section topCSS{
    <style type="text/css">
        /*設定 Table 欄位標題顏色*/
        th {
            color: white;
            background-color: black;
            text-align: center;
        }
        /*設定 Table 資料列 Hover 時的光棒效果*/
        .table > tbody > tr:hover {
            background-color: antiquewhite;
        }
    </style>
}
```

新增 Section 定義－CSS

```
@section endJS{
    <script type="text/javascript">
        function showName(name) {
            alert("Your name is :" + name);
        }
    </script>
}
```

新增 Section 定義－JavaScript

```
<div class="jumbotron alert-success">
    <h2>員工基本資料</h2>
</div>
```

說明：最後執行 Employees/IndexBootstrap，檢視 HTML 原始檔，topCSS 將會產生在 HTML 的前段位置，而 endJS 會產生在後段位置。

3-6 Gird 網格系統簡介

Bootstrap 用來建立及管理 Page Layout 的是 Grid System 網格系統，網格系統是用來管理 Layout 外形及大小，它也是針對 Responsive 和 Mobile First 為考量的 fluid grid 系統。

3-6-1 Grid 系統以 12 個欄位為版面配置基準

Grid 系統的版面配置是以 12 個欄位為基準，也就是在一個 row 中最多支援 12 個欄位的劃分。而每個欄位所佔寬度可在 1~12 之間自由宣告，同時在一個 row 中可以由多個欄位組成。

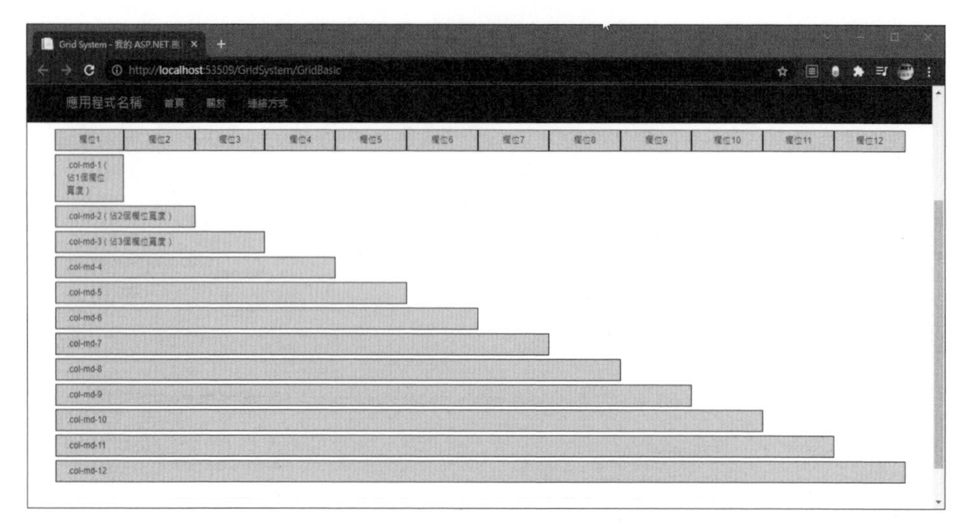

圖 3-31 Grid 系統基於 12 個欄位的版面管理

欄位是在.container 的.row 中宣告其所佔欄位寬度：

- 佔 1 個欄位寬度

Views\GridSystem\GridBasic.cshtml

```
<div class="container">
   <div class="row">
         <div class="col-md-1"> ...  </div>
   </div>
</div>
```

佔 1 個欄位寬度

- 佔 2 個欄位寬度

```
<div class="row">
    <div class="col-md-2"> ... </div>
</div>
```

以此類推，最大可以支援到 col-md-12，多達 12 個欄位寬度。那麼來解釋 col-md-*字面上三個區段的含意：

1. col 意謂著 column 欄位
2. md 是指 Medium devices Desktops，也就是中等螢幕寬度的裝置或電腦
3. 最後一個區段*星號是指 1~12，填入哪個數字就代表佔幾個欄位寬度

那麼，md 既然是中等螢幕寬度的裝置，那還有高解析度或低解析度的螢幕寬度，這部份 Grid 系統是如何管理？對的，Bootstrap 也考量到了，請看下表中「Class 前綴字」這列，除了.col-md-之外，還支援其他大小裝置 col-lg-、col-sm 和.col-xs-的宣告語法。

表 3-3 Grid 系統特性與裝置支援

裝置 / 特性	Extra small devices Phones (<768px)	Small devices Tablets (≥768px)	Medium devices Desktops (≥992px)	Large devices Desktops (≥1200px)
Class 前綴字	.col-xs-	.col-sm-	.col-md-	.col-lg-
支援的欄位數	皆支援 12 欄			
Container 寬度	None (auto)	750px	970px	1170px
Gutter 寬	30px（每個 Column 左右邊各佔 15px）			
欄位寬度	Auto	~62px	~81px	~97px
Grid 行為	任何時候都是水平的。	水平寬度落於上面 breakpoint 斷點，便立即摺疊。		
Offset 位移	皆支援			
巢狀	皆支援			
欄位排序	皆支援			

3-6-2 row 中欄位組成與版面配置

一個 Row 中可定義一或多個欄位，每個欄位佔寬可以完全不同。

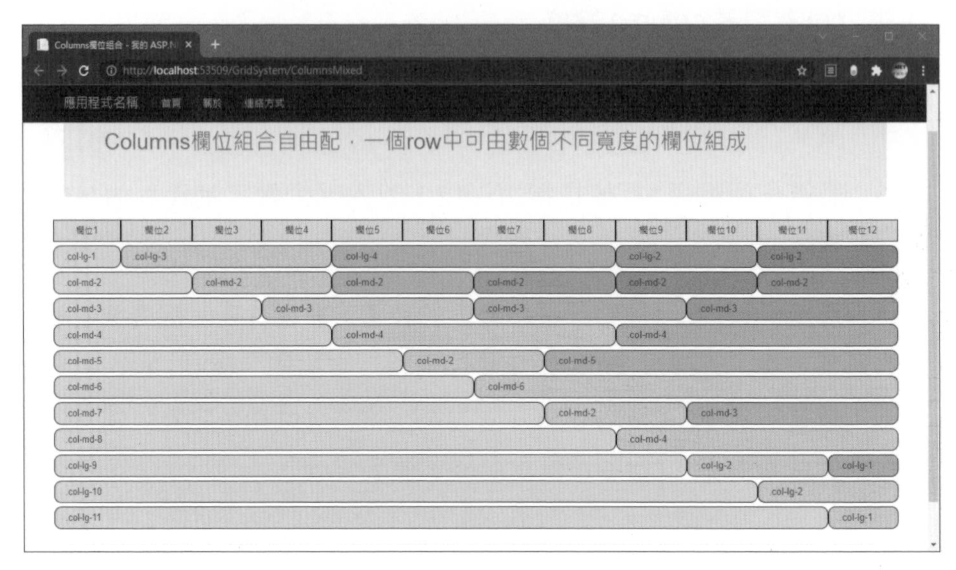

圖 3-32 row 中可包含多個欄位

上圖中共有 11 個 row，每個 row 中由數個不同寬度欄位所組成，這個例子除了用 col-md-*之外，也用到 col-lg-*宣告，語法如下：

Views\GridSystem\ColumnsMixed.cshtml

```
<div class="row">
    <div class="col-lg-1">.col-lg-1</div>
    <div class="col-lg-3">.col-lg-3</div>
    <div class="col-lg-4">.col-lg-4</div>
    <div class="col-lg-2">.col-lg-2</div>
    <div class="col-lg-2">.col-lg-2</div>
</div>
...
<div class="row">
    <div class="col-md-7">.col-md-7</div>
    <div class="col-md-2">.col-md-2</div>
    <div class="col-md-3">.col-md-3</div>
</div>
...
```

col-lg-*為大尺寸裝置桌面

col-md-*為中尺寸裝置桌

說明：以上每個 row 中數個欄位的寬度總和刻意維持成 12，但其實 row 中加入的欄位數量沒有限制，所以也沒有寬度總必須是 12 這種限制。

不過千萬別誤會，Grid 系統以 12 個欄位為基準，目的並不是要畫格子或長條圖，實際上欄位是用來做版面配置，或口語上的切版，例如一個頁面要切分成三欄或四欄，裡面放置元件或文章。

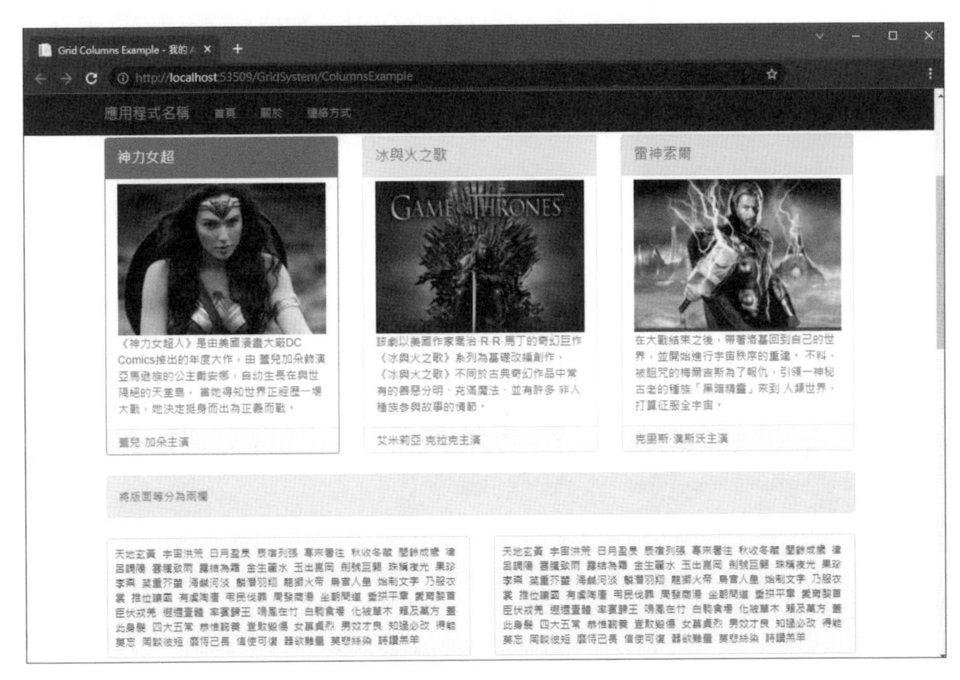

圖 3-33 利用 Grid 的欄位進行版面配置

Grid 的版面配置語法如下：

Views\GridSystem\ColumnsExample.cshtml

```
@using System.Text;
@{
    StringBuilder sb = new StringBuilder();
    sb.Append("天地玄黃 宇宙洪荒 日月盈昃 辰宿列張 寒來暑往");
    sb.Append("秋收冬藏 閏餘成歲 律呂調陽 雲騰致雨 露結為霜");
```

```
    ...
    string article = sb.ToString();
}
<div class="row">                              欄位 1
    <div class="col-md-4">                                 Panel 元件
        <div class="panel panel-primary">
            <div class="panel-heading"><h4>神力女超</h4></div>
            <div class="panel-body">
                <img src="~/Assets/images/wonderwoman.jpg" />
                <p class="text-success">
                    《神力女超人》是由美國漫畫大廠 DC Comics 推出的年度大作，由
                    蓋兒加朵飾演亞馬遜族的公主戴安娜，自幼生長在與世隔絕的天堂島，
                    當她得知世界正經歷一場大戰，她決定挺身而出為正義而戰。
                </p>
            </div>
            <div class="panel-footer alert-danger">蓋兒· 加朵主演</div>
        </div>
    </div>
    <div class="col-md-4">  ← 欄位 2
        <div class="panel panel-success">
            ...
        </div>
    </div>
    <div class="col-md-4">  ← 欄位 3
        <div class="panel panel-danger">
            ...
        </div>
    </div>
</div>
<div class="alert alert-info">將版面等分為兩欄</div>
<div class="row">
    <div class="col-md-6"><pre>@article</pre></div>
    <div class="col-md-6"><pre>@article</pre></div>
</div>
...
```

❖ 欄位的 Offset 位移

欄位 col-md-*搭配 col-md-offset-*可產生位移效果（*號是 1~12），例如：

Views\GridSystem\ColumnOffset.cshtml

```
<div class="row">
    <div class="col-md-1">.col-md-1</div>
    <div class="col-md-5 col-md-offset-2">.col-md-5 col-md-offset-2</div>
    <div class="col-md-3 col-md-offset-1">col-md-3 col-md-offset-1</div>
</div>
...
```

位移 2 欄

位移 1 欄

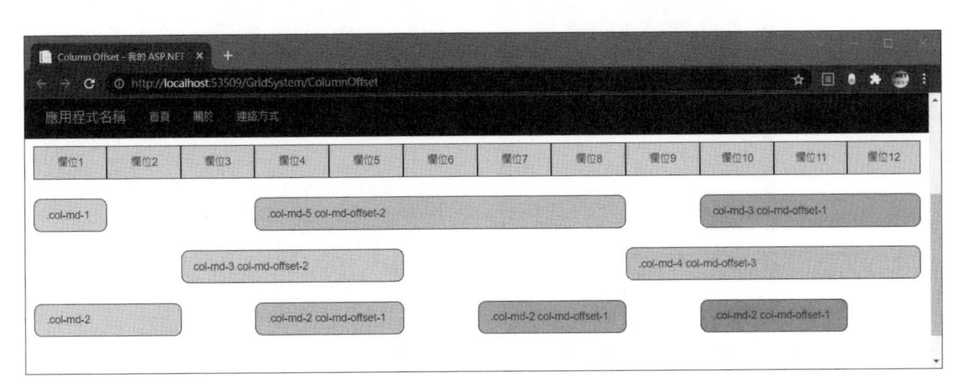

圖 3-34　欄位的 Offset 位移效果

❖ Breakpoint 斷點的作用

Grid 系統中還有一個非常重要的東西，叫 Breakpoint 斷點，所謂的斷點是 Responsive 在面對不同大小裝置螢幕時，要呈現或重新排列版面給 PC、平板、智慧型手機，而表 3-3 的標題列有 768px、992px、1200px 三個數字，它們就是四種尺寸裝置螢幕中 Breakpoint 斷點。

Breakpoint 要如何觀察其作用，可將本節 GridBasic.cshtml、ColumnMixed.cshtml 等所有範例，用滑鼠將瀏覽器畫面，從最大寬度緩慢拖曳縮小，每當碰到 1200px、992px 和 768px 這三個臨界點，版面就會重新配置，以下是 ColumnExample.cshtml 在行動裝置時所呈現的畫面，寬度小於 768px 時，原本水平排列會變成垂直顯示。

圖 3-35 Responsive 的 Breakpoint 斷點作用

- Grid system：https://getbootstrap.com/docs/3.4/css/#grid

3-7 結論

本章先從 Bootstrap 常用樣式及元件基礎開始解說，接續說明 MVC 專案如何與 Bootstrap 搭配整合，最後以 Grid System 的欄位版面管理能力做總結，述說 Bootstrap 種種功能，期望在 Bootstrap 輔助下，能讓您的網頁得到質感的提升與精進。

用 Razor 語法提升 View 的智慧與戰鬥力

4 CHAPTER

前三章範例中，View 給人的印象是忠實顯示 Controller 傳來的資料，貌似樸拙而無突出才能。但事實上 View 也可以很智慧，因為 View 使用的是 Razor 語法，Razor 語法不但能宣告變數、集合，也能用判斷式、迴圈做出智慧型決策及顯示，遠比你想像來得強大。

4-1 Razor 概觀

什麼是 Razor？Razor 又稱 Razor Syntax，是用來將 Server Side 的 C#程式嵌入到 HTML 中的標記語法（Markup Syntax）。Syntax 字面上透露它是語法，而非 Language 語言。

❖ Razor 標記語法

所謂的「將 Server Side 的 C#程式嵌入到 HTML 中的標記語法」是何意？以下是一段 Razor 程式：

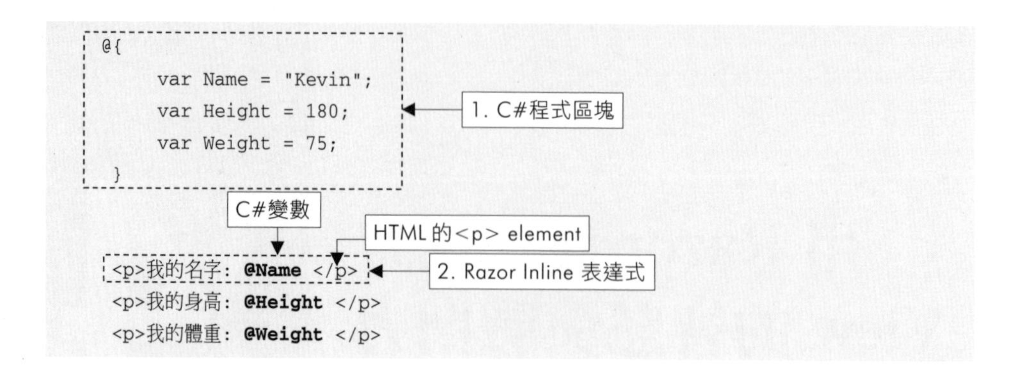

說明：

1. Razor 中只有 HTML 及 C#兩種元素，二者的結合就形成了 Razor 語法。
2. C#程式區塊（Razor Code Block）是以@{...}包覆，裡面是一般 C#程式。
3. Razor Inline 表達式是指「C#變數穿插在 HTML 中」的式子。而 Razor 中預設是 HTML 語言，若遇到@符號，表示它後面接的是 C#指令。
4. Razor 會依不同的規則或符號在 HTML 和 C#之間做切換。

❖ Razor 是語法而非語言

那既然有 Razor 程式，似乎它就是語言，但又為何說 Razor 不是語言？因為 Razor 中只包含 HTML 和 C#，這些都不是 Razor 自己的，一個沒有變數、判斷式和 element tag 的東西，要稱為語言是有些勉強。同時 Razor 程式最後還會被轉換成 C#類別程式來執行，而不是真的有 Razor Language。

❖ Razor 支援的保留關鍵字

而「Razor 中只包含 HTML 和 C#」這句話是有但書的，雖然 HTML 全數可用，但不是所有 C# 指令或關鍵字都能在 Razor 中使用，下圖是 Razor 支援的保留關鍵字，分為兩大類：

1. Razor 關鍵字：section、model、helper、inherits 和 functions 五個關鍵字是 Razor 創造的，用來支持 Razor 語法所需功能。
2. C#關鍵字：這是源自既有的 C#，不是 Razor 所創造。Razor 支援常用的 C#關鍵字，但有些如 namespace 及 class 關鍵字就不支援。

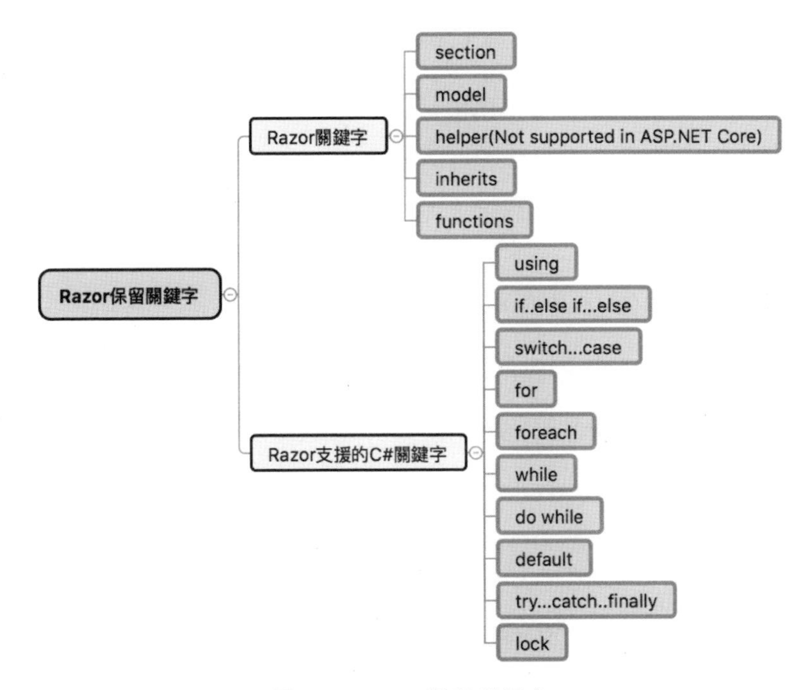

圖 4-1 Razor 保留關鍵字

最後，Razor 語法只能在 View 檢視（.cshtml）中使用，而不能在.html 中使用，所以 View 也稱為 Razor View 或 View Template。

4-2 Razor 語法規則

第一次接觸 Razor 的人，對於 Razor 究竟能做什麼常有疑問，簡言之，除了宣告 HTML 外，Razor 能用 C#宣告：變數、陣列、集合、判斷式、迴圈，也能使用 LINQ 語法。

但 Razor 有其語法規則與風格，若想駕馭，就得了解它的語法形式。請參考 MvcRazor 專案的 Views\Razor\RazorRules.cshtml，以下用 15 個規則解說 Razor 語法。

規則 1：以@符號作為 C#的開頭

Razor 語法包含：❶HTML 語法，❷ C#語法兩部分，遇到 HTML 的 Markup，就解析為 HTML（HTML Parser），遇到單一@符號開頭，就解析為 C#語法（C# Parser）。

規則 2：以@{...}宣告單行 C#程式

Razor 用@{...}包覆單行 C#程式，@{...}包含的區塊也稱為 Code Block 程式區塊，每行程式的結尾需加上;分號：

Views\Razor\RazorRules.cshtml

```
@{ var City = "Taipei"; }
@{ var PostalCode = 110; }

@*以下用明確型別宣告變數也可以*@
@{ string city = "Taoyuan"; }
@{ int postalCode = 334; }
```

說明：程式區塊中的 C#變數、集合或陳述式僅做設定或運算用途，而不做 HTML 輸出。而變數型別除了用 var 宣告外，亦可使用明確型別。

❖ 規則 3：以@{...}宣告多行 C#程式

多行程式也是用@{...}來包覆，只不過將程式分成多行：

```
@{
    var Name = "Kevin";
    var Height = 180;
    var Weight = 75;
}
```

❖ 規則 4：C#的 Inline 表達式

若 C#變數穿插在 HTML 中則為 Inline 表達式，以下用@Name、@Height 等 Inline 表達式將規則 2 和 3 的變數做顯示：

```
<p>我的名字: @Name </p>
<p>我的身高: @Height </p>
<p>我的體重: @Weight </p>
<p>居住城市: @City  </p>
<p>郵遞區號: @PostalCode </p>
```

HTML 輸出結果為：

```
我的名字: Kevin
我的身高: 180
我的體重: 75
居住城市: Taipei
郵遞區號: 110
```

若以@符號顯示變數值，ASP.NET 一律將變數值做 HTML 編碼，輸出成純文字，例如@("<h1>MVC</h1>")會輸出<h1>MVC</h1>。

❖ 規則 5：C#程式區塊中的 HTML 隱式轉換

@{...}程式區塊中預設語言是 C#，但若夾雜了 HTML 語法，Razor 會自動做隱式轉換，將該部分輸出成 HTML：

```
@{
    var LeapYear = DateTime.IsLeapYear(DateTime.Now.Year);
    <p>今年是否為閏年：@LeapYear </p>
}
```

結果為：

```
今年是否為閏年：False
```

❖ 規則 6：C#關鍵字區分大小寫（但 VB 不分）

若 C#變數名稱相同，僅大小寫不同，Razor 仍視為兩個獨立變數：

```
@{
    var MyName = "聖殿祭司";
    var myName = "奚江華";
}
<p>
    筆名: @MyName <br />
    姓名: @myName <br />
</p>
```

結果為：

```
筆名: 聖殿祭司
姓名: 奚江華
```

❖ 規則 7：單行註解－@*...*@

單行註解用**@*...*@**表示：

```
@*這是單行註解*@
```

❖ 規則 8：多行註解－@*...*@

多行註解也是用**@*...*@**表示，只不過分成多行：

```
@*多行註解
也有支援*@
```

❖ 規則 9：Razor 隱性表達式－@符號

Razor 隱性表達式是由**@**符號開頭，系統會自動解析為 C#語法：

```
<p>現在的時間是：@DateTime.Now </p>
```

結果為：

```
現在的時間是：2017/11/5 下午 03:21:09
```

❖ 規則 10：Razor 明確表達式－@(...)符號

Razor 明確表達式是由**@(...)**所包覆，明確指出括號內是 C#運算式：

```
<p>兩週前我出國去玩，出發日期是：@((DateTime.Now - TimeSpan.FromDays(14)).
ToShortDateString()) </p>
<p>3+7 的結果是: @(3 + 7) </p>
```

出發日期是今天日期減 14 天，推算出兩週前的日期，結果為：

```
兩週前我出國去玩，出發日期是：2017/10/22
3+7 的結果是: 10
```

❖ 規則 11：以文字顯示@符號，需用@@表示

在 HTML 中顯示@文字，需加上第二個@做跳脫，也就是@@。例如在 HTML 顯示頭昏的表情符號@_@，語法為：

```
<p>
    @@_@@ <br />
<p>
<p>
    但 Email 和超連結例外<br />
    我的電子郵件: dotnetcool@gmail.com <br />
    <a href="mailto:service@domain.com">Service@domain.com</a>
</p>
```

結果為：

```
@_@
但 Email 和超連結例外
我的電子郵件: dotnetcool@gmail.com
Service@domain.com
```

❖ 規則 12：字串變數中的雙引號顯示

如果字串變數想顯示雙引號，在最前頭先加上@，字串內再用連續兩個""雙引號表示：

```
@{ var word = @"子曰：""三人行，必有我師焉""...";}
<p>@word</p>
```

結果為：

```
「子曰："三人行，必有我師焉"...」。
```

❖ 規則 13：用@(...)將 HTML 或 JS 編碼成純文字

@(...)內除了做運算外，還可將表達式做 HTML 編碼，例如將 HTML 或 JavaScript 的表達式編碼成 HTML 文字：

```
@{ var msg = @"<button type='button' onclick='alert(""Hi JavaScript"")'> Raw
原始字串,不做 HTML 編碼</button>"; }
<p>@(msg)</p>  ◄── 用@(...)進行 HTML 編碼
@("<span>Hello MVC!</span>") <br />
```

結果為：

```
<button type='button' onclick='alert("Hi JavaScript")'> Raw 原始字串, 不做 HTML 編
碼</button>
<span>Hello MVC!</span>
```

說明：無論 HTML 或 JavaScript 都會被編碼成純文字，目的是增加網頁安全性，不被注入網頁攻擊程式。

規則 14：用@Html.Raw()顯示原始字串, 不做 HTML 編碼

同一個 msg 字串變數，若想顯示原始值，不讓 HTML 或 JavaScript 被編碼，可用@Html.Raw(...)指令顯示：

```
@{ var msg = @"<button type='button' onclick='alert(""Hi JavaScript"")'> Raw 原
            始字串,不做 HTML 編碼</button>"; }
<p>@Html.Raw(msg)</p>
```

說明：

1. 結果會產生一個 HTML <button>按鈕，而不是文字，按下會有 JavaScript Alert 警告訊息。
2. 但若沒做 HTML 編碼可能會有潛在安全性問題。

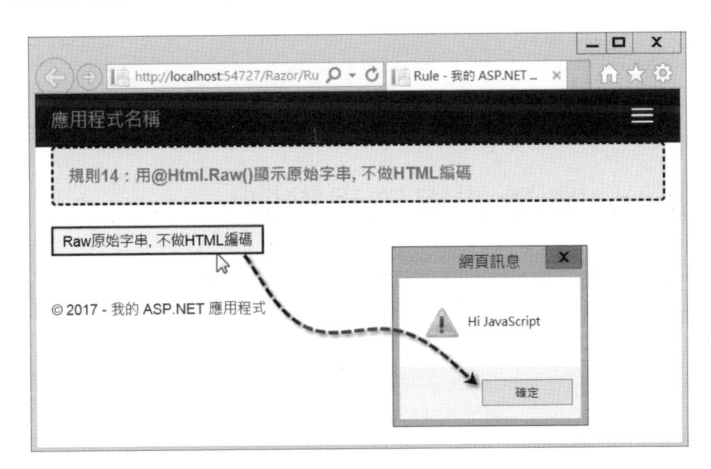

圖 4-2 顯示原始字串不做 HTML 編碼

❖ 規則 15：磁碟路徑表示法

字串變數若包含磁碟路徑如「c:\FileFolder\」，可在最前面加上@符號：

```
@{ var filePath = @"c:\FileFolder\"; }
<p>磁碟路徑: @filePath</p>
```

結果為：

```
磁碟路徑: c:\MvcFolder\
```

若要把檔案虛擬路徑轉換成實際磁碟路徑，可用 Server.MapPath()指令：

```
@{
    var imageVirtualPath = @"/Assets/images/SteveJobs.jpg";
}
<p>Virtual Path 虛擬路徑: @imageVirtualPath</p>
<p>Physical Path 實際路徑: @Server.MapPath(imageVirtualPath)</p>
```

結果為：

```
Virtual Path 虛擬路徑: /Assets/images/SteveJobs.jpg
Physical Path 實際路徑:
C:\MvcExamples\MvcRazor\MvcRazor\Assets\images\SteveJobs.jpg
```

4-3 Razor 判斷式與流程控制

Razor 若要做判斷式或迴圈的流程控制，可用 C#的 if、for、foreach 等指令，如下圖虛線框框所標示。

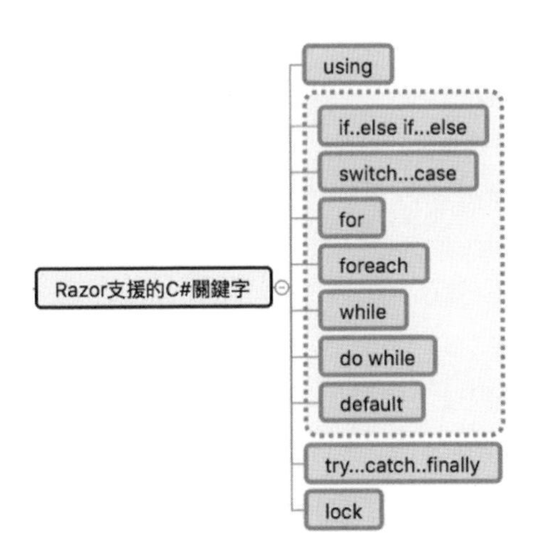

圖 4-3 Razor 支援的 C#關鍵字

以下舉例判斷式及迴圈的運用，請參考 Razor 控制器/RazorStatement() 及對應的 RazorStatement.cshtml 檢視。

4-3-1 if...else 條件判斷式

if 是用來判斷條件式是否成立，成立為 true，反之為 false。以下用 if 來判斷成績是否及格：

Views\Razor\RazorStatement.cshtml

```
@{
    var score = 96;
}
@if (score < 60)
{
    <p>@(score)分：成績不及格!</p>
}
else if (score >= 60 && score < 85)
{
    <p>@(score)分：成績及格，分數尚可.</p>
}
else if (score >= 85 && score < 95)
{
```

```
    <p>@(score)分：成績及格，分數中上.</p>
}
else
{
    <p>@(score)分：成績及格，分數優異！</p>
}
```

HTML 結果為：

```
96 分：成績及格，分數優異！
```

4-3-2 switch...case 判斷式

switch...case 也是用於條件判斷，但具有較好的組織結構分類。以下用 switch...case 判斷 Port Number 號碼的用途：

Views\Razor\RazorStatement.cshtml

```
@{ var portNumber = 587; }

@switch (portNumber)
{
    case 80:
        <p>@portNumber, 這是 HTTP 使用的 Port 號碼</p>
        break;
    case 110:
        <p>@portNumber, 這是 POP3 使用的 Port 號碼</p>
        break;
    case 143:
        <p>@portNumber, 這是 IMAP 使用的 Port 號碼</p>
        break;
    case 443:
        <p>@portNumber, 這是 HTTPS 使用的 Port 號碼</p>
        break;
    case 587:
        <p>@portNumber, 這是 SMTP 使用的 Port 號碼</p>
        break;
    default:
        <p>@portNumber, 這裡沒有記載這個 Port 號碼的用途</p>
        break;
}
```

結果為：

```
587, 這是 SMTP 使用的 Port 號碼
```

另外 switch...case 這段判斷 Port Number 的程式，也適合利用 4-5 和 4-6 小節的 Razor Helper 技巧，把它獨立成一個 Helper 來重複使用。

App_Code\MyHelpers.cshtml

```
@helper DeterminePortNumber(int portNumber) {
    switch (portNumber)          ← 傳入參數
    {
        case 80:
            <p>@portNumber，這是 HTTP 使用的 Port 號碼</p>
            break;
        case 110:
            <p>@portNumber，這是 POP3 使用的 Port 號碼</p>
            break;
        case 143:
            <p>@portNumber，這是 IMAP 使用的 Port 號碼</p>
            break;
        case 443:
            <p>@portNumber，這是 HTTPS 使用的 Port 號碼</p>
            break;
        case 587:
            <p>@portNumber，這是 SMTP 使用的 Port 號碼</p>
            break;
        default:
            <p>@portNumber，這裡沒有記載這個 Port 號碼的用途</p>
            break;
    }
}
```

然後在檢視中，用 DeterminePortNumber()一行指令呼叫上面一大段程式：

Views\Razor\RazorStatement.cshtml

```
@MyHelpers.DeterminePortNumber(80)
@MyHelpers.DeterminePortNumber(110)
@MyHelpers.DeterminePortNumber(143)
```

4-3-3 for 迴圈

for 會重複執行迴圈內的程式，直到運算式結果為 false。常用來讀取集合或陣列資料，以下用 for 讀取匿名型別陣列資料，然後用<table>顯示：

Views\Razor\RazorStatement.cshtml

```
<!--宣告匿名型別陣列-->
@{
    var ports = new[]
    {
            new { portNum = 80 , description = "這是 HTTP 使用的 Port 號碼"},
            new { portNum = 110, description = "這是 POP3 使用的 Port 號碼"},
            new { portNum = 143, description = "這是 IMAP 使用的 Port 號碼"},
            new { portNum = 443, description = "這是 HTTPS 使用的 Port 號碼"},
            new { portNum = 587, description = "這是 SMTP 使用的 Port 號碼"}
    };
}
<h5>@@for</h5>
<table class="table table-striped table-bordered">
    <thead>
        <tr>
            <th>Port 號</th>
            <th>用途說明</th>
        </tr>
    </thead>
    <tbody>
        @for (int i = 0; i < ports.Length; i++)
        {
            <tr>
                <td>@ports[i].portNum</td>
                <td>@ports[i].description</td>
            </tr>
        }
    </tbody>
</table>
```

匿名型別陣列

以 for 迴圈讀取陣列資料

結果為：

Port 號	用途說明
80	這是 HTTP 使用的 Port 號碼
110	這是 POP3 使用的 Port 號碼
143	這是 IMAP 使用的 Port 號碼
443	這是 HTTPS 使用的 Port 號碼
587	這是 SMTP 使用的 Port 號碼

4-3-4 foreach 陳述式

foreach 陳述式是用來逐一讀取集合或陣列的資料。以下用 foreach 讀取 ports 陣列資料：

Views\Razor\RazorStatement.cshtml

```
<ul>
    @foreach (var p in ports)
    {
        <li>@p.portNum, @p.description</li>
    }
</ul>
```

結果為：

```
•80，這是 HTTP 使用的 Port 號碼
•110，這是 POP3 使用的 Port 號碼
•143，這是 IMAP 使用的 Port 號碼
•443，這是 HTTPS 使用的 Port 號碼
•587，這是 SMTP 使用的 Port 號碼
```

4-3-5 while 陳述式

while 會重複執行陳述式內的程式，直到條件不成立為(false)為止。以下用 while 來讀取 ports 陣列資料：

Views\Razor\RazorStatement.cshtml

```
@{ var index = 0; }
@while (index < ports.Length)
{
    var port = ports[index];
    <p> @port.portNum, @port.description </p>
    index++;
}
```

結果為：

```
80, 這是 HTTP 使用的 Port 號碼
110, 這是 POP3 使用的 Port 號碼
143, 這是 IMAP 使用的 Port 號碼
443, 這是 HTTPS 使用的 Port 號碼
587, 這是 SMTP 使用的 Port 號碼
```

4-3-6 do...while 陳述式

do...while 跟 while 類似，最大差別是 do 第一次不做任何條件判斷，至少會執行一次程式：

Views\Razor\RazorStatement.cshtml

```
@{ var idx = 0;}
@do
{
    var port = ports[idx];
    @: @port.portNum, @port.description <br />
    idx++;
} while (idx < ports.Length);
```

結果為：

```
80, 這是 HTTP 使用的 Port 號碼
110, 這是 POP3 使用的 Port 號碼
143, 這是 IMAP 使用的 Port 號碼
443, 這是 HTTPS 使用的 Port 號碼
587, 這是 SMTP 使用的 Port 號碼
```

4-4 以 Razor 語法判斷成績高低並標示不同顏色之實例

前兩節介紹了 Razor 規則及流程控制，但這種單點式的指令介紹，很難讓人體會 Razor 實際妙用，故本節用幾個範例展現 Razor 的不同之處。第一個範例先製作學生成績列表的原型程式，也就是先不用 Razor 強化 View，後續範例再用 Razor 來改造，以便有清楚的對比。

範例 4-1 製作學生考試成績列表

在此製作學生成績列表，於 Controller 控制器建立學生成績 model 資料，再將 model 傳給 View 作顯示，步驟如下：

http://localhost:54727/RazorScore/Scores
學生期中考成績 - 我的 ASP...

應用程式名稱 首頁 關於 連絡方式

學生期中考成績

Create New

姓名	國文	英文	數學	總分	
Joe	88	95	71	0	Edit | Details | Delete
Mary	92	82	60	0	Edit | Details | Delete
Cathy	98	91	94	0	Edit | Details | Delete
John	63	85	55	0	Edit | Details | Delete
David	59	77	82	0	Edit | Details | Delete

圖 4-4 學生考試成績列表

step01 建立 Model 模型。在 Models 資料夾加入 Student.cs 類別模型及六個屬性，完成後儲存，並按 Shift+Ctrl+B 建置專案。

Models\Student.cs

```
public class Student
{
```

```
    [Display(Name="學號")]
    public int Id { get; set; }
    [Display(Name = "姓名")]
    public string Name { get; set; }
    [Display(Name = "國文")]
    public int Chinese { get; set; }
    [Display(Name = "英文")]
    public int English { get; set; }
    [Display(Name = "數學")]
    public int Math { get; set; }
    [Display(Name = "總分")]
    public int Total { get; set; }
}
```

step02 建立 Controller。在 Controllers 資料夾新增 RazorScore 控制器，並以 List 泛型集合建立學生成績資料。

Controllers\RazorScoreController.cs

```
using MvcRazor.Models;
public class RazorScoreController : Controller
{
    //學生考試成績Model資料
    protected List<Student> students = new List<Student>
    {
        new Student { Id =1, Name="Joe", Chinese=88, English=95, Math=71 },
        new Student { Id =12, Name="Mary", Chinese=92, English=82, Math=60 },
        new Student { Id =23, Name="Cathy", Chinese=98, English=91, Math=94 },
        new Student { Id =34, Name="John", Chinese=63, English=85, Math=55 },
        new Student { Id =45, Name="David", Chinese=59, English=77, Math=82 }
    };
    ...
}
```

說明：以上是在控制器的類別層級建立 students 欄位，而 students 是 List 泛型集合，裡面包含所有學生資料。

step03 建立 Action 方法。在 RazorScore 控制器加入 Scores()方法，將 model 傳給 View。

Controllers\RazorScoreController.cs

```
public ActionResult Scores()
{
    return View(students);
}
```

step04 建立 View 檢視。在 Scores ()方法按滑鼠右鍵→【新增檢視】→【MVC 5 檢視】→【加入】→範本選擇【List】→模型類別選擇「Student (MvcRazor.Models)」→【加入】。

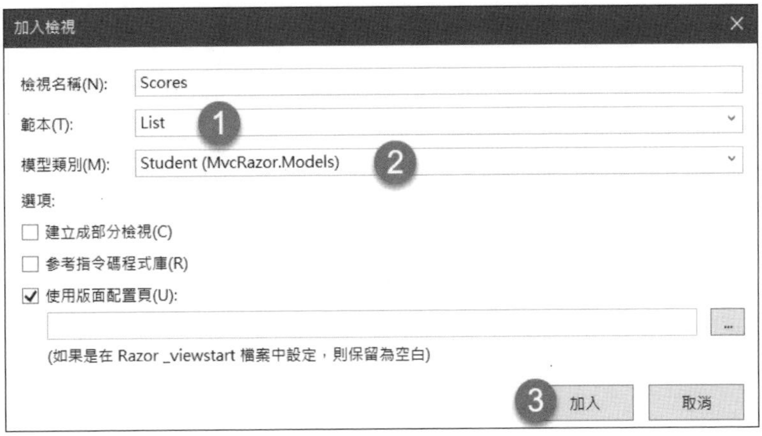

圖 4-5 以 Scaffolding 從 Action 產生 View

step05 修改 View 的標題文字。

Views\RazorScore\Scores.cshmtl

```
@model IEnumerable<MvcRazor.Models.Student>
@{
    ViewBag.Title = "學生期中考成績";
}
<h2>學生期中考成績</h2>
...
```

說明：按 F5 執行 RazorScore/Scores 網頁，畫面如圖 4-4，總分目前為 0，後續範例會説明如何做動態加總。

範例 4-2　以 Razor 語法判斷學生成績高低及找出總分最高者

於此改造前一範例，以 Razor 語法做成績判斷，找出❶低於 60 分、❷高於 95 分、❸總分第一名，並以不同顏色標示，步驟如下：

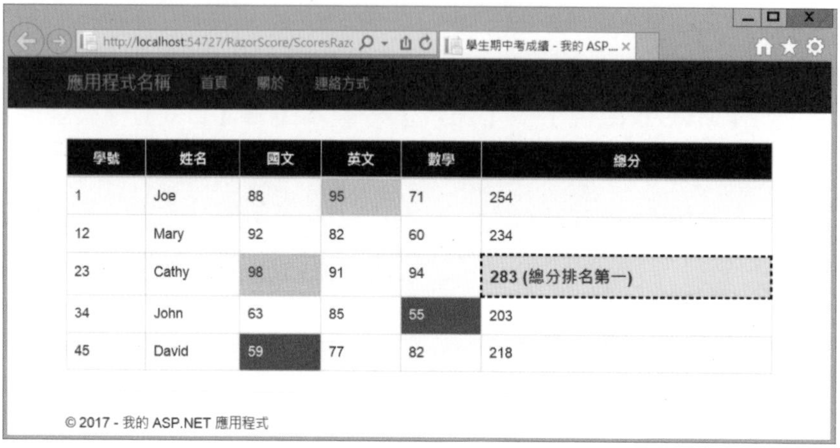
http://localhost:54727/RazorScore/ScoresRazo
學生期中考成績 - 我的 ASP....
應用程式名稱
首頁
關於
連絡方式
學號 姓名 國文 英文 數學 總分
1 Joe 88 95 71 254
12 Mary 92 82 60 234
23 Cathy 98 91 94 283 (總分排名第一)
34 John 63 85 55 203
45 David 59 77 82 218
© 2017 - 我的 ASP.NET 應用程式

圖 4-6　以 Razor 做成績判斷

step01　在 RazorScore 控制器加入 ScoresRazor()方法，先計算出每位學生總分，再找出總分最高者。

Controllers\RazorScoreController.cs

```
public ActionResult ScoresRazor()
{
    //找出總分最高者之 Id
    int topId = 0;
    int topScore = 0;

    foreach (var student in students)
    {
        //計算總分
        student.Total = student.Chinese + student.English + student.Math;

        //判斷總分最高者
        if (student.Total > topScore)
        {
            topScore = student.Total;
            topId = student.Id;
        }
```

```
    }

    //將最高分學生 Id 儲存到 ViewBag，傳遞給 View
    ViewBag.TopId = Convert.ToInt32(topId);

    return View(students);
}
```

step02 在 ScoresRazor()按滑鼠右鍵→【新增檢視】→【MVC 5 檢視】→【加入】→範本選擇【List】→模型類別選擇「Student (MvcRazor.Models)」→【加入】。

step03 在 ScoresRazor.cshtml 的<tbody>區段，以 Razor 判斷每科成績高低及顯示總分。

Views\RazorScore\ScoresRazor.cshtml

```
...
<table class="table table-bordered table-striped">
    <thead>
        <tr>
            <th>@Html.DisplayNameFor(m => m.Id)</th>
            <th>@Html.DisplayNameFor(m => m.Name)</th>
            <th>@Html.DisplayNameFor(m => m.Chinese)</th>
            <th>@Html.DisplayNameFor(m => m.English)</th>
            <th>@Html.DisplayNameFor(m => m.Math)</th>
            <th>@Html.DisplayNameFor(m => m.Total)</th>
        </tr>
    </thead>
    <tbody>
        @foreach (var m in Model)
        {
            var total = m.Chinese + m.English + m.Math;
            <tr>
                <td>@Html.DisplayFor(x => m.Id)</td>
                <td>@Html.DisplayFor(x => m.Name)</td>

                <!--中文-->
                @if (m.Chinese < 60)
                {
                    <td class="poor">@Html.DisplayFor(x => m.Chinese)</td>
                }
                else if (m.Chinese >= 95)
                {
                   <td class="excellent">@Html.DisplayFor(x => m.Chinese)</td>
```

用 if 判斷中文成績

低於 60 賦予的 CSS 樣式

高於 95 賦予的 CSS 樣式

```
        }
        else
        {
            <td>@Html.DisplayFor(x => m.Chinese)</td>
        }

        <!--英文-->
        @if (m.English < 60) ◄── 用 if 判斷英文成績
        {
            <td class="poor">@Html.DisplayFor(x => m.English)</td>
        }
        else if (m.English >= 95)
        {
           <td class="excellent">@Html.DisplayFor(x => m.English)</td>
        }
        else
        {
            <td>@Html.DisplayFor(x => m.English)</td>
        }

        <!--數學-->
        @if (m.Math < 60) ◄── 用 if 判斷數學成績
        {
            <td class="poor">@Html.DisplayFor(x => m.Math)</td>
        }
        else if (m.Math >= 95)
        {
            <td class="excellent">@Html.DisplayFor(x => m.Math)</td>
        }
        else
        {
            <td>@Html.DisplayFor(x => m.Math)</td>
        }
                                    顯示總分
        <!--顯示總分-->
        @if (m.Id == ViewBag.topId)
        {
            <!--總分最高者-->
            <td class="top1">@Html.DisplayFor(x => m.Total)</td>
        }
        else
        {
            <td>@Html.DisplayFor(x => m.Total)</td>
        }
    </tr>
  }
 </tbody>
</table>
```

說明：View 中除了 Razor 判斷式外，還做了兩類改造：

1. 在 Table 表格宣告明確加上<thead>及<tbody>。
2. 在 DisplayNameFor()及 DisplayFor()方法中，以更精簡的變數名稱替代。

■ 改造前語法

```
@Html.DisplayNameFor(model => model.Id)
@Html.DisplayNameFor(model => model.Name)
...
@Html.DisplayFor(modelItem => item.Id)
@Html.DisplayFor(modelItem => item.Name)
```

■ 改造後語法

```
@Html.DisplayNameFor(m => m.Id)
@Html.DisplayNameFor(m => m.Name)
...
@Html.DisplayFor(x => m.Id)
@Html.DisplayFor(x => m.Name)
```

精簡變數名稱除了讓宣告變得更簡潔外，另一個用意是點出，View 的 model 及 Lambda 參數名稱是可隨需求做更動的。

step04 在 View 的末端加入自訂 CSS。

Views\RazorScore\ScoresRazor.cshtml

```
@section topCSS{
    <style type="text/css">
        /*設定 Table 欄位標題顏色*/
        th {
            color: white;
            background-color: black;
            text-align: center;
        }

        /*設定 Table 資料列 Hover 時的光棒效果*/
```

```
        .table > tbody > tr:hover {
            background-color: antiquewhite !important;
        }

        /*成績不及格之 CSS*/
        .poor {
            color: white !important;
            background-color: red !important;
        }

        /*成績優秀之 CSS*/
        .excellent {
            background-color: aqua !important;
        }

        /*總分第一名之 CSS*/
        .top1 {
            background-color: yellow !important;
            border: 2px dashed black !important;
            font-weight:900;
            font-size:1.2em;
        }

        .top1::after {
            content: ' (總分排名第一)';
        }
    </style>
}
```

step05 在_Layout.cshtml 也要配合加入 topCSS、topJS、endCSS 及 endJS 四個 RenderSection()宣告，細節可回頭參考範例 3-4。

範例 4-3 在 View 中以純粹的 Razor 及 LINQ 語法找出總分最高者

前一範例是在 Action 中找出總分最高者 Id，再傳給 View。在這要介紹的是在 View 中，以純粹的 LINQ 語法找出總分最高者，請參考 ScoresRazorPure.cshtml：

View\RazorScore\ScoresRazorPure.cshtml

```
@using MvcRazor.Models;
@model IEnumerable<MvcRazor.Models.Student>

@{
    ViewBag.Title = "學生期中考成績";

    //計算所有學生總分
    ((List<Student>)Model).ForEach(x => x.Total = x.Chinese + x.English
       + x.Math);

    //找出最高總分
    int topScore = Model.Max(s => s.Chinese + s.English + s.Math);
}
...
<table class="table table-bordered table-striped">
    <thead>
        <tr>
            <th>@Html.DisplayNameFor(m => m.Id)</th>
            ...
        </tr>
    </thead>
    <tbody>
        @foreach (var m in Model)
        {
            <tr>
                <td>@Html.DisplayFor(x => m.Id)</td>
                ...
                @if (m.Total == topScore)
                {
                    <!--總分最高者-->
                    <td class="top1">@Html.DisplayFor(x => m.Total)</td>
                }
                else
                {
                    <td>@Html.DisplayFor(x => m.Total)</td>
                }
            </tr>
        }
    </tbody>
</table>

...
```

4-5 以@helper 指示詞建立可重複使用的 Razor Helper

Razor Helper 是將一段 HTML 或 Razor 語法獨立成可重複使用的區塊，方式是在 View 中以@helper 關鍵字來宣告。

例如，前一節 Razor 用 if 判斷國文、英文、數學成績的高低，並給予不同的背景色：

```
<!--中文-->
@if (m.Chinese < 60)
{
    <td class="poor">@Html.DisplayFor(x => m.Chinese)</td>
}
else if (m.Chinese >= 95)
{
    <td class="excellent">@Html.DisplayFor(x => m.Chinese)</td>
}
else
{
    <td>@Html.DisplayFor(x => m.Chinese)</td>
}
```

若將這段判斷式獨立成 Razor Helper－DisplayScore()：

```
@helper DisplayScore(int score)
{
    if (score < 60)
    {
        <td class="poor">@score</td>
    }
    else if (score >= 95)
    {
        <td class="excellent">@score</td>
    }
    else
    {
        <td>@score</td>
    }
}
```

說明：Razor Helper 在結構及使用上，跟 C# Method 很像，只不過前者在 Razor 頁面中宣告，後者在 Class 類別中宣告。

在 View 中呼叫 Razor Helper 只一行程式，且還能❶精簡 View 主程式，❷Razor Helper 重複使用：

```
<!--中文成績-->
@DisplayScore(m.Chinese)
```

範例 4-4 建立可重複使用的 Razor Helper

在此將國文、英文、數學的判斷式改寫成可重複使用的 Razor Helper，請參考 ScoresRazorHelper.cshtml，步驟如下：

step01 在 RazorScore 控制器新增 ScoresRazorHelper()方法，Action 程式照舊。

step02 在 ScoresRazorHelper ()方法按滑鼠右鍵→【新增檢視】→【MVC 5 檢視】→【加入】→範本選擇「List」→模型類別選擇「Student (MvcRazor.Models)」→【加入】。

step03 在 View 中自訂 Razor Helper -- DisplayScore()，以下為關鍵程式。

Views\RazorScore\ScoresRazorHelper.cshtml

```
<table class="table table-bordered table-striped">
  ...
   <tbody>
      @foreach (var m in Model)
      {
          ...
          <!--中文-->
          @DisplayScore(m.Chinese)
          <!--英文-->
          @DisplayScore(m.English)
          <!--數學-->
          @DisplayScore(m.Math)
```

2.呼叫使用--自訂 Helper--DisplayScore()

```
                <!--計算總分-->
                @if (m.Id == ViewBag.topId)
                {
                    <!--總分最高者-->
                    <td class="top1">@Html.DisplayFor(x => m.Total)</td>
                }
                else
                {
                    <td>@Html.DisplayFor(x => m.Total)</td>
                }
            </tr>
        }
    </tbody>
</table>
                                    1.自訂 Helper -- DisplayScore()
@helper DisplayScore(int score)
{
    if (score < 60)
    {
        <td class="poor">@score</td>
    }
    else if (score >= 95)
    {
        <td class="excellent">@score</td>
    }
    else
    {
        <td>@score</td>
    }
}
```

4-6 將個別頁面中的 Razor Helper 提升到全網站共用

前面 Helper 在個別 View 中定義，但這也會限制於該頁面才能使用，其他 View 頁面無法共用。解決方式是將 Helper 提升到全網站共用，關鍵是：

"將 Helper 程式移至網站的 App_Code 資料夾，檔名一樣用.cshtml。"

範例 4-5 自訂全網站可用的 Razor Helper

在此將自訂的 Helper 移至 App_Code 資料夾，變成全網站可用，請參考 GlobalHtmlHelper.cshtml，步驟如下：

step01 在 RazorScore 控制器新增 GlobalRazorHelper()方法，Action 程式照舊。

step02 在 GlobalRazorHelper ()方法按滑鼠右鍵→【新增檢視】→【MVC 5 檢視】→【加入】→範本選擇【List】→模型類別選擇「Student (MvcRazor.Models)」→【加入】。

step03 在專案中加入 App_Code 資料夾。

圖 4-7 專案加入 App_Code 資料夾

step04 在 App_Code 資料夾新增 MyHelpers.cshtml，並加入兩個 Helper。

App_Code\MyHelpers.cshtml

```
@helper DisplayScore(int score)
{
    if (score < 60)
    {
        <td class="poor">@score</td>
    }
    else if (score >= 95)
    {
        <td class="excellent">@score</td>
    }
    else
    {
        <td>@score</td>
    }
}

@helper DisplayTopScore(int id, int topId, int total)
{
    if (id == topId)
    {
        <td class="top1">@(total)</td>
    }
    else
    {
        <td>@(total)</td>
    }
}
```

說明：第二個 Helper 是將原本找出最高總分者，獨立成 DisplayTopScore()，進一步精簡主程式及提高重複使用性。

step05 在 GlobalHtmlHelper.cshtml 呼叫全域 MyHelpers。

Views\RazorScore\GlobalRazorHelper.cshtml

```
<tbody>
    @foreach (var m in Model)
    {
            ...
```

```
            <!--中文-->
            @MyHelpers.DisplayScore(m.Chinese)
            <!--英文-->
            @MyHelpers.DisplayScore(m.English)
            <!--數學-->
            @MyHelpers.DisplayScore(m.Math)
            <!--總分-->
            @MyHelpers.DisplayTopScore(m.Id, topId, m.Total)
        </tr>
    }
</tbody>
```

說明：此時 MyHelpers 已是全網站可共用，於任何 Razor 頁面中皆可呼叫。

step06 將 GlobalHtmlHelper.cshtml 底部的@section topCSS{...}中，一長串 CSS 移出成 customStyle.css 檔，然後加入<link>參考，做最終簡化。

Views\RazorScore\GlobalHtmlHelper.cshtml

```
@section topCSS{
    <link href="~/Assets/css/customStyle.css" rel="stylesheet" />
}
```

說明：由此可知，以@section 自訂 CSS 或 JavaScript 中，可放原始程式定義，也可放檔案超連結參考。

4-7 建立可重複使用的 Partial View 部分檢視

Partial View 部分檢視是可重複使用的檢視區塊，相較於一般 View，Partial View 著眼的是可重複使用區塊，和製作一個大型完整的 View 出發點是不同的。

4-7-1 Partial View 運作方式與特性

實際上 Partial View 是如何運作？首先設計一個 Partial View 區塊內容（.cshtml），這個區塊內容像是一個小零件，提供給所有 Views 呼叫使用。Partial View 若被一般 Views 呼叫，Partial View 的內容就會 Render 加入到 Parent View 中。

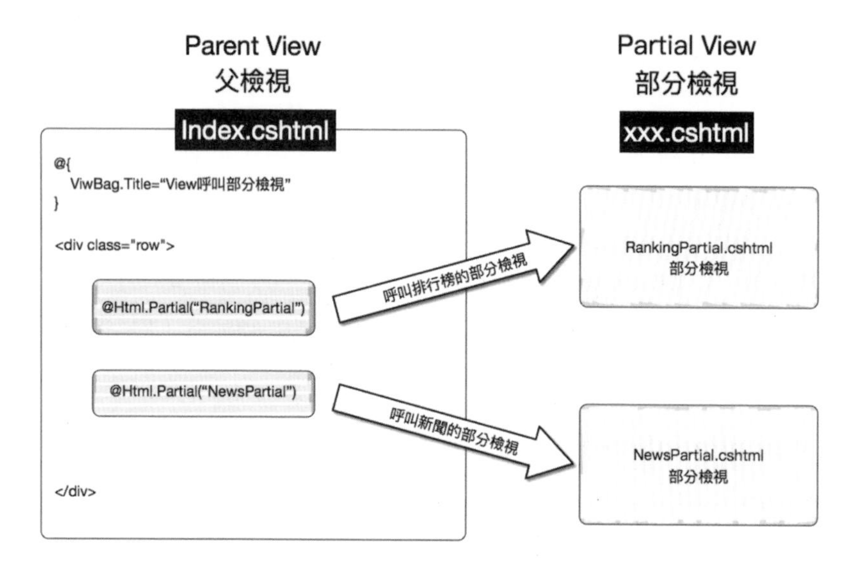

圖 4-8　部分檢視運作關係

以下是 Partial View 的特性說明：

1. 呼叫 Partial View 的 View 就是 Parent View 父檢視
2. 父檢視呼叫 Partial View 的指令是@Html.Partial("部分檢視檔名.cshtml")
3. Partial View 延伸檔名與 View 相同，都是.csthml
4. Partial View 可放在個別的 View 資料夾，同一個資料夾的 Parent View 會優先參考使用。也可放在 Views\Shared 資料夾，讓所有資料夾的 Parent View 共用

5. 因此 Parent View 尋找 Partial View 的順序，是先在本身所在的資料夾搜尋，若找不到的話，才會到 Shared 資料夾中尋找
6. 如果是通用佈局設計應該放在_Layout.cshtml 佈局檔中，非佈局類但可重複使用內容，就可做成 Partial View

❖ Partial View 和 View 的區別

雖然 Partial View 和 View 延伸檔名皆為.cshtml，但二者仍有些區別：

1. Partial View 不會執行_ViewStart.cshtml
2. 在 Partial View 中宣告 Section，但 Section 不會出現在 Parent View，等於無作用
3. 雖然 Partial View 可加入<style />和<script />，樣式和 JavaScript 會被帶入 Parent View 中。但若 Parent View 呼叫 Partial View 多次，這些樣式和 JavaScript 也會重複產生多次，這也是有問題的設計
4. Partial View 支援鏈狀（chained）呼叫，就是可以再層層呼叫其他的 Partial View

4-7-2 Partial View 的資料傳遞方式

Parent View 傳遞資料給 Partial View，可用 ViewData 或 model 物件，分述如下。

❖ 以 ViewData 傳遞資料給 Partial View

Parent View 在呼叫 Partial View 時，一併傳遞 ViewData 的語法：

```
@Html.Partial("PartialView 名稱", ViewData)
```

說明：

1. Partial View 初始時，它會得到 Parent View 的 ViewDataDictionary 複本。
2. 但 Partial View 更動 ViewData 資料，它不會更新回 Parent View。
3. Partial View 回傳時，它的 ViewData 便會消失。

❖ 以 model 物件傳遞資料給 Partial View

Parent View 傳遞 model 物件給 Partial View 的語法：

```
@Html.Partial("PartialName", model 物件)
```

說明： 傳遞 model 的方式，同時適用 Partial、PartialAsync、RenderPartial 及 RenderPartialAsync 方法。

範例 4-6 將人物牌卡製作成 Partial View，供所有 View 呼叫使用

在此將人物牌卡製作成 Partial View，讓所有 View 呼叫使用，步驟如下：

圖 4-9 將人物牌卡製作成 Partial View

step01 在 Views\Shared 資料夾按滑鼠右鍵→【加入】→【檢視】→【MVC5 部分頁面(Razor)】，命名為「_SimpleCardPartial」。

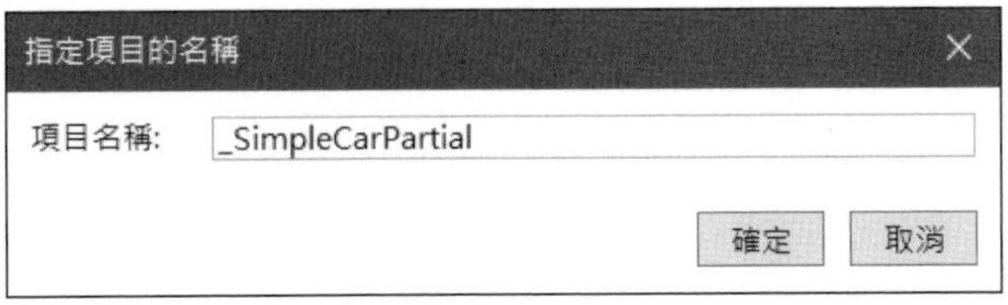

指定項目的名稱

項目名稱: _SimpleCarPartial

確定 取消

圖 4-10 加入 Partial View 部分檢視檔

step02 Partial View 建立之初內容空無一物，以下加入 HTML 及 Bootstrap 宣告後，成為圖 4-9 的人物牌卡。

Views\Shared_SimpleCardPartial.cshtml

```
<div class="col-xl-3 col-lg-4 col-md-6 col-sm-12">
    <div class="card">
        <div class="headshot">
            <img class="card-img-top" src="~/Assets/images/MarkZuckerberg.jpg"
              alt="">
        </div>
        <div class="card-block">
            <h3 class="card-title">Mark Zuckerberg</h3>
            <p class="card-text">Facebook 創辦人 馬克· 祖伯克</p>
            <a href="https://goo.gl/BktGGA" class="btn btn-primary">Wiki</a>
        </div>
    </div>
</div>
```

step03 在 Controllers 資料夾新增 PartialView 控制器，並加入 SimpleCard()。

Controllers\PartialViewController.cs

```
public ActionResult SimpleCard()
{
    return View();
}
```

step04 在 SimpleCard ()方法按滑鼠右鍵→【新增檢視】→【MVC 5 檢視】→範本【Empty(沒有模型)】→【加入】，並加入以下程式，用@Html.Partial("_SimpleCardPartial")呼叫_SimpleCardPartial.cshtml 部分檢視。

Views\PartialView\SimpleCard.cshtml

```
@{
    ViewBag.Title = "SimpleCard";
}
<div class="jumbotron">
    <h2>人物牌卡(簡單型)</h2>
</div>
                    Bootstrap 的 row
<div class="row">
    <!--以下連續呼叫 Partial View 九次-->
    @Html.Partial("_SimpleCardPartial")  ← Parent View 呼叫 Partial View
    @Html.Partial("_SimpleCardPartial")
    @Html.Partial("_SimpleCardPartial")
    @Html.Partial("_SimpleCardPartial")
    @Html.Partial("_SimpleCardPartial")
    @Html.Partial("_SimpleCardPartial")
    @Html.Partial("_SimpleCardPartial")
    @Html.Partial("_SimpleCardPartial")
    @Html.Partial("_SimpleCardPartial")

    <!--等同以下用迴圈執行九次-->
    @for (int i = 0; i < 9; i++)
    {
        @Html.Partial("_SimpleCardPartial");
    }
</div>

<!--以下是牌卡的樣式定義-->
@section topCSS{
    <style>
        .jumbotron {
            text-align: center;
            background-color: lightcoral;
        }

        .card {
```

```
            border: 1px solid black;
            margin-bottom: 30px;
        }

        .card img {
            width: 100%;
        }

        .card:hover .card-block {
            background-color: lightgreen;
        }

        .card, .headshot {
            overflow: hidden;
        }

        .card-block {
            border-top: 1px solid black;
            background-color: #ffbf67;
            padding: 10px;
        }

        .card-title {
            color: white;
            background-color: black;
            display: inline-block;
            border-radius: 5px;
            padding: 5px;
        }
    </style>
}
```

說明：

1. 前面提過，Partial View 不能用 Section 加入 css 或 js，因為不會出現在 Parent View 中。
2. 同時也不能用<style />將 css 加入到 Partial View 中，技術上雖沒問題，但 Parent View 一連呼叫九次，這段 css 就會重複出現九次。
3. 故將牌卡 css 定義在 Parent View 中才是正確的。

最後瀏覽 PartialView/SimpleCard 頁面，由於用 Html.Partial()呼叫了九次 Partial View，便出現九張人物牌卡。

圖 4-11 Partial View 生成後的九張牌卡

這範例簡單扼要，可快速理解 Partial View 運作方式。但重複出現九張相同牌卡沒有太大意義，倘若 Partial View 能結合資料，動態產生不同的牌卡內容，就會有更高的實用價值，程式只需稍做調整，且看以下範例。

範例 4-7 傳遞 model 資料到 Partial View，動態生成不同的牌卡

在這以前一個範例為基礎，讓 Partial View 接收 model 物件資料，以動態生成不同的牌卡，步驟如下：

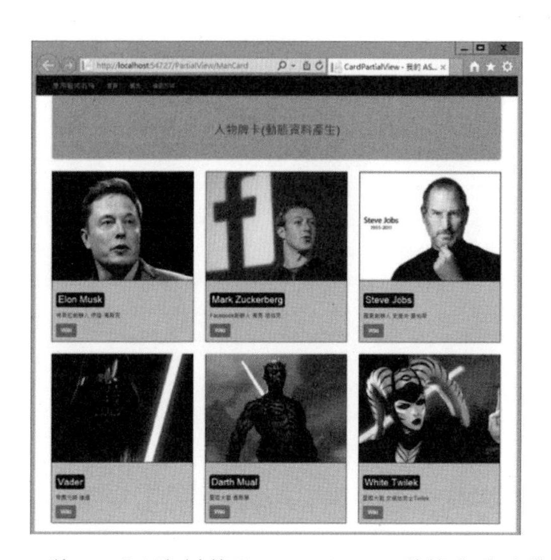

圖 4-12 將 model 資料傳入 Partial View 動態產生人物牌卡

step01 在 Models 資料夾新增一 Card 類別模型。

Models\Card.cs

```
public class Card
{
    public int Id { get; set; }
    public string Name { get; set; }    //名字
    public string Brief { get; set; }   //簡介
    public string Photo { get; set; }   //照片
    public string WikiUrl { get; set; } //Wiki 的 Url
}
```

step02 在 PartialView 控制器新增 ManCard()程式，裡面建立人物牌卡資料。

Controllers\PartialViewController.cs

```
public ActionResult ManCard()
{
    List<Card> cards = new List<Card>
    {
        new Card{ Name = "Elon Musk", Brief="特斯拉創辦人 伊隆· 馬斯克",
            Photo="ElonMusk.jpg", WikiUrl="https://goo.gl/46xeXx" },
```

```
        new Card{ Name = "Mark Zuckerberg", Brief="Facebook 創辦人 馬克· 祖伯克",
            Photo="MarkZuckerberg.jpg", WikiUrl="https://goo.gl/BktGGA" },
        new Card{ Name = "Steve Jobs", Brief="蘋果創辦人 史提夫· 賈伯斯",
            Photo="SteveJobs.jpg", WikiUrl="https://goo.gl/nAiX0y" },
        new Card{ Name = "Vader", Brief="帝國元帥  維達", Photo="Vader.jpg",
            WikiUrl="https://en.wikipedia.org/wiki/Darth_Vader" },
        new Card{ Name = "Darth Mual", Brief="星際大戰 達斯摩", Photo="DarthMual.jpg",
            WikiUrl="https://goo.gl/5obLhX"},
        new Card{ Name = "White Twilek", Brief="星際大戰 女絕地武士 Twilek",
            Photo="WhiteTwilek.jpg", WikiUrl="https://goo.gl/reKzAu" }
    };

    return View(cards);
}
```

說明：這裡初始一個 List 泛型集合，每筆資料都有 Name、Brief、Photo 和 WikiUrl 設定值，然後將 cards 這個 model 物件傳給 View。

step03 在 ManCard ()方法按滑鼠右鍵→【新增檢視】→【MVC 5 檢視】→【加入】→範本【Empty(沒有模型)】→【加入】，並建立父檢視程式。

Views\PartialView\ManCard.cshtml

```
@model IEnumerable<MvcRazor.Models.Card>
@{
    ViewBag.Title = "CardPartialView";
}
<div class="jumbotron">
    <h2>人物牌卡(動態資料產生)</h2>
</div>

<div class="row">
    @foreach (var man in Model)
    {
        @Html.Partial("_CardPartial", man);
    }
</div>

@section topCSS{
   <link href="~/Assets/css/card.css" rel="stylesheet" />
}
```

呼叫 Partial View，同時傳入 model 物件 man

將原本的 css 獨立成 card.css

說明：Parent View 逐一取出 model 中的項目，在以 Html.Partial() 呼叫 Partial View 時，一併將 man 物件傳遞給 Partial View 使用。

step04 在 Views\Shared 資料夾按滑鼠右鍵→【加入】→【MVC5 部分頁面(Razor)】，命名為「_CardPartial」。

Views\Shared_CardPartial.cshtml

```
@model MvcRazor.Models.Card
<div class="col-xl-3 col-lg-4 col-md-6 col-sm-12">
    <div class="card">
        <div class="headshot">
            <img class="card-img-top" src="~/Assets/images/@Model.Photo" alt="">
        </div>
        <div class="card-block">
            <h3 class="card-title">@Model.Name</h3>
            <p class="card-text">@Model.Brief</p>
            <a href="@Model.WikiUrl" class="btn btn-primary">Wiki</a>
        </div>
    </div>
</div>
```

將 model 的屬性值帶入 HTML 中

將 model 的屬性值帶入 HTML 中

說明：執行 PartialView/ManCard 頁面，即可看到動態產生的不同人物牌卡。

其他章節的 Partial View 應用

除本章外，其他章節專案亦有用到 Partial View，如：

1. MvcBootstrap 專案

   在 Views\Shared 資料夾中有以下 Partial View：

   - ArticlePartial.cshtml
   - BreakpointPartial.cshtml
   - ColumnHeaderPartial.cshtml
   - MoviePartial.cshtml

2. MvcJqueryMobile 專案

Views\Pages\MultiPagesPartial.cshtml 和 MultiPagesPartialDB.cshtml 也呼叫 Views\Shared\HeroPartial.cshtml 部分檢視。

若想知道哪些父檢視呼叫哪個 Partial View，可在 Visual Studio 按 Ctrl + F，以「@Html.Partial」關鍵字對整個方案做「全部尋找」，就會全部列出。

4-8 結論

Razor 語法是設計 View 檢視頁必定會用到的，對於宣告變數、陣列或集合，甚至是 model 資料讀取與顯示，都需 Razor 語法的幫助。當然 Razor 還可以做進階邏輯判斷與迴圈處理，再輔以 Helper 及 Partial View 的運用，設計 View 時，工作可以更輕鬆、更有智慧。

以開源 Chart.js 及 JSON 繪製 HTML5 互動式商業統計圖表

5 CHAPTER

Chart.js 是一套開源的 HTML5 繪圖函式庫，用 JavaScript 語法就能建立精美的商業統計圖表，將枯橾數字轉化成吸引人的互動性圖形介面，大大抓住使用者目光。圖表並支援動畫效果與 Responsive 響應式能力，是一套可以滿足跨平台網站需求的精巧軟體。

5-1 熱門 JavaScript 繪圖函式庫介紹

近幾年推出的新世代 JavaScript 繪圖函式庫，有蠻高比例支援 JSON 資料格式，也就是說只需把 JSON 資料餵給繪圖元件 API，它就會自動產出精美 HTML5 圖表。然而 JavaScript 繪圖函式庫有非常多種，以下列出知名的免費與商業版供您參考。

❖ Open Source 免費版

- D3.js
- Chart.js
- Google Charts（免費使用，只允許線上 Library）
- uvCharts（base on D3.js）
- plotly.js（base on D3.js）
- Plottable（base on D3.js）
- Rickshaw（base on D3.js）

- EJSCharts
- vis.js
- Flotr2
- RGraph
- Morris.js
- Ember Charts
- n3-charts
- AwesomeChartJS
- Chartist.js
- Chartkick.js
- Flot

❖ 商業版

- Highcharts（其非營利之免費版有浮水印）
- ZingChart（其免費版有浮水印）
- Fusioncharts（其無限期試用版有浮水印）
- AmCharts（其免費版有浮水印）
- CanvasJS（提供 30 天試用版）
- AnyCharts（提供試用版）

以上這麼多麼多種要如何挑選？本章考量有：

- Open Source 且完全免費，包括商業上的使用
- 可用 JavaScript 開發，且易於使用
- 須能和 JSON 做良好整合性與互動性
- 須支援 HTML5
- 支援 Responsive 響應式設計
- 支援商業上常用的長條圖、圖餅圖、折線圖、雷達圖等圖形
- 須有 Animation 動畫展示效果
- 圖形 UI 須提供使用者互動性效果
- 函式庫本身 API 須有整體性設計和語法一致性

在考量這些條件後，最後挑選的是 Chart.js。順序上會先說明網頁上如何使用 Chart.js 繪製圖表，再推進到 MVC 並結合 JSON 資料。只要學會了 Chart.js，就可以很輕易地觸類旁通其他同類圖表軟體，因為它們設計精神和語法有著十分高度的相似性，本書只是藉 Chart.js 為示範的切入點。

> **TIP**
>
> **下一章會進一步解析 JSON 資料結構，說明 JSON 建立語法、編解碼指令，以及用 Ajax 存取遠端 Web API 的 JSON 資料，再交由 Chart.js 繪製成圖表。**

5-2 Chart.js 內建的八種商業圖形

Chart.js 內建八種圖形，可免費使用在商業網站上。

- Line 折線圖
- Bar 長條圖
- Radar 雷達圖
- Pie 圓餅圖 & Doughnut 甜甜圈圖
- Polar Area 極地區域圖
- Bubble 汽泡圖
- Scatter 散佈圖
- Area 區域

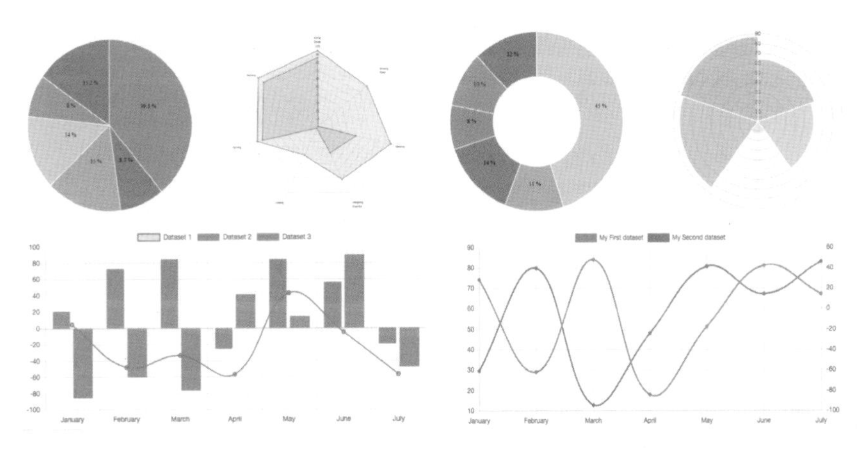

圖 5-1 Chart.js 圖例

- Chart.js 官網：http://www.chartjs.org/

5-3 MVC 專案中 Chart.js 的安裝與參考方式

在使用 Chart.js 繪製圖表前，網頁需引用 Chart.js 函式庫，方式有二：

❖ 直接引用 CDN 上的 Chart.js

開啟 https://cdnjs.com/libraries/Chart.js/，有下面四個 Chart.js 網址：

```
https://cdnjs.cloudflare.com/ajax/libs/Chart.js/2.9.3/Chart.js
https://cdnjs.cloudflare.com/ajax/libs/Chart.js/2.9.3/Chart.min.js
https://cdnjs.cloudflare.com/ajax/libs/Chart.js/2.9.3/Chart.bundle.js
https://cdnjs.cloudflare.com/ajax/libs/Chart.js/2.9.3/Chart.bundle.min.js
```

在 View 或 HTML 中引用 Chart.js CDN 語法：

```
<script
src="https://cdnjs.cloudflare.com/ajax/libs/Chart.js/2.9.3/Chart.min.js">
```

> **TIP**
>
> Chart.js 和 Chart.bundle.js 的差異在於，後者包含 Moment.js，若有使用 Time axis 請選擇後者。

❖ 在 MVC 專案中安裝 Chart.js 函式庫

本章是在 MVC 專案中用 NuGet 安裝 Chart.js，以及做相關環境設定，步驟如下：

step01 以 NuGet 安裝 Chart.js 函式庫

新增 MvcCharting 專案，在 Visual Studio 的【工具】→【NuGet 封裝管理員】→【套件管理器主控台】，輸入「Install-Package Chart.js -Version 2.9.3」，按 Enter 進行安裝。

step02 將 Chart.min.js 註冊到 BundleConfig.cs。

App_Start\BundleConfig.cs

```
public class BundleConfig
{
    public static void RegisterBundles(BundleCollection bundles)
    {
        ...
        //將 Chart.js 加入 Bundles
        bundles.Add(new ScriptBundle("~/bundles/chartjs").Include(
                "~/Scripts/Chart.min.js"));
    }
}
```

step03 在_Layout.cshtml 佈局檔加入 Chart.js 參考，以及 topCSS、topJS、endCSS 及 endJS 四個 RenderSection()宣告。

Views\Shared_Layout.cshtml

```
<!DOCTYPE html>
<html>
<head>
<meta http-equiv="Content-Type" content="text/html; charset=utf-8"/>
    ...
    @Scripts.Render("~/bundles/chartjs") ◄── 加入 chart.js 的 bundle
    @RenderSection("topCSS", required: false)
    @RenderSection("topJS", required: false)
</head>
<body>
    ...
    @RenderSection("endCSS", required: false)
    @RenderSection("endJS", required: false)
</body>
</html>
```

以上在_Layout.cshtml 佈局檔設定好 Chart.js 的參考後，預設 MVC 所有 View 檢視頁都會自動套用 Chart.js，省去一一設定的麻煩。但若想在個別的 View 中直接引用 Chart.js，語法為：

```
<script src="~/Scripts/Chart.min.js"></script>
```

5-4 在 HTML 中使用 Chart.js 繪製常用商業統計圖表

本節先從 HTML（.html）如何使用 Chart.js 切入，先熟悉 Chart.js 基本語法及常用圖形建立，下一節再轉換成 MVC 程式，並堆疊進階的程式技巧，結合 JSON 資料以動態產生圖形。

5-4-1 Chart.js 語法結構

Chart.js 的基本語法結構有兩個步驟：

1. 宣告一個 HTML5 <canvas>元素。
2. 用 JavaScript 呼叫 Chart.js 函式庫 API，於<canvas> 元素中繪製 2D 圖形。

```
<canvas id="myChart" width="400" height="400"></canvas>     宣告 Canvas
<script>
   var ctx = document.getElementById("myChart");
   var chart = new Chart(ctx, {
   ❶  type: "圖表類型",          以 new Chart()建立繪圖物件，Chart 開頭須大寫
   ❷  data: { 資料參數... },
   ❸  options: { 全域組態設定...}
   });
</script>
```

說明：Chart.js 的八種圖形語法都是相同的主體結構，整體設計有很高的統整性與一致性，從相同的語法結構出發，變化在於 type、data 及 options 三類參數，type 是圖表類型，data 是實際資料，options 是全域組態設定，例如字型、樣式及 Legend 設定。此三者可謂是 Chart.js 核心靈魂，熟悉了它們，就等於掌握了全盤運用。

接續將繪製以下常用的商業統計圖表：

- Line 折線圖－繪製月均溫
- Bar 長條圖－繪製投票統計
- Radar 雷達圖－繪製公司營運管理面向指標
- 圓餅圖 / 甜甜圈圖－繪製公司人力資源分佈

5-4-2 用 Line 折線圖繪製月均溫趨勢

Line 折線圖適合呈現具有趨勢性的數據，例如月均溫、每月銷售或成長數據圖。

- Line Chart 官網資訊：
  https://www.chartjs.org/docs/latest/charts/line.html

範例 5-1 用 Line 折線圖繪製月均溫

以下用 Line 折線圖繪製台北 1~6 月氣溫平均值，請參考 LineBasic.html。

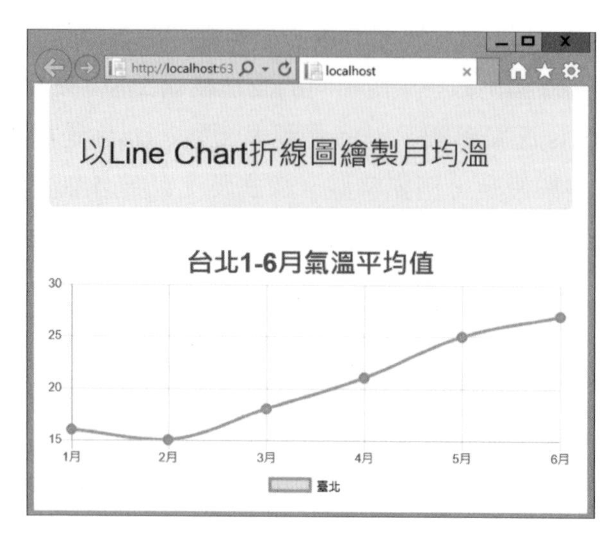

圖 5-2 用 Line 折線圖繪製氣溫平均值

HtmlPages\LineBasic.html

```
<!DOCTYPE html>
<html>
<head>
    <meta charset="utf-8" />
    <link href="../Content/bootstrap.min.css" rel="stylesheet" />
    <script src="../Scripts/Chart.min.js"></script>
</head>
<body>
    <div class="container">          宣告 Canvas
        <canvas id="lineChart"></canvas>
    </div>
    <script
        var ctx = document.getElementById("lineChart");
        var chart = new Chart(ctx, {
        ❶ type: 'line',  ◄── 指定圖表類型為 line 折線圖
        ❷ data: {                                  指定 X 軸 Label 名稱
                labels: ['1 月', '2 月', '3 月', '4 月', '5 月', '6 月'],
                datasets: [{                       1~6 月的實際資料值
                    label: "臺北",
                    data: [16, 15, 18, 21, 25, 27]
                    fill: false,  ◄── 填充方式
                    backgroundColor: 'rgba(255,165,0,0.3)',
                    borderColor: 'rgb(255,165,0)',
```

```
            pointStyle: 'circle',  ◄── 資料點形狀
            pointBackgroundColor: 'rgb(0,255,0)',
            pointRadius: 5,  ◄── 資料點半徑大小
            pointHoverRadius: 10,  ◄── 資料點 Hover 時的半徑大小
        }]
    },
❸ options: {
        responsive: true,  ◄── 是否開啟 Responsive 響應式
        title: {
            display: true,
            fontSize: 26,              ◄── title 設定
            text: '1-6 月氣溫平均值'
        },
        tooltips: {
            mode: 'point',             ◄── tooltips 設定
            intersect: true,
        },
        legend: {
            position: 'bottom',
            labels: {                  ◄── legend 圖例設定
                fontColor: 'black',
            }
        }
    }
  });
 </script>
</body>
</html>
```

5-4-3 Line 的點、線和填充模式之變化

其實網路上一堆 Open Source 繪圖函式庫，畫畫折線圖、圓餅圖大家都會，Chart.js 好像也沒什麼了不起，但在這要讓您見識，Chart.js 即使對小小的一條線，提供自訂細節的能力也超多的，以下從點、線與填充模式幾個面向來探討。

❖ 設定點的形狀－pointStyle 屬性

折線圖的座標點形狀預設是 circle 圓點，但可用 Datasets 的 pointStyle 屬性改變形狀，內建以下十種形狀，請參考 PointStyle.html。

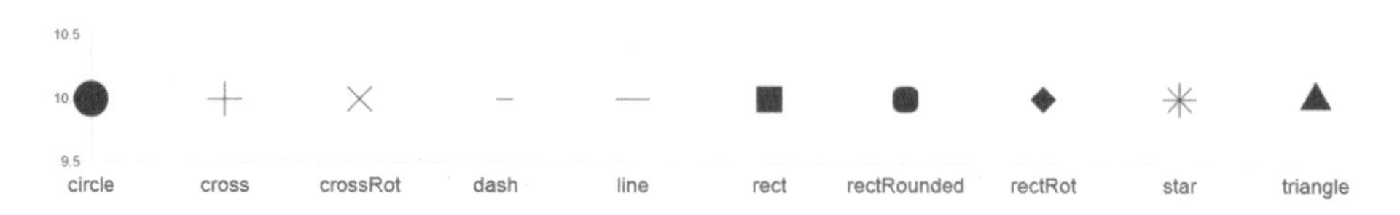

圖 5-3 pointStyle 支援的點形狀

HtmlPages\PointStyle.html

```
...
var chart = new Chart(ctx, {
    type: 'line',
    data: {
        labels: pStyle,
        datasets: [{
            label: 'pointStyle 點樣式',
            data: [10, 10, 10, 10, 10, 10, 10, 10, 10, 10],
            pointStyle: ['circle', 'cross', 'crossRot', 'dash', 'line', 'rect',
                        'rectRounded', 'rectRot', 'star', 'triangle'],
            fill: false,         點的形狀可以指定單一字串或字串陣列
            showLine: false,
            ...
        }]
    },
    options: {
        ...
});
```

❖ 設定折線圖的填充模式－fill 屬性

折線圖除了線條繪製外，還可透過 fill 屬性將折線圖區域進行顏色填充，內建 false、'origin'、'start'、'end'四種模式，請參考 LineFill.html。

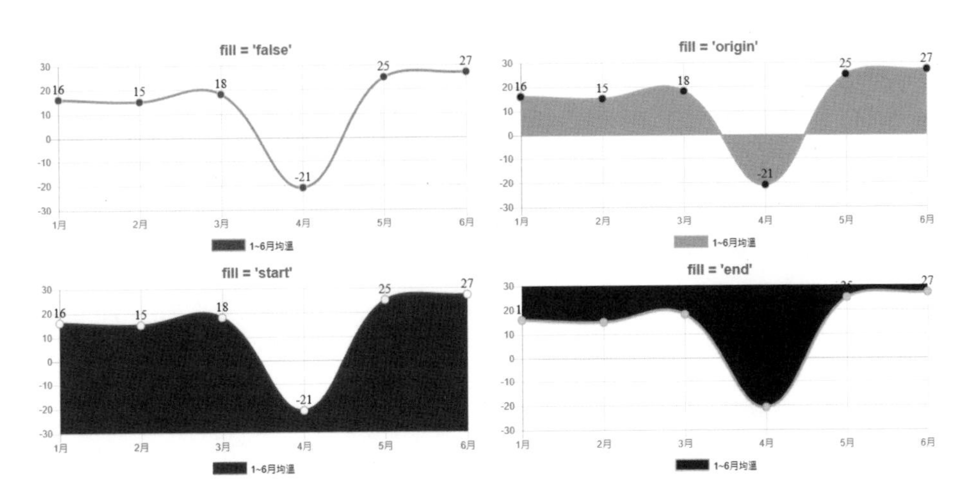

圖 5-4 四種 Fill 填充模式

HtmlPages\LineFill.html

```
...
var chart = new Chart(context, {
    type: "line",
    data: {
        labels: ['1 月', '2 月', '3 月', '4 月', '5 月', '6 月'],
        datasets: [{
            label: '1~6 月均溫',
            data: [16, 15, 18, -21, 25, 27],
            fill: 'origin',
        }]          指定填充模式
    },
    ...
}
```

❖ 設定線條的實線與虛線－borderDash 屬性

Line 在實線之外，若想使用虛線，可在 borderDash 屬性中指定陣列數字，就能畫出不同實線與空隔組合的虛線，關鍵語法如下：

```
var chart = new Chart(context, {
    type: 'line',
    data: {
        labels: ['1月', '2月', '3月', '4月', '5月', '6月'],
        datasets: [{
            label: '1~6 月均溫',
            data: [16, 15, 18, -21, 25, 27],
            borderDash: [10, 10],  ← 繪製 dash 虛線－長度 10, 間隔 10
            ...
}
```

範例 5-2 Line 的點、線和填充模式變化之綜合演練

請參考 LineStyle.html，在此示範 Line 折線圖的點、線和 fill 填充等綜合變化，包括：

- 用 pointStyle 屬性設定座標點的形狀
- 用 pointBackgroundColor、pointBorderColor 設定座標點的背景色和外框色
- 用 pointRadius 設定座標點的半徑大小
- 用 borderColor 設定線條顏色
- 用 lineTension 屬性設定 Bezier 曲線張力，決定線條是曲線或直線
- 用 showLine 屬性設定是否繪製線條
- 用 borderDash 決定 dash 線條的長短和間距
- 用 fill 屬性設定填充模式
- 用 backgroundColor 設定 fill 填充的顏色

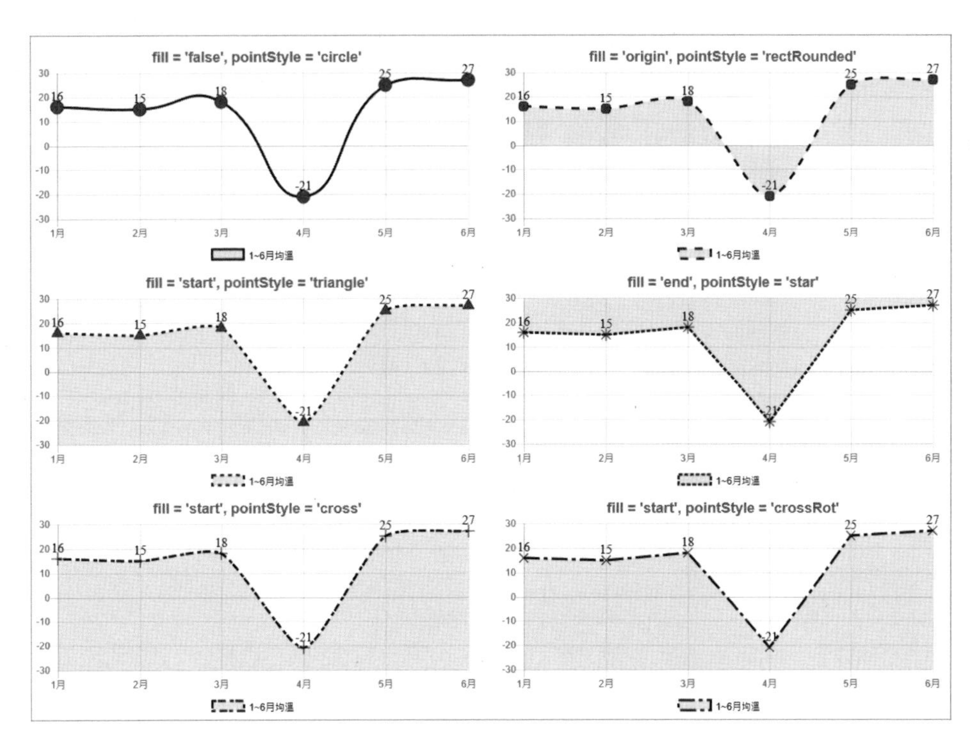

圖 5-5 Line 折線圖的點和線樣式變化

HtmlPages\LineStyle.html

```
<!DOCTYPE html>
...
<body>
    <div class="container">
        ...
        <div class="row">
            <div class="col-md-6">
                <canvas id="chart1"></canvas>
            </div>
            ...
            <div class="col-md-6">
                <canvas id="chart8"></canvas>
            </div>
        </div>
    </div>
    <script>
        var ctx1 = document.getElementById("chart1");
```

```
...
var ctx8 = document.getElementById("chart8");

lineChart(ctx1, false, 'circle', 0.5, true);
lineChart(ctx2, 'origin', 'rectRounded', 0.3, true, [10, 10]);
lineChart(ctx3, 'start', 'triangle', 0.2, true, [5, 5] );
lineChart(ctx4, 'end', 'star', 0, true, [5, 2]);
lineChart(ctx5, 'start', 'cross', 0.2, true, [5, 2, 10, 5]);
lineChart(ctx6, 'start', 'crossRot', 0, true, [20, 5, 5, 5]);
lineChart(ctx7, false, 'line', 0, false);
lineChart(ctx8, false, 'dash', 0, false);

function lineChart(context,fillmode, point, curve, showline, dash) {
    var chart = new Chart(context, {
        type: 'line',
        data: {
            labels: ['1月', '2月', '3月', '4月', '5月', '6月'],
            datasets: [{
                label: '1~6月均溫',
                data: [16, 15, 18, -21, 25, 27],
                fill: fillmode,                         ◄── 填充模式
 點的形狀 ──►   pointStyle: point,
                lineTension: curve,                     ◄── 貝茲曲線參數
 是否顯示線條 ──► showLine: showline,
                borderDash: dash,                       ◄── Dash 線條
 點的半徑 ──►   pointRadius: 8,
                pointHoverRadius: 15,                   ◄── 點 hover 時的半徑
 填充色 ──►     backgroundColor: 'rgba(255,165,50,0.3)',
                borderColor: 'rgb(255,165,0)',          ◄── 線條色
 點的背景色 ──► pointBackgroundColor: 'rgb(255,0,0)',
                pointBorderColor: 'rgb(0,0,255)',       ◄── 點的外框色
            }]
        },
        options: {
            ...
    });
}
</script>
</body>
</html>
```

5-4-4 用 Bar 長條圖繪製投票統計數

Bar 長條圖除了適合呈現月份類的數據外，也常拿來做數量的統計，例如投票數、銷售量等等。

- Bar Chart 官網資訊：http://www.chartjs.org/docs/latest/charts/bar.html

範例 5-3 用 Bar 長條圖繪製員工國外旅遊投票統計

某公司欲舉辦員工國外旅遊，故開放員工投票，以下將投票結果用 Bar 長條圖繪製，看看每個國家得票數是多少，請參考 BarTravel.htm。

國家 / 項目	美國	日本	泰國	琉球	紐西蘭	澳洲
票數	8	22	13	15	17	21

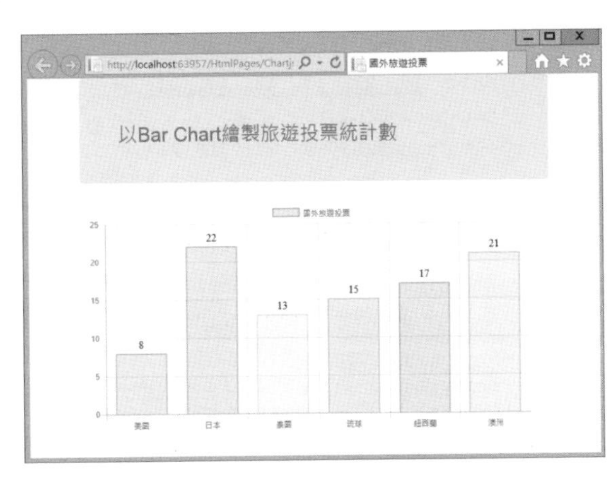

圖 5-6 用 Bar 長條圖繪製國外旅遊投票統計

HtmlPages\BarTravel.html

```
<!DOCTYPE html>
<html>
<head>
    <meta charset="utf-8" />
    <title>旅遊行程投票</title>
```

```
    <link href="../Content/bootstrap.min.css" rel="stylesheet" />
    <script src="../Scripts/Chart.min.js"></script>
    <script src="../Assets/js/Utility.js"></script>   ← 在 Bar Chart 上產生數字
</head>
<body>
    <div class="container">
        <div class="jumbotron">
            <h2>以 Bar Chart 繪製旅遊投票統計數</h2>
        </div>
        <div class="col-md-8 col-md-offset-2">
            <canvas id="barChart"></canvas>
        </div>
    </div>

    <script>
        var ctx = document.getElementById("barChart");
        var myChart = new Chart(ctx, {
        ❶ type: 'bar',   ← 指定為 Bar 長條圖
        ❷ data: {                                        指定 X 軸 Label 名稱
                labels: ['美國', '日本', '泰國', '琉球', '紐西蘭', '澳洲'],
                datasets: [{
                    label: '旅遊行程投票',
                    data: [8, 22, 13, 15, 17, 21],   ← 實際資料值
                    backgroundColor: [   ← 設定長條圖背景色
                        'rgba(255, 99, 132, 0.2)',
                        'rgba(54, 162, 235, 0.2)',
                        'rgba(255, 206, 86, 0.2)',
                        'rgba(75, 192, 192, 0.2)',
                        'rgba(153, 102, 255, 0.2)',
                        'rgba(255, 159, 64, 0.2)'
                    ],
                    borderColor: [   ← 設定長條圖外框色
                        'rgba(255,99,132,1)',
                        'rgba(54, 162, 235, 1)',
                        'rgba(255, 206, 86, 1)',
                        'rgba(75, 192, 192, 1)',
                        'rgba(153, 102, 255, 1)',
                        'rgba(255, 159, 64, 1)'
                    ],
                    borderWidth: 1
                }]
            },
        ❸ options: {
```

```
                scales: {
                    yAxes: [{
                        ticks: {
                            beginAtZero: true
                        }
                    }],
                }
            }
        });
    </script>
</body>
</html>
```

說明：預設 Chart.js 不會在 Bar、Pei & Doughnut Chart 上打印上數字，若希望加上數字的話，請加入 Utility.js 參考，裡面有產生數字的 plugin 擴充。

5-4-5 用 Radar 雷達圖繪製公司營運管理指標之比較

Radar 雷達圖適合繪製多個面向分數的比較，藉以呈現出每個面向的強弱比較。

- Radar Chart 官網資訊：http://www.chartjs.org/docs/latest/charts/radar.html

範例 5-4 用 Radar 雷達圖繪製公司營運管理面向指標

以下用 Radar 雷達圖繪製公司營運管理指標，包括：生產、財務、人才、行銷、研發、品牌管理六個面向，比較各個面向之強弱，請參考 RadarManagement.html。

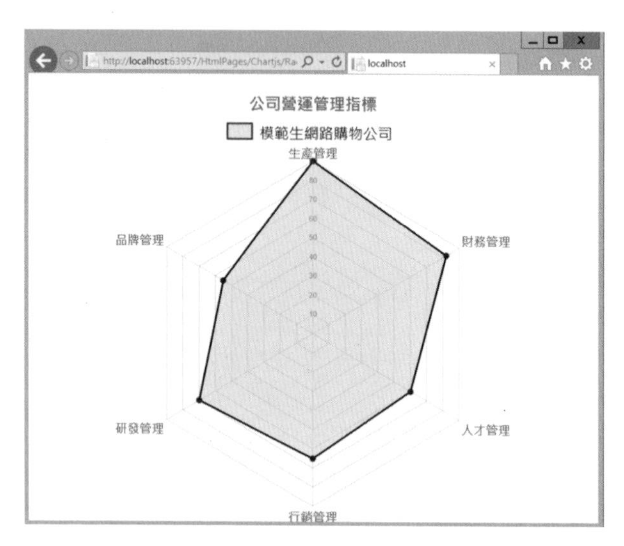

圖 5-7 用 Radar 雷達圖繪製公司營運管理指標

HtmlPages\RadarManagement.html

```
<!DOCTYPE html>
...
<body>
    <div class="container">
        <div class="jumbotron">
            <h2>以 Radar Chart 繪製公司營運管理指標</h2>
        </div>
        <div class="col-md-8 col-md-offset-2">
            <canvas id="radarChart"></canvas>
        </div>
    </div>

    <script>
        var ctx = document.getElementById('radarChart');
            var chart = new Chart(ctx, {
            ❶ type: 'radar',  ◄── 指定為 Radar 雷達圖
            ❷ data: {
                    labels: ['生產管理', '財務管理', '人才管理', '行銷管理',
                             '研發管理', '品牌管理'],   ▲ 指定 X 軸 Label 名稱
                    datasets: [{
                        label: "模範生網路購物公司",
                        backgroundColor: 'rgba(173,255,47, 0.5)',
                        borderColor: 'rgb(0,0,0)',
```

```
                pointStyle: 'circle',
                pointBackgroundColor: 'rgb(0,0,255)',
                pointRadius: 5,
                pointHoverRadius: 10,
                data: [90, 82, 60, 65, 70, 55] ◀── 實際資料值
            }]
        },
    ❸ options: {
            responsive: true,
            legend: {
                position: 'top',
                labels: {
                    fontColor: 'black',
                    fontSize: 24
                }
            },
            title: {
                display: true,
                text: '公司營運管理指標',
                fontSize: 26,
            },
            scale: {
                ticks: {
                    beginAtZero: true
                },
                pointLabels: {
                    fontSize: 20
                },
            },
        }
    });
  </script>
</body>
</html>
```

5-4-6 用 Pie 圓餅圖繪製公司人力資源分佈

圓餅圖以外型來區分，還分成 Pie 圓餅圖和 Doughnut 甜甜圈圖兩種。二者的語法及參數幾乎相同，唯除 type 屬性有差，前者是'pie'，後者是' doughnut '，僅此而已。

✦ Pie & Doughnut Chart 官網資訊：http://www.chartjs.org/docs/latest/charts/doughnut.html

範例 5-5 用 Pie 與 Doughnut Chart 繪製職務類型及學歷分佈比例

在此用 Pie 圓餅圖繪製公司職務類型分佈，用 Doughnut 圖繪製員工學歷分佈比例，請參考 PieDoughnut.html。

職務類型 / 項目	管理者	工程師	業務	客服	行銷	其他
比例%	8.7%	14.5%	39.1%	11.6%	14.5%	11.6%

學歷 / 項目	博士	碩士	大學	其他
比例%	2.9%	14.5%	58%	24.6%

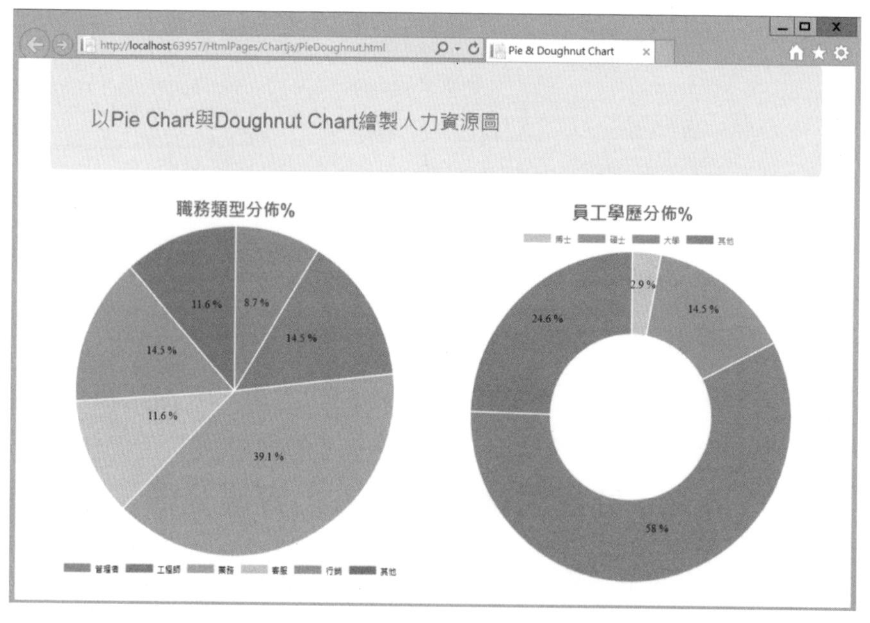

圖 5-8 以圓餅圖繪製公司人力資源數據

HtmlPages\PieDoughnut.html

```
<!DOCTYPE html>
<html>
<head>
    <meta charset="utf-8" />
    <title>Pie & Doughnut Chart</title>
    <link href="../Content/bootstrap.min.css" rel="stylesheet" />
    <script src="../Scripts/Chart.min.js"></script>
    <script src="../Assets/js/Colors.js"></script>
    <script src="../Assets/js/Utility.js"></script>
</head>
<body>
    <div class="container">
        <div class="jumbotron alert-success">
            <h2>以 Pie Chart 與 Doughnut Chart 繪製人力資源圖</h2>
        </div>
        <div class="row">
            <div class="col-md-6">
                <canvas id="peiChart"></canvas>      ← 圓餅圖 Canvas
            </div>
            <div class="col-md-6">
                <canvas id="doughnutChart"></canvas>  ← 甜甜圈圖 Canvas
            </div>
        </div>
    </div>
    <script>
        //Pie Chart 圓餅圖
        var ctxPie = document.getElementById("peiChart");
        var pieChart = new Chart(ctxPie, {
            type: 'pie',
            data: {
                labels : ['管理者', '工程師', '業務', '客服', '行銷', '其他'],
                datasets: [{
                    data: [8.7, 14.5, 39.1, 11.6, 14.5, 11.6],   ← 圓餅圖數據
                    backgroundColor: [
                        window.chartColors.red,
                        window.chartColors.blue,
                        window.chartColors.orange,   ← 定義在 Utility.js 中
                        window.chartColors.yellow,
                        window.chartColors.green,
                        window.chartColors.purple
                    ]
                }],
            },
```

```
        options: {
            responsive: true,
            title: {
                display: true,
                fontSize: 26,
                text: '職務類型分佈%'  ◄—— 結尾請加上%暗示符號
            },
            legend: {
                position: 'bottom',
                labels: {
                    fontColor: 'black',
                }
            }
        }
    });

    //Doughnut Chart 甜甜圈圖
    var ctxDoughnut = document.getElementById("doughnutChart");
    var pieChart = new Chart(ctxDoughnut, {
        type: 'doughnut',
        data: {
            labels: ['博士', '碩士', '大學', '其他'],
            datasets: [{
                data: [2.9, 14.5, 58, 24.6],  ◄—— 甜甜圈圖數據
                backgroundColor: [
                    window.chartColors.yellow,
                    window.chartColors.green,
                    window.chartColors.red,
                    window.chartColors.blue,
                ]
            }],
        },
        options: {
            responsive: true,
            title: {
                display: true,
                fontSize: 26,
                text: '員工學歷分佈%'  ◄—— 結尾請加上%暗示符號
            },
        }
    });
    </script>
</body>
</html>
```

說明：Chart.js 內建的圓餅圖沒有百分比符號顯示，而是在 Utility.js 中客製化後的結果，若想數值後面接著%符號，請在 option.title.text 指定標題時，加上%暗示符號。

藉由以上五種圖形的實務應用，可了解 Chart.js 的語法整體一致性相當的高。其圖形變化幾乎是在 type、data 及 options 三個參數身上，參數設定得愈詳盡，整個圖表就愈精緻，互動效果也愈好，可說是這款繪圖函式庫優點。

5-5 在 MVC 中整合 Chart.js 與 JSON 資料存取

上一節是在 HTML 中以 Chart.js 繪製折線圖、長條圖、雷達圖與圓餅圖，但如何在 MVC 使用 Chart.js 繪圖才是重點，本節要教您如何轉成 MVC 程式，並由 Controller 傳遞數據到 View 供 Chart.js 使用，其中還涉及 JSON 的編碼與解碼轉換。

範例 5-6 MVC 以 Line 折線圖繪製各地區月份平均氣溫

在此用中央氣象局網站提供的台北、台中及高雄氣溫數據，以 Line 折線圖繪製各地月均溫，語法和前面的 LineBasic.html 差不多，但必須轉化為 MVC 版本的結構，同時也增加為三條折線圖，請參考 LineTemperature()及 LineTemperature.cshtml 程式，步驟如下：

月份 / 地區	1月	2月	3月	4月	5月	6月	7月	8月	9月	10月	11月	12月
台北	16.1	16.5	18.5	21.9	25.2	27.7	29.6	29.2	27.4	24.5	21.5	17.9
台中	16.6	17.3	19.6	23.1	26.0	27.6	28.6	28.3	27.4	25.2	21.9	18.1
高雄	19.3	20.3	22.6	25.4	27.5	28.5	29.2	28.7	28.1	26.7	24.0	20.6

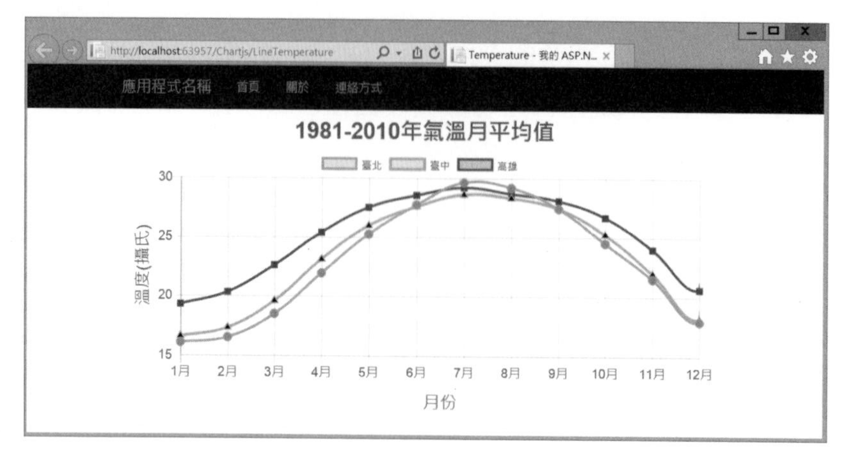

圖 5-9 各地區月均溫折線圖

step01 新增 Charts 控制器及 LineTemperature()動作方法。

Controllers\ChartsController.cs

```
public class ChartsController : Controller
{
    public ActionResult LineTemperature()
    {
        return View();
    }
}
```

step02 新增 View 檢視。在 LineTemperature()方法按滑鼠右鍵→【新增檢視】→【MVC 5 檢視】→【加入】→範本選擇「Empty（沒有模型）」→【加入】，在 LineTemperature.cshmtl 繪製 Line 折線圖。

Views\Charts\LineTemperature.cshmtl

```
@{
    ViewBag.Title = "各月平均氣溫";
}
<canvas id=" lineChart"></canvas>
@section endJS{
<script>
        var ctx = document.getElementById("lineChart");
        var chart = new Chart(ctx, {
```

```
type: 'line',
data: {
  labels: ['1月', '2月', '3月', '4月', '5月', '6月', '7月', '8月',
        '9月', '10月', '11月', '12月'],
    datasets: [{
      label: '臺北',                              台北參數及資料設定
      data: [16.1, 16.5, 18.5, 21.9, 25.2, 27.7, 29.6, 29.2,
             27.4, 24.5, 21.5, 17.9],
      fill: false,
      backgroundColor: 'rgba(255,165,0,0.3)',
      borderColor: 'rgb(255,165,0)',
      pointStyle: "circle",
      pointBackgroundColor: 'rgb(0,255,0)',
      pointRadius: 5,
      pointHoverRadius: 10,
    }, {
      label: '臺中',                              台中參數及資料設定
      data: [16.6, 17.3, 19.6, 23.1, 26.0, 27.6, 28.6, 28.3,
             27.4, 25.2, 21.9, 18.1],
      fill: false,
      backgroundColor: 'rgba(0,255,255,0.3)',
      borderColor: 'rgb(0,255,255)',
      pointStyle: "triangle",
      pointBackgroundColor: 'rgb(0,0,0)',
      pointRadius: 5,
      pointHoverRadius: 10
    }, {
      label: '高雄',                              高雄參數及資料設定
      data: [19.3, 20.3, 22.6, 25.4, 27.5, 28.5, 29.2, 28.7,
             28.1, 26.7, 24.0, 20.6]
      fill: false,
      backgroundColor: 'rgba(153,50,204,0.3)',
      borderColor: 'rgb(153,50,204)',
      pointStyle: "rect",
      pointBackgroundColor: 'rgb(220,20,60)',
      pointRadius: 5,
      pointHoverRadius: 10,
    }]
  },
  options: {
      responsive: true,
      title: {
          display: true,
          fontSize: 26,
```

```
            text: '1981-2010 年氣溫月平均值'
        },
        tooltips: {
            mode: 'point',
            intersect: true,
        },
        hover: {
            mode: 'nearest',
            intersect: true         ◄── 設定 hover 效果
        },
        scales: {
            xAxes: [{
                display: true,
                scaleLabel: {
                    display: true,
                    labelString: '月份',
                    fontSize: 20            ◄── X 軸設定
                },
                ticks: {
                    fontSize: 15
                }
            }],
            yAxes: [{
                display: true,
                scaleLabel: {
                    display: true,          ◄── Y 軸設定
                    labelString: '溫度(攝氏)',
                    fontSize : 20
                },
                ticks: {
                    fontSize: 15            ◄── 刻度字型大小
                }
            }]
        },
        animation: {
            duration : 3000     ◄── 設定動畫時間 3000ms
        }
    }
  });
</script>
}
```

✦ 交通部中央氣象局月平均氣溫：https://www.cwb.gov.tw/V8/C/C/Statistics/monthlymean.html

以上圖表資料是在 View 中指定寫死，但 MVC 一定會有從資料庫來的資料，或是從 Controller 傳遞 Model 給 View，讓 Chart.js 繪製。然而有一個很重要的觀念是，但凡 C#建立的集合或物件，是無法直接給 JavaScript 使用，因為二者的資料型別和記憶體管理是兩個不同世界，無法直接互通。資料必須做某種型式上的轉換，通常是將 C#的集合或物件，轉換成 JSON 格式資料，JavaScript 才能夠使用，反之亦然，且看以下範例如何處理這些細節。

範例 5-7 MVC 從 Controller 傳遞資料給 View 的 Line 折線圖繪製月均溫

在此以上一個範例為基礎，改造成從 Controller 傳遞資料給 View 的 Line 折線圖繪製月均溫，這涉及 Controller 資料建立，及 View 收到資料後轉換成 JSON 資料技巧，請參考 LineTemperatureData() 及 LineTemperatureData.cshtml，步驟如下：

step01 在 Models 資料夾新增 Location 模型，用來持有各地區月均溫資料。

Models\Location.cs

```
namespace MvcCharting.Models
{
    public class Location
    {
        public string City { get; set; }        //城市名稱
        public double[] Temperature { get; set; }    //1-12 月份溫度資料
    }
}
```

step02 在 Charts 控制器新增 LineTemperatureData()程式。

Controllers\ChartsController.cs

```
using MvcCharting.Models;
public ActionResult LineTemperatureData()
```

```
{
    //1.Label
    string[] Months = { "1月", "2月", "3月", "4月", "5月", "6月", "7月", "8月",
                        "9月", "10月", "11月", "12月" };
    //以 ViewBag 將資料傳給 View
    ViewBag.MonthsLabel = Months;

    //2.List 集合包含台北,台中及高雄三個地方的氣溫資料
    List<Location> Locations = new List<Location>
    {                 C#泛型集合，裡面宣告三個城市資料
        new Location{
            City="台北",
            Temperature = new double[] {16.1, 16.5, 18.5, 21.9, 25.2, 27.7, 29.6,
                                        29.2, 27.4, 24.5, 21.5, 17.9 }
        },
        new Location{
            City="台中",
            Temperature = new double[] {16.6, 17.3, 19.6, 23.1, 26.0, 27.6, 28.6,
                                        28.3, 27.4, 25.2, 21.9, 18.1 }
        },
        new Location{
            City="高雄",
            Temperature = new double[]{19.3, 20.3, 22.6, 25.4, 27.5, 28.5, 29.2,
                                       28.7, 28.1, 26.7, 24.0, 20.6 }
        }
    };

    return View(Locations);
}
```

step03 在 LineTemperatureData ()方法按滑鼠右鍵→【新增檢視】→【MVC 5 檢視】→【加入】→範本【Empty(沒有模型)】→【加入】，建立 LineTemperatureData.cshtml 程式。

Views\Charts\LineTemperatureData.cshtml

```
@model IEnumerable<MvcCharting.Models.Location>
@{
    ViewBag.Title = "各月平均氣溫";
                              在 Razor 用 Json.Encode()將 C#變數轉換成 JSON
    //將物件或資料編碼成 JOSN 格式資料
    var jsonMonths = Json.Encode(ViewBag.MonthsLabel);
```

```
    var jsonLocations = Json.Encode(Model);
}

<div class="container">
    <div class="jumbotron alert-success">
        <h2>以 Line Chart 折線圖繪製各地月均溫</h2>
    </div>
    <canvas id="lineChart"></canvas>
</div>

@section endJS{
    <script>
        var jsLocation = @Html.Raw(jsonLocations);
        var ctx = document.getElementById("lineChart");
        var chart = new Chart(ctx, {
            type: "line",
            data: {                          用 Html.Raw()方法顯示原始的 JSON 資料
                labels: @Html.Raw(jsonMonths),
                datasets: [{
                    label : jsLocation[0].City,  ← 指定城市名稱資料
                    data: jsLocation[0].Temperature,
                    fill: false,             ↑ 指定地區月均溫資料
                    ...
                }, {
                    label: jsLocation[1].City,  ← 存取 JavaScript 陣列中物件屬性
                    data: jsLocation[1].Temperature,
                    fill: false,
                    ...
                }, {
                    label: jsLocation[2]["City"],  ← 存取 JavaScript 陣列中物件屬性
                    data: jsLocation[2]["Temperature"],
                    fill: false,
                    ...
                }]
            },
            options: {
                ...
            }
        });
    </script>
}
```

說明：

1. 在 Razor 中若想將 C#集合或陣列編碼成 JSON 格式資料，可用 Json.Encode()指令編碼，Json.Decode()方法則是反向將 JSON 字串解碼成 C#物件，它們屬於 System.Web.Helpers 命名空間，位於 System.Web.Helpers.dll 組件中。

2. 編碼後的 JSON 資料以 Html.Raw()方法指派給 JavaScript 的陣列或物件，再由 Chart.js 對 JavaScript 陣列或物件做資料存取。

範例 5-8 MVC 以 Bar 長條圖統計國外旅遊投票數

在此用 Bar 長條圖統計員工旅遊每國家的投票數，在 Chartjs 控制器新增 Action 及 View 的過程就不再贅述，請參考 BarTravel()及 BarTravel.cshtml 程式。

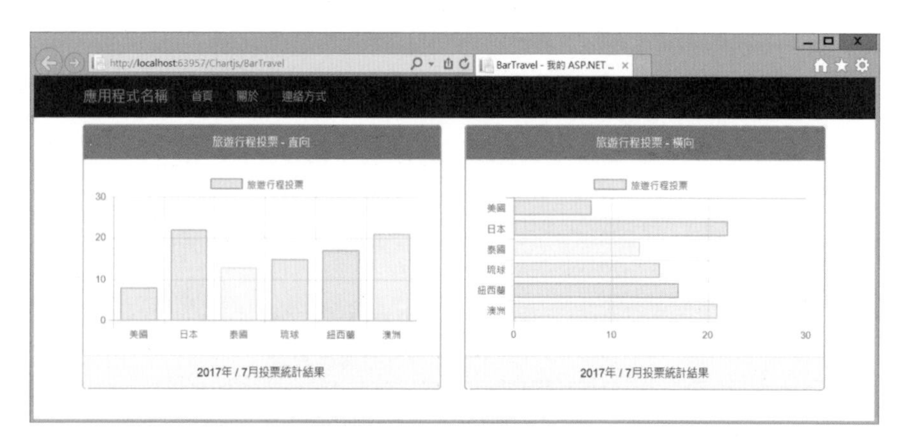

圖 5-10 直向與橫向長條圖

Views\Charts\BarTravel.cshtml

```
@{
    ViewBag.Title = "BarTravel";
    var footerText = DateTime.Now.Year + "年 / " + DateTime.Now.Month +
        "月投票統計結果";
}
                        Bootstrap 的 row
<div class="row">
```

```
    <div class="col-md-6">          ← Bootstrap - 使用 6 個欄位寬度
        <div class="panel panel-primary">          ← Bootstrap 的 Panel 元件
            <div class="panel-heading">旅遊行程投票 - 直向</div>
            <div class="panel-body">
                <canvas id="verticalBar"></canvas>          ← 直向 Bar Chart 的<canvas>
            </div>
            <div class="panel-footer">@footerText</div>
        </div>
    </div>

    <div class="col-md-6">
        <div class="panel panel-primary">          ← Panel 元件
            <div class="panel-heading">旅遊行程投票 - 橫向</div>
            <div class="panel-body">
                <canvas id="horizontalBar"></canvas>          ← 橫向 Bar Chart 的<canvas>
            </div>
            <div class="panel-footer">@footerText </div>
        </div>
    </div>
</div>

@section topCSS{
    ...
}

@section endJS{
<script>
    //定義 Enums 列舉
    const chartDirection = {
        vertial: 'bar',
        horizontal: 'horizontalBar'
    };

    //直向 Bar 長條圖
    var ctx1 = document.getElementById("verticalBar");
    BarChart(ctx1, chartDirection.vertial);

    //橫向 Bar 長條圖
    var ctx2 = document.getElementById("horizontalBar");
    BarChart(ctx2, chartDirection.horizontal);

    //繪製 Bar 長條圖
    function BarChart(context, barChartDirection) {
        if (!(barChartDirection == 'bar' || barChartDirection == 'horizontalBar'))
```

```
{
        return;
    }
    var myChart = new Chart(context, {
        type: barChartDirection,  ← 參數為'bar'或'horizontalBar'
        data: {
            labels: ["美國", "日本", "泰國", "琉球", "紐西蘭", "澳洲"],
            datasets: [{
                label: '旅遊行程投票',
                data: [8, 22, 13, 15, 17, 21],
                backgroundColor: [
                    'rgba(255, 99, 132, 0.2)',
                    'rgba(54, 162, 235, 0.2)',
                    'rgba(255, 206, 86, 0.2)',   ← 長條圖背景色陣列資料
                    'rgba(75, 192, 192, 0.2)',
                    'rgba(153, 102, 255, 0.2)',
                    'rgba(255, 159, 64, 0.2)'
                ],
                borderColor: [
                    'rgba(255,99,132,1)',
                    'rgba(54, 162, 235, 1)',
                    'rgba(255, 206, 86, 1)',   ← 長條圖邊框色陣列資料
                    'rgba(75, 192, 192, 1)',
                    'rgba(153, 102, 255, 1)',
                    'rgba(255, 159, 64, 1)'
                ],
                borderWidth: 1
            }]
        },
        options: {
            scales: {
                xAxes: [{
                    ticks: {
                        beginAtZero: true,  ← X 軸刻度是否從 0 開始
                    }
                }],
                yAxes: [{
                    ticks: {
                        beginAtZero: true,  ← Y 軸刻度是否從 0 開始
                    }
                }],
            }
        }
    });
```

```
    }
</script>
}
```

說明：

1. Bar 長條圖直向與橫向的變換，僅需設定 type : 'bar' 或 'horizontalBar' 即可。
2. 由於直向與橫向長條圖資料皆相同，為了提高共用性，故撰寫 BarChart()方法，以傳遞參數方式進行繪圖，而不需重複撰寫兩份相同的 functions。

若想將前面長條圖資料，改由 Controller 傳遞給 View 作顯示，可參考 BarTravelData()及 BarTravelData.cshtml，原理及過程與先前介紹過的差不多，重點如下：

Controllers\ChartsController.cs

```
public ActionResult BarTravelData()
{
    string[] countries = { "美國", "日本", "泰國", "琉球", "紐西蘭", "澳洲" };
    int[] votes = { 8, 22, 13, 15, 17, 21 };
    ViewBag.Countries = countries;
    ViewBag.Votes = votes;

    return View();
}
```

Views\Charts\BarTravelData.cshtml

```
@{
    ...                          將 C#資料編碼成 JSON 格式
    var countries = Json.Encode(ViewBag.Countries);
    var votes = Json.Encode(ViewBag.Votes);
}
...
@section endJS{
<script>
    ...
    //定義 Enums 列舉
```

```
    const barDirection = {
        vertial: 'bar',
        horizontal: 'horizontalBar'
    };
    BarChart(ctx1, barDirection.vertial); //直向 Bar 長條圖
    BarChart(ctx2, barDirection.horizontal);   //橫向 Bar 長條圖

    //繪製 Bar 長條圖
    function BarChart(context, barChartDirection) {
        if (!(barChartDirection == 'bar' || barChartDirection == 'horizontalBar')) {
            return;
        }

        var myChart = new Chart(context, {
            type: barChartDirection,
            data: {                                    指定國家 JSON 資料
                labels: @Html.Raw(countries),
                datasets: [{
                    label: '旅遊行程投票',
                    data: @Html.Raw(votes),
                    ...                                指定得票數 JSON 資料
                }]
            },
            options: {
            ...
            }
        });
    }
    </script>
}
```

範例 5-9 MVC 以 Radar 雷達圖進行兩類車種之六大面向比較

在此以雷達圖對 SUV 及轎車進行六大面向之比較，包括新潮、價格、維修、性能、油耗、配備，請參考 RadarCarData()和 RadarCarData.cshmtl 程式。

面向 / 車種	新潮	價格	維修	性能	油耗	配備
SUV	90	70	80	88	50	65
轎車	64	82	85	76	93	58

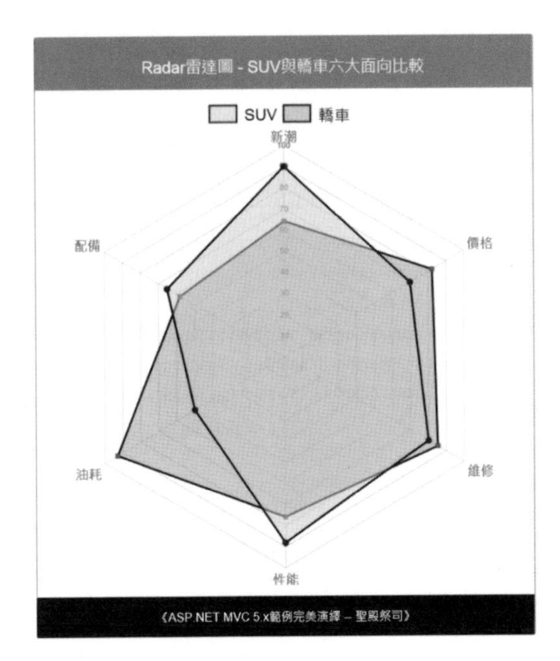

圖 5-11 以雷達圖進行車種之六大面向比較

在這從 Controller 傳遞資料給 View，讓 Chart.js 動態建立雷達圖，步驟如下：

step01 在 Charts 控制器新增 RadarCarData ()程式。

Controllers\ChartsController.cs

```
public ActionResult RadarCarData()
{
    string[] scopeLabels = { "新潮", "價格", "維修", "性能", "油耗", "配備" };
    int[] suvScores = { 90, 70, 80, 88, 50, 65 };
    int[] sedanScores = { 64, 82, 85, 76, 93, 58 };

    ViewBag.ScopeLabels = scopeLabels;
    ViewBag.SuvScores = suvScores;
    ViewBag.SedanScores = sedanScores;

    return View();
}
```

step02 在 RadarCarData ()方法按滑鼠右鍵→【新增檢視】→【MVC 5 檢視】→【加入】→範本【Empty(沒有模型)】→【加入】，建立 RadarCarData.cshtml 程式。

Views\Charts\RadarCarData.cshtml

```
@{
    ViewBag.Title = "RadarCar";
    var footerText = "汽車雜誌編輯評比";
    var scopeLabels = Json.Encode(ViewBag.ScopeLabels);
    var suvScores = Json.Encode(ViewBag.SuvScores);
    var sedanScores = Json.Encode(ViewBag.SedanScores);
}                                          將 C#資料轉成 JSON 格式

<div class="jumbotron alert-success">
    <h2>以 Radar Chart 繪製車種不同面向比較</h2>
</div>
<div class="row">
    <div class=" col-md-8 col-md-offset-2">
        <div class="panel panel-primary">
            <div class="panel-heading"><h3>Radar 雷達圖 - SUV 與轎車六大面向比較
</h3></div>
            <div class="panel-body">
                <canvas id="radarChart"></canvas>
            </div>
            <div class="panel-footer"><h4>@footerText</h4></div>
        </div>
    </div>
</div>

@section endJS{
<script>
    var ctx = document.getElementById('radarChart');
    var chart = new Chart(ctx, {
        type: 'radar',
        data: {
            labels: @Html.Raw(scopeLabels),    ← 六個比較面向 Label
            datasets: [{
                label: "SUV",
                data: @Html.Raw(suvScores),    ← SUV 六個面向分數
                ...
            },
            {
                label: "轎車",
                data: @Html.Raw(sedanScores),  ← 轎車六個面向分數
                ...
```

```
            }]
        },
        options: {
            ...
    });
</script>
}
```

範例 5-10　MVC 用 Pie 與 Doughnut Chart 繪製年度產品營收及地區貢獻度

下面是某網路公司年度產品營收及地區貢獻度數據，在這以 Pie 圓餅圖繪製產品營收百分比，用 Doughnut 圖繪製地區營收百分比，請參考 PieSalesData()及 PieSalesData.cshtml 程式。

產品 / 項目	3C 電子	食品	服飾	保養品	鞋子	家電
營收%	39.1%	8.7%	15%	14%	8%	15.2%

地區 / 項目	中國	日本	韓國	越南	泰國	新加坡
營收%	45%	11%	14%	8%	10%	12%

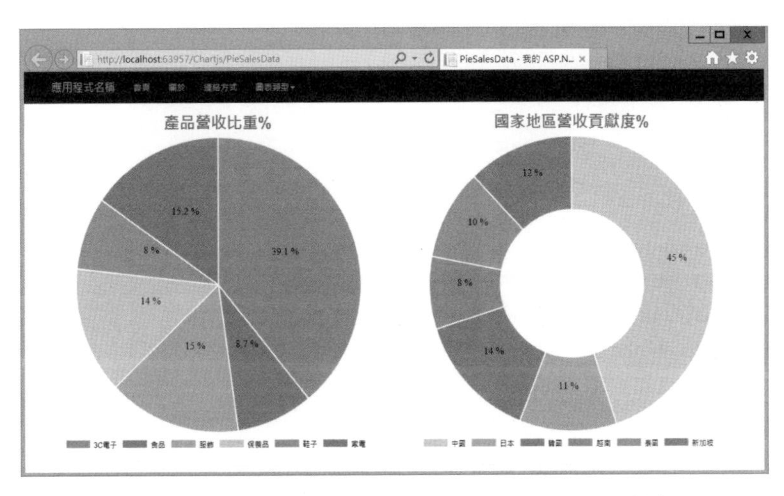

圖 5-12　用圓餅圖繪製年度產品營收及地區貢獻度

Controllers\ChartsController.cs

```
public ActionResult PieSalesData()
{
    string[] productLabels = { "3C 電子", "食品", "服飾", "保養品", "鞋子", "家電" };
    double[] productData = { 39.1, 8.7, 15, 14, 8, 15.2 };
    string[] countryLabels = { "中國", "日本", "韓國", "越南", "泰國", "新加坡" };
    double[] countryData = { 45, 11, 14, 8, 10, 12 };

    ViewBag.ProductLabes = productLabels;
    ViewBag.ProductData = productData;
    ViewBag.CountryLabels = countryLabels;
    ViewBag.CountryData = countryData;

    return View();
}
```

Views\Charts\PieSalesData.cshtml

```
@{
    ViewBag.Title = "PieSalesData";

    var productLabels = Json.Encode(ViewBag.ProductLabes);
    var productData = Json.Encode(ViewBag.ProductData);
    var countryLabels = Json.Encode(ViewBag.CountryLabels);
    var countryData = Json.Encode(ViewBag.CountryData);
}
<div class="jumbotron alert-success">
    <h2>模範生網路購物公司年度產品營收及貢獻度</h2>
</div>
<div class="row">
    <div class="col-md-6">
        <canvas id="peiChart"></canvas>
    </div>
    <div class="col-md-6">
        <canvas id="doughnutChart"></canvas>
    </div>
</div>

@section endJS{
    <script src="~/Assets/js/Utility.js"></script>
    <script>
    //Pie Chart 圓餅圖
```

```
    var ctxPie = document.getElementById("peiChart");
    var pieChart = new Chart(ctxPie, {
        type: 'pie',
        data: {
            labels: @Html.Raw(productLabels),
            datasets: [{
                data: @Html.Raw(productData),
                backgroundColor: [
                    ...
                ]
            }],
        },
        options: {
            ...
        }
    });

    //Doughnut Chart 甜甜圈圖
    var ctxDoughnut = document.getElementById("doughnutChart");
    var doughnutChart = new Chart(ctxDoughnut, {
        type: 'doughnut',
        data: {
            labels: @Html.Raw(countryLabels),
            datasets: [{
                data: @Html.Raw(countryData),
                backgroundColor: [
                    ...
                ]
            }],
        },
        options: {
            ...
        }
    });
    </script>
}
```

說明：這裡 Pie 和 Doughnut Chart 是各自建立繪圖 function，但其實可以仿照 BarTravel.cshtml 中寫成一個共用的 function，然後傳入不同的參數進行繪圖。

5-6 結論

Chart.js 內建的圖形可滿足日常商業統計所需，利用視覺化圖形來呈現數據，會比單純的數字更容易理解，同時還可以提供動畫與互動效果，讓人眼睛為之一亮。在練習過本章範例後，應該可以體會出 Chart.js 是一款整體性十分優良的函式庫，同時又能與 JSON 資料做很好的結合，再加上支援 Responsive，相信會是一款相當好用的跨平台圖表軟體。

JSON 資料格式及 Web API 2.0 服務應用大解析

CHAPTER 6

因 JSON 具備了輕量化、資料格式易於建立與理解，是當今 Web 與 Mobile 熱門的資料交換格式，是您不可不知的一大主題。本章內容鋪陳圍繞在這個主題下的相關配套技術運，包括 JSON 資料格式的組成，ASP.NET Web API 2.0 服務的建立，且會示範由前端 Ajax 呼叫 Web API，將取回 JSON 資料做文字、資料表及繪圖顯示。

6-1 JSON 概觀

什麼是 JSON？它全名是 JavaScript Object Notation，一種輕量級的文字資料交換格式，相較於 XML 格式資料，JSON 體積小，網路傳輸速度也快。同時它也是一種語言中立的文字表示法，許多主流語言皆支援 JSON 資料格式。

> **TIP**
>
> JSON 是單純的**文字格式**，不屬於 JavaScript 或 C#的型別或物件。

6-1-1 JSON 資料結構

JSON 雖然只是文字資料，但卻有格式規範，有 Object 及 Array 兩種結構表示法：

❖ Object 物件結構

Object 物件結構是以大括號{ ... }前後包覆著資料宣告。

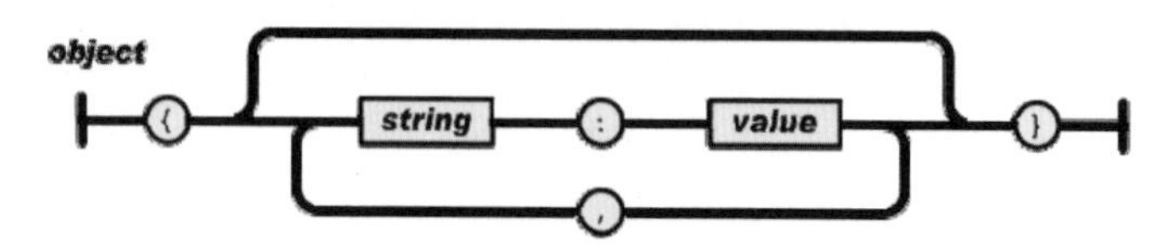

圖 6-1 JSON 物件結構示意圖

JSON 物件結構每筆資料是 name / value 成對，二者間以冒號分隔，例如有一個使用者 David，年紀 30 歲，住在台北，其 JSON 的物件結構表示法為：

HtmlPages\JsonSyntax.html

name　value

```
{
  "firstname" : "David" ,   ← 資料間以逗號分隔
  "age" : 30,               ↑ name 與 value 以冒號分隔
  "city" : "Taipei"
}
```

firstname、age 及 city 三者皆為 name 名稱，冒號後接的是 value 資料值。且 JSON 由多行變成一行也沒有影響：

```
{ "firstname" : "David", "age" : 30, "city" : "Taipei" }
```

規則說明：

- JSON 資料是以{...}大括號包覆著，裡面是資料集合
- 每筆資料是 name / value 成對，name 與 value 是用冒號分隔
- name 與 value 皆須以雙引號標示
- 資料與資料之間是以逗號為分隔
- value 值可為 string、number、object、array、true、false、null 型別

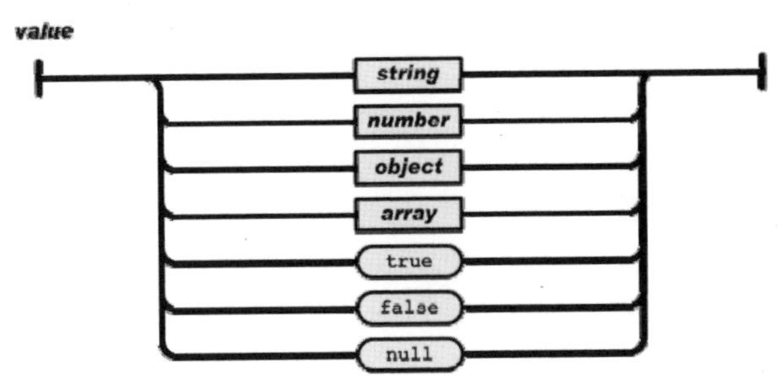

圖 6-2 value 值支援的型別

隨 JSON 物件的 value 值不同，在外觀上乍看有很多變化，例如以下 value 值是 Object 物件宣告。

HtmlPages\JsonSyntax.html

name

```
{
  "employee": {
    "name": "Tim",
    "age": 30,
    "city": "New York"
  }
}
```

value 值為一個 object 物件

更複雜者，下面 values 為多種不同型別資料，若能看懂這個例子，表示完全理解 JSON 物件結構表示法。

HtmlPages\JsonSyntax.html

```
{
  "firstname": "聖殿祭司",  ← value 為 string
  "height": 180,  ← value 為 number
  "city": {
    "通訊地址": "台北",
    "戶籍地址": "桃園"  ← value 為 object
  },
  "phone": {
    "市話": "02-29881055",
    "行動電話": "0933-852177"  ← value 為 object
  },
  "cars": [ "BMW", "Nissan GT-R", "Audi"]  ← value 為 Array
}
```

Array 陣列結構

JSON 陣列結構是以中括號[...]前後包覆著 value 值，以下列出幾種類型。

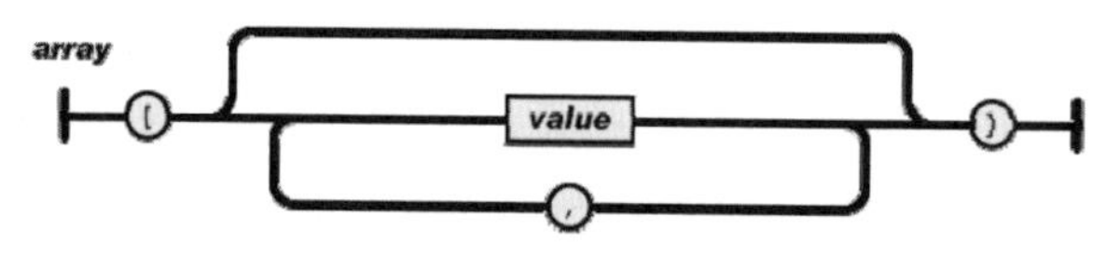

圖 6-3 JSON 陣列結構示意圖

- value 值為 number

HtmlPages\JsonSyntax.html

```
[ 1, 3, 5, 7, 9 ]
```

- value 值為 string

```
[ "Mary", "John", "Tom" ]
```

- value 值為 objects

HtmlPages\JsonSyntax.html

```
[
    { "firstname": "Mary", "age": 28, "city": "New York" },
    { "firstname": "John", "age": 36, "city": " Tokyo" },
    { "firstname": "Tom", "age": 30, "city": "Taipei" }
]
```

■ value 值為 arrays

```
[
  ["Dog", "Cat", "Mouse"],
  ["Horse", "Cow", "Sheep"],
  ["Bird", "Eagle", "Bat"]
]
```

■ value 值混合不同型別資料

以下五個 value 值是不同型別資料結構。

```
[
  "Mary",                        ◄── 1. string
  168,                           ◄── 2. number
  [ 1, 3, 5, 7],                 ◄── 3. array
  {
    "firstname": "Mary",
    "age": 28,                   ◄── 4. object
    "city": "New York"
  },
  {                              ◄── 5. object
    "friends": ["John", "Anna", "Peter"]   ◄── value 為 array
  }
]
```

說明：

1. 陣列結構中的 value 值可為 string、number、object、array、true、false、null 型別，這部分與 JSON 物件結構是相同的。
2. 前面例子可看出，JSON 資料的表示法很靈活，在一個資料結構中，可以包含不同類型的資料，甚至還能做資料的巢狀結構。

6-1-2 JSON 資料的編碼（序列化）與解碼（反序列化）

前面一直強調，JSON 是文字格式，一種有格式規範的文字，它不是 JavaScript 或 C#的物件或型別，是一種和語言無關的文字資料交換格式。但你是否想過 JSON 既然只是文字，又何必大費周張制定一些規則要我們遵守，不能隨心撰寫？之所以 JSON 要有明確的文字結構和規則，原因在於：

1. 為了成為一種通用的文字交換格式，能被各種語言識別與處理。
2. 因 JSON 只是單純的文字，不依附在任何語言和環境，可以很容易地在網路或應用程式之間傳遞與交換資料。
3. 因為 JSON 資料是有格式規範，所以很多語言都有支援 JSON 資料的編碼與解碼指令。

那麼什麼是編碼與解碼？例如有一個 C#物件或陣列持有資料，那麼要怎麼把這個物件或陣列傳給 JavaScript 使用，直接傳遞嗎？不可能！因為二者是由不同的 Runtime 執行環境所管理，無法直接互通，反之亦然。但如果 C#將物件或陣列編碼成 JSON 文字格式，就能傳遞給 JavaScript，JavaScript 收到 JSON 資料後再進行解碼，還原成對等的 JavaScript 物件或陣列，就能夠進行資料處理，這就是 JSON 的妙用。

JSON 編碼與解碼指令，不同的程式語言，有的叫 JSON 序列化與反序列化，二者是等義。下表是 C#及 JavaScript 常用的 JSON 編碼與解碼指令，本書範例都有用到。

表 6-1 常用的 JSON 編碼與解碼的指令

編解碼 語言	JSON 編碼	JSON 解碼	適用處
C#	`JsonConvert.SerializeObject()`	`JsonConvert.DeserializeObject()`	Razor 和 C#

語言＼編解碼	JSON 編碼	JSON 解碼	適用處
C#	Controller.Json()	--	Controller / Action 的 C#
Razor 的 C#	Json.Encode()	Json.Decode()	Razor
C#	JavaScriptSerializer().Serialize()	JavaScriptSerializer().Deserialize()	Razor 和 C#
JavaScript	JSON.Stringify()	JSON.Parse()	JavaScript (HTML/Razor)

以下是 JsonConvert 和 JavaScriptSerializer 類別的完整命名空間：

```
Newtonsoft.Json.JsonConvert.SerializeObject() & DeserializeObject()
System.Web.Script.Serialization.JavaScriptSerializer().Serialize() &
  Deserialize()
```

6-2 JavaScript 中的 JSON 編解碼與存取

在了解 JSON 兩種結構後，本節要説明 JSON 於 JavaScript 中如何運用，以下分為 JSON 物件和陣列結構兩個部分。

6-2-1 JavaScript 中 JSON 物件結構資料的編碼與解碼

JSON 物件結構的宣告是前後以{...}大括號包覆，每筆資料以逗號分隔：

```
var jsonObjectText= '{ "firstname": "Tom", "age": 30, "city": "Taipei" }';
```

然後在 JavaScript 中以 JSON.stringify()編碼、用 JSON.parse()解碼：

```
var jsonText = JSON.stringify(JavaScrip 物件);  //將 JavaScript 物件編碼成 JSON 字串
var jsObject = JSON.parse("JSON 字串");         //將 JSON 字串解碼成 JavaScript 物件
```

說明：

1. 編碼是指將 JavaScript 物件轉成 JSON 字串，解碼是將 JSON 字串還原成 JavaScript 物件。
2. JavaScript 指令嚴格區分大小寫，指令大小寫打錯了將不作用。

範例 6-1 JSON 物件結構在 JavaScript 中的編解碼與存取

在 HTML 中示範從 JavaScript 物件編碼成 JSON，或從 JSON 解碼還原成 JavaScript 物件，請參考 MvcJsonWebAPI 專案 JsonObject.html 程式。

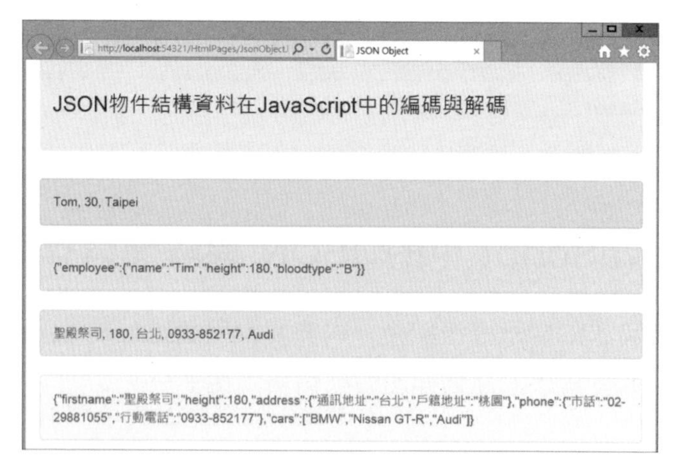

圖 6-4 JSON 物件結構資料的編解碼與取存

HtmlPages\JsonObject.html

```
...
<body>
    <div class="container">
        ...
        <p id="p1" class="alert alert-danger"></p>
        <p id="p2" class="alert alert-info"></p>
        <p id="p3" class="alert alert-success"></p>
        <p id="p4" class="alert alert-warning"></p>
    </div>
    <script>
```

```
var p1 = document.getElementById("p1");
var p2 = document.getElementById("p2");
var p3 = document.getElementById("p3");
var p4 = document.getElementById("p4");

//1.從 JSON 字串-->JavaScript 物件
//宣告 JSON 物件結構, values 為 string 及 number
var jsonPerson = '{ "firstname": "Tom", "age": 30, "city": "Taipei" }';

//用 JSON.parse()方法將 JSON 字串解碼還原成 JavaScript Object 物件
var jsPerson = JSON.parse(jsonPerson);

//存取及顯示 JavaScript Obecjt 物件屬性值
p1.innerHTML = jsPerson.firstname + ", " + jsPerson.age + ", " +
    jsPerson.city;

//2.從 JavaScript 物件-->JSON 字串
//宣告 JavaScript 物件
var jsEmployee = {
    employee:
    { name: "Tim", height: 180, bloodtype : "B" }
};

//用 JSON.stringify()方將法 JavaScript 物件編碼成 JSON 字串
var jsonEmployee = JSON.stringify(jsEmployee);

//顯示 JSON 字串值
p2.innerHTML = jsonEmployee;

//3.從 JSON 字串-->JavaScript 物件
//宣告 JSON 物件結構, values 為 string, number, object 及 array
var jsonMan = '{"firstname":"聖殿祭司",
                "height":180,
                "address":{"通訊地址":"台北","戶籍地址":"桃園"},
                "phone":{"市話":"02-29881055","行動電話":"0933-852177"},
                "cars":["BMW","Nissan GT-R","Audi"]}';

//用 JSON.parse()方法將 JSON 字串解碼還原成 JavaScript Object 物件
var jsMan = JSON.parse(jsonMan);

//存取及顯示 JavaScript Obecjt 物件屬性值
p3.innerHTML = jsMan.firstname + ", " + jsMan.height + ", "
  + jsMan. address.通訊地址 + ", " + jsMan.phone.行動電話 + ", " +
```

JSON 物件結構，三對 name / value

將 JSON 字串解碼成 JavaScript 物件

JavaScript 物件

將 JavaScript 物件編碼成 JSON 字串

JSON 物件結構，五對 name / value

將 JSON 字串解碼成 JavaScript 物件

```
            jsMan.cars[2];

            //將 jsMan 再解碼還原成 JSON 字串也沒問題
            var txtMan = JSON.stringify(jsMan);
            p4.innerHTML = txtMan;
        </script>
</body>
</html>
```

6-2-2 JavaScript 中 JSON 陣列結構資料的編碼與解碼

JSON 陣列結構是前後以[...]大括號包覆，每筆資料以逗號分隔：

```
var jsonArray_Num = '[1, 3, 5, 7, 9]';
var jsonArray_String = '["Mary", "John", "Tom"]';
var jsonArray_Object = '['{ "firstname": "Mary", "age": 28, "city": "New York" }]';
```

JavaScript 也是用 JSON.stringify()編碼、JSON.parse()解碼：

```
var jsonText = JSON.stringify(JavaScrip 陣列);  //將 JavaScript 陣列編碼成 JSON 字串
var jsArray = JSON.parse("JSON 字串");          //將 JSON 字串解碼成 JavaScript 陣列
```

範例 6-2 JSON 陣列結構在 JavaScript 中的編解碼與存取

在此示範 JSON 陣列結構五種 value 類型的建立方式，以及 JSON 與 JavaScript 的編解碼及取存語法，請參考 JsonArray.html 程式。

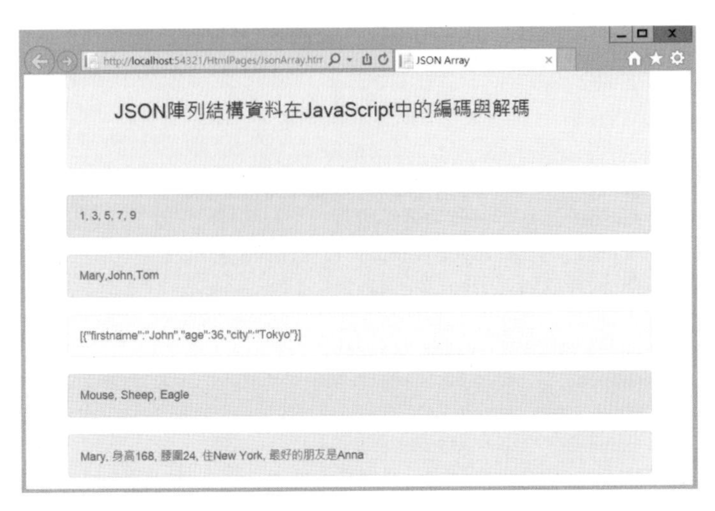

圖 6-5 JSON 陣列結構資料的編解碼與取存

HtmlPages\JsonArray.html

```
...
<script>
    ...
    //1.JSON 陣列結構資料-- value 為 number
    var jsonArray_Num = '[1, 3, 5, 7, 9]';
    //將 JSON 字串解碼還原成 JavaScrip 陣列
    var jsArrayNum = JSON.parse(jsonArray_Num);
    var num = "";
    //以 for 迴圈存取 JavaScrip 陣列中所有元素
    for (i = 0; i < jsArrayNum.length; i++) {
        num = num + (i == (jsArrayNum.length - 1) ? jsArrayNum[i] : jsArrayNum[i] +
                ", ");
    }
    p1.innerHTML = num;

    //2.JSON 陣列結構資料--value 為 string
    var jsonArray_String = '["Mary", "John", "Tom"]';
    //將 JSON 字串解碼還原成 JavaScrip 陣列
    var jsArrayString = JSON.parse(jsonArray_String);
    p2.innerHTML = jsArrayString.join();

    //3.JSON 陣列結構資料--value 為 object
    var jsonArray_Object = '[' +
        '{ "firstname": "Mary", "age": 28, "city": "New York" },'+
```

```
        '{ "firstname": "John", "age": 36, "city": "Tokyo" },' +
        '{ "firstname": "Tom", "age": 30, "city": "Taipei" }'+
        ']';

    //將 JSON 字串解碼還原成 JavaScrip 陣列
    var jsArrayObject = JSON.parse(jsonArray_Object);
    //存取 JavaScrip 陣列中的物件屬性資料
    p3.innerHTML = jsArrayObject[1].firstname + ", " + jsArrayObject[1].age
      + ", " + jsArrayObject[2].city;

    //4.JSON 陣列結構資料--value 為 array
    var jsonArray = '[' +
        '["Dog","Cat","Mouse"],' +
        '["Horse", "Cow", "Sheep"],' +
        '["Bird","Eagle", "Parrot"]' +
        ']';

    //將 JSON 字串解碼還原成 JavaScrip 陣列
    var jsArray = JSON.parse(jsonArray);
    p4.innerHTML = jsArray[0][2] + ", " + jsArray[1][2] + ", " + jsArray[2][1];

    //5.JSON 陣列結構資料--value 為混合不同型別資料
    var jsonArray_Mixed = '["Mary", 168 ,{ "measurements" :[36, 24 ,36] },
      { "phone": "0925-389-211", "age": 28, "city": "New York" },
      { "friends": ["John", "Anna", "Peter"] }]';

    //存取 JavaScrip 陣列資料
    var jsMixed = JSON.parse(jsonArray_Mixed);
    p5.innerHTML = jsMixed[0] + ", 身高" + jsMixed[1] + ", 腰圍" +
      jsMixed[2]["measurements"][1] + ", 住" + jsMixed[3].city +
      ", 最好的朋友是" + jsMixed[4]["friends"][1];

</script>
```

說明：

1. 以上請留意 JSON 陣列結構不同類型 value 如何宣告，以及 JavaScript 陣列的存取語法。
2. JavaScript 與 C#的陣列索引值皆從 0 開始計算。

6-3 Controller 傳遞 JSON 資料給 View 中 Chart.js 繪圖元件

前一節在 HTML 中示範 JSON 與 JavaScript 的編解碼及存取語法，而本節要將這些技巧應用到 MVC 中，示範主軸在於：

“Controller 傳遞 JSON 資料給 View 的 Chart.js 繪圖元件”

這類似第五章用過的技巧，當時 Controller 傳遞原始 C#字串、陣列、集合給 View，也就是未經 JSON 編碼的 C#物件，而 View 在收到 C#物件後，需再使用 Razor 的 Json.Encode()將 C#物件編碼成 JSON 格式字串。

但本節則改在 Action 中，先用 JSON.NET 對 C#資料做 JSON 編碼，這樣 View 收到 Action 傳來的 JSON 資料只需直接顯示，不必再做 JSON 編碼轉換，過程會經歷以下步驟：

1. 在 Action 中宣告 C#物件持有資料，而此 C#物件必須與 JSON 物件或 JSON 陣列結構相仿，才能在下一步驟轉換成真正的 JSON 格式
2. 以 JsonConvert.SerializeObjec()指令將 C#物件序列化成 JSON 格式資料
3. Action 透過 ViewBag 將「JSON 格式資料」傳遞給 View
4. 在 View 讀取 ViewBag 的 JSON 資料，再將其指派給 Chart.js 繪圖

TIP

JSON.NET 原本是第三方函式庫，後來微軟將其整合進 MVC 專案的 Newtonsoft.Json.dll 組件，命名空間為 Newtonsoft.Json。

範例 6-3 Controller 傳遞 JSON 資料給 View 繪製月均溫折線圖

在此借用第五章的 LineTemperature.cshtml 程式，依前述四個步驟做修改，由 Controller 傳遞 JSON 資料到 View 繪製圖表，另外再用 Table 呈現原始資料數據，請參考 LineTemperatureJSON() 和 LineTemperatureJSON.cshtml 程式，步驟如下：

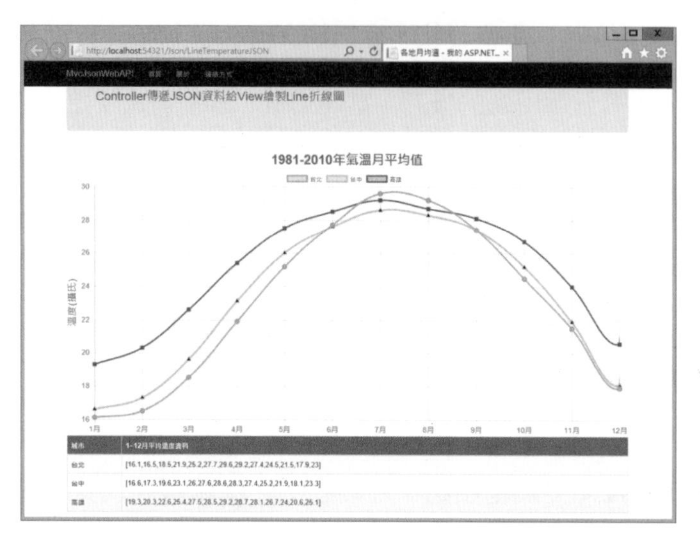

圖 6-6 Controller 傳遞 JSON 資料給 View 繪製月均溫折線圖

step01 在 Models 資料夾新增 Location.cs 模型，用來持有各地區月均溫資料。

Models\Location.cs

```
public class Location
{
    public string City { get; set; }    //城市名稱
    public double[] Temperature { get; set; } //1-12 月份溫度資料
}
```

step02 新增 JsonController，加入 LineTemperatureJSON()程式，C# 物件有 String 陣列及 List 集合，先用 JSON.NET 指令轉換成 JSON 字串。

Controllers\JsonController.cs

```
public ActionResult LineTemperatureJSON()
{
    //1. string 陣列(資料物件 Data Object)
    string[] Labels = { "1 月", "2 月", "3 月", "4 月", "5 月", "6 月", "7 月",
                        "8 月", "9 月", "10 月", "11 月", "12 月" };
    //序列化成為 JSON 物件物件結構字串
    string JsonLabels = Newtonsoft.Json.JsonConvert.SerializeObject(Labels);
    //以 ViewBag 將資料傳給 View
    ViewBag.Labels = JsonLabels;

    //2.List 集合包含台北,台中及高雄三個地方的氣溫資料
    List<Location> Locations = new List<Location>
    {
        new Location{
            City="台北",
            Temperature = new double[] { 16.1, 16.5, 18.5, 21.9, 25.2, 27.7,
                                         29.6, 29.2, 27.4, 24.5, 21.5, 17.9 }
        },
        new Location{
            City="台中",
            Temperature = new double[] {16.6, 17.3, 19.6, 23.1, 26.0, 27.6,
                                         28.6, 28.3, 27.4, 25.2, 21.9, 18.1 }
        },
        new Location{
            City="高雄",
            Temperature = new double[]{19.3, 20.3, 22.6, 25.4, 27.5, 28.5,
                                        29.2, 28.7, 28.1, 26.7, 24.0, 20.6 }
        }
    };
    //將 List 集合序列化成為 JSON 物件結構字串
    string JsonLocations = Newtonsoft.Json.JsonConvert.SerializeObject(Locations);
    //以 ViewBag 將資料傳給 View
    ViewBag.JsonLocations = JsonLocations;

    return View(Locations);
}
```

Callouts:
- C#字串陣列
- 將 C#陣列序列化成 JSON 字串
- C#泛型集合，裡面宣告三個城市氣溫資料
- 用序列化 C#集合轉成 JSON 字串
- 將 Model 資料傳給 View，用於資料顯示

說明：在 Controller 中的 Action 先編碼成 JSON 資料，再傳遞給 View 顯示。

step03 在 LineTemperatureJSON ()方法按滑鼠右鍵→【新增檢視】→【MVC 5 檢視】→【加入】→範本選擇「Empty（沒有模型）」→【加入】，新增 LineTemperatureJSON.cshtml 程式。

Views\Json\LineTemperatureJSON.cshtml

```
@model IEnumerable<MvcJsonWebAPI.Models.Location>
...
<canvas id="lineChart"></canvas>

<table class="table table-striped table-bordered table-hover">
    <thead>
        <tr>
            <th>城市</th>
            <th>1~12 月平均溫度資料</th>
        </tr>
    </thead>
    <tbody>
        <!--從 Model 讀取 Location 資料-->
        @{ var js = new System.Web.Script.Serialization.JavaScriptSerializer(); }

        @foreach (var m in Model)
        {
            <tr>
                <td>@Html.DisplayFor(x => m.City)</td>
                <td>@js.Serialize(m.Temperature)</td>
            </tr>
        }
    </tbody>
</table>

@section endJS{
    <script>
        //將 JSON 資料指定給 JavaScript 陣列
        //月份
        var jsMonths = @Html.Raw(ViewBag.JsonLabels);
        //包含台北,台中與高雄三地的資料
        var jsArray = @Html.Raw(ViewBag.JsonLocations);
        var ctx = document.getElementById("lineChart");
        var chart = new Chart(ctx, {
            type: "line",
            data: {
                labels: jsMonths,
                datasets: [{
```

使用 JavaScriptSerializer 類別做序列化

將 Model 資料顯示在<table>

Html.Raw 方法保留原始 JSON 格式，不編碼

讀取 ViewBag 中 JSON 資料

讀取 ViewBag 中 JSON 資料

```
                    label: jsArray[0].City,                  ◄── 設定台北陣列資料
                    data: jsArray[0].Temperature,
                    ...
                }, {
                    label: jsArray[1].City,                  ◄── 設定台中陣列資料
                    data: jsArray[1].Temperature,
                    ...
                }, {
                    label: jsArray[2].City,                  ◄── 設定高雄陣列資料
                    data: jsArray[2].Temperature,
                    ...
                }]
            },
            options: {
                ...
            }
        });
    </script>
}
```

說明：這裡示範兩個資料讀取技巧，一個是 View 讀取 ViewBag 中的 JSON 資料，再交由 Chart.js 繪製圖表，第二是<table>則從 Model 讀取資料。

由 Controller 直接傳送 JSON 資料給 View，這種適合 Action 執行時就必須傳遞 JSON 資料，事先確知傳遞給前端的是哪些資料，且 Controller 和 View 都是屬於 Server 端工作。另一類的模式是，須等待使用者選取控制項、觸發事件或按鈕，然後前端再以 Ajax 呼叫後端 Action 或 Web API，取回 JSON 資料。

6-4 以 Ajax 呼叫 Controller / Action 取回 JSON 資料

前一節是由 Controller 向 View 傳遞 JSON 資料，而這節則由前端 Ajax 呼叫後端 Controller 或 API，取回資料 JSON，兩種方法有不同的優點與適用性，取決於情境和需求。

6-4-1 以 MVC 的 Controller / Action 建立 API 服務

MVC 的 Controller / Action 通常會配合 View 檢視，以輸出網頁內容；但 Controller / Action 也可單純作為 API 服務，不建立任何 View 檢視，只輸出 JSON 資料給前端網頁或 Ajax 程式使用。

範例 6-4 以 MVC 的 Controller / Action 建立 API 服務

以下新增 JsonDataApiController 及 Actions，作為 Ajax 呼叫的 API，以回傳 JSON 資料，請參考 JsonDataApiController.cs 程式。

Controllers\JsonDataApiController.cs

```
...
using MvcJsonWebAPI.Models;
using MvcJsonWebAPI.Helpers;
public class JsonDataApiController: Controller
{
    //回傳 BMW & BENZ 汽車銷售數字 JSON
    public ActionResult getCarSalesNumber()
    {
        List<CarSales> CarSalesNumber = new List<CarSales>
        {
            new CarSales { Id = 1, Car = "BMW", Salesdata = new int[] { 120, 200,
                 300, 350, 400, 250, 380, 330, 500, 280, 310, 330 } },
            new CarSales { Id = 2,  Car = "BENZ", Salesdata = new int[] { 220, 150,
                 350, 300, 300, 200, 180, 400, 420, 210, 250, 440 }},
        };

        //前端如以 GET 方法呼叫,需開啟 JsonRequestBehavior.AllowGet 設定
        return Json(CarSalesNumber, JsonRequestBehavior.AllowGet);
    }
    //以亂數產生 1-12 月 Audi & Lexus 汽車銷售數據
    public ActionResult getCarSalesNumberRandom()
    {
        //以亂數產生 1-12 月數據
        Utility util = new Utility();
        var random1 = util.getNumbers(12);
        var random2 = util.getNumbers(12);

        List<CarSales> CarSalesNumber = new List<CarSales>
        {
```

Controller.JSON()方法編碼

允許 GET 方法呼叫

```
            new CarSales { Id = 1438, Car = "Audi", Salesdata = random1 },
            new CarSales { Id = 9563, Car = "Lexus", Salesdata = random2 }
        };

        return Json(CarSalesNumber, JsonRequestBehavior.AllowGet);
    }

    //回傳地區月均溫 JSON 資料
    public ActionResult getTemperature()
    {
        //2.List 集合包含台北,台中及高雄三個地方的氣溫資料
        List<Location> Locations = new List<Location>
        {
            new Location{
              City="臺北",
              Temperature = new double[] {16.1, 16.5, 18.5, 21.9, 25.2, 27.7,
                                            29.6, 29.2, 27.4, 24.5, 21.5, 17.9, 23 }
            },
            new Location{
              City="臺中",
              Temperature = new double[] {16.6, 17.3, 19.6, 23.1, 26.0, 27.6, 28.6,
                                          28.3, 27.4, 25.2, 21.9, 18.1, 23.3}
            },
            new Location{
              City="高雄",
              Temperature = new double[] {19.3, 20.3, 22.6, 25.4, 27.5, 28.5, 29.2,
                                          28.7, 28.1, 26.7, 24.0, 20.6, 25.1 }
            }
        };
        return Json(Locations, JsonRequestBehavior.AllowGet);
    }
}
```

說明：

1. 建議用 Chrome 做測試，因為 IE 會下載成 JSON 檔，較不方便。
2. 這三個 Actions 純粹扮演 API 角色，用 return JSON()編碼回傳 JSON 資料，且沒有對應的 View。如果想測試它們是否能輸出 JSON，請將專案 port 設為「44300」，再按 F5 執行，在瀏覽器 URL 輸入以下網址測試，正常的話會回應 JSON 資料。

```
http://localhost:44300/JsonDataApi/getCarSalesNumber
http://localhost:44300/JsonDataApi/getCarSalesNumberRandom
http://localhost:44300/JsonDataApi/getTemperature
```

6-4-2 四類簡單易用的 jQuery Ajax 指令

HTML 如需以 Ajax 呼叫遠端 API，取回 JSON 資料，可用下面四類 jQuery Ajax 指令：

```
$.ajax({
    url: apiUrl,          ← 遠端 API 的 URL
    type: "POST",
    dataType: "json",
    success: function (response) {
      ... 回呼處理程式
    }                     ↑ Ajax 回呼的資料物件
});

$.post(url , function(response){      ← Ajax 回呼的資料物件
   ... 回呼處理程式
});     ↑ 遠端 API 的 URL

$.get(url , function(response){
   ... 回呼處理程式
});

$.getJSON(url , function(response){
   ... 回呼處理程式
});
```

說明：

1. 此四個 Ajax 指令可用來呼叫遠端 API，取回包括 JSON、XML、HTML、Script 或 Text 格式資料。
2. url 參數是遠端 API 的 URL，response 是 Ajax 回呼的資料物件，如果 API 回傳是 JSON 資料，那麼 response 不是陣列就是 Object。
3. 在此僅列出四個指令最簡而易用的語法，其實還有較進階複雜設定。

範例 6-5 用 jQuery Ajax 呼叫遠端 API 取回 JSON 汽車銷售資料

在此用四類 jQuery Ajax 指令呼叫遠端 API－JsonDataApi 控制器，取回 JSON 資料，請參考 jQueryAjaxCommands.html 程式。

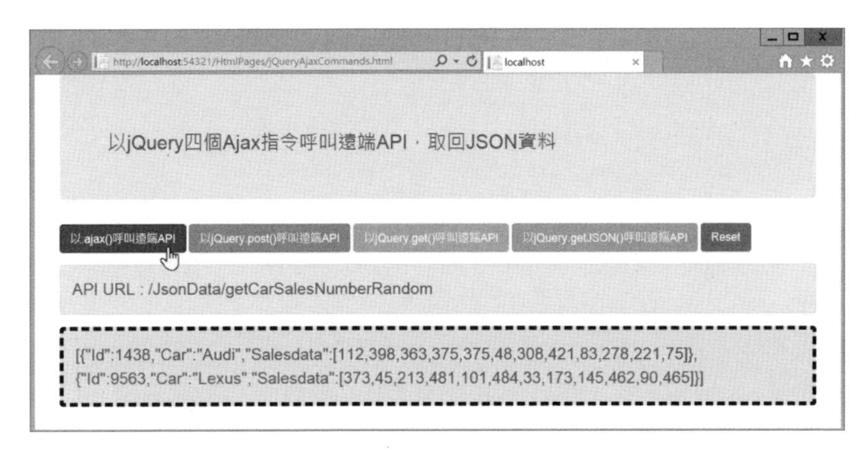

圖 6-7 以 jQuery Ajax 呼叫遠端 API 取回 JSON 資料

HtmlPages\jQueryAjaxCommands.html

```
...
<body>
    <div class="container">
        <div class="jumbotron alert-success">
            <h3>以 jQuery 四個 Ajax 指令呼叫遠端 API，取回 JSON 資料</h3>
        </div>
        <button class="btn btn-primary" id="ajax">以.ajax()呼叫遠端 API</button>
        <button class="btn btn-success" id="post">以 jQuery.post()呼叫遠端 API
        </button>
        <button class="btn btn-warning" id="get">以 jQuery.get()呼叫遠端 API
        </button>
        <button class="btn btn-info" id="getJSON">以 jQuery.getJSON()呼叫遠端 API
        </button>
        <button class="btn btn-danger" id="reset">Reset</button>

        <div id="urlText" class="alert alert-info"></div>
        <div id="result" class="alert alert-danger"></div>
    </div>
    <script>
        var result = document.getElementById("result");
        //取消 Ajax 快取
```

```
$.ajaxSetup({ cache: false });
var apiUrl = "/JsonData/getCarSalesNumberRandom";

$().ready(function () {
    //$.ajax()
    $("#ajax").click(function () {
        $.ajax({
            url: apiUrl,
            type: "POST",
            dataType: "json",
            success: function (response) {
                //將 JSON 物件轉成文字
                jsonText = JSON.stringify(response);
                result.innerHTML = jsonText;
                result.style.display = "block";
                result.className = getAlertStyle();
            }
        });
    });

    //$.post()
    $("#post").click(function () {
        $.post(apiUrl, function (response) {
            //顯示 JSON 資料
            showAjaxResult(response)
        });
    });

    //$.get()
    $("#get").click(function () {
        $.get(apiUrl, function (response) {
            showAjaxResult(response)
        });
    });

    //$.getJSON()
    $("#getJSON").click(function () {
        $.getJSON(apiUrl, function (response) {
            showAjaxResult(response)
        });
    });

    //顯示 API URL
    $("#urlText").text("API URL : " + apiUrl);
```

遠端 API 之 URL

以$.ajax()呼叫遠端 API

以$.post()呼叫遠端 API

以$.get()呼叫遠端 API

以$.getJSON()呼叫遠端 API

```
            //顯示 JSON 資料
            function showAjaxResult(response) {
                result.innerHTML = JSON.stringify(response);
                result.className = getAlertStyle();
                result.style.display = "block";
            }

            //Reset
            $("#reset").click(function () {
                result.style.display = "none";
                result.innerHTML = "";
            });
        });
    </script>
</body>
</html>
```

範例 6-6 以 Ajax 向後端 API 取回 JSON 資料，繪製汽車銷售趨勢圖

前面只是將 JSON 資料做單純顯示，事實上 JSON 資料用途很廣，本範例將 Ajax 取得的汽車銷售 JSON 資料，交由 Chart.js 繪製成銷售趨勢圖，請參考 CarSalesAjaxJSON()和 CarSalesAjaxJSON.cshtml 程式。

圖 6-8 前端以 jQuery Ajax 呼叫 API 請求 JSON 汽車銷售資料

以下是某汽車經銷商兩種車款 1～12 月份的銷售數據：

```
BMW ：120, 200, 300, 350, 400, 250, 380, 330, 500, 280, 310, 330
BENZ：220, 150, 350, 300, 300, 200, 180, 400, 420, 210, 250, 440
```

對映成 JSON 陣列結構是：

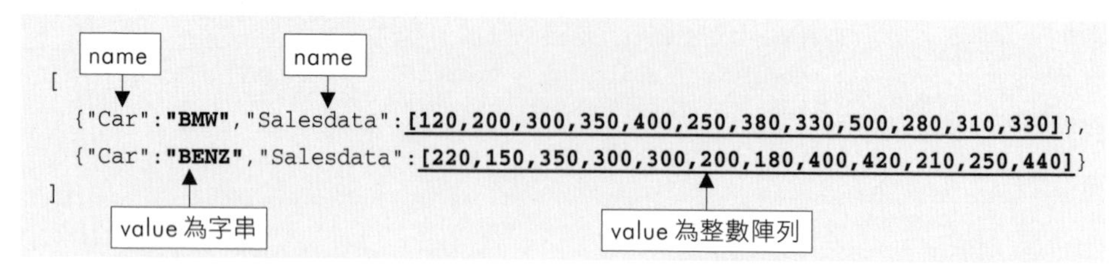

以上陣列中有兩個 JSON 物件，物件中有兩個 name / value，Car 及 Salesdata 是用來儲存車名及銷售數據，後續 C#也要建立對等的結構來儲存 JSON 資料，步驟如下：

step01 新增 JsonController 及 CarSalesAjaxJSON()動作方法。

step02 在 CarSalesAjaxJSON ()按滑鼠右鍵→【新增檢視】→【MVC 5 檢視】→【加入】→範本選擇「Empty(沒有模型)」→【加入】。

step03 在 CarSalesAjaxJSON.cshtml 以 Ajax 呼叫 JsonDataApiController 的 getCarSalesNumber()方法，將取回的 JSON 資料繪製成圖表。

Views\Json\CarSalesAjaxJSON.cshtml

```
...
<select id="urlSelect" class="form-control">
  <option value="/JsonData/getCarSalesNumber">同專案的 JsonDataController</option>
  <option value="/api/carapi/">同專案的 Web API</option>
</select>

<button class="btn btn-success" id="post">以.post()呼叫遠端 API</button>
<button class="btn btn-warning" id="get">以.get()呼叫遠端 API</button>
<button class="btn btn-info" id="getJSON">以.getJSON()呼叫遠端 API</button>
<button class="btn btn-danger" id="reset">Reset</button>
```

```
<div id="urlText" class="alert alert-info"></div>
<div class="panel panel-primary panel-collapse" id="carPanel">
    <div class="panel-heading">
        <h3 class="text-center">@DateTime.Now.Year 年度，1-12 月份汽車銷售數字</h3>
    </div>
    <div class="panel-body" id="panelBody">
        <canvas id="chartCanvas"></canvas>
    </div>
    <div class="panel-footer text-center">@MyFunctions.getBookTitle()</div>
</div>
<div id="result" class="alert alert-danger"></div>

@section endJS{
    <script>
        var result = document.getElementById("result");

        //取消 Ajax 快取
        $.ajaxSetup({ cache: false });

        //apiUrl 來自<select>控制項的<option value="...">
        var apiUrl = "";

        //以 jQuery 的方法 Ajax 呼叫遠端 Controller API，取回 JSON 格式資料
        $().ready(function () {
            $("#post").click(function () {
                $.post(apiUrl, JsonDataHandler);
            });
            ...
        });

        //Ajax 回呼處理 function, 將 response 回傳的 JSON 資料指派給 jsArray 陣列
        var jsArray = null;
        function JsonDataHandler(response) {
            if (response != null) {
                //將回傳的 JSON 資料指定給 jsArray
                jsArray = response;
                showLineChart();     //繪製圖表
                result.innerHTML = JSON.stringify(response);
                result.style.display = "block";
            }
        }
```

遠端 API URL

Ajax 回呼的處理 function－JsonDataHandler()

用回傳的 JSON 資料繪製 Chart 圖表

```
        var canvas = document.getElementById("chartCanvas");
        //取得<canvas>畫布上的 2d 渲染環境(rendering context)
        var ctx = canvas.getContext("2d");

        //繪製 Chart 圖表
        function showLineChart() {
            //取得<canvas>畫布
            document.getElementById("carPanel").style.display = "block";
            var chart = new Chart(ctx, {
                type: "line",
                data: {
                    labels: ['1 月', '2 月', ..., '12 月'],
                    datasets: [{
                        label: jsArray[0].Car,                ◄── 設定 BMW 陣列資料
                        data: jsArray[0].Salesdata,
                        ...
                    }, {
                        label: jsArray[1].Car,                ◄── 設定 BENZ 陣列資料
                        data: jsArray[1].Salesdata,
                        ...
                    }]
                },
                options: {
                    ...
                }
            });
        }
        ...
    </script>
}

@section topCSS{
    ...
}
```

6-5 以 ASP.NET Web API 2 建立 HTTP 服務與 API

相較於前一節將 API 建立於同一 MVC 專案的 Controller / Action 方法中（JsonDataApiController），這節是將 Web API 獨立成一個專案服務，不與 MVC 專案混用，以彰顯 Web API 獨立性與多個網站、平台、裝置的共用存取。

什麼是 ASP.NET Web API？相較於 MVC 著重於建立網站及網頁內容，Web API 是用於建構 RESTfull HTTP 服務或 Data API，著重於服務或資料面向，讓多個網站、不同 Web 瀏覽器、行動裝置或桌面應用程式共同存取 Web API 提供的服務與資料。

範例 6-7 以 Web API 2.0 建立汽車銷售數據查詢專用 API 服務

在此將汽車銷售數據 API 獨立成專門的 ASP.NET Web API 2.0 服務，供 MVC 網頁程式呼叫，步驟如下：

step01 請另外啟動一個 Visual Studio，新增專案「WebApiServices」→選擇【Web API】範本。Web API 專案結構和 MVC 專案很類似，但加入了 Web API 所需的額外功能。

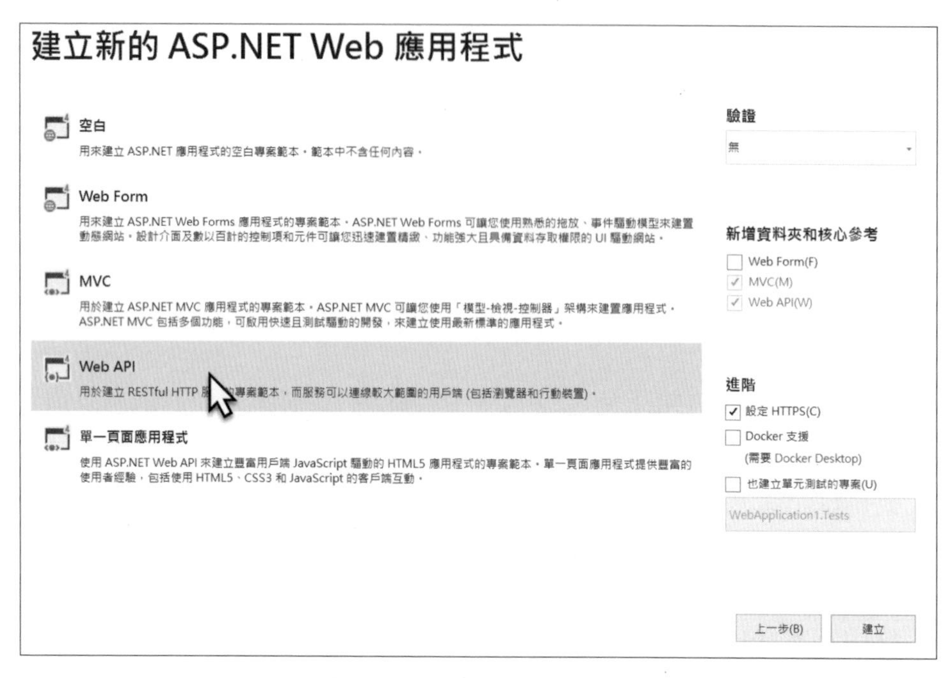

圖 6-9 選擇 Web API 範本

step02 開啟 ValuesController.cs，它是一個 Web API 的控制器樣板，裡面有 Get()、Get(int id)、Post()、Put()及 Delete()五個方法。

Controllers\ValuesController.cs

```
public class ValuesController : ApiController
{
    // GET api/values
    public IEnumerable<string> Get()
    {
        return new string[] { "value1", "value2" };
    }

    // GET api/values/5
    public string Get(int id)
    {
        return "value";
    }
```

控制器繼承 ApiController 類別

```
    // POST api/values
    public void Post([FromBody]string value)
    {
    }

    // PUT api/values/5
    public void Put(int id, [FromBody]string value)
    {
    }

    // DELETE api/values/5
    public void Delete(int id)
    {
    }
}
```

說明：

1. 以上 Controller 和方法是系統產生的 Web API 樣板，作為觀摩及測試用。

2. Web API－Controller 的方法外觀很類似 MVC 的 Action 動作方法，但二者並不相同，因為 MVC 的 Action 回傳型別是典型的 ActionResult，且方法最後要有 return View()，Web API 和它完全不同。

典型的 Action 方法

```
public ActionResult GetProducts()      ← 1.回傳型別為 ActionResult
{
  ...
  return View();   ← 2.回傳 ViewResult
}
```

step03 測試 ValuesController，以檢驗 Web API 是否能正常運作。請將專案的 Port 改為「44300」，按 F5 執行專案。

step04 在瀏覽器輸入下列網址，測試 Web API 是否能正確回傳資料。

請求網址	回傳值	請求對應的方法
http://localhost:44300/api/values	["value1","value2"]	Get()
http://localhost:44300/api/values/1	"value"	Get(int id)

當送出不同形式的 URL 請求，會是哪個 Controller 的方法來回應，取決於 Routing 路由的 URL Pattern 或是請求的 Header。

step05 在 Models 資料夾建立 CarSales 模型，儲存後按 Ctrl+Shift+B 建置。

Models\CarSales.cs

```
namespace WebApiServices.Models
{
    public class CarSales
    {
        public int Id { get; set; }
        public string Car { get; set; }
        public int[] Salesdata { get; set; }
    }
}
```

step06 在專案建立 Helpers 資料夾，並加入 Utility.cs 類別程式，它是用亂數產生 1~12 月汽車銷售數據。

Helpers\Utility.cs

```
namespace WebApiServices.Helpers
{
    public class Utility
    {
        //產生整數陣列,依傳入參數 num 決定產生多少個陣列元素
        public int[] getNumbers(int num)
        {
            Random rdn = new Random(Guid.NewGuid().GetHashCode());
            int[] Nums = new int[num];
```

產生亂數種子

```
            for (int i = 0; i < num; i++)
            {
                Nums[i] = rdn.Next(1, 500);
            }
            return Nums;
        }
    }
}
```

step07 在 Controllers 資料夾新增控制器→【Web API】→【Web API 2 控制器 - 空白】→【加入】→命名為「CarsController」。

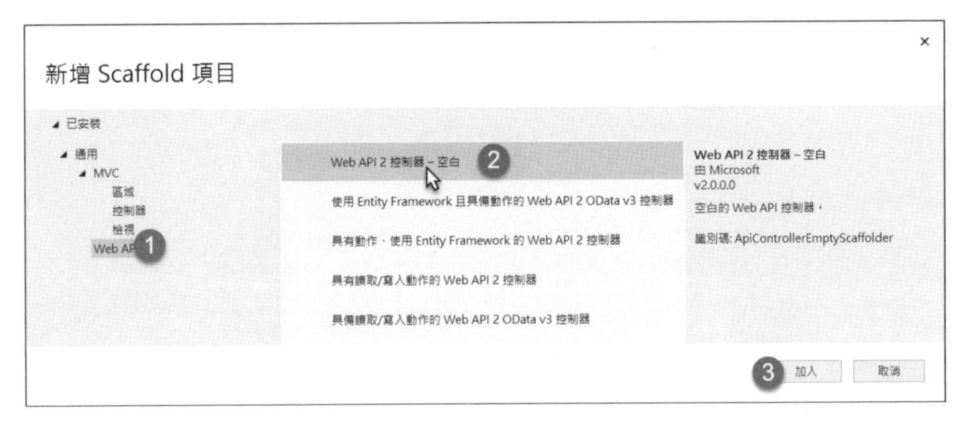

圖 6-10 新增 Web API 控制器

但凡 Web API 專案的 Controller 控制器皆繼承 ApiController 類別，和 MVC 專案控制器繼承 Controller 類別不同。

Controllers\CarsController.cs

```
namespace WebApiServices.Controllers
{
    public class CarsController : ApiController
    {
    }
}
```

控制器繼承 ApiController 類別

step08 在 Cars 控制器中建立兩個方法，一個是無條件回傳所有資料，一個是根據 Id 查找資料。

Controllers\CarsController.cs

```
...
using WebApiServices.Models;
using WebApiServices.Helpers;
public class CarsController : ApiController
{
    List<CarSales> CarSalesNumber;
    public CarsController() ◄── 在預設建構式中初始化 List 集合資料
    {
        //以亂數產生 1-12 月銷售數據            以亂數產生 12 個月的銷售資料
        Utility util = new Utility();
        var random1 = util.getNumbers(12);
        var random2 = util.getNumbers(12);
        CarSalesNumber = new List<CarSales>
        {
            new CarSales { Id = 1, Car = "BMW", Salesdata = random1 },
            new CarSales { Id = 2, Car = "BENZ", Salesdata = random2 }
        };
    }

    //URL api/cars ◄── 網址列若符合 api/cars 形式
    //回傳所有汽車的銷售資料                   回傳所有汽車銷售資料
    [AcceptVerbs("GET", "POST")]
    public IEnumerable<CarSales> getCarSalesNumber()
    {
        return CarSalesNumber;
    }

    //URL api/cars/2 ◄── 網址列若符合 api/cars/2 形式
    //根據汽車 Id 找出銷售資料
    [AcceptVerbs("GET", "POST")]
    public IHttpActionResult getSingleCarSalesNumber(int id)
    {
        var car = CarSalesNumber.FirstOrDefault(c => c.Id == id);
        if (car == null)
        {
            return NotFound();
        }
```

```
        return Ok(car);
    }
}
```

說明：[AcceptVerbs("GET", "POST")]是指接受 HTTP GET 和 POST 方法之請求。

step09 在 Web.config 加入允許跨網域請求設定

```
<system.webServer>
  ...
  <httpProtocol>
    <customHeaders>
      <add name="Access-Control-Allow-Origin" value="*" />
    </customHeaders>
  </httpProtocol>
</system.webServer>
```

step10 最後要向 Web API 查詢汽車銷售資料。請更改 Visual Studio 預設瀏覽器為 Firefox 或 Chrome，按 F5 瀏覽器網站。

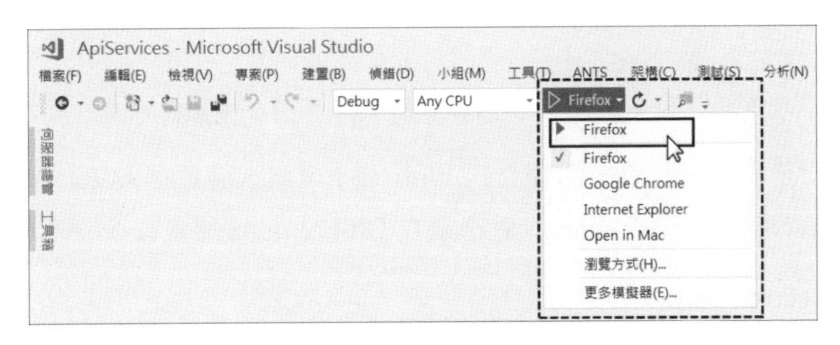

圖 6-11 更改執行的瀏覽器

依下表，在 Chrome 或 Firefox 輸入兩個 API 的 URL 網址，可得到不同的 JSON 回傳結果，第一個是回傳所有汽車的銷售資料，第二個僅回傳 id 為 2 的資料。

請求網址	回傳值	對應方法
http://localhost:44300/api/cars	見下圖	getCarSalesNumber()
http://localhost:44300/api/cars/2	見下圖	getSingleCarSalesNumber(int id)

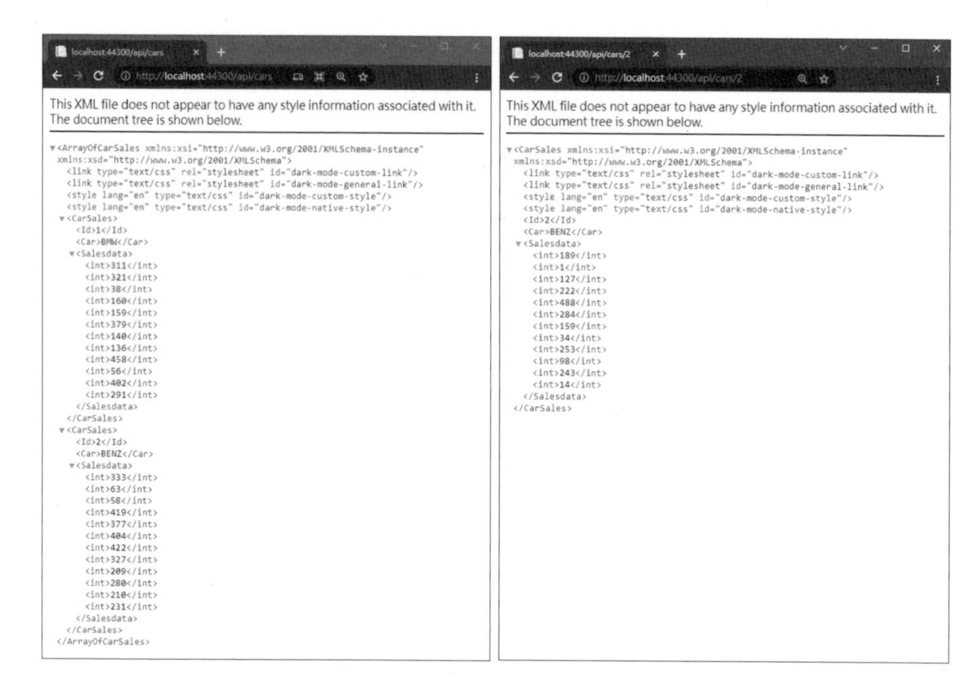

圖 6-12 以瀏覽器查詢 api/cars 之回傳結果

但若不是建立一個獨立的 Web API 專案，而是在 MVC 專案中加入 ASP.NET Web API 服務，就必須在 Global.asax 加入以下設定：

Global.asax

```
...
using System.Web.Http;   ◄── 1.加入兩個命名空間
using System.Web.Routing;

namespace MvcJsonWebAPI
{
    public class MvcApplication : System.Web.HttpApplication
    {
        protected void Application_Start()
        {
```

2.在開頭處加上這行程式

```
            //註冊 Web Api 設定
            GlobalConfiguration.Configure(WebApiConfig.Register);
            AreaRegistration.RegisterAllAreas();
            ...
        }
    }
}
```

說明：

1. MVC 想用 api/{controller}/{id}這種 URL pattern 方式存取的話，就必須做註冊，因為這個 URL pattern 是在 App_Start\WebApiConfig.cs 中定義。
2. 但若一開始建立的是 Web API 專案，就不需要做任何設定。
3. 若 Web API 能正常運作，再將先前 CarSalesAjaxJson.cshtml，Ajax 呼叫的網址改成以上 URL，就能夠從 Web API 讀取 JSON 資料。
4. 之所以不用 IE，是因為 IE 預設不會直接顯示 JSON 資料，而是用檔案開啟方式，較不方便（但可修改 Registry）。

❖ 以 ASP.NET Web API Help Page 瀏覽 API 清單

若想知道 ASP.NET Web API 網站目前有多少公開的 APIs、每個 API 的 URL 位置、URL Pattern、以及 API 接受哪種 HTTP 方法呼叫，可點擊 Web API 網站的導航選單「API」，整個 APIs 清單就會詳細列出。

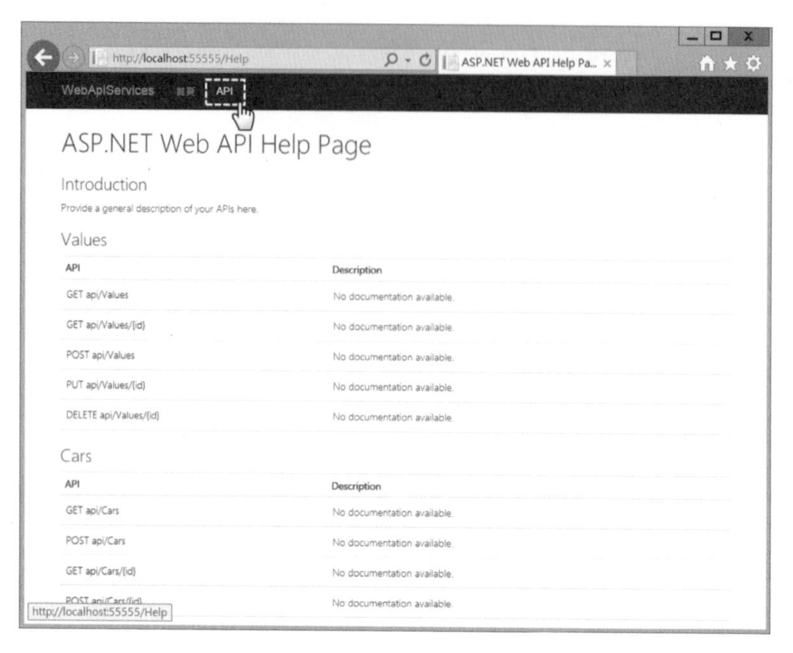

圖 6-13 Web APIs 清單

6-6 以 Postman 測試 API 輸出資料是否正常

在以 Ajax 呼叫 API 服務時，常發生前端送出了請求，但等半天卻接收不到任何回應，或回傳非預期的資料，倘若沒有一套好的 API 測試工具，僅依賴瀏覽器的話，很難有效率或直覺化作問題 Trouble Shooting。

在這要介紹 Postman，它是用於 API 測試的輔助開發 GUI 工具，可輕鬆快速地模擬各類請求，並以視覺化呈現及解析回應結果。Postman 有獨立安裝及 Chrome App 兩種類型，前者支援 Windows、Max 及 Linux 三種平台安裝。

- Postman 下載安裝：https://www.getpostman.com/
- Postman 的 Chrome App 擴充功能網址：https://goo.gl/B3CTKo

安裝好 Postman 後，第一次使用需註冊帳號，登入後可看到工具畫面分為 Header Bar、Sidebar 及 Builder 三大區塊。

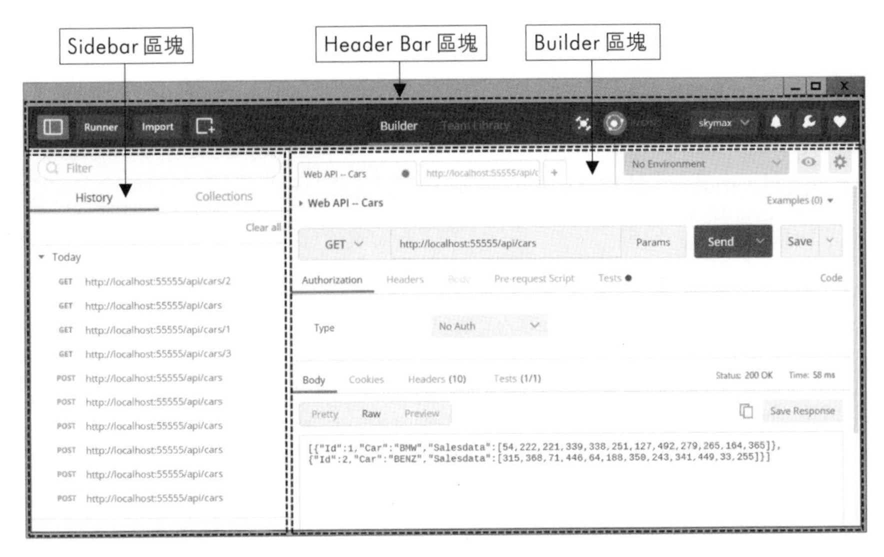

圖 6-14 Postman 工具畫面

- Header Bar 區塊：是工具列 Icons 圖示。
- Sidebar 區塊：此區塊有 History 及 Collection 兩個頁籤，History 是測試過的 API 請求歷史列表，Collection 是 API 群組頁籤，可以建立特定目的 Collection 分類，然後將多個 APIs 加入這個 Collection，以便分類管理及使用。
- Builder 區塊：此區塊是請求建立器，用來設定 HTTP Method－GET 或 POST、URL、Request Header、Request Body 等，然後以 Send 按鈕送出請求，收到回應後，將資料視覺化呈現出來。

範例 6-8 以 Postman 對 Web API 送出請求及接收資料

在此使用 Postman 測試先前建立的 Web API，包括在 Builder 設定 Request 請求，送出請求後，檢視 Web API 回應資料之呈現，步驟如下：

step01 以 F5 執行 Web API 專案－WebApiServices，在 IIS Express 上啟動服務。

step02 開啟 Postman，在 Builder 區塊執行下列動作：

1. 在 Http Methods 部分選擇「GET」方法。
2. 在 URI 部分輸入 Web API 服務位置「http://localhost:44300/api/cars」。
3. 按下 Send 按鈕後，便會送出 Request 請求給 Web API。
4. WebApiServices 網站回應給 Postman 的結果是 JSON 格式資料。

TIP

Postman 測試 Https 開頭的服務，請將【File】→【Settings】→【Genreal】的【SSL Certificate Verification】關閉

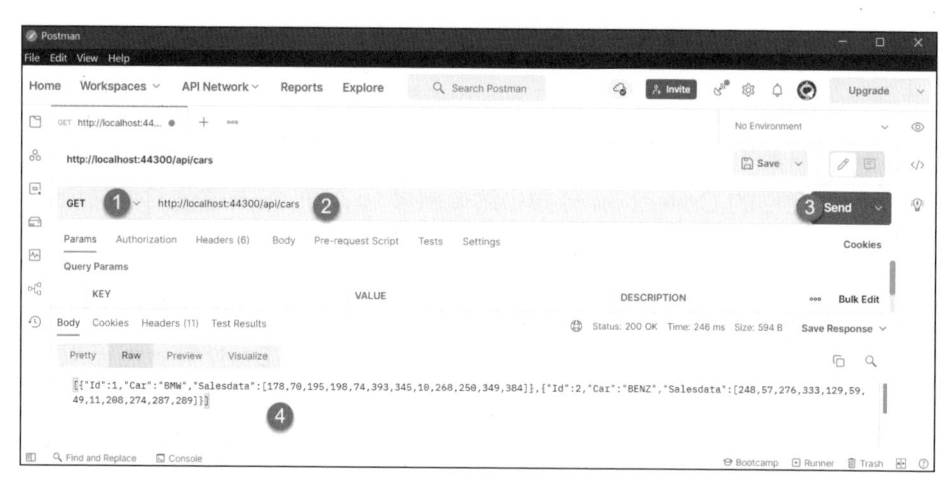

圖 6-15 在 Builder 送出請求與回應

補充說明：

1. 在 HTTP Methods 支援的有：GET、POST、PUT、DELETE、PATCH、HEAD、OPTIONS 等十幾種方法。
2. 在 Response Body 部分，其檢視方式有：Pretty、Raw 及 Preview，而資料格式有：JSON、XML、HTML、Text 及 Auto。
3. 在 Request 請求部分，還可以額外指定 Authorization 及 Headers。

6-7 結論

本章介紹了 JSON 物件及陣列兩大結構的建立方式，以及 JSON 資料在不同語言中的編解碼指令，突顯出 JSON 在不同語言與平台之間的傳遞與交換方便性。同時 ASP.NET Web API 也可作為 JSON 資料服務的接口，讓不同平台、裝置系統共同存取，是一種熱門的架構設計，能為網站帶來高效能與輕量化的效益。

以 HTML Helpers 製作 CRUD 資料讀寫電子表單

CHAPTER 7

本章介紹 MVC 常用的 HTML Helpers 指令，並結合 Entity Framework 製作 CRUD 資料庫讀寫表單程式，以應付網站查詢與編輯資料等需求。

7-1 HTML Helpers 簡介

什麼是 HTML Helpers？它是在 View 中產生 HTML 元素的指令，例如產生 Form、Label、Input、Select、Radio、Checkbox、超連結、驗證訊息等元素。

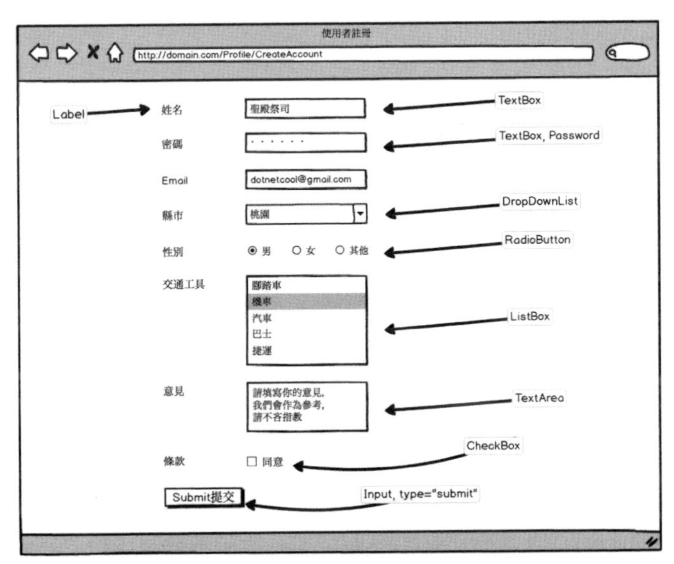

圖 7-1 HTML Form 表單元素

下圖是 HTML Helpers 指令整理，其中 Form 表單類也稱為 Form Helpers，是本章介紹的重點之一。

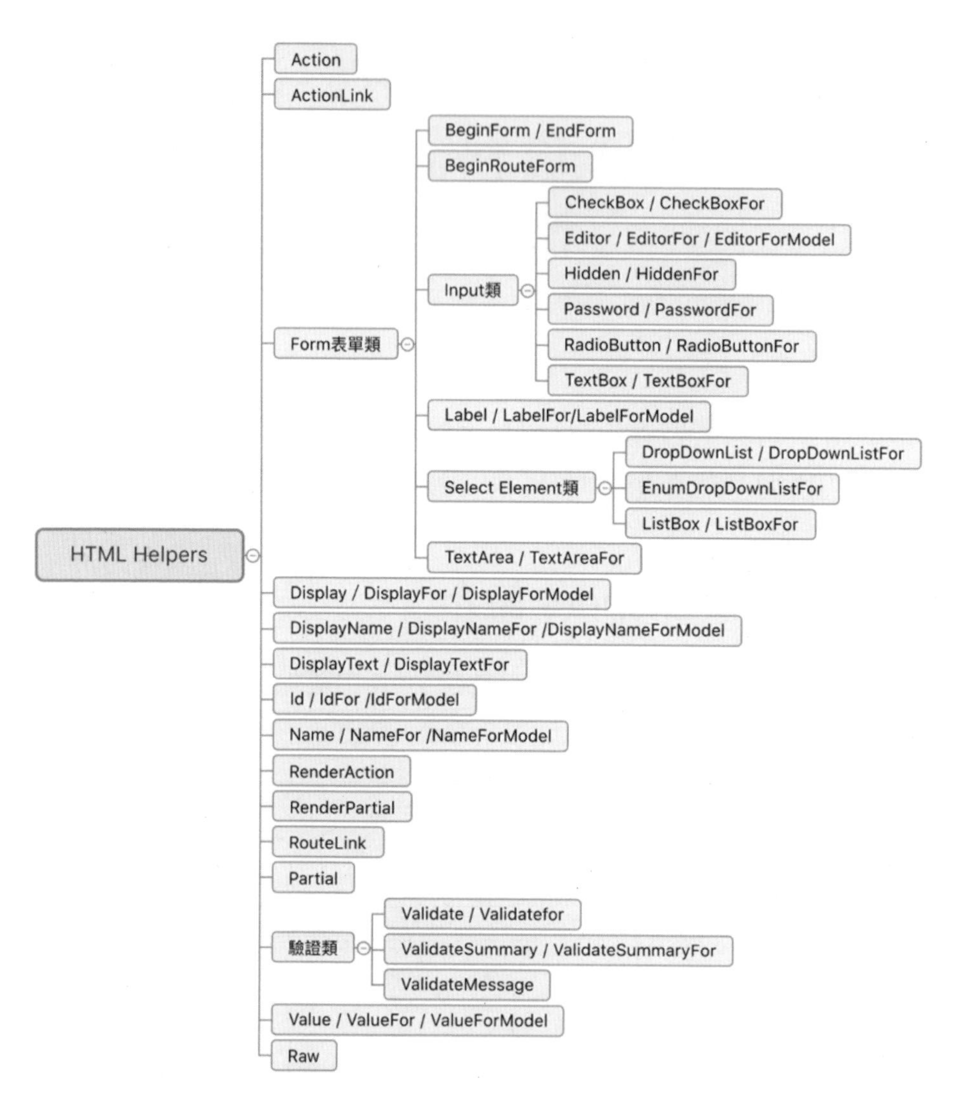

圖 7-2 MVC 內建的 HTML Helpers 指令方法

製作 Form 表單或資料顯示，為何要用 MVC 的 HTML Helpers，而不用原生的 HTML 語法？理由為：

1. 可結合 ViewData、Model 或 ViewModel 模型，作為傳遞表單所需的資料
2. Model 或 ViewModel 模型套用 Data Annotations 可自動產生前端驗證
3. 可享受 Model Binding 模型繫結的方便性
4. 每個 HTML Helper 指令皆支援方法多載，傳入參數有很多變化性，可以滿足不同條件的動態建構需求
5. 有的 Helper 會依不同資料型別而產生適當的 HTML element，以簡化使用上的複雜度

7-2 HTML Helpers 常用指令

下表是 MVC 常用的 HTML Helpers 指令，依其傳入的參數是否為 Model，可分成非強型別與強型別兩類，例如 Html.Label("Name")是非強型別 Helper，而 Html.LabelFor(model=>model.Name) 為強型別 Helper，凡有帶 For 字眼就是強型別方法，必須傳入 model，使用 Lambda 表達式。

表 7-1 MVC 常用 HTML Helpers

非強型別 HTML Helpers 方法	強型別 HTML Helpers 方法	輸出的 HTML 控制項
Html.DisplayName(...)	Html.DisplayNameFor(...)	顯示名稱 / Model 屬性名稱
Html.Display(...)	Html.DisplayFor(...)	顯示 ViewData / Model 資料值，顯式方式依資料型別而有不同。

非強型別 HTML Helpers 方法	強型別 HTML Helpers 方法	輸出的 HTML 控制項
Html.DisplayText(...)	Html.DisplayTextFor(...)	將 Model 資料顯示成編碼過的 HTML 純文字
Html.Label(...)	Html.LabelFor(...)	<label> </label>
Html.TextBox(...)	Html.TextBoxFor(...)	<input type="text" />
Html.Password(...)	Html.PasswordFor(...)	<input type="password" />
Html.CheckBox(...)	Html.CheckBoxFor(...)	<input type="checkbox" />
Html.RadioButton(...)	Html.RadioButtonFor(...)	<input type="radio" />
Html.DropDownList(...)	Html.DropDownListFor(...)	<select > </select >
Html.ListBox(...)	Html.ListBoxFor(...)	<select multiple> </select >
Html.TextArea(...)	Html.TextAreaFor(...)	<textarea> <textarea>
Html.BeginForm()	無	<form action="" method=""> </form>
EndForm()	無	</form>
Html.ValidationMessage(...)	Html.ValidationMessageFor(...)	<span>驗證警告訊息</span>
Html.ValidationSummary(...)	無	<ul><li>驗證摘要訊息</li></ul>
Html.Editor(...)	Html.EditorFor(...)	依資料型別而產生不同 <input type="xxx">
Html.Hidden(...)	Html.HiddenFor(...)	<input type="hidden" />
Html.Raw()	無	回傳原始資料內容，不做 HTML 編碼。
Html.ActionLink(...)	無	<a href="...." />

上表多數方法是**用來顯示 ViewData 和 model 中的資料**，因此只要將 ViewData 和 model 物件名稱指定到 Helper 方法中，就可以顯示。多數方法皆為多載，可傳遞不同的參數，產生不同變化。且有的方法還會受到 Model 套用 Data Annotations 而有不同的輸出結果。

TIP

1. 強型別方法的好處是，支援 model 物件的成員名稱 IntelliSense 提示及編譯時期的檢查。
2. 以上強型別與非強型別會統稱"方法"，例如 Display()和 DisplayFor() 會簡稱 Display 方法。

請參考 MvcHtmlHelpers 專案，首先建立一個 User 模型，目的是提供 model 物件給 View 的 HTML Helpers 方法做顯示。

Models\User.cs

```
using System.ComponentModel.DataAnnotations;
public class User
{
    public int Id { get; set; }
    [Required(ErrorMessage = "Name 必須輸入!")]
    public string Name { get; set; }
    [Display(Name = "暱稱")]
    public string Nickname { get; set; }
    [Required(ErrorMessage = "Password 必須輸入!")]
    [DataType(DataType.Password)]
    public string Password { get; set; }
    [DataType(DataType.EmailAddress)]
    public string Email { get; set; }
    public int Gender { get; set; }
    public int City { get; set; }
    [DataType(DataType.Url)]
    public string Blog { get; set; }
    public string Commutermode { get; set; }
    public string Comment { get; set; }
    public bool Terms { get; set; }
}
```

新增 HtmlHelper 控制器的及 SampleHelpers()方法，並建立一筆 User 型別資料，然後傳給 SampleHelpers.cshtml 檢視中的 HTML Helpers 使用。

Controllers\HtmlHelperController.cs

```
using MvcHtmlHelpers.Models;
public ActionResult SampleHelpers()
{
```

```
    User register = new User
    {
        Id = 1001,
        Name = "奚江華",
        Nickname = "聖殿祭司",
        Email = "kevin@gmail.com",
        City = 2,
        Terms = true
    };

    ViewData.Model = register;

    return View();
}
```

代表一個使用者註冊資料

以下介紹常用 HTML Helpers 指令用法。

7-2-1 Html.DisplayName() & Display()方法

DisplayName()是用來顯示標題，Display()是顯示資料內容。會優先顯示 ViewData["Name"]中資料，再來才是 model.Name。而傳入的 model 物件中，有一個 Name 欄位，顯示資料的語法為：

Views\HtmlHelper\SampleHelpers.cshtml

```
@Html.DisplayName("Name")  : @Html.Display("Name")
@Html.DisplayName("Nickname") : @Html.Display("Nickname")
```

HTML 結果：

```
Name  : 奚江華
暱稱   : 聖殿祭司
```

說明：用相同指令顯示 Nickname，原以為結果是「Nickname：聖殿祭司」，但實際上卻是「暱稱：聖殿祭司」，英文 Nickname 變成中文了，這是怎麼回事？因為 User 模型定義時，在 Nickname 套用了[Display(Name="暱稱")]，指定中文的顯示名稱，故產生變化。

7-2-2 Html.DisplayNameFor() & DisplayFor()方法

這兩個方法也是顯示標題及資料內容，但差異點在強型別，且在檢視中必須明確宣告「@model MvcHtmlHelpers.Models.User」，指出傳入的 model 物件為 User 型別，在方法中才能使用 Lambda 表達式：

Views\HtmlHelper\SampleHelpers.cshtml

```
@model MvcHtmlHelpers.Models.User
@Html.DisplayNameFor(m => m.Email) :@Html.DisplayFor(m => m.Email)
@Html.DisplayNameFor(m => m.Terms) @Html.DisplayFor(m => m.Terms)
```

說明：方法括號(m=>m.Email)中的 m，可隨意換成(model=>model.Email)或(x=>x.Email)，效果一樣的，但若用手動宣告，以名稱短者為佳。

Email : kevin@gmail.com
Terms

HTML 結果：

```
Email :<a href="mailto:kevin@gmail.com">kevin@gmail.com</a>
Terms <input checked="" class="check-box" disabled="disabled" type="checkbox" />
```

說明：

1. 為何 Email 除了文字外，還加上了<a href="mailto:"> </a>郵件超連結？這是因為在 User 模型套用了[DataType(DataType.EmailAddress)]使然。
2. 同樣的指令拿來顯示 Terms，HTML 輸出的不是文字，而是 CheckBox 控制項。原因是 Terms 屬性為 bool 布林型別，故輸出為 CheckBox 控制項。

7-2-3 Html.DisplayText() & DisplayTextFor()方法

對比前面方法，如果希望以純文字顯示資料，不因資料型別或 Model 套用 Data Annotations 而被影響，致使增加額外的設定或變成控制項，可用 DisplayText 方法達成：

```
@Html.DisplayText("Email")
@Html.DisplayTextFor(m => m.Terms)
```

HTML 結果：

```
kevin@gmail.com
True
```

說明：這裡所說的純文字，是指編碼過的 HTML 純文字，內容若有任何的 HTML element 或 JavaScript 都會被編碼，成為徹底的文字。同時 **DisplayText** 方法只顯示 **Model** 資料來源，對 **ViewData** 資料則不作顯示。

7-2-4 Html.Label() & LabelFor()方法

在<form>的表單中，欄位標題就是使用 Label 方法產生<label>控制項，語法為：

```
@Html.Label("Name")
@Html.LabelFor(m => m.Nickname)
```

Name
暱稱

HTML 輸出標籤：

```
<label for="Name">Name</label>
<label for="Nickname">暱稱</label>
```

說明：<label>中有一個 for="xxx"屬性，其作用在於配對另一個 element 的 id="xxx"名稱，表示這個<label>是它的標題。

TIP

Label 方法是顯示標題名稱，那先前 DisplayName 方法也是，二者使用時機如何區分？若在<form>...</form>中的標題，請用 Label 方法，如果不是<form>，也不需要<label>控制項，就使用 DisplayName 方法。

7-2-5 Html.TextBox() & TextBoxFor()方法

TextBox 方法是用來產生<input type="text" ...>輸入控制項，適合做一般文字輸入，但不適合做 Password 密碼輸入，因無法隱藏輸入字元。TextBox 是在<form>中搭配 Label 控制項，語法為：

```
<form action="" method="get">
    @Html.Label("Name") @Html.TextBox("Name")
    @Html.LabelFor(m => m.Email) @Html.TextBoxFor(m => m.Email)
</form>
```

Name	奚江華
Email	kevin@gmail.com

HTML 輸出標籤：

```
<form action="" method="get">
    <label for="Name">Name</label>
    <input id="Name" name="Name" type="text" value="奚江華" />
    <label for="Email">Email</label>
    <input id="Email" name="Email" type="text" value="kevin@gmail.com" />
</form>
```

Html.Textbox()

Html.TextboxFor()

說明：

1. 前面提過<label for="Name">，for 屬性鎖定了另一個 id 名稱為" Name"的控制項，那麼<input id=" Name">剛好符合，它們就會配對在一起，表示這個<label>是它的標題。

2. 另外 id="Name"和 name="Name"二者值皆為"Name"，name 與 id 兩個屬性功用是否相等？答案是不同，在 TextBox 輸入資料，按下 Submit 按鈕提交給伺服器，是用 name 屬性保存欄位輸入的資料：

```
http://.../SampleHelpers?Name=kevin&Email=kevin@gmail.com
```

3. TextBox 方法有三個資料來源：❶ModelState、❷參數值和❸ViewDataDictionary，且按此優先順序顯示。

7-2-6 Html.Password() & PasswordFor()方法

Password 方法是用來產生密碼輸入的 TextBox，會隱藏密碼字元，語法為：

```
@Html.Password("Password")
@Html.PasswordFor(m=>m.Password)
```

Password ••••••••

Password ••••••••

HTML 輸出標籤：

```
<input id="Password" name="Password" type="password" />
<input id="Password" name="Password" type="password" />
```

7-2-7 Html.CheckBox()和 CheckBoxFor()方法

顧名思義，此方法是用來產生 CheckBox 控制項，語法為：

```
@Html.CheckBox("Terms")
@Html.CheckBoxFor(m => m.Terms)
```

Terms ☐

Terms ☑

HTML 輸出標籤：

```
<input checked="checked" data-val="true" data-val-required="Terms 欄位是必要項。"
 id="Terms" name="Terms" type="checkbox" value="true" />
<input name="Terms" type="hidden" value="false" />
```

```
<input checked="checked" id="Terms" name="Terms" type="checkbox" value="true" />
<input name="Terms" type="hidden" value="false" />
```

說明：

1. CheckBox()和 CheckBoxFor()皆輸出<input type="checkbox" .../>，但屬性略有差異。
2. 為何第一個 CheckBox 會多出<input type="hidden" />？其作用是原本 CheckBox 若沒勾選，Submit 就不會送出這個欄位資料，若有了<input type="hidden" />輔助，它會送 false 的值給後端伺服器。

此外，CheckBox()可用 true 或 false 參數，明確指定是否打勾：

```
@Html.CheckBox("Terms", true)
```

而 CheckBoxFor()若要打勾，可傳入第二個參入，而「htmlAttributes:」關鍵字可省略：

```
@Html.CheckBoxFor(x => x.Available, htmlAttributes: new { @checked = "checked" })
```

7-2-8 Html.RadioButton() & RadioButtonFor()方法

此方法是用來產生 RadioButton 控制項，語法為：

```
@Html.RadioButton("Sex", "Female", true) 女
@Html.RadioButton("Sex", "Male") 男
@Html.RadioButton("Sex", "Other") 其他

@Html.RadioButtonFor(m => m.Gender, "女性")女性
@Html.RadioButtonFor(m => m.Gender, "男性", new { @checked = "checked" })男性
@Html.RadioButtonFor(m => m.Gender, "其他")其他
```

Sex ◉ 女 ○ 男 ○ 其他

Gender ○女性 ◉男性 ○其他

HTML 輸出標籤：

```
<input checked="checked" id="Sex" name="Sex" type="radio" value="Female" /> 女
<input id="Sex" name="Sex" type="radio" value="Male" /> 男
<input id="Sex" name="Sex" type="radio" value="Other" /> 其他

<input data-val="true" data-val-number="欄位 Gender 必須是數字。"
        data-val-required="Gender 欄位是必要項。"
        id="Gender" name="Gender" type="radio" value="女性" />女性
<input checked="checked" id="Gender" name="Gender" type="radio" value="男性" />
男性
<input id="Gender" name="Gender" type="radio" value="其他" />其他
```

說明：像 data-val、data-val-number、data-val-required 三個屬性，必須另外搭配 Html.ValidationMessage()或 ValidationMessageFor()才會產生驗證警告文字。

7-2-9 Html.DropDownList() & DropDownListFor()方法

DropDownList 方法是用來產生下拉式選單，語法為：

```
@Html.DropDownList("City", new SelectList(new[] { "台北", "台中", "高雄" }))
@{
    List<SelectListItem> cityList = new List<SelectListItem>
    {
        new SelectListItem{ Text = "基隆", Value = "1" },
        new SelectListItem{ Text = "宜蘭", Value = "2" },
        new SelectListItem{ Text = "苗栗", Value = "3", Selected = true }
    };
}
@Html.DropDownList("Cities", cityList) <br />
@Html.DropDownListFor(m => m.City, cityList)
```

初始化 SelectListItem 型別的 List 集合

說明：

1. 下拉式選單若只需 Text 文字，可直接用 new SelectList 方法建構資料來源，若需較為齊全的設定如 Value 或 Selected，可用 SelectListItem 集合建構。
2. 下拉式選單的外觀，在不同瀏覽器下會有差異。

HTML 輸出標籤：

```
<select data-val="true" data-val-number="欄位 City 必須是數字。"
        data-val-required="City 欄位是必要項。" id="City" name="City">
    <option>台北</option>
    <option>台中</option>
    <option>高雄</option>
</select>
<select id="City" name="City">
    <option value="1">基隆</option>
    <option selected="selected" value="2">宜蘭</option>
    <option value="3">苗栗</option>
```

```
</select>
<select id="City" name="City">
    <option value="1">基隆</option>
    <option selected="selected" value="2">宜蘭</option>
    <option value="3">苗栗</option>
</select>
```

7-2-10 Html.ListBox() & ListBoxFor()方法

此方法是用來產生 ListBox 清單方塊控制項，語法為：

```
@Html.ListBox("Commutemode", new SelectList(new [] { "飛機", "遊艇", "地鐵" }))
@{
    List<SelectListItem> CommutermodeList = new List<SelectListItem>
    {
        new SelectListItem { Text = "腳踏車", Value = "1", Selected = false },
        new SelectListItem { Text = "機車", Value = "2", Selected = true },
        new SelectListItem { Text = "汽車", Value = "3", Selected = true },
    };
}
@Html.ListBoxFor(m => m.Commutermode, CommutermodeList)
```

初始化 SelectListItem 型別的 List 集合

說明：ListBox 方法的第二個參數為 IEnumerable<SelectListItem> 型別，第一個 ListBox()初始化資料來源較為簡潔，第二個 ListBoxFor() 雖較複雜，但可明確指定 Value 值及 Selected 狀態。

HTML 輸出標籤：

```
<select id="Commutemode" multiple="multiple" name="Commutemode">
    <option>飛機</option>
    <option>遊艇</option>
    <option>地鐵</option>
</select>
```

```
<select id="Commutermode" multiple="multiple" name="Commutermode">
    <option value="1">腳踏車</option>
    <option selected="selected" value="2">機車</option>
    <option selected="selected" value="3">汽車</option>
</select>
```

7-2-11 Html.TextArea() & TextAreaFor()方法

TextArea 方法是用來產生多行輸入的 TextBox 文字方塊，語法為：

```
<!--簡單的語法-->
@Html.TextArea("Comment")
@Html.TextAreaFor(m => m.Comment)
<!--加入相關參數-->
@Html.TextArea("Comment", "請輸入意見", 6, 80, new { @class="form-control"})
@Html.TextAreaFor(m => m.Comment, 4, 40, new { @class = "form-control" })
```

請輸入意見

HTML 輸出標籤：

```
<!--簡單的語法-->
<textarea cols="20" id="Comment" name="Comment" rows="2">
</textarea>
<textarea cols="20" id="Comment" name="Comment" rows="2">
</textarea>
<!--加入相關參數-->
<textarea class="form-control" cols="80" id="Comment" name="Comment" rows="6">
   請輸入意見</textarea>
<textarea class="form-control" cols="40" id="Comment" name="Comment" rows="4">
</textarea>
```

7-2-12 Html.Beginform()與 Html.EndForm()方法

此兩方法是用來產生<form>...</form>元素，使用方式有兩種。

- 單獨使用 Beginform()

```
@using (Html.BeginForm())
{
   ...
}
```

- Beginform()與 EndForm()二者併用

  這是比較早期版本 MVC 所使用的語法。

```
@{ Html.BeginForm(); }
    ....
@{ Html.EndForm(); }
```

7-2-13 Validation 驗證訊息之方法

Form 中的控制項，如需對輸入提供驗證警告訊息，例如輸入空白、資料不符合格式時觸發警告，有以下三個驗證方法：

1. Html.ValidationMessage()為非強型別，驗證個別控制項
2. Html.ValidationMessageFor()為強型別，驗證個別控制項
3. Html.ValidationSummary()顯示所有錯誤訊息摘要

以上三個指令必須放在<form> ... </form>中才有效果：

Views\HtmlHelper\ValidationMessage.cshmtl

```
<form action="" method="post">
    @Html.TextBox("Name")
    @Html.ValidationMessage("Name")
    @Html.PasswordFor(m => m.Password)
    @Html.ValidationMessageFor(m => m.Password)
    @Html.ValidationSummary()
    ...
</form>
```

說明：除 TextBox 外，像 DropDownlist、RadioButton、CheckBox 等大多數控制項，皆可配合 ValidationMessage 及 ValidationSummary 方法產生警告訊息。

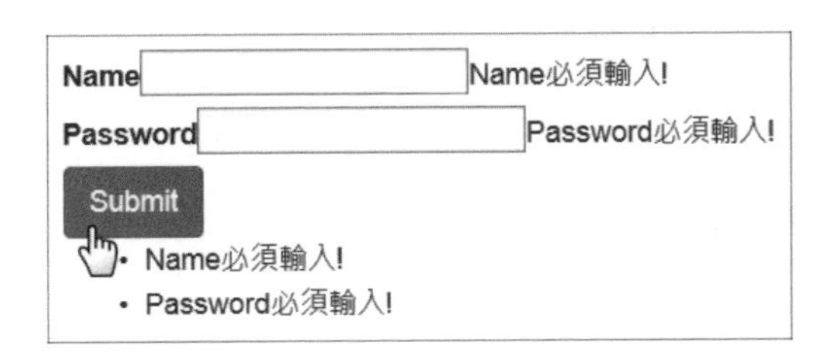

HTML 輸出標籤：

```
<input data-val="true" data-val-required="Name 必須輸入!" id="Name" name="Name"
   type="text" value="" />
<span class="field-validation-valid" data-valmsg-for="Name"
    data-valmsg-replace="true"></span>
```
ValidationMessage 的 HTML

```
<input data-val="true" data-val-required="Password 必須輸入!" id="Password"
    name="Password" type="text" value="" />
<span class="field-validation-valid" data-valmsg-for="Password"
   data-valmsg-replace="true"></span>
```
ValidationMessageFor 的 HTML

```
<div class="validation-summary-valid" data-valmsg-summary="true">
   <ul>
       <li style="display:none"></li>
   </ul>
</div>
```
ValidationSummary 的 HTML

範例 7-1 以 ValidationMessage 及 ValidationSummary 方法產生輸入驗證

在此以 ValidationMessage 及 ValidationSummary 方法驗證 TextBox 是否有輸入文字，否則提出警告，步驟如下：

step01 在 User 模型為 Name 及 Password 屬性套用[Required(...)]，代表必須輸入，而 ErrorMessage 是驗證不通過時顯示的警告訊息。

Models\User.cs

```
using System.ComponentModel.DataAnnotations;
public class User
{
    public int Id { get; set; }
    [Required(ErrorMessage = "Name 必須輸入!")]
    public string Name { get; set; }
    [Display(Name = "暱稱")]
    public string Nickname { get; set; }
    [Required(ErrorMessage = "Password 必須輸入!")]
    [DataType(DataType.Password)]
    public string Password { get; set; }
    ...
}
```

說明：屬性套用[Required]，實際對 TextBox 會產生什麼影響？以下說明。

- 未套用[Required]，TextBox 的 HTML 輸出不包含驗證。

```
<input id="Name" name="Name" type="text" value="" />
<input id="Password" name="Password" type="text" value="" />
```

- 套用[Required]後，HTML 多了 data-val 及 data-val-required 屬性，但仍必須配合 ValidationMessage 才會產生驗證的警告文字。

```
<input data-val="true" data-val-required="Name 必須輸入!" id="Name" name="Name"
   type="text" value="" />
<input data-val="true" data-val-required="Password 必須輸入!" id="Password"
   name="Password" type="text" value="" />
```

step02 在 HtmlHelper 控制器新增兩個 ValidationMessage 方法，第一個是負責網頁顯示（GET），第二個是負責接收及處理網頁提交的資料（POST）。

Controllers\HtmlHelperController.cs

```
public class HtmlHelperController : Controller
{
    [HttpGet] ◄── GET。負責顯示
    public ActionResult ValidationMessage()
    {
        return View();
    }

    [HttpPost] ◄── POST。接收及處理網頁提交的資料
    public ActionResult ValidationMessage(User user)
    {
        if (ModelState.IsValid) ◄── 確認 Model Binding 驗證是否全部通過
        {
            return Content("成功!");
        }

        return View(user);
    }
}
```

說明：預設 Action 就是[HttpGet]，不需特別標示。標示只是為了對比[HttpPost]，指出它們是負責不同的處理。

step03 在檢視中加入 ValidationMessage 及 ValidationSummary 方法，驗證 TextBox 是否有輸入，否則在 Submit 時就會顯示警告訊息。

Views\HtmlHelper\ValidationMessage.cshtml

```
@model MvcHtmlHelpers.Models.User
...
@using (Html.BeginForm())
{
    @Html.Label("Name")
    @Html.TextBox("Name")
    @Html.ValidationMessage("Name")
    <br />
    @Html.LabelFor(m => m.Password)
    @Html.PasswordFor(m => m.Password)
    @Html.ValidationMessageFor(m => m.Password)
    <br />
```

```
    <input type="submit" value="Submit" class="btn btn-primary" />
    @Html.ValidationSummary()
}
```

說明：

1. ValidationMessage 方法通常放在要驗證的控制項後，而 Validation Summary 方法放在<form>中的任何位置都行，但通常放在前頭或末段。

2. 如果驗證警告文字想要套用 Bootstrap 文字顏色，語法如下。

```
@Html.ValidationMessage("Name", "", new { @class = "text-danger" })
@Html.ValidationMessageFor(m => m.Password, "", new { @class = "text-danger" })
@Html.ValidationSummary(false, "", new { @class = "text-danger" })
```

7-2-14 Html.Ediotr() & Html.EditorFor()方法

Editor 方法是用來產生<input type="xxx" ...>輸入控制項，但不同的資料型別，會使得產出的控制項也有差異。Editor 方法會產生哪種控制項，實際是受到 Model 屬性的兩點影響，一是資料型別，二是套用[DataType(DataType.xxx)]的類型。

表 7-2 Editor 方法對不同資料型別的 HTML 輸出

資料型別 / DataTypeAttribute	Editor 方法輸出的 HTML element
string	<input type="text" >
int	<input type="number" >
decimal, float	<input type="number" >
boolean	<input type="checkbox" >
Enum 列舉	<input type="text" >
[DataType(DataType.Password)]	<input type="password" >
[DataType(DataType.Email)]	<input type="email" >
[DataType(DataType.Date)]	<input type="date" >

資料型別 / DataTypeAttribute	Editor 方法輸出的 HTML element
[DataType(DataType.DateTime)]	<input type="datetime" >
[DataType(DataType.Currency)]	<input type="text" >
[DataType(DataType.MultilineText)]	<textarea>...</textarea>
[DataType(DataType.Url)]	<a href="http://... "> ... </a>
[HiddenInput(DisplayValue =false)]	<input type="hidden" >

以下是 RegisterDataAnnotations 模型，是使用者註冊表單的資料模型，用它來測試 EditorFor()方法遇到不同資料型別所產生的不同輸出結果：

Models\RegisterDataAnnotations.cs

```
public class RegisterDataAnnotations
{
    [Display(Name = "編號")]
    public int Id { get; set; }
    [Required(ErrorMessage = "Name 不得為空白")]
    [Display(Name = "姓名")]
    public string Name { get; set; }
    [Display(Name = "密碼")]
    [Required(ErrorMessage = "Password 不得為空白")]
    [DataType(DataType.Password)]
    public string Password { get; set; }
    [Display(Name = "電郵")]
    [Required(ErrorMessage = "Email 不得為空白")]
    [DataType(DataType.EmailAddress)]
    public string Email { get; set; }
    [Display(Name = "首頁")]
    [DataType(DataType.Url)]
    public string HomePage { get; set; }
    [Display(Name = "性別")]
    public Gender? Gender { get; set; }
    [DataType(DataType.Date)]
    [Display(Name = "生日")]
    public DateTime Birthday { get; set; }
    [Display(Name = "生日")]
    [DataType(DataType.DateTime)]
```

```
    public DateTime Birthday2 { get; set;
    [Display(Name = "存款")]
    [DataType(DataType.Currency)]
    public decimal Money { get; set; }
    [Required(ErrorMessage = "不得為空白")]
    [Display(Name = "城市")]
    [Range(1, 10)]
    public int City { get; set; }
    [Display(Name = "通勤")]
    public string Commutermode { get; set; }
    [Display(Name = "意見")]
    [DataType(DataType.MultilineText)]
    [StringLength(255)]
    public string Comment { get; set; }
    [Display(Name = "條款")]
    public bool Terms { get; set; }
}

public enum Gender
{
    Female = 0,
    Male = 1,
    Other = 2
}
```

在 EditorFor.cshtml 中使用 Editor 方法，會因資料型別而產生不同控制項。

Views\HtmlHelper\EditorFor.cshtml

```
@using MvcHtmlHelpers.Models
@model RegisterDataAnnotations
...
@using (Html.BeginForm())
{
    @Html.LabelFor(x => x.Id) @Html.EditorFor(x => x.Id)
    @Html.LabelFor(x => x.Name) @Html.EditorFor(x => x.Name)
    @Html.LabelFor(x => x.Password) @Html.EditorFor(x => x.Password)
    @Html.LabelFor(x => x.Email) @Html.EditorFor(x => x.Email)
    @Html.LabelFor(x => x.HomePage) @Html.EditorFor(x => x.HomePage)
    @Html.LabelFor(x => x.Gender) @Html.EditorFor(x => x.Gender)
    @Html.LabelFor(x => x.Birthday) @Html.EditorFor(x => x.Birthday)
```

```
    @Html.LabelFor(x => x.Birthday2) @Html.EditorFor(x => x.Birthday2)
    @Html.LabelFor(x => x.Money) @Html.EditorFor(x => x.Money)
    @Html.LabelFor(x => x.City) @Html.EditorFor(x => x.City)
    @Html.LabelFor(x => x.Comment) @Html.EditorFor(x => x.Comment)
    @Html.LabelFor(x => x.Terms) @Html.EditorFor(x => x.Terms)

    <input type="submit" value="Submit" class="btn btn-primary" />
}
```

說明：也因為 Editor 方法可同時應付多種資料類型，故 Scaffolding 產生 View 樣板時，統一以 Editor 方法取代 TextBox、CheckBox 等個別方法，達成以簡御繁的效果。

7-2-15 Html.Hidden() & HiddenFor()方法

Hidden 方法是用來產生<input type="hidden" ...>隱藏欄位，隱藏對象通常是 Id 之類的，語法為：

```
@Html.Hidden("Id")
@Html.HiddenFor(m=>m.Id)
```

HTML 輸出標籤：

```
<input type="hidden" id="Id" name="Id" value="1001" data-val="true"
       data-val-number="欄位 Id 必須是數字。" data-val-required="Id 欄位是必要項。" />
<input type="hidden" id="Id" name="Id" value="1001" />
```

7-2-16 Html.Raw()方法

Razor 語法和所有 HTML Helpers 都會對變數進 HTML 編碼，但萬一有不編碼的需求，可用 Html.Raw()顯示原始字串。這指令可用在某些 JSON、HTML 或 JavaScript 以動態字串組成的情況。

以下 msg 是字串變數，用 Html.Raw()回傳原生內容，不經 HTML 編碼，輸出會是一個貨真價實的< input>按鈕：

```
@{
    string msg = @"<input type='reset' value='Reset' class='btn btn-primary' />";
}

@Html.Raw(msg)  @*輸出一個<input type='reset'>按鈕*@ <br />
@msg     @*經過 HTML 編碼後的純文字*@
```

Reset
<input type='reset' value='Reset' class='btn btn-primary' />

HTML 輸出標籤：

```
<input type='reset' value='Reset' class='btn btn-primary' />
&lt;input type=&#39;reset&#39; value=&#39;Reset&#39; class=&#39;btn
btn-primary&#39; /&gt;
```

7-2-17 Html.ActionLink()方法

ActionLink()方法是用來產生<a href="..."> </a>超連結，語法為：


```
@Html.ActionLink("新增", "Create")
@Html.ActionLink("明細", "Details", new { id = item.Id })
@Html.ActionLink("編輯", "Edit", new { id = item.Id })
@Html.ActionLink("刪除", "Delete", new { id = item.Id })
@Html.ActionLink("清單", "Index", "Employee")
```

說明：new { id = item.Id }是指 RouteValueDictionary，item.Id 是 model 項目的 Id 屬性，其作用是在 URL 尾端加上「/id 編號」，例如「Employees/Edit/2」，因為明細、編輯，刪除都必須要有 Id 編號才能作用。

HTML 輸出標籤：

```
<a href="/HtmlHelper/Create">新增</a>
<a href="/HtmlHelper/Details/1001">明細</a>
<a href="/HtmlHelper/Edit/1001">編輯</a>
<a href="/HtmlHelper/Delete/1001">刪除</a>
<a href="/Employee/ListAll">清單</a>
```

<a>超連結若要套用 Bootstrap 按鈕樣式，語法為：

```
@Html.ActionLink("新增", "Create", null, new { @class="btn btn-primary"})
@Html.ActionLink("明細", "Details", new { id = item.Id },
    new { @class = "btn btn-success" })
@Html.ActionLink("編輯", "Edit", new { id = item.Id },
    new { @class = "btn btn-warning" })
```

```
@Html.ActionLink("刪除", "Delete", new { id = item.Id },
    new { @class = "btn btn-danger" })
@Html.ActionLink("清單", "ListAll", "Employee",null,
    new { @class = "btn btn-info" })
```

新增 明細 編輯 刪除 清單

7-3 HTML Helpers 套用 Bootstrap 樣式或加入額外 HTML 屬性

HTML Helpers 常需套用 Bootstrap 樣式或加入額外 HTML 屬性，然而 HTML Helpers 是多載方法，不像 HTML element 可直接指定樣式或屬性，須將 Bootstrap 樣式或 HTML 屬性以參數型式，傳入 HTML Helpers 多載方法中對應的位置，然後 HTML 輸出時才會一併加入這些樣式與屬性。

以下粗體是 HTML Helpers 套用 Bootstrap 樣式或 HTML 屬性的語法，套用後的效果請直接瀏覽 HtmlHelper/HelpersBootstrap，察看 HTML 原始碼，以了解樣式及屬性是否加入。

Views\HtmlHelper\HelpersBootstrap.cshtml

```
<!--BeginForm 方法-->
@using (Html.BeginForm("HelpersBootstrap", "HtmlHelper", FormMethod.Post,
        htmlAttributes: new { @class = "form-horizontal", role = "form" }))
{
}

<!--Label 方法-->
@Html.Label("Name", htmlAttributes: new { @class = "control-label", @style =
    "color:red" })
@Html.LabelFor(m => m.Name, new { @class = "control-label", @style =
    "color:blue" })
```

```
<!--TextBox 方法-->
@Html.TextBox("Name", null, new { @class = "form-control", style =
    "background:bisque" })
@Html.TextBoxFor(m => m.Name, null, new { @class = "form-control", style =
    "background:lightblue" })

<!--Password 方法-->
@Html.Password("Password", null, new { @class = "form-control", style =
    "background:lightgreen" })
@Html.PasswordFor(m => m.Password, new { @class = "form-control" })

<!--CheckBox 方法-->
@Html.CheckBox("Term", true, new { title = "同意否" }) 條款
@Html.CheckBoxFor(m => m.Terms, new { disabled = "disabled" }) 條款

<!--RadioButton 方法-->
@Html.RadioButton("Gender", "女性", true, new { title = "選擇你的性別" }) 女性
@Html.RadioButtonFor(x => x.Gender, "男性", new { id = "Male" }) 男性

<!--DropDownList 方法-->
@Html.DropDownList("縣市", new SelectList(new[] { "台北", "台中", "高雄" }),
    new { style = "color:blue" })
@Html.DropDownListFor(m => m.City, new SelectList(new[] { "彰化", "雲林", "嘉義" }),
    new { style = "color:purple" })

<!--Editor 方法-->
@Html.Editor("Email", new { htmlAttributes = new { @class = "form-control",
   @style = "background-color:cyan" } })
@Html.EditorFor(m => m.Email, new { htmlAttributes = new { @class = "form-control",
   @style = "background-color:lightpink" } })

<!--ListBox 方法-->
@Html.ListBox("Commutermode", new SelectList(new[] { "機車", "汽車", "捷運" }),
    new { title = "通勤工具" })
@Html.ListBoxFor(m => m.Commutermode, new SelectList(new[] { "步行", "腳踏車",
    "高鐵" }), new { title = "通勤方式" })

<!--TextArea 方法-->
@Html.TextArea("Comment", new { @class = "form-control", rows = "4", cols = "40",
    maxlength = "255", placeholder = "在這裡輸入說明" })
@Html.TextAreaFor(m=>m.Comment, new { @class = "form-control", rows = "4",
    cols = "40", maxlength = "255", placeholder = "在這裡輸入意見" })
```

```
<!--ValidationMessage 方法-->
@Html.ValidationMessage("Name", "", new { @class = "text-danger" })
@Html.ValidationMessageFor(m => m.Password, "", new { @class = "text-info" })

<!--ValidationSummary 方法-->
@Html.ValidationSummary(false, "", new { @class = "text-warning" })

<!--ActionLink-->
@{ var item = Model;}
@Html.ActionLink("新增", "Create", null, new { @class = "btn btn-warning" })
@Html.ActionLink("明細", "Details", new { id = item.Id },
    new { @class = "btn btn-success" })
@Html.ActionLink("編輯", "Edit", new { id = item.Id },
    new { @class = "btn btn-primary" })
@Html.ActionLink("刪除", "Delete", new { id = item.Id },
    new { @class = "btn btn-danger" })
```

說明：

1. htmlAttributes: new { @class = " "... }可省略「htmlAttributes:」，簡化成 new { @class = ""... }。
2. 所有方法套用 Bootstrap，參數都是「new { @class = "..."}」型式，唯一例外是 Editor 方法，參數是「new { htmlAttributes = new { @class = "form-control" }」，結構略有不同，且不能省略。

TIP

MVC 的 HTML Helpers 產出是原生的 HTML 控制項，而不是 Bootstrap 控制項，故在 UI 外觀精美度略顯陽春，而別誤會套用 Bootstrap 樣式後怎麼還這麼醜。

7-4 以 HTML Helpers 和 Entity Framework 製作資料庫讀寫表單程式

前面介紹了眾多 HTML Helpers 指令用法，然而 Html Helpers 有很大目的是為了製作 CRUD 表單，讓網頁可以執行讀取、新增、刪除與修改等工作。

而本節將解析幾個重點：

1. 用 Entity Framework Code First Migrations 產生資料庫
2. 從 Controller 透過 EF 讀取資料庫，然後將 model 物件傳給 View 作呈現
3. 如何製作 CRUD 四類檢視
4. 四類 CRUD 檢視的動作會呼叫後端 Action，執行相關資料讀寫

7-4-1 用 Entity Framework Code First Migrations 產生資料庫及樣本資料

為了製作 CRUD 資料庫讀寫電子表單，首先需要有資料庫及樣本資料，因此在這裡用 Entity Framework Code First Migrations 來產生。而所謂的 Migrations 是指，保持資料模型（Data Model）與資料庫同步的一種機制，用它來建立資料庫及樣本資料，保持資料同步。

Code First Migrations 的作用是：

1. 第一次根據 DbContext 中的 DbSet 定義，在 SQL Server 產生出資料庫及資料表定義
2. 若有種子樣本資料，初次會新增資料到 SQL Server 資料庫

3. 當 Model 設計有變化，例如 Property 名稱變更、套用 Data Annotations，須用 Add-Migration 提交新的異動，再用 Updata-Database 對 SQL Server 資料表綱要作更新

Code First Migrations 使用方式分第一次及每次異動更新，以下命令不挑剔大小寫：

- 第一次初始化（三道命令）
    1. **Enable-Migrations**（啟用 Migrations）
    2. 在 Configuration.cs 加入初始化資料（加入初始樣本資料）
    3. **Add-Migration** XXX 名稱（加入異動名稱 XXX）
    4. **Update-Database**（對 SQL LocalDB 資料庫作更新）
- 每次異動更新（兩道命令）
    1. **add-migration** XXX 異動名稱
    2. **update-database**

TIP

使用 Code First Migrations 前，記得在 NuGet 安裝 EntityFramework 套件。

範例 7-2 用 Code First Migrations 建立資料庫及樣本資料

本範例帶您走一遍 Code First Migrations 使用方式，從 Model 建立、資料庫環境設定、樣本資料建立，最後再產生出對映的資料庫，練習前需用 NuGet 安裝 EntityFramework 套件，步驟如下：

step 01 在 Models 資料夾建立 Emplyee 及 Register 資料模型。

✦ Emplyee 模型

Models\Employee.cs

```
public class Employee
{
    public int Id { get; set; }
    public string Name { get; set; }
    public string Mobile { get; set; }
    public string Email { get; set; }
    public string Department { get; set; }
    public string Title { get; set; }
}
```

✦ Register 模型

Models\Register.cs

```
public class Register
{
    public int Id { get; set; }
    public string Name { get; set; }
    public string Nickname { get; set; }
    public string Password { get; set; }
    public string Email { get; set; }
    public int Gender { get; set; }
    public int City { get; set; }
    public string Commutermode { get; set; }
    public string Comment { get; set; }
    public bool Terms { get; set; }
}
```

step 02 在 Web.config 新增一個「CmsContext」資料庫連線。

```
<connectionStrings>
 <add name="CmsDbConnection" connectionString="Data Source=(localdb)\MSSQLLocalDB;
     Initial Catalog=CmsDB; Integrated Security=True;
     MultipleActiveResultSets=True;
     AttachDbFilename=|DataDirectory|CmsDatabase.mdf"
     providerName="System.Data.SqlClient" />
</connectionStrings>
```

step03 在 Models 資料夾建立 CmsContext 類別。

Models\CmsContext.cs

```
using System.Data.Entity;
using MvcHtmlHelpers.Models;

namespace MvcHtmlHelpers.Models
{                                    負責管理 Entity 物件資料
    public class CmsContext:DbContext
    {                                         使用 Web.config 的資料庫連線
        public CmsContext() : base("CmsDbConnection") { }
                   查詢及儲存 Entity 個體資料
        public DbSet<Employee> Employees { get; set; }
        public DbSet<Register> Registers { get; set; }
    }
}
```

說明：

1. DbContext 是負責執行時期的 Entity 物件管理，包括從資料庫讀取資料、追蹤異動及資料寫入資料庫。

2. DbSet 是用來查詢和儲存 Entity 資料集合，LINQ 查詢是以 DbSet 為對象，然後 LINQ 會被轉換成實際的資料庫查詢語法。

step04 在 Visual Studio 的【工具】→【NuGet 封裝管理員】→【套件管理器主控台】】→輸入「Enable-Migrations」按 Enter 啟用 Migration，然後會產生一個 Migrations 資料夾，其中有 Configuration.cs 檔。

step05 在 Configuration 類別的 Seed() 方法加入樣本資料，包括 Employees 五筆及 Registers 一筆。

Migrations\Configuration.cs

```
using MvcHtmlHelpers.Models;
...
protected override void Seed(MvcHtmlHelpers.Models.CmsContext context)
{
    context.Employees.AddOrUpdate(
```

```
        x => x.Id,
        new Employee { Id = 1, Name = "David", Mobile = "0935-155222",
            Email = "david@gmail.com", Department = "總經理室", Title = "CEO" },
        new Employee { Id = 2, Name = "Mary", Mobile = "0938-456889",
            Email = "mary@gmail.com", Department = "人事部", Title = "管理師" },
        new Employee { Id = 3, Name = "Joe", Mobile = "0925-331225",
            Email = "joe@gmail.com", Department = "財務部", Title = "經理" },
        new Employee { Id = 4, Name = "Mark", Mobile = "0935-863991",
            Email = "mark@gmail.com", Department = "業務部", Title = "業務員" },
        new Employee { Id = 5, Name = "Rose", Mobile = "0987-335668",
            Email = "rose@gmail.com", Department = "資訊部", Title = "工程師" }
        );

    context.Registers.AddOrUpdate(
        x => x.Id,
        new Register { Id = 1, Name = "奚江華", Nickname = "聖殿祭司",
         Password = "myPassword*", Email = "dotnetcool@gmail.com",
         City = 4, Gender = 1, Commutermode = "1", Comment = "Nothing", Terms = true }
        );
}
```

說明：由於在 DbContext 中宣告了 Employees 及 Registers 兩個 DbSet<TEntity>，因此在 SQL Server 會產生 Employees 及 Registers 兩個對映的資料表。

step06 在【套件管理器主控台】執行「Add-Migration InitialSeedData」命令，然後會產生日期流水號「202111141306078_InitialSeedData.cs」異動檔。而 InitialSeedData 代表此次異動的名稱，亦可換成其他有意義的名稱。

step07 執行「Update-Database」，第一次會建立資料庫及資料表定義，倘若 Configuration.cs 的 Seed()有建立樣本資料，則會將其 Insert 到資料表。

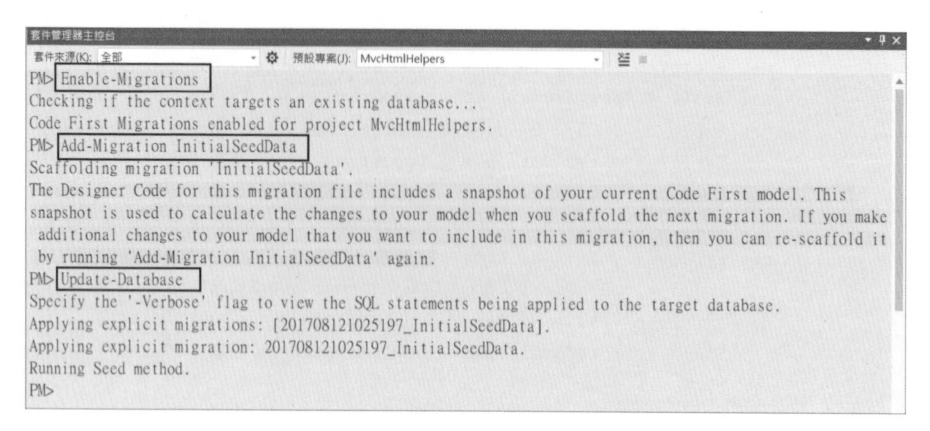

圖 7-3 執行 Migration 的三個指令

7-4-2 從 GET 與 POST 角度解釋 CRUD 四類 Views 與 Actions 的對應關係

有了資料庫樣本資料後，便可著手製作 CRUD 四類 Actions 與 Views，但在這之前，要先從 GET 與 POST 角度解釋它們之間的對應關係。

❖ GET vs. POST 方法

GET 和 POST 是 HTTP 規範定義的 Methods，功用如下：

- GET：使用者在瀏覽器網址列輸入 URL 位址後，就會用 GET 方法從伺服器讀取資料。GET 方法主要是作讀取資料動作。
- POST：前端 HTML Form 在 Submit 後，會以 POST 方法向後端伺服器提交資料，意謂著有資料要回寫到伺服器，因此有時可把 POST 看成是寫入動作。包括新增、更新或刪除資料都可用 POST 來執行。

在範例 2-3 及下一個範例中，使用 Scaffolding 產出的 CRUD 樣板，其中 Views 與 Actions 的對應關係如下表，對應方式有其運作上的理由。

表 7-3 CRUD 四類 Views 與 Actions 的對應關係

CRUD 對應的 View	HTTP 請求方法	負責接收請求及處理回應的 Action 方法
`Index.cshtml`	GET(讀取)	~~[HttpGet]~~ `Index()`
`Edit.cshtml`	GET(讀取)	~~[HttpGet]~~ `Edit(int? id)`
	POST(提交資料)	`[HttpPost]` `Edit([Bind(Include = "Id,...")] Employee employee)`
`Create.cshtml`	GET(讀取)	~~[HttpGet]~~ `Create()`
	POST(提交資料)	`[HttpPost]` `Create([Bind(Include = "Id,...")] Employee employee)`
`Delete.cshtml`	GET(讀取)	~~[HttpGet]~~ `Delete(int? id)`
	POST(提交資料)	`[HttpPost, ActionName("Delete")]` `DeleteConfirmed(int id)`
`Details.cshtml`	GET(讀取)	~~[HttpGet]~~ `Details(int? id)`

TIP

Action 預設即為[HttpGet]，故可省略不標示。

Views 與 Actions 之間的對應關係

若以資料的讀取和異動作為分野，Actions 與 Views 可分為兩類：

1. 讀取資料類（GET 類型請求）

   有 Index.cshtml 及 Details.cshtml 兩類檢視，而對應的 Action 為 Index() 及 Deatils()。例如使用者在瀏覽器查詢「Http://..../Employees/Index」，Index 網頁會以 GET 發出請求給[HttpGet]的 Index()動作方法，然後 Index()再將 HTML 結果回傳給瀏覽器。

2. 提交資料類（POST 類型請求）

有 Edit.cshtml、Create.cshtml 及 Delete.cshtml 三類檢視，每個檢視會對應兩個 Actions，一個負責處理 GET 類請求，另一個處理 POST 類請求。

以 EDIT 編輯資料為例：

1. 使用者第一次執行「Employees/Edit/2」，Edit 頁面會發出 GET 請求，然後負責 GET 的 Action 會回傳編號 2 的資料給瀏覽器呈現。
2. 使用者修改資料後，按下 Submit 按鈕提交，會用 POST 將資料回傳給第二個 Edit(...)方法，它是負責處理 POST 請求的 Action。

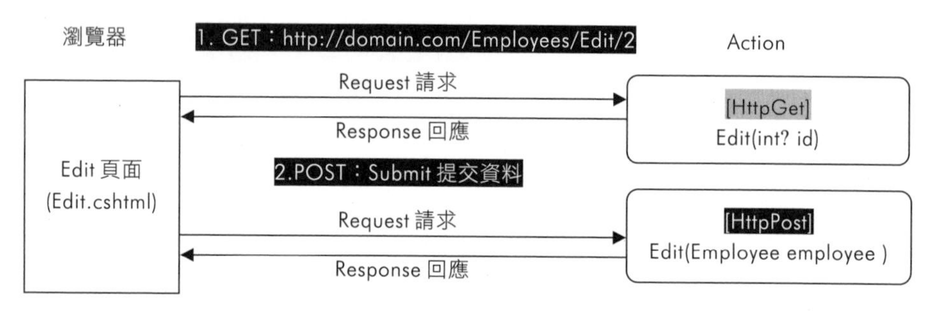

圖 7-4 Edit 編輯頁面的 GET 與 POST 之運作

只要是 Create、Edit 或 Delete 類，它提交方法就會用 post，這也是為什麼一個編輯功能在 Controller 要有兩 Actions 來負責的原因。

```
<form action="/Employees/create" method="post">
<form action="/Employees/edit/2" method="post">
<form action="/Employees/delete/5" method="post">
```

7-4-3 Index 資料清單功能建立

Index 是用來呈現資料清單的頁面。

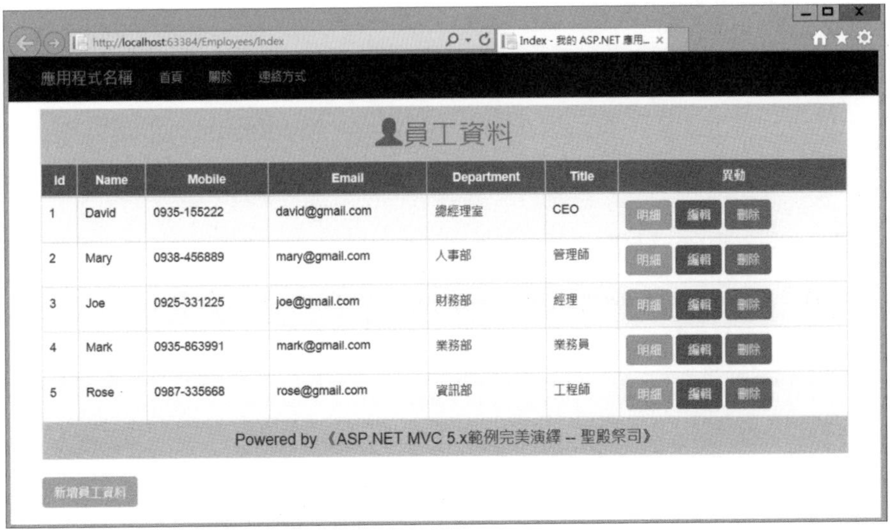

員工資料

Id	Name	Mobile	Email	Department	Title	異動
1	David	0935-155222	david@gmail.com	總經理室	CEO	明細 編輯 刪除
2	Mary	0938-456889	mary@gmail.com	人事部	管理師	明細 編輯 刪除
3	Joe	0925-331225	joe@gmail.com	財務部	經理	明細 編輯 刪除
4	Mark	0935-863991	mark@gmail.com	業務部	業務員	明細 編輯 刪除
5	Rose	0987-335668	rose@gmail.com	資訊部	工程師	明細 編輯 刪除

Powered by《ASP.NET MVC 5.x範例完美演繹 -- 聖殿祭司》

新增員工資料

圖 7-5 Index 顯示員工資料清單

請參考 Employees 控制器、Index()方法及 Views\Employees\Index.cshtml 檢視檔。以下逐一解釋 CRUD 每種 Action 及 View 的結構及語法，讓您了解 CRUD 樣板為什麼是它們現在的樣子。

❖ Index 動作方法之結構

Index 僅作資料顯示用途，故只需建立一個 Index()動作方法負責 GET 請求，主要結構如下：

Index()結構

```
[HttpGet]
public ActionResult Index() ◄── 負責 GET
{
    //從資料庫讀取資料，並放入 model 中...
    return View(model);
}
```

❖ Index 檢視之結構

Scaffolding 的 Index.cshtml 是以<table>來呈現資料，雖然用<div>、<ul>等其他元素也行，但為了與 Scaffolding 同調，以下是本書建立的 Index.cshtml，但定義上更嚴謹，主要結構如下：

Index.cshtml 結構

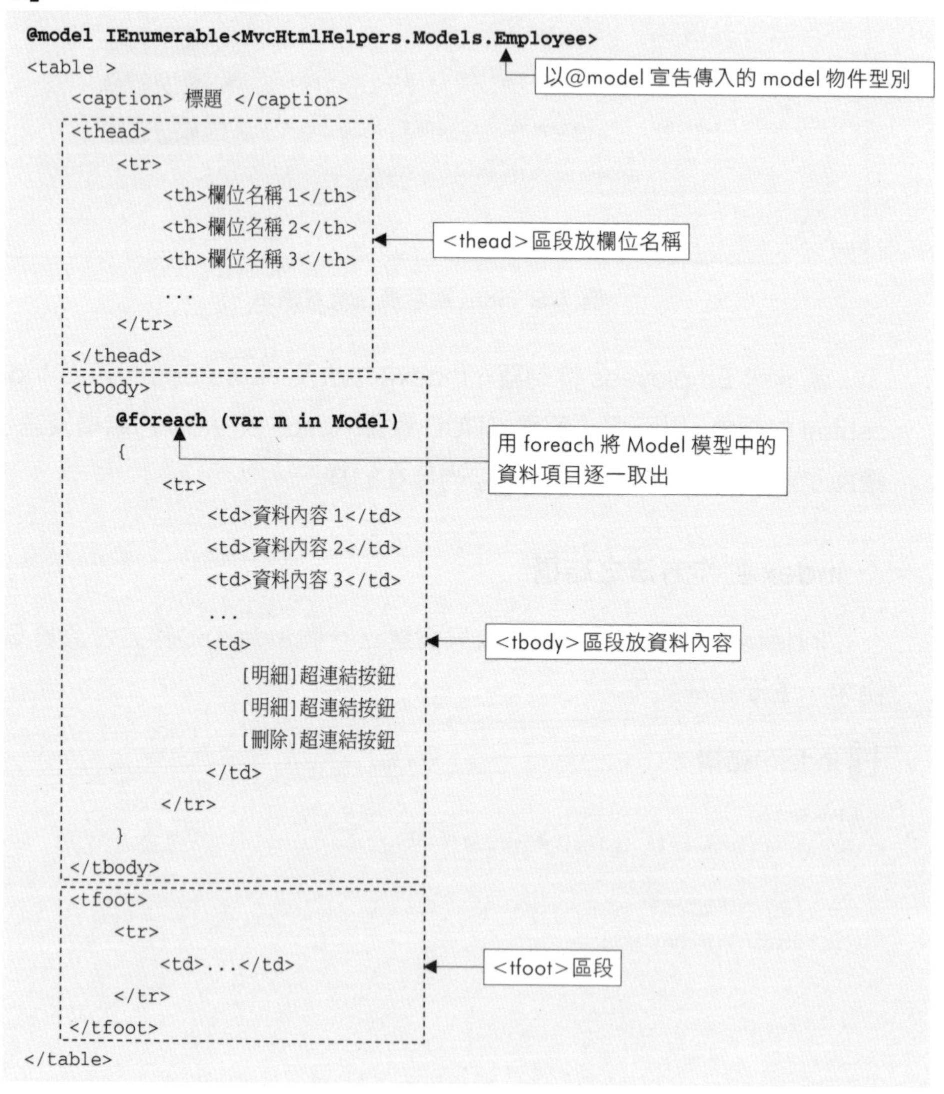

```
@model IEnumerable<MvcHtmlHelpers.Models.Employee>
<table >
    <caption> 標題 </caption>
    <thead>
        <tr>
            <th>欄位名稱 1</th>
            <th>欄位名稱 2</th>
            <th>欄位名稱 3</th>
            ...
        </tr>
    </thead>
    <tbody>
        @foreach (var m in Model)
        {
            <tr>
                <td>資料內容 1</td>
                <td>資料內容 2</td>
                <td>資料內容 3</td>
                ...
                <td>
                    [明細]超連結按鈕
                    [明細]超連結按鈕
                    [刪除]超連結按鈕
                </td>
            </tr>
        }
    </tbody>
    <tfoot>
        <tr>
            <td>...</td>
        </tr>
    </tfoot>
</table>
```

範例 7-3 顯示員工資料清單－Index

前面 Code First Migrations 新增員工資料到資料庫，在此用 HTML Helpers 及 foreach 程式，將 model 物件中的資料讀出及顯示，步驟如下：

step01 在 Controllers 資料夾新增 Employees 控制器，建立 Index()程式。

Controllers\EmployeesController.cs

```
...
using MvcHtmlHelpers.Models;
using System.Net;
using System.Data.Entity;

namespace MvcHtmlHelpers.Controllers
{
    public class EmployeesController : Controller
    {
     //初始化 Entity Framework 的 Context 環境，用來對資料庫作存取
        private CmsContext db = new CmsContext();

        public ActionResult Index()
        {
            //從資料庫讀取資料，建立 model
            var emps = db.Employees.ToList();
            return View(emps);        讀取 Employees，並轉為 List 集合
        }
    }
}
```

step02 在 Index()方法按滑鼠右鍵→範本【Empty(沒有模型)】→【加入】。

step03 以下請用純手工建立 Index 檢視程式，而不透過 Scaffolding 輔助產生樣板，目的是為了強化各位對 Razor 及 HTML Helpers 指令的熟悉度。

Views\Emplpoyees\Index.cshtml

```
@model IEnumerable<MvcHtmlHelpers.Models.Employee>
@{
    ViewBag.Title = "Index";
```

```
}
<table class="table table-striped table-bordered table-hover">
    <caption><div class="glyphicon glyphicon-user"></div>員工資料</caption>
    <thead>
        <tr>
            <th>@Html.DisplayNameFor(m => m.Id)</th>
            <th>@Html.DisplayNameFor(m => m.Name)</th>
            <th>@Html.DisplayNameFor(m => m.Mobile)</th>
            <th>@Html.DisplayNameFor(m => m.Email)</th>
            <th>@Html.DisplayNameFor(m => m.Department)</th>
            <th>@Html.DisplayNameFor(m => m.Title)</th>
            <th>異動</th>
        </tr>
    </thead>
    <tbody>
        @foreach (var m in Model)
        {
            <tr>
                <td>@Html.DisplayFor(x => m.Id)</td>
                <td>@Html.DisplayFor(x => m.Name)</td>
                <td>@Html.DisplayFor(x => m.Mobile)</td>
                <td>@Html.DisplayFor(x => m.Email)</td>
                <td>@Html.DisplayFor(x => m.Department)</td>
                <td>@Html.DisplayFor(x => m.Title)</td>
                <td>
                    @Html.ActionLink("明細", "Details", new { id = m.Id },
                         htmlAttributes: new { @class = "btn btn-info" })
                    @Html.ActionLink("編輯", "Edit", new { id = m.Id },
                         htmlAttributes: new { @class = "btn btn-primary" })
                    @Html.ActionLink("刪除", "Delete", new { id = m.Id },
                         htmlAttributes: new { @class = "btn btn-danger" })
                </td>
            </tr>
        }
    </tbody>
    <tfoot>
        <tr>
            <td colspan="7">Powered by @MyFunctions.getBookTitle()</td>
        </tr>
    </tfoot>
</table>
<p>
    @Html.ActionLink("新增員工資料", "Create", null, new { @class="btn
```

```
btn-warning" })
</p>

@section topCSS{
<style>
    ...若需套用較美的 CSS 樣式，請參考範例程式
</style>
}
```

說明：完成後執行 Index 頁面，畫面會顯示員工資料清單。

7-4-4 Details 資料明細功能建立

若在 Index 頁面點選【明細】按鈕，便會導向 Details 顯示員工資料明細。

圖 7-6 Details 顯示員工資料明細

❖ Details 動作方法之結構

Details 也是作顯示資料，故只需建立一個 Action 方法負責 GET 請求，主要結構為：

Details()結構

```
[HttpGet]
public ActionResult Details(int? Id) ◄── 負責 GET
{
    ...
    //以 Id 找尋員工資料
    Employee emp = db.Employees.Find(Id);
    ...
    return View(emp);
}
```

❖ Details 檢視之結構

Scaffolding 產生的 Details.cshtml 是以<dl>來資料呈現，主要結構為：

Details.cshtml 結構

```
<dl class="dl-horizontal">
    <dt>欄位名稱 1</dt>
    <dd>資料內容 1</dd>
    <dt>欄位名稱 2</dt>
    <dd>資料內容 2</dd>
    ...
</dl>
```

範例 7-4 顯示員工明細資料－Details

在此仍用 HTML Helpers 手工程式顯示員工資料明細，步驟如下：

step01 在 Employees 控制器建立 Details 方法，主要是利用 Find()方法查詢員工資料，其餘只是防呆的判斷程式。

Controllers\EmployeesController.cs

```
public ActionResult Details(int? Id)
{
    //檢查是否有員工 Id 的判斷
    if (Id == null)
```

```
    {
        return new HttpStatusCodeResult(HttpStatusCode.BadRequest);
    }                                        產生 HTTP 404 狀態代碼

    //以 Id 找尋員工資料
    Employee emp = db.Employees.Find(Id);

    //如果沒有找到員工，回傳 HttpNotFound
    if (emp == null)
    {
        return HttpNotFound(); ◄── 產生 HTTP 400 狀態代碼
    }

    return View(emp);
}
```

step02 在 Details ()方法按滑鼠右鍵→【Empty(沒有模型)】→【加入】，手動建立以下程式。

Views\Emplpoyees\Details.cshtml

```
@model MvcHtmlHelpers.Models.Employee
@{
    ViewBag.Title = "Details";
}
<h2>員工個人資料明細</h2>
<dl class="dl-horizontal">           成對出現，前者為標題，後者為資料值
    <dt>@Html.DisplayNameFor(m => m.Id)</dt>
    <dd>@Html.DisplayFor(m => m.Id)</dd>
    <dt>@Html.DisplayNameFor(m => m.Name)</dt>
    <dd>@Html.DisplayFor(m => m.Name)</dd>
    <dt>@Html.DisplayNameFor(m => m.Mobile)</dt>
    <dd>@Html.DisplayFor(m => m.Mobile)</dd>
    <dt>@Html.DisplayNameFor(m => m.Email)</dt>
    <dd>@Html.DisplayFor(m => m.Email)</dd>
    <dt>@Html.DisplayNameFor(m => m.Department)</dt>
    <dd>@Html.DisplayFor(m => m.Department)</dd>
    <dt>@Html.DisplayNameFor(m => m.Title)</dt>
    <dd>@Html.DisplayFor(m => m.Title)</dd>
</dl>
<p>
```

```
    @Html.ActionLink("編輯", "Edit", new { id = Model.Id },
    new { @class = "btn btn-primary" })
    @Html.ActionLink("返回員工列表", "Index", null,
    new { @class = "btn btn-warning" })
</p>

@section topCSS{
<style>
    ...若需套用較美的 CSS 樣式，請參考程式
</style>
}
```

說明：完成後，請瀏覽 Employees/Index 頁面，按下【明細】按鈕，便可查詢員工資料明細。如果直接執行 Details 頁面，會因 URL 沒有提供員工編號而產生錯誤，可在 URL 尾端補上編號如「Employees/Details/5」，即可正常執行。

7-4-5 Create 新增資料功能建立

Create 是建立一個空白 Form 表單，讓使用者輸入資料後提交。在 GET 之外，還需第二個處理 POST 提交資料的 Action 方法。

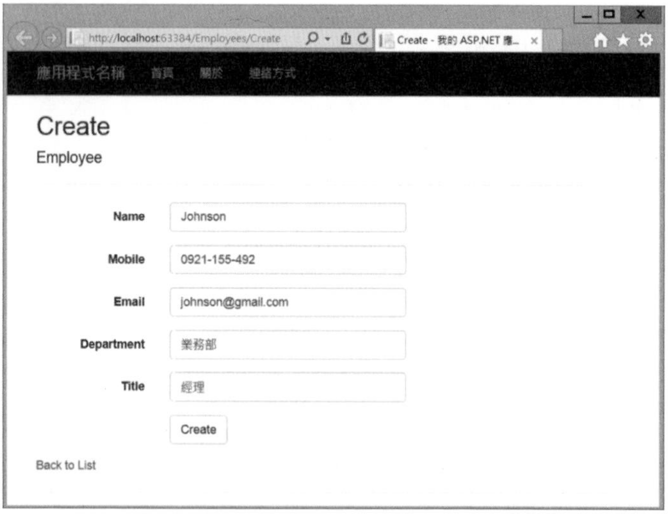

圖 7-7 Create 新增員工資料

❖ Create 動作方法之結構

Create 需建立兩個 Actions，一個負責 GET 類型請求（顯示），另一個負責 POST 類型請求（寫入資料庫），結構如下：

Create()結構

```
[HttpGet]
public ActionResult Create()   ◄── 負責 GET 的 Action
{
    return View();
}

[HttpPost]                      ── 防止跨網站偽造請求的攻擊
[ValidateAntiForgeryToken]      ── 負責 POST 的 Action
public ActionResult Create([Bind(Include = "Id,...")]Employee emp)
{                               ── Bind 是用來指定欲異動的欄位，以防止 over-posting 攻擊
    //用 ModelState.IsValid 判斷資料是否通過驗證
    if (ModelState.IsValid)
    {
        //通過驗證,將資料異動儲存到資料庫...
    }

    //若未通過驗證, 再次返回顯示 Form 表單,直到資料提交完全正確
    return View(emp);
}
```

❖ Create 檢視之結構

Create 檢視必須用<form>...</form>表單來提交新增的資料，而<form>用 Html.BeginForm()宣告，結構如下：

Create.cshtml 結構

```
@using (Html.BeginForm())
{
    @Html.AntiForgeryToken()   ◄── 防止 CSRF 跨網站請求偽造攻擊
    <div class="form-horizontal">
        ...
```

每一個輸入項目，會包在.form-group 的<div/>區段

```
        <div class="form-group">
            @Html.LabelFor(model => model.Name, new { @class = "col-md-2" })
            <div class="col-md-10">
                @Html.EditorFor(model => model.Name, ...)
                @Html.ValidationMessageFor(model => model.Name, ...)
            </div>
        </div>
        ...
        <div class="form-group">
            <div class="col-md-offset-2 col-md-10">
                <input type="submit" value="Create" class="btn btn-default" />
            </div>
        </div>
    </div>
}
```

用 Label 方法產生標題

用 Editor 方法產生輸入控制項

ValidationMessage 方法驗證輸入是否合乎 Data Annotations 規則

說明：

1. Create 樣板其實是 HTML＋Bootstrap ＋ HTML Helpers 三者組合，最後輸出成<form>...<form>的 HTML。
2. <div class="form-group">中.form-group 是套用 Bootstrap 表單樣式。
3. Html.AntiForgeryToken()是用來防止 Cross-site request forgery 攻擊（XSRF or CSRF），同時在 Action 也需套用[ValidateAntiForgeryToken]。
4. 每一列輸入控制項會包覆在<div class="form-group">...</div>區段中。
5. Label 控制項會佔用版面 2 個欄位寬度（col-md-2），Edit 方法產生的輸入控制項則佔 10 個欄位寬度（col-md-10），剛好佔滿 Bootstrap 一列 12 個欄位寬度。

範例 7-5 新增員工資料－Create

以下建立新增員工資料之 Create 方法與檢視，步驟如下：

step01 在 Employees 控制器新增兩個 Create 方法。

Controllers\EmployeesController.cs

```
public ActionResult Create()        ← GET。負責讀取的 Action
{
    return View();
}

[HttpPost]
[ValidateAntiForgeryToken]
public ActionResult Create([Bind(Include = "Id,Name,Mobile,Email,Department,
         Title")]Employee emp)        ← POST。負責寫入的 Action
{
    //用 ModelState.IsValid 判斷資料是否通過驗證
    if (ModelState.IsValid)
    {
        //通過驗證,將資料異動儲存到資料庫
        db.Employees.Add(emp);
        db.SaveChanges();
      //儲存完成後，導向 Index 動作法方
        return RedirectToAction("Index");
    }

    //若未通過驗證, 再次返回顯示 Form 表單,直到資料提交完全正確
    return View(emp);
}
```

step02 在 Create()方法按滑鼠右鍵→【新增檢視】→【MVC 5 檢視】→【加入】→範本選擇【Create】→模型類別選擇「Employee (MvcHtmlHelpers.Models)」→【加入】。

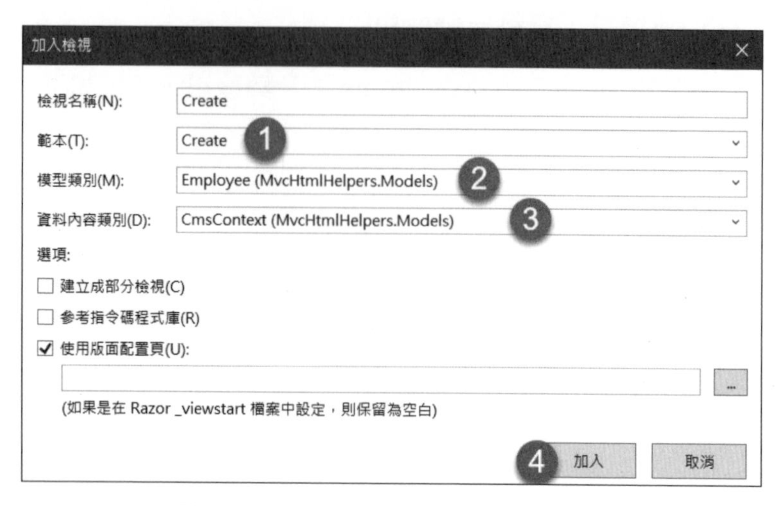

圖 7-8 以 Scaffolding 產生 Create 檢視

以下是 Scaffolding 產生的 Create 檢視：

Views\Emplpoyees\Create.cshtml

```
@model MvcHtmlHelpers.Models.Employee
...
@using (Html.BeginForm())
{
    @Html.AntiForgeryToken()
    <div class="form-horizontal">
        <h4>Employee</h4>
        <hr />
        @Html.ValidationSummary(true, "", new { @class = "text-danger" })
        <div class="form-group">
            @Html.LabelFor(model => model.Name,
                htmlAttributes: new { @class = "control-label col-md-2" })
            <div class="col-md-10">
                @Html.EditorFor(model => model.Name,
                    new { htmlAttributes = new { @class = "form-control" } })
                @Html.ValidationMessageFor(model => model.Name, "",
                    new { @class = "text-danger" })
            </div>
        </div>
```

ValidationSummary 方法提供驗證摘要

form-group 區塊代表一列

ValidationMessage 為輸入控制項提供驗證訊息

```
        <div class="form-group">
            @Html.LabelFor(model => model.Mobile, ...)
            <div class="col-md-10">
                @Html.EditorFor(model => model.Mobile, ...)
                @Html.ValidationMessageFor(model => model.Mobile, "", ...)
            </div>
        </div>
        ...
        <div class="form-group">
            <div class="col-md-offset-2 col-md-10">
                <input type="submit" value="Create" class="btn btn-default" />
            </div>
        </div>
    </div>
}
<div>
    @Html.ActionLink("Back to List", "Index")
</div>

@section Scripts {
    @Scripts.Render("~/bundles/jqueryval")
}
```

form-group 區塊代表一列

ValidationSummary & ValidationMessage 方法前端驗證需使用 jQuery Validation

說明：完成請執行 Create，輸入一筆資料，新增到資料庫。

❖ 利用 Data Annotations 為 Model 加上驗證規則

以上用 Create 表單建立一筆新的資料，資料內容是完全沒有任何驗證規則，例如資料是否必須輸入，或接受什麼樣的資料格式。若要加上 驗證規則，可在 Model 模型套用 Data Annotations：

Models\Employee

```
public class Employee
{
    public int Id { get; set; }
    [Required]
    [StringLength(20,MinimumLength =3,ErrorMessage ="最少需 3 個字元!")]
    public string Name { get; set; }
```

```
    [Required]
    [RegularExpression(@"^\09d{2}\-?\d{3}\-?\d{3}$", ErrorMessage = "需為 09xx-
    xxx-xxx")]
    public string Mobile { get; set; }
    [Required(ErrorMessage = "請輸入 Email")]
    [DataType(DataType.EmailAddress)]
    public string Email { get; set; }
    [Required(ErrorMessage = "請輸入 Department")]
    public string Department { get; set; }
    [Required(ErrorMessage = "請輸入 Title")]
    public string Title { get; set; }
}
```

說明：

1. [Required]是指欄位必須要輸入，ErrorMessage 是驗證錯誤時顯示的訊息。
2. [StringLength] 是設定字串最大值限制，除非有設定 MinimumLength，否則它不會提示錯誤。
3. [RegularExpression]是用正規表達式的 pattern 來進行驗證。
4. 如果型別為 Value Type 類（如 int, float, decimal, datetime 型別），它們都繼承了 Required，故不需再套用[Required]。
5. 若要限制 Value Type 的範圍輸入，應該用 Range(1,100)，不應該用 StringLength，因為它是用來驗證 String 字串型別。

圖 7-9 驗證失敗產生的警告訊息

7-4-6 Edit 編輯資料功能建立

Edit 編輯表單在 Action 和 View 的結構上，與 Create 非常相似，差別在於，Edit 編輯資料需要提供 Id 編號，以及異動儲存指令有小小差異。

圖 7-10 Edit 編輯員工資料

❖ Edit 動作方法之結構

Edit 也是兩個 Actions，一個 GET，另一個 POST，結構如下：

Edit()結構

```
[HttpGet]
public ActionResult Edit(int? Id)   ← 負責 GET 的 Action
{
    Employee emp = db.Employees.Find(Id);
    return View(emp);
}

            Bind 是用來指定欲異動的欄位，以防止 over-posting 攻擊
[HttpPost]
[ValidateAntiForgeryToken]
public ActionResult Edit([Bind(Include = "Id,...")] Employee emp)
{                         ↑ 負責 POST 的 Action
    //用 ModelState.IsValid 判斷資料是否通過驗證
    if (ModelState.IsValid)
    {
        //更新資料庫...
    }

    return View(emp);
}
```

❖ Edit 檢視之結構

Edit 檢視的結構與 Create 幾乎相同，也是用 Html.BeginForm()方法來產生<form>...</form>的結構，裡面是 Label、Editor 及 Validation Message 三類方法，故不重複列出。

範例 7-6　編輯員工資料－Edit

以下建立編輯員工資料之 Edit 方法與檢視，步驟如下：

step01　在 Employees 控制器新增兩個 Edit 方法。

Controllers\EmployeesController.cs

```
public ActionResult Edit(int? Id)
{
    //檢查是否有員工 Id 的判斷
    if (Id == null)
    {
        return Content("查無此資料, 請提供員工編號!");
    }
    //以 Id 找尋員工資料
    Employee emp = db.Employees.Find(Id);
    //如果沒有找到員工，回傳 HttpNotFound
    if (emp == null)
    {
        return HttpNotFound();
    }
    return View(emp);
}

[HttpPost]
[ValidateAntiForgeryToken]
public ActionResult Edit([Bind(Include = "Id,Name,Mobile,Email,
                      Department,Title")] Employee emp)
{
    //用 ModelState.IsValid 判斷資料是否通過驗證
    if (ModelState.IsValid)
    {
        //將 emp 這個 Entity 狀態設為 Modified,
        db.Entry(emp).State = EntityState.Modified;
        //當 SaveChanges()執行時,會向 SQL Server 發出 Update 陳述式命令
        db.SaveChanges();
        return RedirectToAction("Index");
    }

    return View(emp);
}
```

step02 在 Edit()方法按滑鼠右鍵→【新增檢視】→【MVC 5 檢視】→【加入】→範本選擇【Edit】→模型類別選擇「Employee (MvcHtmlHelpers.Models)」→【加入】。以下是 Scaffolding 產生的 Edit 檢視：

Views\Emplpoyees\Edit.cshtml

```
@model MvcHtmlHelpers.Models.Employee
...
@using (Html.BeginForm())
{
    @Html.AntiForgeryToken()
    <div class="form-horizontal">
        <h4>Employee</h4>
        <hr />
        @Html.ValidationSummary(true, "", new { @class = "text-danger" })
        @Html.HiddenFor(model => model.Id)

        <div class="form-group">
            @Html.LabelFor(model => model.Name, htmlAttributes:
              new { @class = "control-label col-md-2" })
            <div class="col-md-10">
                @Html.EditorFor(model => model.Name, new {
                  htmlAttributes = new { @class = "form-control" } })
                @Html.ValidationMessageFor(model => model.Name, "",
                  new { @class = "text-danger" })
            </div>
        </div>
    ...
```

說明：

1. Edit 的檢視與 Create 可說一模一樣，唯除多了一行 Html.Hidden 方法，因為編輯需要有 Id 編號。
2. 瀏覽 Employees/Index 頁面，按下【編輯】按鈕，即可進入員工資料編輯畫面。如果直接執行 Edit 頁面，也會因 URL 缺乏員工 Id 編號而產生錯誤，可在 URL 尾端補上編號如「Emplyees/Edit/3」，即可正常執行。

7-4-7 Delete 刪除資料功能建立

Delete 以 Scaffolding 產生的 Action 方法有兩個，一個負責 GET，另一個負責 POST。然而就技術而言，Delete 可以做在一個 Action，但 Scaffolding 產出第二個 Action 目的，是用來作刪除前的確認。

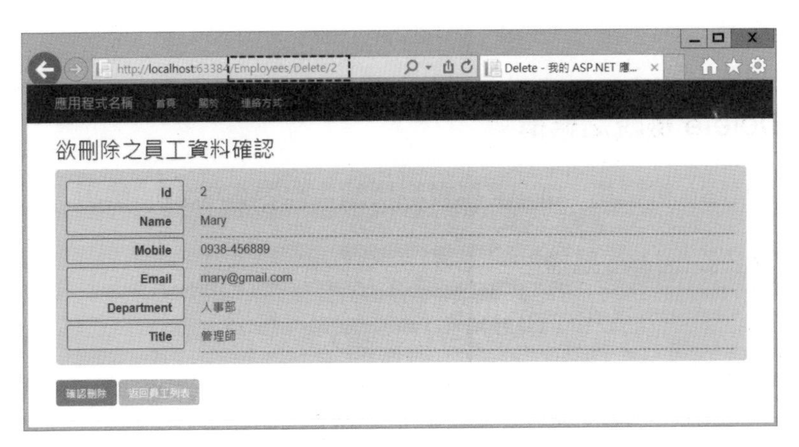

圖 7-11 Delete 刪除員工資料

❖ Delete 動作方法之結構

以下是 Delete 的兩個 Actions，一個 GET，一個 POST，結構如下：

Delete()結構

```
[HttpGet]
public ActionResult Delete(int? Id)    ← 負責 GET 的 Action
{
    //檢查是否有員工 Id...

    //以 Id 找尋員工資料
    Employee emp = db.Employees.Find(Id);

    //如果沒有找到員工，回傳 HttpNotFound...

    return View(emp);
}
```

```
[HttpPost]
public ActionResult Delete(int Id)        ◄── 負責 POST 的 Action
{
    //以 Id 找尋 Entity，然後刪除
    Employee emp = db.Employees.Find(Id);
    db.Employees.Remove(emp);
    ...
}
```

❖ Delete 檢視之結構

Delete 檢視用<dl>呈現資料明細，作為刪除前的確認，結構如下：

Detele.cshtml 結構

```
<dl class="dl-horizontal">
    <dt>@Html.DisplayNameFor(m => m.Id)</dt>
    <dd>@Html.DisplayFor(m => m.Id)</dd>
    <dt>@Html.DisplayNameFor(m => m.Name)</dt>     ◄── 欲刪除的資料明細
    <dd>@Html.DisplayFor(m => m.Name)</dd>
    ...
</dl>

@using (Html.BeginForm())
{
    @Html.AntiForgeryT...   <form>中的 Submit 提交按鈕

    <input type="submit" value="確認刪除" class="btn btn-danger"/>
    @Html.ActionLink("返回員工列表", "Index", null, new { @class = "btn btn-
    warning" })
}
```

範例 7-7 刪除員工資料－Delete

以下建立刪除員工資料之 Delete 方法與檢視，步驟如下：

step01 在 Employees 控制器新增兩個 Delete 方法。

Controllers\EmployeesController.cs

```
public ActionResult Delete(int? Id)
{
    //檢查是否有員工 Id
    if (Id == null)
    {
        return Content("查無此資料, 請提供員工編號!");
    }
    //以 Id 找尋員工資料
    Employee emp = db.Employees.Find(Id);
    //如果沒有找到員工，回傳 HttpNotFound
    if (emp == null)
    {
        return HttpNotFound();
    }

    return View(emp);
}

[HttpPost]
[ValidateAntiForgeryToken]
public ActionResult Delete(int Id)
{
    //以 Id 找尋 Entity，然後刪除
    Employee emp = db.Employees.Find(Id);
    db.Employees.Remove(emp);
    db.SaveChanges();
    return RedirectToAction("Index");
}
```

step02 在 Delete()方法按滑鼠右鍵→【新增檢視】→【MVC 5 檢視】→【加入】→範本選擇【Delete】→模型類別選擇「Employee (MvcHtmlHelpers.Models)」→【加入】。Scaffolding 產出的 Delete.cshtml 與 Details.cshtml 差不多。

完成後，執行 Employees/Index 頁面，按下【刪除】按鈕，就會進入刪除確認畫面。若直接執行 Delete 頁面，會因缺乏 Id 編號而產生錯誤，可在 URL 補上編號如「Employees/Delete/2」，即可正常執行。

7-5 結論

HTML Helpers 不但指令眾多，且支援多載方法，初上手的讀者可能需多花點心思反覆咀嚼，才能熟悉其語法。在建構 HTML Helpers 與 Entity Framework 資料讀寫過程中，讓我們了解到 Entity Framework 環境要如何設定，Model 及驗證規則的建立，乃至 CRUD 產出的 Actions 及 View 結構上為何長這樣，理解這些後，對於 View 的設計與運行模式便能了然於心。

以 Routing 路由建立汽車銷售網站的 URL 查詢實戰

8 CHAPTER

路由在 MVC 中的作用，是將 URL 請求對映到處理程式，而處理程式最常見的類型就是 Controller / Action。然因路由本身有一套運行機制，需要了解它的運作原理、設定及限制規則，才能建立符合網站需求的 URL 查詢規範。

8-1 探討 Routing 路由誕生的原因與優勢

若用一句話描述什麼是 Routing 路由：

"將 URL Request 對映到 Controller 與 Action 的配對導引機制"

而有一個常被問到的問題：為什麼需要路由？早期還沒有 Routing 路由系統時，網站是直接曝露 ASP.NET 程式讓使用者存取，例如以下購物網站商品網頁直接顯露程式名稱：

```
http://www.shopping.com/cars.aspx (汽車類)
http://www.shopping.com/foods.aspx (食品類)
http://www.shopping.com/electronics.aspx (電子產品類)
```

而以汽車類來說，還有轎車、SUV、跑車、敞篷車、吉普車等分類，那麼傳統作法是在 URL 網址帶參數：

```
http://www.shopping.com/automobile.aspx?category=1 (代表轎車)
http://www.shopping.com/automobile.aspx?category=2 (代表 SUV)
http://www.shopping.com/automobile.aspx?category=3 (代表跑車)
http://www.shopping.com/automobile.aspx?category=4 (代表敞篷車)
http://www.shopping.com/automobile.aspx?category=5 (代表吉普車)
```

藉由 category 編號來表示各種分類，這對消費者不但難記憶，且無意義。此外還有一些衍生性問題，如：

- URL Request 請求與處理程式.aspx 間過度強烈的綁定。例如想將 automobile 變成 car，除非將程式檔名改成 car.aspx，否則不易辦到
- 無法輕易轉變成易記的 URL 名稱。例如想將轎車網址由 automobile.aspx?id=1 改成較易記的 car/轎車，SUV 變成 car/suv
- 難以變更.aspx 程式名稱，又不影響使用者 URL 存取。例如原本程式名稱是 automobile.aspx，但後來突然改成 car.aspx，使用者瀏覽器書籤或記憶中的網址便會失效，無法存取到原本的網頁
- 無法直接限制或前期過濾掉 URL 網址中不合規定的參數，例如 id=1，限制 id 只接受數字，而不接受 id=abc 這種含有英文字母

因為久經上述的缺點與痛苦，於是乎後來有 Routing 路由系統的誕生，之後不但 URL 請求可以和.aspx 或實體檔案程式脫勾，二者之間沒有實質強烈綁定，同時可以自行新增路由規則，將 URL 引導對映到指定的處理程式，讓某個 Controller 的 Action 來處理 URL 請求。

此外路由的好處還有：

- 可以建立簡單易記的短網址（Short URLs）
- 即使程式變更，對外服務的 URL 依然保持不變
- Hackable URL

- 可對 URL 參數加上限制，例如 clothes.aspx?id=1，限制 id 只能輸入數字，甚至是限制長度等等，而不能輸入英文或其他與資料庫鍵值不符的字元
- 避免資料庫欄位 Id 曝露在 URL 網址中
- URL 對 SEO 友善

8-2 路由的載入與定義

MVC 專案建立時，在 App_Start 目錄下會建立 RouteConfig.cs 路由組態檔，於執行時，Global.asax 會載入 RouteConfig 路由定義。

Global.asax

```
public class MvcApplication : System.Web.HttpApplication
{
    protected void Application_Start()
    {
        AreaRegistration.RegisterAllAreas();
        FilterConfig.RegisterGlobalFilters(GlobalFilters.Filters);
        RouteConfig.RegisterRoutes(RouteTable.Routes); ◄── 載入路由定義
        BundleConfig.RegisterBundles(BundleTable.Bundles);
    }
}
```

路由檔預設有兩筆定義，第一筆是告訴路由忽略掉 WebResource.axd 或 ScriptResource.axd 之類的請求，第二筆是名為 Default 的路由。

App_Start\RouteConfig.cs **中的路由定義**

```
public class RouteConfig
{
    public static void RegisterRoutes(RouteCollection routes)
    {
      //路由會忽略掉 WebResource.axd 或 ScriptResource.axd 之類的請求，
      //不會將這類請求傳給 Controller 處理
        routes.IgnoreRoute("{resource}.axd/{*pathInfo}"); ◄── 第一筆路由
```

```
    //系統新增的一筆路由定義，其名稱為 Default，名稱必須是唯一，否則會產生衝突
    routes.MapRoute(
        name: "Default",
        url: "{controller}/{action}/{id}",
        defaults: new { controller = "Home", action = "Index",
            id = UrlParameter.Optional }
    );
  }
}
```

第二筆路由

說明：

1. RegisterRoutes()是靜態方法，而參數 routes 是 RouteCollection 型別集合，是用來保存路由定義。
2. IgnoreRoute()是指示忽略掉特定的 URL Pattern 請求，也就是告訴路由系統不要處理這類請求。
3. MapRoute()方法是用來對映 URL 路由，這筆 URL 路由會加入 routes 路由集合中。
4. IgnoreRoute()與 MapRoute()方法都會將路由定義加入 routes 集合中，在 Visual Studio 監看式中可看到 routes 集合資料。

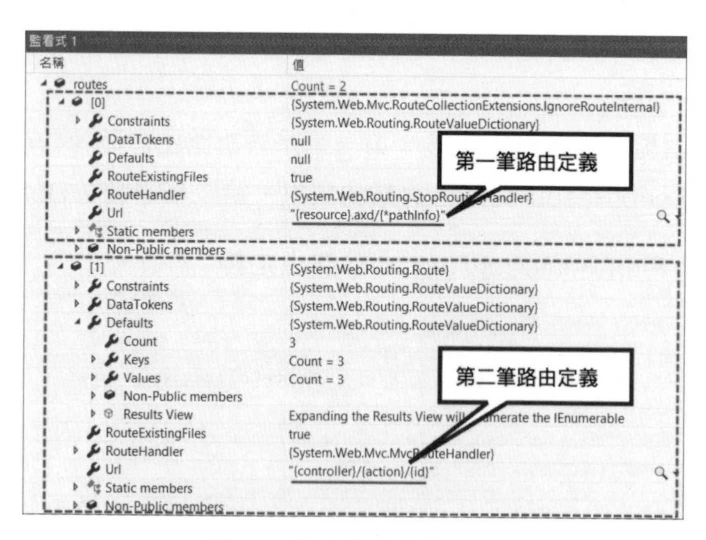

圖 8-1 路由集合中的項目

以下是 MapRoute()方法中參數說明，MapRoute 為多載方法，至多可指定 name、url、defaults 及 constrains 四個參數，最少須指定 name 及 url。

```
routes.MapRoute(
    //1.路由名稱(名稱必須是唯一)
❶   name: "Default",◄── 1.路由名稱

    //2.url 是指 URL pattern,裡面兩個斜線區隔出三個 Segments,
    //而每個 Segment 中{}大括所包含的稱為 Placeholder,Placeholder 即為 URL 參數
❷   url: "{controller}/{action}/{id}", ◄── 2.URL Pattern 樣式

    //3.defaults 是指定 Placeholder 的預設值,例如{controller}中 controller 預設值為 Home
    //id = UrlParameter.Optional 表示這個參數是選擇性的,URL 中可能有提供,也可能沒有
❸  defaults: new { controller = "Home", action= "Index", id = UrlParameter.Optional },
                       └── 3.URL 參數預設值
    //4.替路由參數加上限制條件,例如限制 id 參數只能是數字,不能是英文或其他符號
❹   constraints: new { id = @"\d+" } ◄── 4.替 URL 參數加上限制條件
);
```

說明：

1. 由於"Default"路由的 URL Pattern 為{controller}/{action}/{id}，也就是瀏覽的 URL 網址若符合這個 Pattern 的結構，例如 Clothes/men/1，那麼 MVC 便會將 URL 請求交由 Clothes 控制器的 men 動作方法，並傳入 id 參數 1。
2. 在沒有指定特定網址的情況下，按 F5 執行專案，因為預設值的關係，系統會執行 Home/Index 這個網址，也就是指定 Home 控制器及 Index 動作方法來負責接收及回應 URL 請求。

8-3 路由 URL Pattern 樣式比對模式及找尋過程

當路由系統收到 HTTP 請求後，會比對路由集合中的 URL Pattern 樣式，找到匹配的路由，再交由對應的 Controller / Action 處理，並將結果回應給使用者。但若不能匹配到任何路由，也沒有其他程式處理這個請求，就會產生 HTTP 404 錯誤。

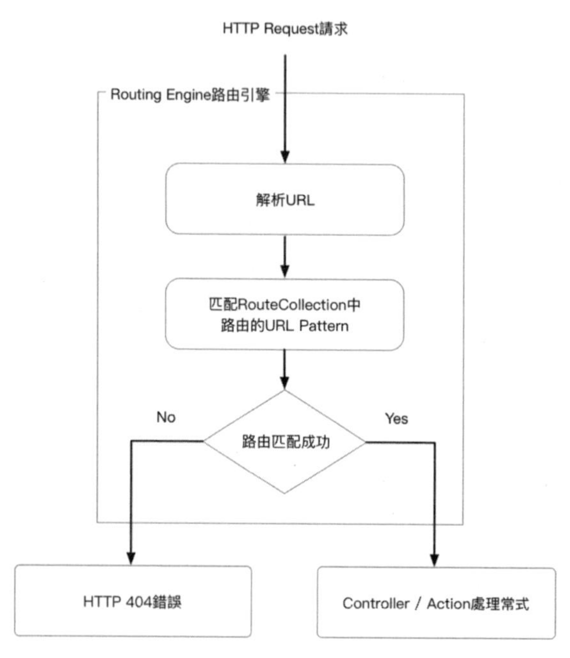

圖 8-2 Routing 路由引擎處理過程

8-3-1 路由 URL Pattern 樣式的比對模式與過程

URL 請求會和 RouteCollection 集合中的路由進行比對（在 RouteConfig.cs 中），比對每筆路由的 URL Pattern 樣式，看看是否匹配。例如有十筆路由，比對到第四筆發現匹配成立，便停止、不再繼續比對，然後將此 URL 請求交給第四筆路由所指定的 Controller / Action 處理，若有參數也一併傳到 Action 中。

使用者輸入 URL -- https://domain.com/Car/Id/1002

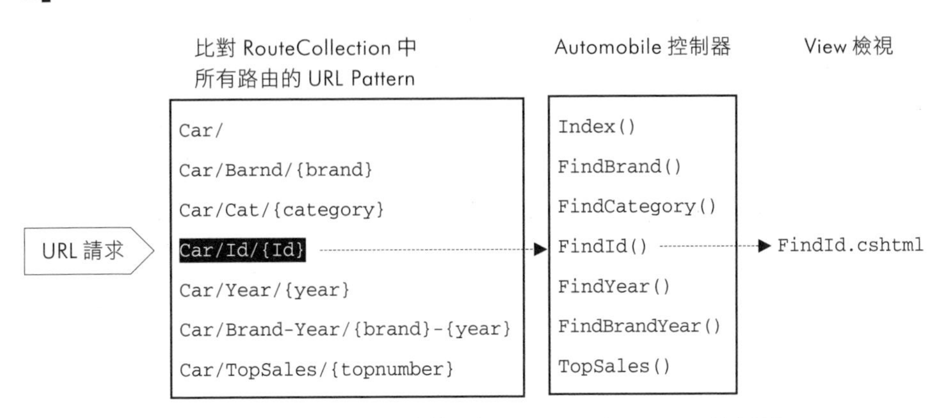

圖 8-3 從 Routing 路由找到 Controller 及 Action 的過程

以上圖為例，使用者做「Car/Id/1002」查詢請求，路由系統發現 URL 匹配第四筆路由的「Car/Id/{Id}」這個 URL Pattern，那麼在 defaults 屬性中指定了 controller="Automobile"，Action="FindId"，便把「Car/Id/1002」請求交由 Automobile 控制器的 FindId()動作方法處理。

```
routes.MapRoute(
    name: "FindCarById",
    url: "Car/Id/{Id}",
    defaults: new { controller = "Automobile", action = "FindId",
      id = UrlParameter.Optional }
);
```

指定 URL 由 Automobile 控制器的 FindId() 方法處理

但請注意「Car/Id/1002」中的 1002 參數對映「Car/Id{Id}」的{Id}參數，因此 FindId()動作方法若想接收{Id}這個參數，也必須定義同名的參數：

```
public ActionResult FindId(int? Id)
{
    ...
    return View(car);
}
```

參數名稱須與路由 URL Pattern 的{id}參數同名

路由 URL Pattern 的{參數名稱}須與 Action 方法的參數同名，這樣路由參數值就可以自動繫結到 Action 的參數。但請別誤會路由參數名稱一律叫{id}，各位可以查看 RouteConfig.cs 中的十筆路由，參數名稱有{brand}、{category}、{year}不等，Action 參數名稱也須跟著變化。

❖ 路由定義出現的優先順序之影響性

前面提過，一旦路由比對到符合的 URL Pattern，便不再繼續往下比對，儘管後面還有很多路由其 URL Pattern 樣式可能更符合，但很抱歉，路由比對的規則就是先匹配成功先贏，管你後面的路由 URL Pattern 更契合也沒用。

因此自訂新增的路由，需考慮它加入的位置，以及路由之間誰會被搶先匹配成功。如果多筆路由的 URL Pattern 相近，你希望某個路由要優先其他路由匹配成功，在 RouteConfig.cs 中的順序就必須往前挪。於定義路由時，就必須多加思考，同時多做一些 URL 網址及參數測試，以確認路由匹配都在預期中。

8-3-2 URL Pattern 之 Segment 區段與 Placeholder 參數

什麼是 URL Pattern？每個路由都會定義 url 屬性，url 屬性值就是 URL Pattern，Pattern 就是你定義的 URL 請求樣式，目的是用來與 URL 請求做匹配，比對二者是否在樣式上相符：

```
routes.MapRoute(
    name: "...",
    url: "Car",  ◄── URL Pattern 樣式
);

routes.MapRoute(
    name: "...",
    url: "Car/Brand/{brand}",  ◄── URL Pattern 樣式
);
```

```
//3.Car/Cat/{category}
routes.MapRoute(
    name: "...",
    url: "Car/Cat/{category}",  ◄── URL Pattern 樣式
);
```

❖ URL Pattern 的 Segment 區段與 Placeholder 參數

以下「Car/Id/1002」請求發出後，會和「Car/Id/{Id}」這個路由匹配成功。

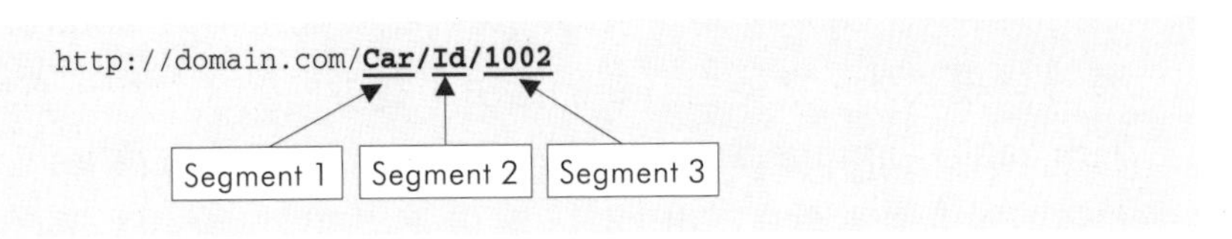

那麼 Car/Id/{Id}這個 URL Pattern 被兩個斜線分成三個 Segments 區段，每個區段中以大括號包覆的稱為 Placeholder，亦稱為 URL 參數。每一個 Segment 區段可以定義一或多個 Placeholder 參數，參數間須加上-分隔符號。

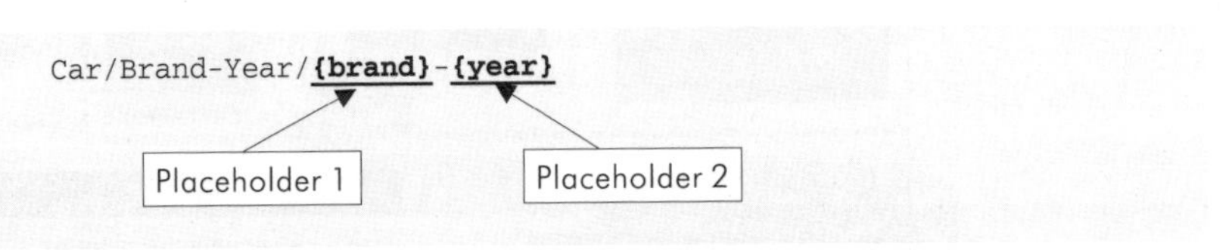

下表是一些路由 URL Pattern 例子，左欄是 URL Pattern 樣式定義，右欄則是什麼樣的 URL 請求可以和這個 Pattern 匹配成功。下一節還會有更貼近實際應用的例子說明。

表 8-1 路由 URL Pattern 定義

路由 URL Pattern 定義	匹配的 URL 例子
{controller}/{action}/{id}	/Employees/List/1005, /product/find/5
Product/Category/{cat}	/Product/Category/foods, /Product/Category/pets

路由 URL Pattern 定義	匹配的 URL 例子
{reporttype}/{year}/{month}/{day}	/Sales/2018/1/11, /Profit/2018/5/19
blog/{action}/{articleid}	/blog/list/123, blog/edit/356
{locale}/{action}	/US/show, /TW/Index
{language}-{country}/{action}	/en-US/show, /zh-TW/Index

8-4 為汽車網站建立快捷人性化的路由查詢實戰

這裡以一個汽車銷售網站為例，說明在原本的 Controller / Action 這種查詢模式外，透過自訂新的路由，提供簡潔、易記、直覺與可探索的 URL 網址，提升網站查詢的方便性、滿易度及人性化。

請參考 MvcRouting 專案，這個是一個線上汽車銷售網站，提供各種汽車、維修及服務的查詢，這範例在第九章時已出現過，但是在資料庫、Controller、View 檢視及結構上做了一個幅度的調整，以符合路由案例的情境需求。

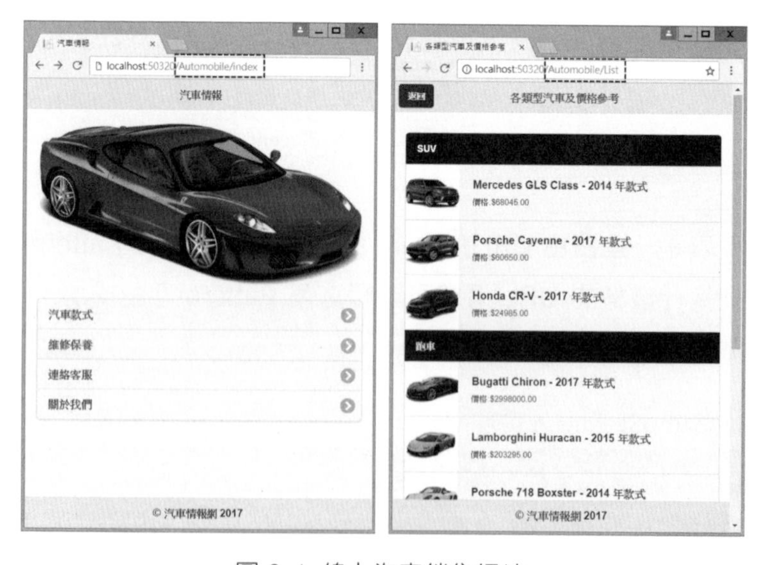

圖 8-4 線上汽車銷售網站

❖ MVC 預設路由的侷限性問題

首先說明 MvcRouting 專案，這個汽車銷售網站的程式背景，上圖是在 Automobile 控制器中建立 Actions 動作方法，以支持路由及網頁程式。起初 RouteConfig.cs 只有兩筆預設路由，其中名稱為 Default 的路由是：

App_Start\RouteConfig.cs

```
routes.MapRoute(
    name: "Default",
    url: "{controller}/{action}/{id}",
    defaults: new { controller = "Home", action = "Index",
      id = UrlParameter.Optional }
);
```

URL Pattern

因這筆路由 URL Pattern 為{controller}/{action}/{id}的緣故，因此 URL 只能以「控制器名稱/Action 名稱/id」的格式查詢，如「Automobile/Index/1」或「Automobile/Index」。

然而以 Automobile/Index 的 URL 查詢方式有一些問題：

- Automobile 拼字過長，使用者需要打很多字
- Automobile 簡潔性比不上 Car
- Car 比 Automobile 更直覺易記
- 網站無可避免地曝露出控制器真正名稱 Automobile

❖ 理想的 URL 查詢方式

若想用 Car 替代 Automobile，且不必更動原本 AutomobileController.cs 名稱，也不修改任何程式的情況下，使用 Routing 路由是一個輕鬆的解法。此外欲利用路由增加 URL 查詢方便性與直覺性，讓 URL 查詢質感進一步提升，以下是本節希望達成的目標：

1. 在網址列直接輸入「http://domain.com/Car」，就可進入原本汽車的 Automobile/Index 首頁，讓 URL 查詢更直覺
2. URL 以「Car/Brand/品牌名稱」方式查詢指定品牌的汽車
3. URL 以「Car/Cat/分類名稱」查詢不同分類，如轎車、SUV、跑車，以滿足車主可以用車種查詢
4. URL 以「Car/Id/汽車編號」快速找到指定編號的汽車資訊
5. URL 以「Car/Year/年份」找出指定年份的所有汽車，因為年份與車價息息相關，可以方便汽車買家透過年份找出期望的汽車與價格
6. URL 以「Car/Brand-Year/品牌-年份」查詢，這是以品牌與年份兩個參數組合的查詢，因為很多車主在買車前，已對特定品牌有偏好，同時年份代表預算或是特殊車款發行年，有時比單用品牌查詢更方便
7. URL 以「Car/TopSales/5」找出銷售數量最佳的前幾名，提供車主或經銷商參考

❖ 建立路由規則以達到理想中的 URL 查詢方式

因為網站程式、環境及資料庫皆已設定好，在此請先專注於路由規則如何建立，以及測試路由查詢結果是否正確。至於程式和資料庫的建立與設定，在稍後的 8-6 小節做講解。

以下在 RouteConfig.cs 中間位置建立 7 筆路由規則。

App_Start\RouteConfig.cs

```
public class RouteConfig
{
    public static void RegisterRoutes(RouteCollection routes)
    {
        routes.IgnoreRoute("{resource}.axd/{*pathInfo}");
        //將路由 1~7 依序新增在這裡中間....
        //...
```

在此位置新增路由 1~7

```
        routes.MapRoute(
            name: "Default",
            url: "{controller}/{action}/{id}",
            defaults: new { controller = "Home", action = "Index",
              id = UrlParameter.Optional }
        );
    }
}
```

❖ 路由 1：URL 網址列以「Car」取代原本 Automobile/index 的進入點

請在 RouteConfig.cs 中，新增第一筆路由定義。

App_Start\RouteConfig.cs

```
//1.Car
routes.MapRoute(
    name: "Car",
    url: "Car",  ← URL Pattern
    defaults: new { controller = "Automobile", action = "Index"}
);
```

（"Automobile"：指定控制器預設值；"Index"：指定 Action 預設值）

說明：

1. 一筆路由中，最重要的莫過於 URL Pattern，它是路由的樣式，意思是瀏覽器 URL「http://domain.com/Car」中若出現 Car 關鍵字，經由路由系統比對後，發現與這個樣式相符，就會將這個 URL 請求交由 defaults 指定的 Automobile 控制器之 Index 動作方法處理。

2. 按 F5 執行，在瀏覽器 URL 輸入 http://.../Car，就可以看到汽車網站首頁。

❖ 路由 2：URL 以「Car/Brand/品牌名稱」查詢指定品牌的汽車

買車的人通常有品牌偏好，因此能直接用品牌查詢汽車會很方便。這比用下拉式選單點選半天，再按下查詢按鈕來得快速容易。請新增第二筆路由。

```
//2.Car/Brand/{brand}
routes.MapRoute(
    name: "FindCarByBrand",
    url: "Car/Brand/{brand}",   ← {brand}參數為品牌名稱
    defaults: new { controller = "Automobile", action = "FindBrand",
                    brand = UrlParameter.Optional }
);
```

brand 參數為選擇性提供

指定由 FindBrand 動作方法處理

說明：如果在 URL 輸入「Car/Brand/Porsche」查詢 Porsche 這個品牌，就會列出 Porsche 所有汽車。那如果沒有指定品牌名稱，Action 程式會列出所有品牌。

圖 8-5 以品牌名稱查詢汽車

不過請注意，路由只是把 URL 參數傳給 Controller 的 Action，實際上要如何處理或回應請求，仍然要看 Action 程式怎麼寫，而不是說 Routing 有什麼神奇的功效，可以幫你自動做完資料庫存取及網頁程式。

❖ 路由 3：以「Car/Category/**分類名稱**」查詢指定分類汽車

買車的人除了品牌偏好外，對於車種類型的需求也是十分強烈的，例如有的人想要買的是跑車，查詢上就直接列出跑車，不需連轎車一併列出。

```
//3.Car/Category/{cat }
routes.MapRoute(
    name: "CarCategory",
    url: "Car/Category/{cat}",        ← {cat}參數為車種
    defaults: new { controller = "Automobile", action = "FindCategory",
      cat = "轎車" }  ← cat 參數預設為"轎車"
);
```

指定由 FindCategory 處理

說明：在 defaults 中 cat ="轎車"，意思是在沒有提供參數的情況下，cat 參數就使用"轎車"預設值傳遞給 Action。

以下在 URL 輸入「Car/Category/SUV」會列出 SUV 車種，但若未提供 category 車種參數，只輸入「Car/Category/」，則會使用 defaults 預設值的 category ="轎車"，將"轎車"參數傳給 FindCategory()做查詢。

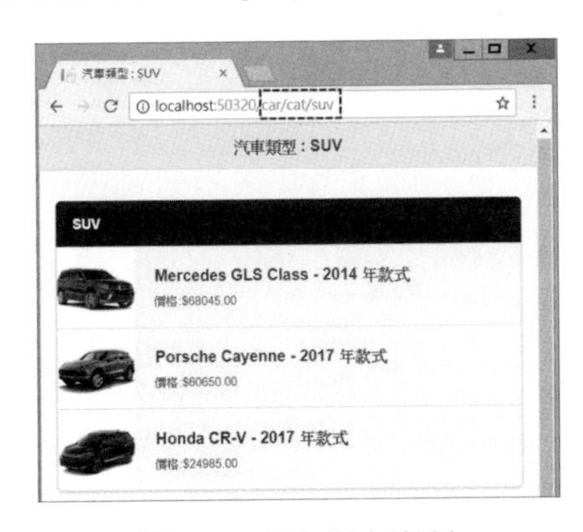

圖 8-6 查詢指定車種

圖 8-7 未指定車種時使用預設值

❖ 路由 4：以「Car/Id/汽車編號」快速找到指定編號的汽車資訊

以 Id 編號查詢產品也是常見的需求，精準將特定車款資料帶出。

```
//4.Car/Id/{id}
routes.MapRoute(
    name: "FindCarById",
    url: "Car/Id/{id}",   ← {id}參數為汽車編號
    defaults: new { controller = "Automobile", action = "FindId",
      id = UrlParameter.Optional }
);
```

說明：在 URL 輸入「Car/Id/1002」，以 Id 編號查詢汽車。若未提供 Id，則會出現提供 Id 的警示文字。

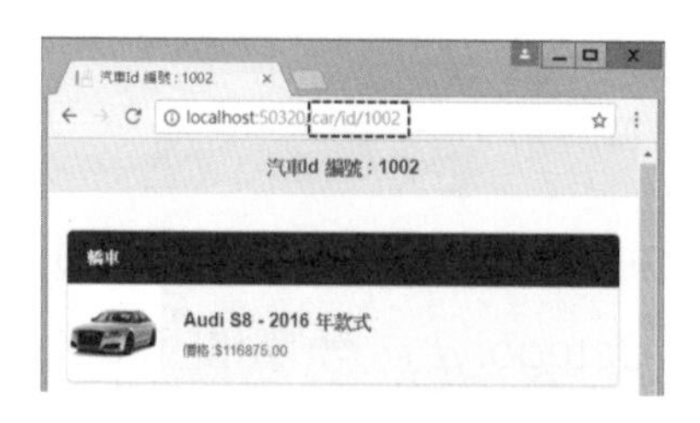

圖 8-8 以汽車 Id 編號查詢

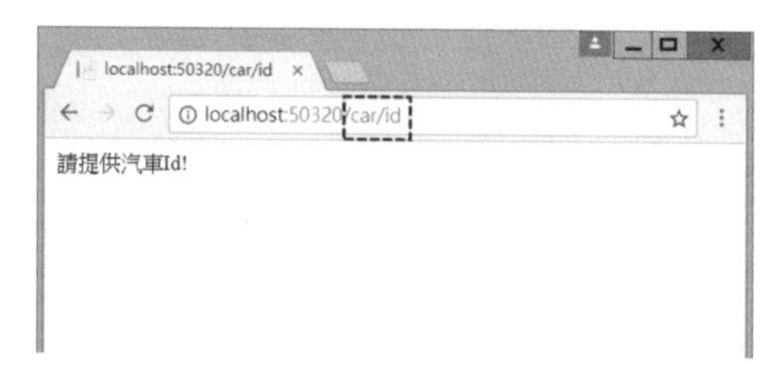

圖 8-9 未提供 Id 編號的提醒文字

❖ 路由 5：以「Car/Year/年份」找出指定年份的所有汽車

以年份查詢汽車，對於買車的人來說，可以了解汽車目前的價值為何，或是找到指定年份的車款。URL 查詢為「Car/Year/2016」。

```
//5.Car/Year/{year}
routes.MapRoute(
    name: "FindCarByYear",
    url: "Car/Year/{year}",   ← {year}參數為汽車年份
    defaults: new { controller = "Automobile", action = "FindYear", year = 2017 },
    constraints: new { year = @"\d{4}" }
);
```

若未指定年份，預設使用 2017 年

限制{year}參數是 4 位數字

說明：

1. 這個路由特別之處是加入了 constrains，作用是替參數加上限制條件，使用正規表示式「\d{4}」限制年份只能輸入四個數字，如「Car/Year/2016」。
2. 若省略掉年份，以「Car/Year/」查詢，則 year 就以 2017 年做查詢。

❖ 路由 6：以「Car/Brand-Year/品牌-年份」以品牌與年份查詢汽車

這是以路由 2 為改造，在以品牌查詢時，還可以搭配年份，品牌與年份中間有 dash 符號。在 URL 以「Car/ Brand-Year/BMW-2016」做查詢。

```
//6.Car/Brand-Year/{brand}-{year}
routes.MapRoute(
    name: "FindCarByBrandYear",
    url: "Car/Brand-Year/{brand}-{year}",
    defaults: new { controller = "Automobile", action = "FindBrandYear" },
    constraints: new { brand = @"\w+", year = @"\d{4}" }
);
```

說明：

1. 在 constrains 中，brand 參數為「\w+」，正規表示式示限制為數字、字母、底線，等同[a-zA-Z0-9_]。
2. url 第三個 Segment 中包含{brand}與{year}兩個參數，兩個參數中間必須加上一個分隔符號或 literal value，以為區別。而-分隔符號可換成= ~ @ | _符號，但不接受+ : & *符號。

```
routes.MapRoute(
    name: "FindCarByBrandYear",
    url: "Car/BrandYear/{brand}={year}",  ◄── 可更換分隔符號 = ~ @ | _
    defaults: new { controller = "Automobile", action = "FindBrandYear" },
    constraints: new { brand = @"\w+", year = @"\d{4}" }
);
```

❖ 路由 7：以「Car/TopSales/**N**」找出熱銷前幾名的車款

還有一種是提供熱銷前幾名車款，對於購車的消費者有參考作用，同時對汽車業務人員也能方便查詢銷售排名。URL 查詢為「Car/TopSales/3」。

```
//7.Car/TopSales/{topnumber}
routes.MapRoute(
    name: "CarTopSales",
    url: "Car/TopSales/{topnumber}",
    defaults: new { controller = "Automobile", action = "TopSales", topnumber = 5 },
    constraints: new { topnumber = @"[1-9]+[0-9]*" }
);
```

以上是汽車查詢的七種路由範例，然而汽車可以替換成任何產品或服務，原理一樣適用。而路由規則的制定，必須思考是否符合實際需求與情境，以增加使用者查詢方便性及滿意度，同時最好也要能反映出網站結構與可理解性，如此路由就能提升 URL 查詢效果。

8-5 路由資訊與參數的讀取

如需讀取原始 URL 請求，取得路由相關資訊，甚至是對應到哪個路由 URL Pattern，可透過 RouteData 屬性讀取路由資料。然而 RouteData 屬性在 Controller 和 View 中的使用上有些不同。

❖ 在 Controller 中讀取路由資訊語法

```
//讀取 Request 請求的 URL
var RawUrl = Request.RawUrl;

//因為路由的 Url 屬性為非公開成員, 故透過 Reflection 讀取 Url Pattern 設定值
var route = RouteData.Route;
var UrlPattern = route.GetType().GetProperty("Url").GetValue(route);

//透過 RouteData.Values 讀取路由參數
```

```
var controller = RouteData.Values["controller"];
var action = RouteData.Values["action"];
```

❖ 在 View 中讀取路由資訊語法

```
@{
    //透過 Reflection 讀取 Url Pattern 設定值
    var route = ViewContext.RouteData.Route;
    var UrlPattern = route.GetType().GetProperty("Url").GetValue(route);
}
<!--讀取 Request 請求的 URL-->
@Request.RawUrl
<!--逐一讀取路由參數-->
<ul>
    @foreach (var item in ViewContext.RouteData.Values)
    {
        <li>@item.Key : @item.Value</li>
    }
</ul>
```

範例 8-1 在 Controller 及 View 中讀取路由資訊

在此說明如何在 Controller 及 View 中讀取路由資訊，步驟如下：

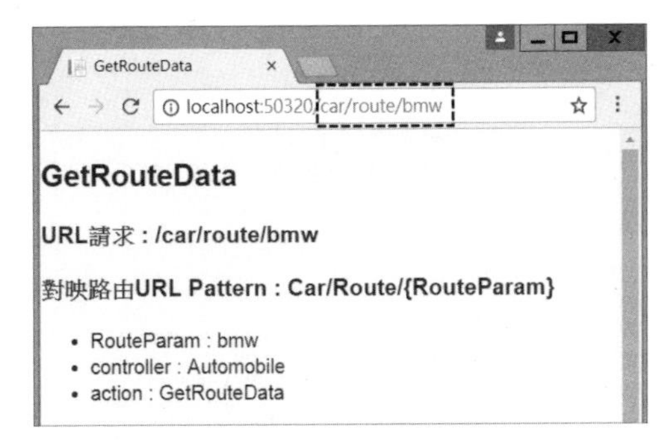

圖 8-10 讀取路由資訊

step01 在 RouteConfig.cs 中新增一筆路由，刻意作為捕捉路由之用。

App_Start\RouteConfig.cs

```
routes.MapRoute(
    name: "GetRouteData",
    url: "Car/Route/{RouteParam}",
    defaults: new { controller = "Automobile", action = "GetRouteData",
```

指定 Action 方法

```
        RouteParam = UrlParameter.Optional }
);
```

step02 在 Automobile 控制器中新增 GetRouteData()方法程式，以下是讀取路由資訊的語法。

Controllers\AutomobileController.cs

```
public ActionResult GetRouteData(string RouteParam)
{
    //讀取 Request 請求的 URL
    var RawUrl = Request.RawUrl;
    var rawUrl = HttpContext.Request.RawUrl;
    var rawurl = ControllerContext.RequestContext.HttpContext.Request.RawUrl;

    //因為路由的 Url 屬性為非公開成員, 故透過 Reflection 讀取 Url Pattern 設定值
    var route = RouteData.Route;
    var UrlPattern = route.GetType().GetProperty("Url").GetValue(route);

    //透過 RouteData.Values 讀取路由參數
    var controller = RouteData.Values["controller"];
    var action = RouteData.Values["action"];
    var routeParameter = RouteData.Values["RouteParam"];

    /*這樣也能讀取
    var Controller = ControllerContext.RouteData.Values["controller"];
    var Action = ControllerContext.RouteData.Values["action"];
    var RouteParameter = ControllerContext.RouteData.Values["RouteParam"];
    */

    return View();
}
```

說明：像以 RouteData.Values["RouteParam"] 程式來說，其中"RouteParam"名稱需隨著 Action 傳入的參數名稱而變化，例如"Id"或"year"。

step03 在 GetRouteData()方法按滑鼠右鍵→【新增檢視】→【MVC 5 檢視】→【加入】→範本【Empty(沒有模型)】→【加入】，在檢視中建立讀取路由程式。

Views\Automobile\GetRouteData.cshtml

```
...
@{
    //透過 Reflection 讀取 Url Pattern 設定值
    var route = ViewContext.RouteData.Route;
    var UrlPattern = route.GetType().GetProperty("Url").GetValue(route);
}

<!--讀取 Request 請求的 URL-->
<h3>URL 請求 : @Request.RawUrl</h3>
<h3>URL 請求 : @ViewContext.RequestContext.HttpContext.Request.RawUrl</h3>

<h3>對映路由 URL Pattern : @UrlPattern</h3>
<!--逐一讀取路由參數-->
<ul>
    @foreach (var item in ViewContext.RouteData.Values)
    {
        <li>@item.Key : @item.Value</li>
    }
</ul>

<!--或是建立成 Partial View-->
@Html.Partial("RouteInfoPartial")
```

說明：以 F5 執行專案，在 URL 輸入「Car/Route/BMW」，便可看到原始 URL 是什麼，與哪個 URL Pattern 相對應，指定給哪個 Controller / Action 處理。

不過建議將以上 View 獨立成 RouteInfoPartial.cshtml 部分檢視，用 @Html.Partial("RouteInfoPartial")一行程式呼叫就行了。此外也能在每個 Action 用 PartialView()呼叫部分檢視，然後在網址輸入「Car/Id/1002」就能顯示路由資訊，作為檢測之用。

```
public ActionResult FindId(int? Id)
{
    return PartialView("RouteInfoPartial");
    ...
}
```

8-6 汽車網站專案之環境設定與程式建立

前面提過 Routing 路由系統，只是把 URL 請求對應到正確的 Controller / Action 處理，但收到「Car/Id/1002」這種 URL 請求後，Action 如何運用參數、進行資料庫存取、回應結果，這必須自行撰寫程式邏輯，告訴系統怎麼做處理回應。

以下是兩個範例解說，第一個範例是說明 MvcRouting 專案環境的安裝，基本資料建立，第二個範例是敘述路由程式建立過程。

範例 8-2 在專案中安裝 jQuery Mobile 與汽車資料的初始化

以下是 jQuery Mobile 安裝到資料庫環境設定的建立步驟（jQuery 須用 2.2.4 版）：

step01 在【工具】→【NuGet 封裝管理員】→【套件管理器主控台】中執行「jQuery.Mobile.MVC」的安裝命令。

```
PM> Install-Package jQuery.Mobile.MVC -Version 1.0.0
```

step02 將 jQuery Mobile 更新至 1.4.5 版本（務必升級）。

```
PM> Update-Package jquery.mobile -Version 1.4.5
```

step03 在 Global.asax 註冊 BundleMobileConfig。

Global.asax

```
protected void Application_Start()
{
    ...
    BundleMobileConfig.RegisterBundles(BundleTable.Bundles);
}
```

step04 新增 Views\Shared_LayoutCar.Mobile.cshtml（詳見專案程式）。

step05 在【工具】→【NuGet 封裝管理員】→【管理方案的 NuGet 套件】【瀏覽】找尋 Entity Framework 並安裝。

step06 新增 Car 汽車資料模型。

Models\Car.cs

```
public class Car
{
    [DatabaseGenerated(DatabaseGeneratedOption.None)]
    public int Id { get; set; }
    public string Brand { get; set; }
    public string Name { get; set; }
    public decimal Price { get; set; }
    public string ImageUrl { get; set; }
    public string Category { get; set; }
    public int Year { get; set; }
    public int SoldNumber { get; set; }
}
```

step07 新增 CarContext.cs 程式。

Models\CarContext.cs

```
using System.Data.Entity;
namespace MvcRouting.Models
{
    public class CarContext : DbContext
    {
        public CarContext() : base("CarDbConnection") { }
        public DbSet<Car> Cars { get; set; }
    }
}
```

step08 在 Web.config 新增一個 CarDbConnection 資料庫連線。

Web.config

```
<connectionStrings>
```

```
  <add name="CarDbConnection" connectionString="Data Source=(localdb)\MSSQLLocalDB;
    Initial Catalog=CarDB; AttachDbFilename=|DataDirectory|CarDatabase.mdf";
    Integrated Security=True; MultipleActiveResultSets=True;
    providerName="System.Data.SqlClient" />
</connectionStrings>
```

step09 在【NuGet 封裝管理員】→【套件管理器主控台】中執行：

```
PM> Enable-Migrations
```

step10 在 Configurations.cs 的 Seed()方法中新增十筆 Cars 樣本資料（詳見專案程式）。

Migrations\Configuration.cs

```
protected override void Seed(MvcRouting.Models.CarContext context)
{
    context.Cars.AddOrUpdate(c => c.Id,
        new Car { Id = 1001, Brand = "Mercedes", Name = "AMG S63", Price = 145695,
                  ImageUrl = "Mercedes_AMG_S63.jpg", Category = "轎車", Year =
                  2017, SoldNumber = 120 },
        new Car { Id = 1002, Brand = "Audi", Name = "S8", ..., Category = "轎車",
                  Year = 2016, SoldNumber = 200 },
        ...
    );
}
```

step11 在【NuGet 封裝管理員】→【套件管理器主控台】中執行命令。

```
PM> Add-Migration CarsData
```

step12 執行以下命令，建立資料庫與樣本資料。

```
PM> Update-Database
```

然後 App_Data 資料夾中若出現 CarDatabase.mdf，表示資料庫建立成功，雙擊 CarDatabase.mdf 檔案，瀏覽 Cars 資料表是否有十筆資料。

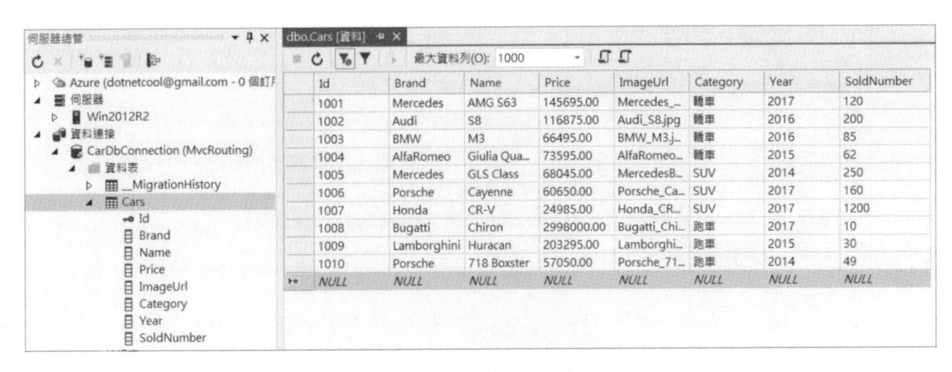

Id	Brand	Name	Price	ImageUrl	Category	Year	SoldNumber
1001	Mercedes	AMG S63	145695.00	Mercedes_...	轎車	2017	120
1002	Audi	S8	116875.00	Audi_S8.jpg	轎車	2016	200
1003	BMW	M3	66495.00	BMW_M3.j...	轎車	2016	85
1004	AlfaRomeo	Giulia Qua...	73595.00	AlfaRomeo...	轎車	2015	62
1005	Mercedes	GLS Class	68045.00	MercedesB...	SUV	2014	250
1006	Porsche	Cayenne	60650.00	Porsche_Ca...	SUV	2017	160
1007	Honda	CR-V	24985.00	Honda_CR...	SUV	2017	1200
1008	Bugatti	Chiron	2998000.00	Bugatti_Chi...	跑車	2017	10
1009	Lamborghini	Huracan	203295.00	Lamborghi...	跑車	2015	30
1010	Porsche	718 Boxster	57050.00	Porsche_71...	跑車	2014	49
NULL	NULL	NULL	NULL	NULL	NULL	NULL	NULL

圖 8-11 Cars 資料表之記錄

範例 8-3 建立汽車銷售網站程式

以下是建立汽車銷售網站的 Controller、Actions 及 Views 的步驟：

step01 新增 Automobile 控制器，並建立 List、Index、FindId、FindCategory、FindYear、FindBrand、FindBrandYear、TopSales 八個 Actions 及 Views，除 List 外，其餘七個 Actions 是自訂路由對應的處理程式。

step02 在 Views\Shared 資料夾新增_LayoutCar.Mobile.cshtml（詳見專案）。

step03 在 Views\Automobile 資料夾新增_ViewStart.cshtml，指定使用_LayoutCar.Mobile.cshtml 佈局檔。

Views\Automobile_ViewStart.cshtml

```
@{
    Layout = "~/Views/Shared/_LayoutCar.Mobile.cshtml";
}
```

step04 以下列出 Automobile 控制器中的 Actions 程式。

■ List()動作方法

```
//顯示所有汽車資料
public ActionResult List()
{
    //讀取 Cars 資料表，並依 Category 車類型排序
    var cars = db.Cars.OrderBy(x => x.Category).ToList();
    return View(cars);
}
```

■ 與路由 1「Car」對應的 Index()處理程式

```
public ActionResult Index()
{
    return View();
}
```

■ 與路由 2「Car/Brand/{brand}」對應的 FindBrand()處理程式

```
//以品牌找尋汽車
public ActionResult FindBrand(string brand)
{
    List<Car> cars = null;

    if (string.IsNullOrEmpty(brand))
    {
        //找出所有品牌汽車
        cars = (from c in db.Cars
                select c).ToList();

        ViewBag.Header = "所有品牌汽車";
    }
    else
    {
        //找出該品牌汽車
        cars = (from c in db.Cars
                where c.Brand == brand
                select c).ToList();
        ViewBag.Header = cars[0].Brand;
    }

    if (cars.Count == 0)
```

```
    {
        return Content("找不到此品牌汽車");
    }

    return View(cars);
}
```

■ 與路由 3「Car/Cat/{category}」對應的 FindCategory()處理程式

```
//以分類查詢汽車
public ActionResult FindCategory(string category)
{
    if (string.IsNullOrEmpty(category))
    {
        return Content("請提供汽車分類名稱!");
    }

    //找出所有該類型汽車
    var cars = (from c in db.Cars
                where c.Category == category
                select c).ToList();

    if (cars.Count == 0)
    {
        return Content("找不到此類型的車!");
    }

    return View(cars);
}
```

■ 與路由 4「Car/Id/{id}」對應的 FindId()處理程式

```
//以 Id 編號查詢汽車
public ActionResult FindId(int? Id)
{
    if (Id == null)
    {
        return Content("請提供汽車 Id!");
    }

    Car car = db.Cars.Find(Id);
    if (car == null)
```

```
    {
        return Content("查無此 Id 編號汽車!");
    }

    return View(car);
}
```

■ 與路由 5「Car/Year/{year}」對應的 FindYear()處理程式

```
//以年份找尋汽車
public ActionResult FindYear(int? year)
{
    if (year == null)
    {
        return Content("找車請提供年份!");
    }

    //找出所有該類型汽車
    var cars = (from c in db.Cars
                where c.Year == year
                orderby c.Brand
                select c).ToList();

    if (cars.Count == 0)
    {
        return Content("找不到這年份的車!");
    }

    return View(cars);
}
```

■ 與路由 6「Car/Brand-Year/{brand}-{year}」對應的 FindBrandYear() 程式

```
//以品牌及年份的組合找尋汽車
public ActionResult FindBrandYear(string brand, int year)
{
    List<Car> cars = (from c in db.Cars
                      where c.Brand == brand && c.Year == year
                      select c).ToList();

    if (cars.Count == 0)
```

```
    {
        return Content("找不到此 Brand-Year 汽車");
    }

    ViewBag.Header = brand;

    return View("FindBrand", cars);}
```

■ 與路由 7「Car/TopSales/{topnumber}」對應的 TopSales()程式

```
//查詢銷售前幾名汽車
public ActionResult TopSales(int topnumber)
{
    //找出所有該類型汽車
    var cars = (from c in db.Cars
                orderby c.SoldNumber descending
                select c).Take(topnumber).ToList();


    if (cars.Count == 0)
    {
        return Content("找不到 Top Sales 數據!");
    }

    ViewBag.TopSales = topnumber;
    return View(cars);
}
```

8-7 用 OutputCache 快取網頁內容以增加效能

MVC 可用 OutputCache 快取來提升網頁效能，當記憶體中有快取資料，就不必再經過運算或資料庫存取，直接將快取網頁內容回應給使用者，以大幅提升網頁回應速度及效能。快取網頁內容最基本的語法，是在 Action 套用[OutputCache(...)]屬性時，僅指定 Duration 快取秒數即可：

Controllers\AutomobileController.cs

```
[OutputCache(Duration = 60)]
public ActionResult Index()
{
    return View();
}
```

若想印證快取作用，可在 View 加入時間標記，瀏覽 Automobile/Index，然後畫面重新整理，可看到時間保持在定格狀態，代表網頁已被快取，60 秒後才會失效。

Views\Automobile\Index.cshtml

```
...
<p>
    現在時間是: @DateTime.Now
</p>
```

另一個現成觀察快取的方式，將 Automobile()預設建構子的程式註解移除，然後_LayoutCar.Mobile.cshtml 中的 Footer 會顯示快取時間。

Controllers\AutomobileController.cs

```
public class AutomobileController : Controller
{

    public AutomobileController()
    {
        ViewBag.Cache = "快取時間: " + DateTime.Now;  ◄── 啟用這行程式
    }
}
```

Views\Shared_LayoutCar.Mobile.cshtml

```
...
<div data-role="footer" data-position="fixed">
    @if (string.IsNullOrEmpty(ViewBag.Cache))
    {
        <h1>&copy; 汽車情報網 @DateTime.Now.Year</h1>
    }
```

```
    else
    {
        <h1>&copy; 汽車情報網 @DateTime.Now.Year,  @ViewBag.Cache</h1>
    }
</div>
```

然後無論瀏覽 Automobile/Index，或任何套用 _LayoutCar.Mobile.cshtml 的 Views，都有快取時間顯示。

圖 8-12 OutputCache 快取時間

❖ OutputCache 屬性

OutputCache 還有許多進階設定，支援的屬性如下。

表 8-2 OutputCache 屬性

屬性名稱	說明
AllowMultiple	取得或設定值，這個值表示是否可以指定多個篩選條件屬性執行個體。(繼承自 FilterAttribute。)
CacheProfile	取得或設定快取設定檔名稱。
ChildActionCache	取得或設定子動作快取。
Duration	取得或設定快取期間 (秒鐘)。
Location	取得或設定位置。
NoStore	取得或設定值，這個值表示是否要儲存快取。

屬性名稱	說明
Order	取得或設定動作篩選條件的執行順序。 (繼承自 FilterAttribute)
SqlDependency	取得或設定 SQL 相依性。
TypeId	(繼承自 Attribute)
VaryByContentEncoding	取得或設定依內容區分的編碼方式。
VaryByCustom	取得或設定依自訂區分的值。
VaryByHeader	取得或設定依標頭區分的值。
VaryByParam	取得或設定依參數區分的值。

❖ 以 Location 指定快取位置

Location 可指定快取資源存在的位置，Location 值是 OutputCache Location 的一個列舉值，列舉值成員如下表。

表 8-3 Location 快取列舉值

位置	說明
Any（預設值）	輸出快取可以位在瀏覽器用戶端 (要求的來源)、參予要求的 Proxy 伺服器 (或任何其他的伺服器) 或要求已處理的所在伺服器上。這個值對應於 HttpCacheability.Public 列舉值。
Client	輸出快取位在要求所來自的瀏覽器用戶端。這個值對應於 HttpCacheability.Private 列舉值。
Downstream	輸出快取可以儲存在任何 HTTP 1.1 快取功能裝置中，而不可以儲存在來源伺服器中。這包含 Proxy 伺服器和提出要求的用戶端。
None	輸出快取會針對要求的頁面停用。這個值對應於 HttpCacheability.NoCache 列舉值。
Server	輸出快取位在要求已處理的 Web 伺服器上。這個值對應於 HttpCacheability.Server 列舉值。
ServerAndClient	輸出快取只可以儲存在原始伺服器或提出要求的用戶端。Proxy 伺服器不能快取回應。這個值對應於 HttpCacheability.Private 和 HttpCacheability.Server 列舉值的組合。

使用 Location 指定快取位置的語法如下：

```
[OutputCache(Duration = 60, Location = OutputCacheLocation.Any)]
public ActionResult Index()
{
   return View();
}
```

❖ VaryByParam 依查詢字串參數而快取

例如「/HR/Search?name=david&city=taipei」查詢字串有 name 和 city 兩個參數，OutputCache 也能對參數進行快取，設定 VaryByParam ="name;city"：

```
[OutputCache(Duration = 60, VaryByParam = "name;city")]
public ActionResult Search()
{
   ...
   return View();
}
```

或是針對任何參數作快取：

```
[OutputCache(Duration = 60, VaryByParam = "*")]
```

或是不使用參數快取：

```
[OutputCache(Duration = 60, VaryByParam = "none")]
```

不過請注意，VaryByParam 是依查詢字串參數而快取，對於 Routing 類型的 URL 參數無效，例如下面是之前自訂的路由：

App_Start\RouteConfig.cs

```
//6.Car/Brand-Year/{brand}-{year}
 routes.MapRoute(
     name: "FindCarByBrandYear",
     url: "Car/Brand-Year/{brand}-{year}",
```

```
    defaults: new { controller = "Automobile", action = "FindBrandYear" },
    constraints: new { brand = @"\w+", year = @"\d{4}" }
);
```

{brand}和{year}是兩個 URL 參數，若你以為用 VaryByParam = "brand;year"設定快取就行了，但實際上這不會作用，因為 VaryByParam 純粹是針對 QueryString 類型的參數才有作用。

VaryByParam 對路由參數的快取無效

```
[OutputCache(Duration = 60, VaryByParam = "brand;year")]
public ActionResult FindBrandYear(string brand, int year)
{
    ...
}
```

那該怎麼辦？其實只需在 Action 設定 Duration 秒數，查詢時，你指定的路由參數，它會自動作快取，例如/Car/Brand-Year/Porsche-2014。

```
[OutputCache(Duration = 60)]
public ActionResult FindBrandYear(string brand, int year)
{
    ...
}
```

那麼要怎麼確認 OutputCache 真的有快取 60 秒？例如可以在 Chrome 開發人員工具中，Network 的 Response Headers 中 Cache-Control 看到「public, max-age=60」表示快取了 60 秒。

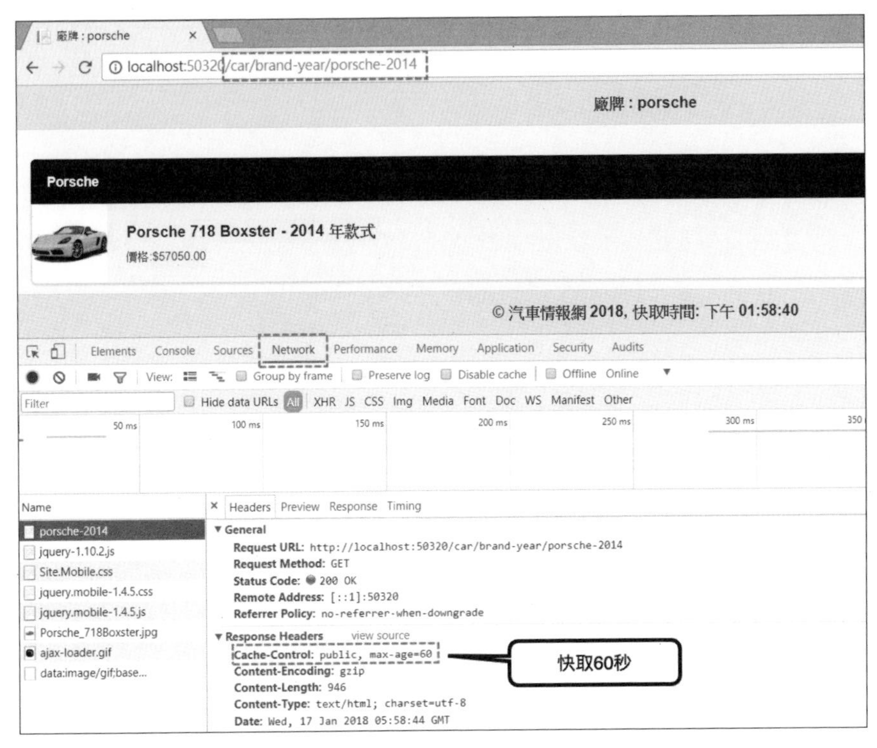

圖 8-13 在瀏覽器中檢視快取設定

8-8 結論

在了解路由系統運作後，如何利用路由提升網站查詢的方便性與質感，有賴於深入了解使用情境的需求，再轉化成對應的路由 URL 模式。同時路由 URL Pattern 還可以做更多類型的變化，您可以依網站的特性，建構一系列路由規則，來增加網站查詢的吸引力及使用者滿意度。

Entity Framework 與資料庫存取（一）：Database First 資料庫優先 & Model First 模型優先

9

CHAPTER

本章介紹 Entity Framework（簡稱 EF）核心基礎，例如什麼是 ORM、Entity Data Model 實體資料模型、Entity 實體、Entity Set 實體集和 DbContext 類別，説明它們之間的關係與運用。同時陳述 EF 三種開發模式：Database First、Model First 與 Code First，解析這三種模式使用時機，以及 CRUD 語法的操作。

9-1 Entity Framework 與 ORM 概觀

Entity Framework 是一種 ORM 框架，在説明 EF 之前，先來了解 ORM 的起源，資訊領域或教科書中的 ORM 是指 Object-Relational Mapping（亦稱 O/RM 或 O/R Mapping），它是物件和資料庫之間對映的一種技術。Object 與資料庫之間的溝通是透過 ORM 軟體框架來處理，讓開發人員只需面對 Object 物件做 CRUD，剩下對後端資料庫如 SQL Server、Oracle 或 MySQL 的存取程式，ORM 會替你處理掉，以節省瑣碎的資料庫存取程式撰寫。

TIP

CRUD 是指對資料或物件的 Create、Read、Update 和 Delete 作業，也就是新增、讀取、更新與刪除。

使用 ORM 技術，理想上開發人員不太需要關注或知道資料庫是什麼牌子，因為後端資料庫是 ORM 在負責。但也因如此，後端資料庫就會被抽象化，因抽象化的關係，資料庫便具備可抽換性，即使換成另一種資料庫平台，ORM 資料存取程式依然可正常運作，這是使用 ORM 的優點。

圖 9-1 ORM 運作模式

雖然 Entity Framework 也是 ORM，但微軟稱它為 Object-Relational Mapper，是一種 O/R Mapping 的框架實作。下圖中，程式設計師只需對 C#物件做 CRUD 操作，後續 EF 會自動處理對資料庫的存取作業，而不必撰寫傳統 ADO.NET 程式。

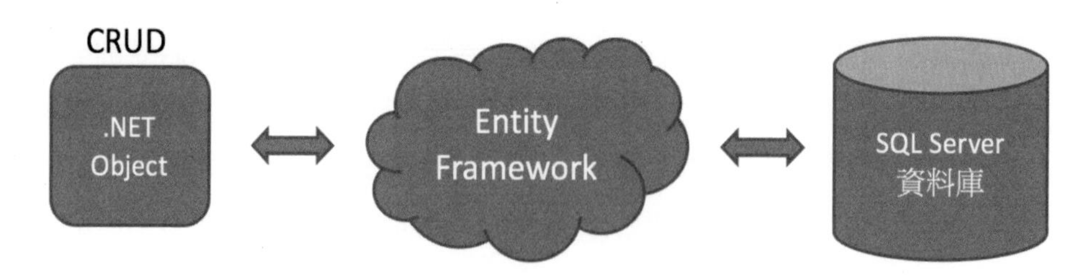

圖 9-2 Entity Framework 運作模式

但如果再細看一點，EF 和資料庫的溝通，底層仍是透過ADO.NET Data Provider 來進行，只不過 EF 會自動產生所需的 ADO.NET 程式。

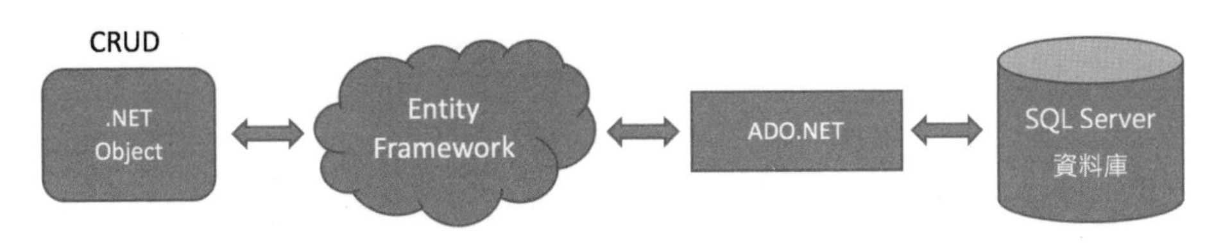

圖 9-3 EF 透過 ADO.NET 與資料庫作業

> **TIP**
>
> **EF 除了支援 SQL Server 資料庫外，還支援 Oracle、MySQL、SQLite、PostgreSQL、 DB2 等。**

完整的 EF 細部架構如下，大略看看就行，實際使用上沒這麼複雜。

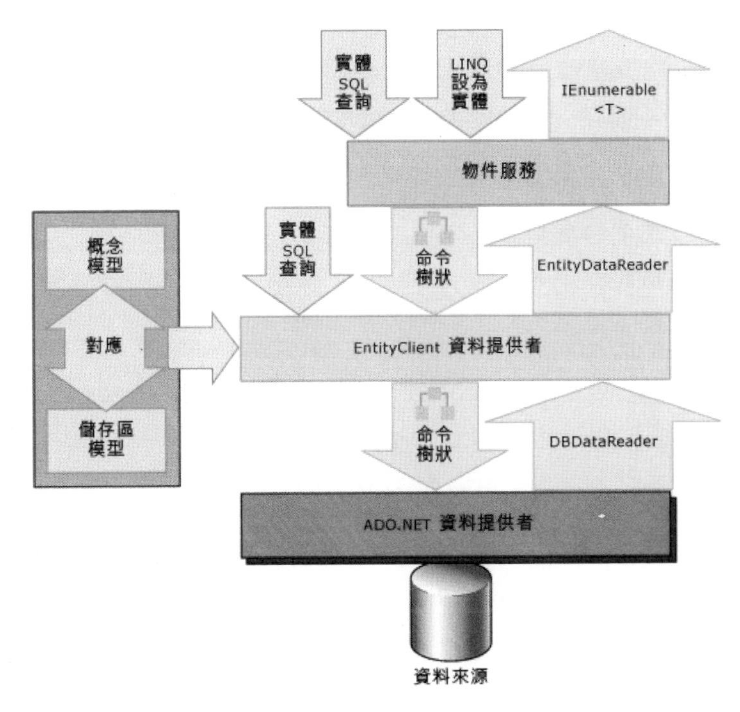

圖 9-4 Entity Framework 細部架構圖

9-2 Entity Framework 6 支援的 ORM 功能

目前 Entity Framework 6 支援常用的 ORM 功能有：

- 提供視覺化工具用來建立 Entity Data Model 模型（.edmx）
- 可從既有資料庫產生 Entity Data Model，然後手動修改 Model（Database First）
- 亦可反向從 Model 產生資料庫（Model First）
- Code First 開發模式用撰寫 Entity 實體類別方式建立 Entity Data Model
- 可透過 Code First Migrations 將 Model 模型異動更新至資料庫
- 對映 POCO 實體類別，其不相依於任何 EF 類型
- 自動變更追蹤
- 使用 LINQ 的強型別查詢轉譯功能
- 豐富 Mapping 對應能力：
  - 一對一、一對多及多對多關聯性
  - 繼承（每個階層的資料表、每個類型的資料表，以及每個實體類別的資料表）
  - 複雜型別
  - 預存程序
- 積極式載入（Eager Loading）、消極式載入（Lazy Loading）和明確式載入（Explicit Loading）
- Identity resolution 與 Unit of Work
- 透過資料繫結與 .NET Framework 的 WPF 與 WinForms 應用程式整合，同時亦包括 ASP.NET
- 基於 ADO.NET 的資料庫連線，以及支援 SQL Sever、Oracle、MySQL、SQLite、PostgreSQL、DB2 連線的眾多 Providers

9-3 Entity Framework 的三種開發模式

EF 依其設計方式和精神定位的不同，使用上有三種開發模式：

- Database First 資料庫優先：以既有資料庫為優先考量，從資料庫產出 Entity Data Model 實體資料模型（.edmx）。而.edmx 是定義 Entities 實體和 Association 關聯性，同時 EF 也支援.edmx 的視覺化模型設計工具
- Model First 模型優先：以 Model 設計為優先考量，先設計好 Entity Data Model（.edmx），再由 Model 產出新的資料庫。支援視覺化模型設計工具
- Code First 程式優先：Code First 是以程式撰寫 Entity Class 來代表 Entity Data Model，沒有.edmx 檔，因此也不支援視覺化模型設計工具。而 Code First 在微軟已定調是現在及未來發展的主流，如果可以的話，建議專案使用 Code First

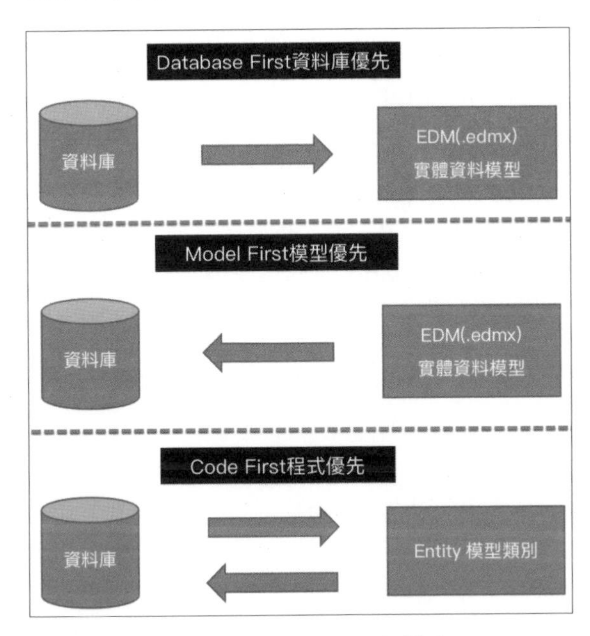

圖 9-5 EF 的三種開發模式

TIP

1. EF 三種開發模式的描述，微軟 EF 文件的用詞是「Workflow」工作流程，這裡改用「開發模式」的原因，是字面上較為直覺、易理解，二者實指相同的東西。
2. Entity Data Model 實體資料模型簡縮寫為 EDM，有時亦簡稱 Data Model 或 Model。

以發展歷史來看，三種模式中最早出現的是 Database First 和 Model First，後來 EF 4.1 才推出 Code First，提供更好功能，奠基為 EF 未來主流。因篇幅的關係，本章先介紹前兩種開發模式的使用，下一章將聚焦在 Code First 這個未來的主力接班人。

9-4 Database First 資料庫優先

Database First 是以資料庫為優先考量的本位主義，前提是有一個既存資料庫，便可使用 Database First 模式，從資料庫產生出 EDM 實體資料模型檔，而 EDM 中的 Entity Class 實體類別和 Association 關聯會對應到資料庫的資料表/Relationship 關聯。

下面是一個從 Northwind 資料庫產生的 Northwind.edmx 模型圖，裡面有 Entity 類別和關聯性設定，幾乎與 Northwind 資料庫的資料表/關聯是一對一對映。例如 Product 實體集會對映資料庫的 Product 資料表。

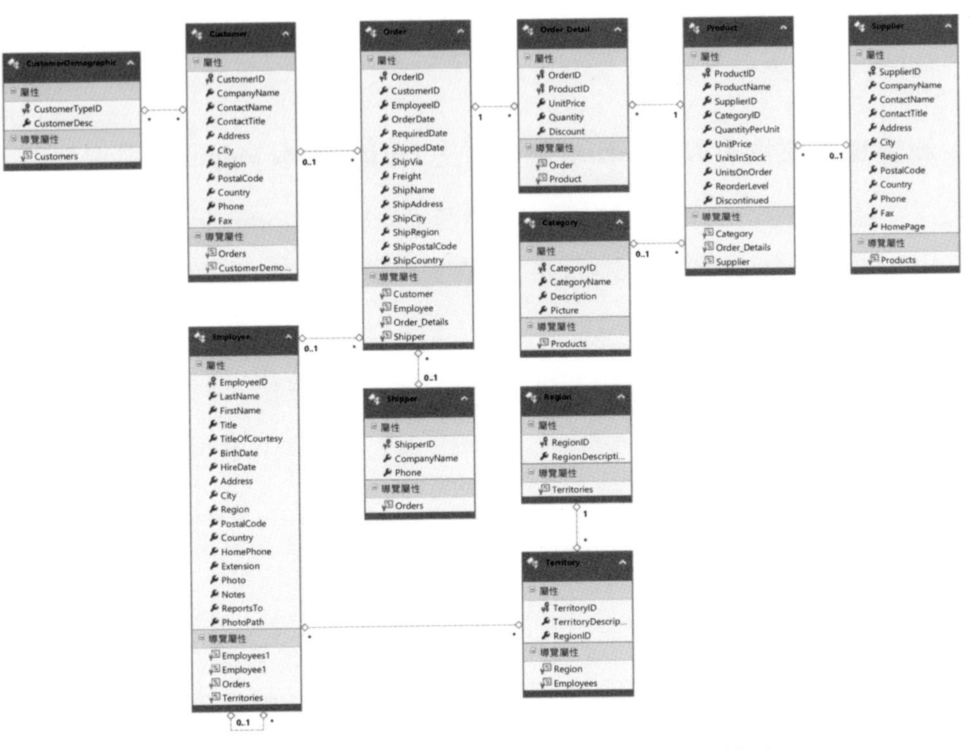

圖 9-6 Northwind.edmx 之 EDM 實體資料模型

9-4-1 EDM 模型的建立與使用

任何類型的.NET 專案，若欲使用 Entity Framework，首要便是建立 EDM 模型，有了 EDM 後便能與資料庫產生對應，然後再對 EDM 做 CRUD 操作，背後 EF 會將 CRUD 操作轉換成對應的資料庫 SQL 語法，並將資料庫回傳的查詢結果轉換成 Entity Set 實體集。

以下先用 Console 專案示範 EDM 模型建立與使用，而之所以用 Console 而非 MVC 專案，是因為在 Console 專案中可看見最純粹的 EF 建立，以及最單純的 EF CRUD 語法，便於理解與吸收（因 MVC 專案會摻雜較多的東西在裡面，會變得較複雜，同時模糊了焦點）。了解純粹的 EF 之後，再將 Model 及 CRUD 技巧套用到 MVC 專案就會來得容易些，同時思緒也會更清晰。

範例 9-1　從既有 Northwind 料庫產生 Entity Data Model 資料模型

在此以 Console 主控台專案，示範從既有的 Northwind 資料庫產生 EDM 模型，這個 EDM 模型就是 EF 對資料庫作業的 ORM 物件，請參考 EF_DatabaseFirst 專案：

step01　在 Visual Studio 的選單【檔案】→【新增】→【主控台應用程式(.NET Framework)】→建立「EF_DatabaseFirst」主控台應用程式。

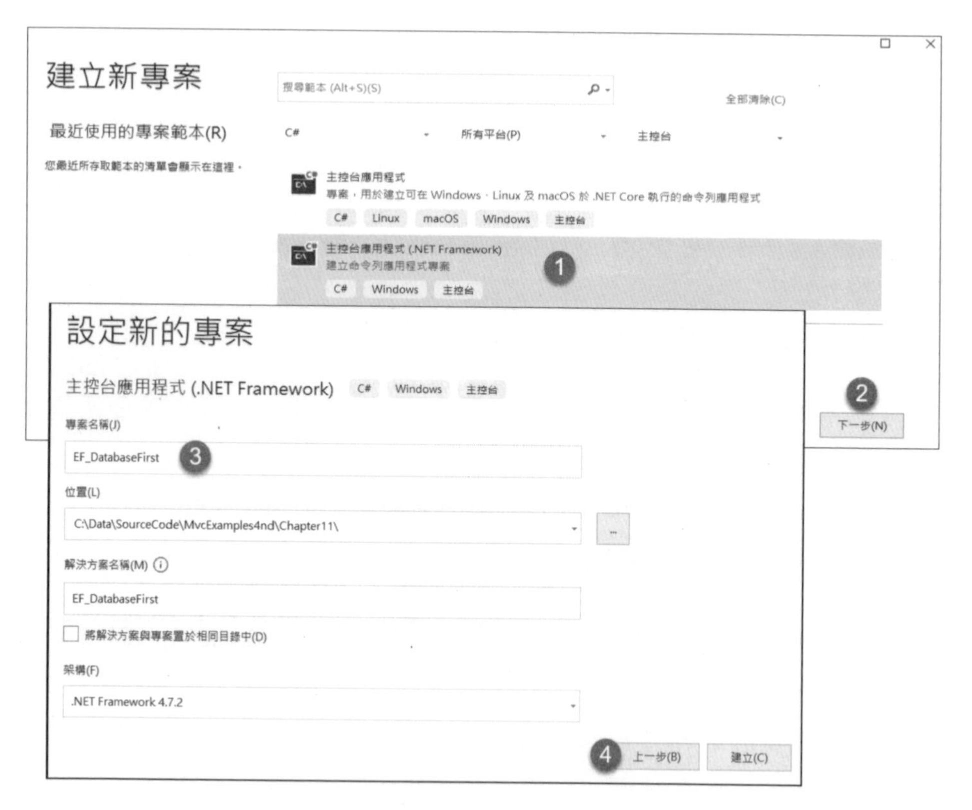

圖 9-7　新增主控台應用程式專案

step02 若你的 LocalDB 沒有 Northwind 資料庫，請用 SSMS 管理工具連接到 LocalDB→【新增查詢】→貼上 Northwind SQL(https://bit.ly/3pVCfNj)→按【執行】按鈕產生 Northwind 資料庫。

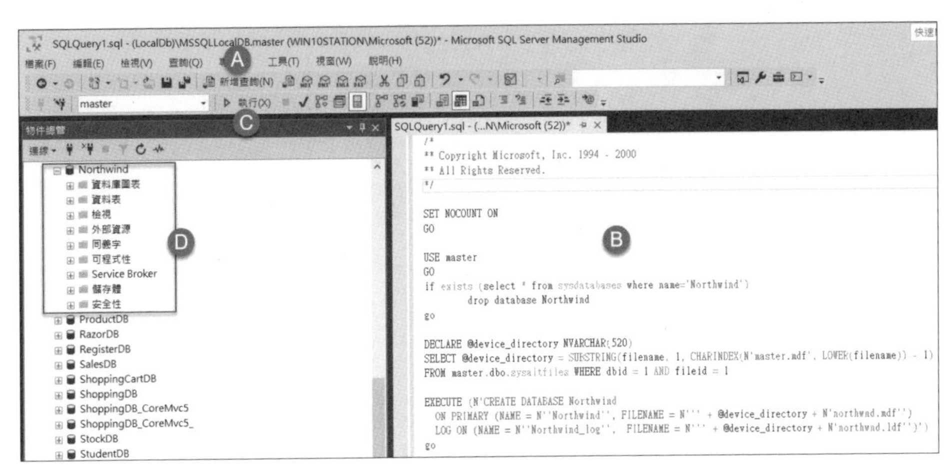

圖 9-8 在 LocalDB 產生 Northwind 資料庫

step03 在專案按滑鼠右鍵→【加入】→【新增項目】→【ADO.NET 實體資料模型】，命名為「NorthwindDataModel」→【新增】。

圖 9-9 新增 ADO.NET 實體資料模型

選擇【來自資料庫的 EF Designer】。

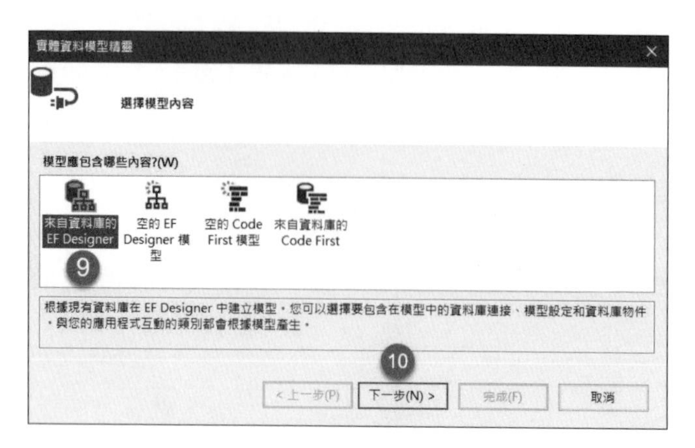

圖 9-10 選擇模型產生的方式

按【新增連接】→伺服器名稱輸入「(localdb)\mssqllocaldb」→選取【Northwind】資料庫→將 App.config 中連線設定改為「NorthwindContext」→按【下一步】。

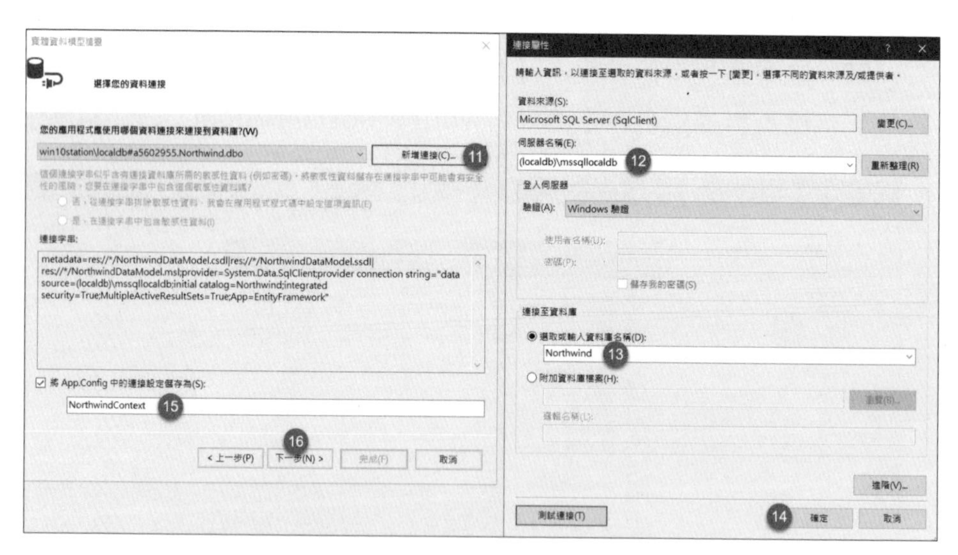

圖 9-11 選擇 Northwind 資料庫接及連接字串命名

接下來，系統會詢問想將哪些資料表物件加入到 EDM 中，勾選所有資料表→【將產生的物件名稱複數化或單數化】打勾→將模型命名空間改為「NorthwindModel」。

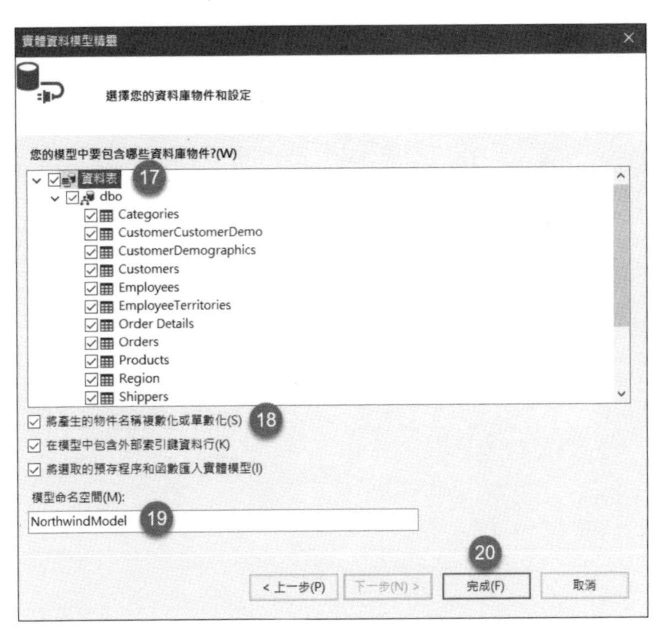

圖 9-12 選擇資料庫物件及模型命名空間設定

最後會產生 NorthwindDataModel.edmx（圖 9-6）及 App.Config 兩個檔案，前者是 Entity Data Model 實體資料模型，後者是儲存資料庫連線設定。MVC 的資料庫連線是儲存在 Web.config 中。

App.Config 的 EF 資料庫連線設定

```
<?xml version="1.0" encoding="utf-8"?>
<configuration>
  <connectionStrings>
    <add name="NorthwindContext"
         connectionString="metadata=
           res://*/NorthwindDataModel.csdl|
           res://*/NorthwindDataModel.ssdl|
           res://*/NorthwindDataModel.msl;
           provider=System.Data.SqlClient;
           provider connection string=&quot;data source=(LocalDB)\MSSQLLocalDB;
```

```
        attachdbfilename=|DataDirectory|\northwnd.mdf;
        integrated security=True;MultipleActiveResultSets=True;
          App=EntityFramework&quot;"
      providerName="System.Data.EntityClient" />
  </connectionStrings>
</configuration>
```

step04 以 LINQ 查詢 Northwind 的 EDM 模型

有了 EDM 之後，便可對 EF 做 CRUD 查詢，最簡單的是在 Program.cs 建立查詢程式，然後按 F5 執行。

Program.cs

```
using System;
using System.Linq;
using System.Data.Entity

namespace EF_DatabaseFirst
{
    class Program
    {
        static void Main(string[] args)
        {
            var db = new NorthwindContext();  ◄── 初始化一個 DbContext 物件

            var products = from p in db.Products
                           select p;          ▲── 以 LINQ 查詢 EDM

            Console.WriteLine("產品資訊如下:");

            foreach(var p in products)
            {
                Console.WriteLine($"{p.ProductID}, {p.ProductName}, {p.UnitPrice},
                 {p.UnitsInStock}");          ▲── 以 foreach 逐筆顯示資料
            }

            Console.WriteLine("請按任一鍵後離開...");
            Console.ReadKey();

            db.Dispose();     //關閉 EF 資料庫連線
        }
    }
}
```

說明：DbContext 類別是負責對資料庫作業，NorthwindConext 繼承了 DbContext 類別，故透過 NorthwindConext 物件就可以對資料庫進行 CRUD 作業。

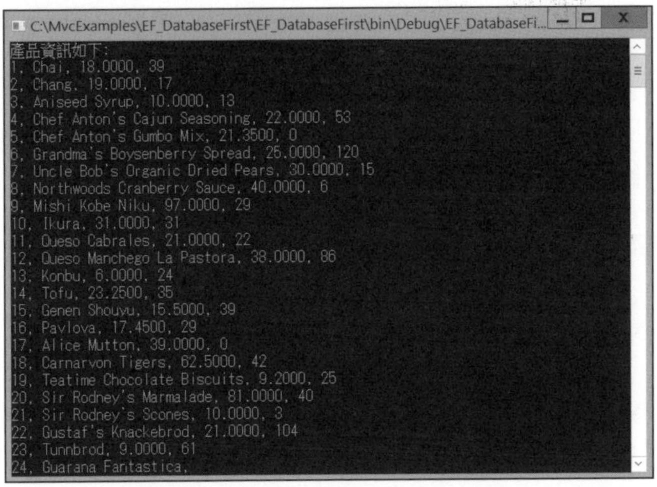

```
C:\MvcExamples\EF_DatabaseFirst\EF_DatabaseFirst\bin\Debug\EF_DatabaseFi...
產品資訊如下:
1, Chai, 18.0000, 39
2, Chang, 19.0000, 17
3, Aniseed Syrup, 10.0000, 13
4, Chef Anton's Cajun Seasoning, 22.0000, 53
5, Chef Anton's Gumbo Mix, 21.3500, 0
6, Grandma's Boysenberry Spread, 25.0000, 120
7, Uncle Bob's Organic Dried Pears, 30.0000, 15
8, Northwoods Cranberry Sauce, 40.0000, 6
9, Mishi Kobe Niku, 97.0000, 29
10, Ikura, 31.0000, 31
11, Queso Cabrales, 21.0000, 22
12, Queso Manchego La Pastora, 38.0000, 86
13, Konbu, 6.0000, 24
14, Tofu, 23.2500, 35
15, Genen Shouyu, 15.5000, 39
16, Pavlova, 17.4500, 29
17, Alice Mutton, 39.0000, 0
18, Carnarvon Tigers, 62.5000, 42
19, Teatime Chocolate Biscuits, 9.2000, 25
20, Sir Rodney's Marmalade, 81.0000, 40
21, Sir Rodney's Scones, 10.0000, 3
22, Gustaf's Knackebrod, 21.0000, 104
23, Tunnbrod, 9.0000, 61
24, Guarana Fantastica,
```

圖 9-13 以 LINQ 查詢 EF 資料模型

以上最後需自行呼叫 db.Dispose()方法，關閉 NorthwindConext 物件佔用的資料庫連線及資源。另一種是使用 using() {...}語法，讓系統自行呼叫 Dispose()：

```
//使用 using(){...}陳述式呼叫 Dispose()方法
using (var DB = new NorthwindContext())
{
    var Products = from p in DB.Products
                   select p;

    Console.WriteLine("產品資訊如下:");

    foreach (var p in Products)
    {
        Console.WriteLine($"{p.ProductID}, {p.ProductName}, {p.UnitPrice},
          {p.UnitsInStock}");
    }

    Console.WriteLine("請按任一鍵後離開...");
```

```
    Console.ReadKey();
}
```

> **TIP**
>
> 編譯器最後會把 using 陳述式轉換成 try/finally，在 finally 呼叫 Dispose() 方法。

9-4-2 EDM 資料模型組成解析與 CRUD 查詢

本節將解析 EDM 檔組成有哪些，以及說明它們的作用為何。

❖ EDM 實體資料模型組成

Entity Data Model 的檔案格式為.edmx，其內容是以 XML 結構的定義語言，用文字編輯器開啟 NorthwindDataModel.edmx 為：

```
<?xml version="1.0" encoding="utf-8"?>
<edmx:Edmx Version="3.0"
xmlns:edmx="http://schemas.microsoft.com/ado/2009/11/edmx">
  <!-- EF Runtime content -->
  <edmx:Runtime>
    <!-- SSDL content -->
    <edmx:StorageModels> ◄── Storage Models(資料庫)儲存模型
      ...
    </edmx:StorageModels>

    <!-- CSDL content -->
    <edmx:ConceptualModels> ◄── Conceptual Models 概念模型
      ...
    </edmx:ConceptualModels>

    <!-- C-S mapping content -->
    <edmx:Mappings> ◄── Mappings 對應關係
      ...
    </edmx:Mappings>
  </edmx:Runtime>
  <!-- EF Designer content (DO NOT EDIT MANUALLY BELOW HERE) -->
```

```
    <Designer xmlns="http://schemas.microsoft.com/ado/2009/11/edmx">
      ...
    </Designer>
</edmx:Edmx>
```

或在 VisualStudio 的.edmx 檔按滑鼠右鍵→【開啟方式】→以【XML(文字)編輯器】開啟.edmx 檔，可檢視 XML 內容。

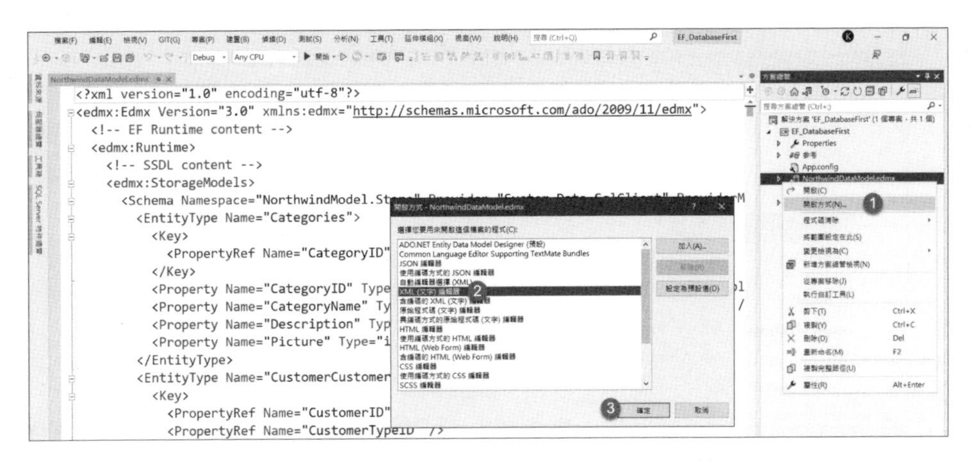

圖 9-14 以 XML 文字編輯器開啟.edmx 檔

EDM 中的 XML 主要包含三大塊定義：

- Conceptual Models 概念模型

  <edmx:ConceptualModels />區段是一群 Entities 實體定義，例如 Product、Supplier 實體等等，而一堆 Entity 實體的集合稱為實體集（Entity Set），然後實體集再對應資料庫中的 Product、Supplier 資料表。而該區段開頭 CSDL content 註解指的是 Conceptual Schema Definition Language，用來描述概念模型的語言

- Storage Models 儲存模型

  <edmx:StorageModels />區段是定義資料在資料庫儲存的格式。而該區段開頭 SSDL content 註解指的是 Store Schema Definition Language，用來描述儲存模型的語言

✦ Mappings 對應

Conceptual Models 是定義概念模型，而 Storage Models 是定義儲存模型，而 Conceptual 和 Storage 二者之間對應關係便是在 <edmx:Mappings />區段定義

以上的對應關係可在 EDM 視覺化工具中看到，例如在 Customer 實體按滑鼠右鍵→【資料表對應】，每個 Entity 的 Conceptual Model 屬性值可在屬性視窗中看見。

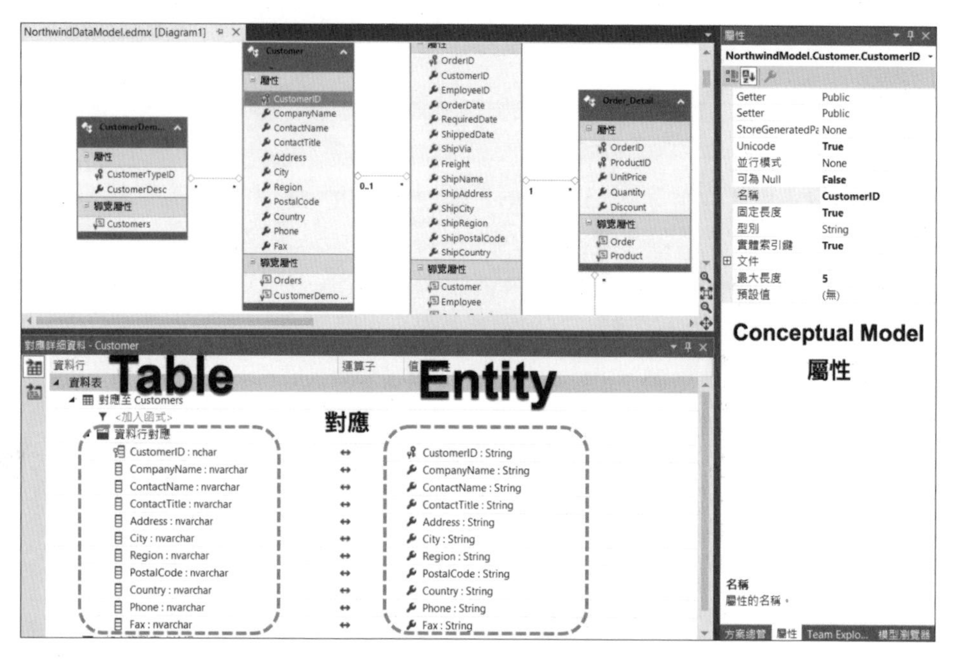

圖 9-15 檢視 Entity 的 Conceptual Model 屬性與對應

透過以上三者分離的設計，便是 Entity Data Model 和 ORM 的重要精神，把後端 Storage 抽象化，而開發人員只需面對 Object 物件做 CRUD，後面對資料庫的作業與轉化，便是 Entity Framework ORM 的工作，替開發人員節省心力。

❖ 對 EDM 的 CRUD 作業

另一種作法是在 SSMS 中，以 Attach 附加將 Northwind 資料庫掛載到 LocalDB。

■ 用 SQL Server 管理工具掛載 Northwind 資料庫

以下在 SQL Server Management Studio（SSMS）管理工具中，以 Attach 附加的方式掛載 Northwind 資料庫到 LocalDB 執行個體。

✦ SQL Server Management Studio 管理工具下載

https://bit.ly/3w1DrQe

step01 建立 C:\DB 資料夾，將書籍所附 Northwnd.mdf 及 ldf 複製至此。

step02 開啟 SSMS，在【資料庫】節點按滑鼠右鍵→【附加】→按【加入】 找到 Northwnd.mdf 檔案所在位置→【確定】，之後 Northwind 資料庫就會出現在管理介面上。

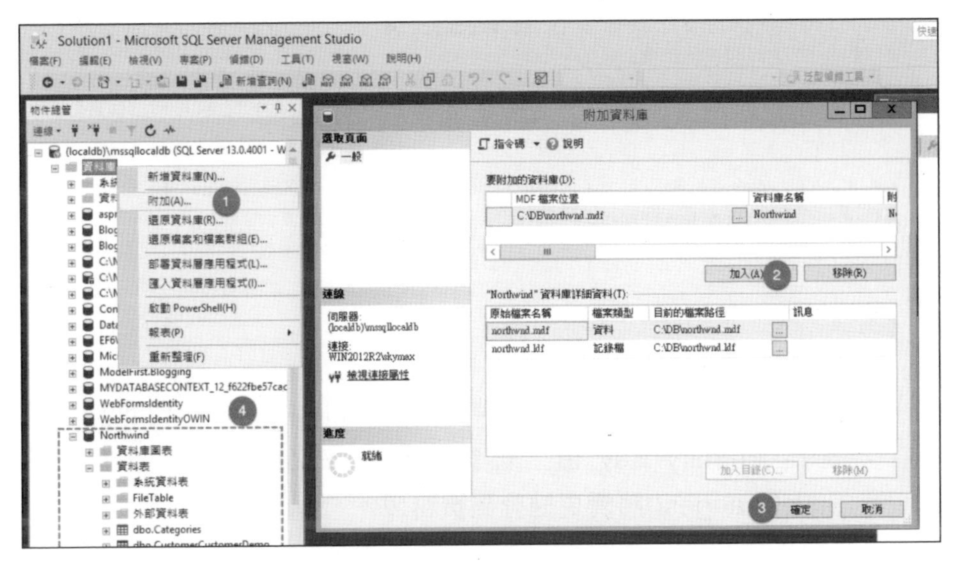

圖 9-16 用 SQL Server 管理工具掛載附加 Northwind 資料庫檔案

或用 SQL 語法掛載 Northwind 資料庫：

```
CREATE DATABASE Northwind
    ON (FILENAME = 'C:\DB\northwnd.mdf'),
    (FILENAME = 'C:\DB\northwnd.ldf')
    FOR ATTACH;
GO
```

■ EF 對 EDM 的 CRUD 語法

前面提過，一個 EDM 檔中包含 Conceptual Model 和 Storage Model 兩部分，而 EF 對 EDM 做 CRUD 查詢，實際是對 Conceptual Model 在做互動，以下列出 CRUD 基本語法。

✦ Read 查詢資料

查詢 Entity 資料一般用 LINQ 做查詢，然後以 foreach 陳述式將資料逐筆取出。

```
using (var db = new NorthwindContext())
 {
    var products = from p in db.Products ◄── 以 LINQ 查詢 Products 實體集
                   select p;

    foreach (var item in products)
    {
        Console.WriteLine(item.ProductID + ":" + item.ProductName + "," +
          item.UnitPrice);
    }
 }
```

✦ Update 更新資料

若欲更新一筆 Entity 資料，需先用 Find(id)找到該筆 Entity，id 參數是指 Primary Key 值，然後再變更 Entity 屬性值，最後呼叫 SaveChanges()將變更儲存到資料庫。

```
using (var db = new NorthwindContext())
{
    //以find(id)找尋資Entity      ┌ 1.先找到 Entity
    var p = db.Products.Find(64);
```

```
    p.UnitsInStock = 13;  ◄── 2.修改 Entity 屬性值

    db.SaveChanges(); //儲存變更
}
```

✦ Create 新增資料

新增資料是先建立一個新的 Product 實體，指定相關屬性值，再以 Add 方法加入 Products 實體集中，最後呼叫 SaveChanges()將新增資料寫回資料庫。

```
using (var db = new NorthwindContext())        1.建立 Entity 實體
{
    //新增一筆 Product Entity
    Product p = new Product { ProductName = "Car", UnitPrice = 100000,
      UnitsInStock = 1, UnitsOnOrder = 10 };

    //用 Add()方法將 Entity 加入到 Products
    db.Products.Add(p);  ◄── 2.將 Entity 加入到 Products 實體集
    //呼叫 SaveChanges()儲存變更時,新增至資料庫
    db.SaveChanges();
}
```

✦ Delete 刪除資料

刪除資料也先用 Find(id)找到該筆 Entity，然後用 Remove()方法將其標註為刪除，待呼叫 SaveChanges()方法後，便將該筆資料自資料庫刪除。

```
using (var db = new NorthwindContext())
{
    //用 id 找尋 Entity
    var p = db.Products.Find(10);  ◄── 1.先找到 Entity
    //用 Remove()將 Entity 標記為刪除,
    db.Products.Remove(p);  ◄── 2.將 Entity 從 Products 實體集中移除
    //呼叫 SaveChanges()儲存變更時,自資料庫中刪除
    db.SaveChanges();
}
```

由以上 CRUD 語法可清楚看見，開發人員實際互動的對象是 EDM 這個.NET 模型物件，而非資料庫，且因 EF 自動轉化與資料庫之間的作業，讓您省掉撰寫瑣碎的 ADO.NET 資料存取程式。

範例 9-2　對 EDM 資料模型做 CRUD 操作

在此示範對 Northwind 資料模型的 CRUD 操作，這裡的 CRUD 語法會較完整，請新增 EF_DatabaseFirstCRUD 的主控台專案：

step01　請照前一範例做法建立好 NorthwindDataModel.edmx 資料模型。

step02　在 Program.cs 撰寫 CRUD 程式

Program.cs

```
using System;
using System.Linq;

namespace EF_DatabaseFirstCRUD
{
    class Program
    {
        static void Main(string[] args)
        {
            ReadData();
            //UpdateData();
            //CreateData();
            //DeleteData();
        }

        //查詢資料
        static void ReadData()
        {
            using (var db = new NorthwindContext())
            {
                var products = from p in db.Products
                    where p.UnitPrice >= 30  && p.UnitPrice <=40
                    orderby p.ProductName descending, p .UnitPrice ascending,
                      p.UnitsInStock
```

```
            select new { p.ProductID, p.ProductName, p.UnitPrice,
              p.UnitsInStock};

        var total = products.Count();    //計算總筆數
        int i = 1;

        Console.WriteLine($"價格介於20-40元的產品共有{total}件,清單如下:");
        Console.WriteLine("項目編號: 產品ID, 產品名稱, 單價, 庫存=======");

        foreach (var p in products)
        {
            Console.WriteLine($"{i++.ToString("00")}: {p.ProductID},
              {p.ProductName}, {p.UnitPrice}, {p.UnitsInStock}");
        }
    }

    Console.WriteLine("請按任意鍵離開...");
    Console.ReadKey();
}

//可一次更新多筆 Entity 資料
static void UpdateData()
{
    using (var db = new NorthwindContext())
    {
        //以 Find(id)找尋資 Entity
        var p1 = db.Products.Find(64);
        p1.UnitsInStock = 13;

        //以字串找尋 Entity
        var p2 = db.Products.FirstOrDefault(p =>
          p.ProductName.Contains("Alice Mutton"));
        p2.UnitPrice = 39;

        //儲存變更
        db.SaveChanges();
    }
}

//可一次新增多筆 Entity 資料
static void CreateData()
{
```

```
    using (var db = new NorthwindContext())
    {
        //新增一筆 Product Entity
        Product p1 = new Product { ProductName = "Car", UnitPrice = 100000,
          UnitsInStock = 1, UnitsOnOrder = 10 };
        //用 Add()方法將 Entity 加入到 Products
        db.Products.Add(p1);

        //直接將 Entity 加入到 Add()方法中
        db.Products.Add(new Product { ProductName = "iPhone", UnitPrice = 799,
          UnitsInStock = 100, UnitsOnOrder = 300 });
        db.SaveChanges();
    }
}

//可一次刪除多筆 Entity 資料
static void DeleteData()
{
    using (var db = new NorthwindContext())
    {
        //用 id 找尋 Entity
        var p1 = db.Products.Find(80);
        //在 FirstOrDefault()方法中用 ProductName 尋找
        var p2 = db.Products.FirstOrDefault(p => p.ProductName == "iPhone");

        if (p1 == null && p2 == null)
        {
            Console.WriteLine("找不到符合資料，未執行任何刪除動作");
        }

        if (p1 != null)
        {
            db.Products.Remove(p1);
        }

        if (p2 != null)
        {
            db.Products.Remove(p2);
        }

        //儲存變更
        db.SaveChanges();
```

```
                Console.WriteLine("已完成刪除");
            }
        }
    }
}
```

說明：

1. 更新或刪除 Entity 資料，必須先找到該 Entity，找得到表示資料庫中存在這筆資料，然後才能對 Entity 做更新或刪除。
2. 在 UpdateData()和 DeleteData()方法中，可透過 Find(id)或 FirstOrDefault()方法找到 Entity，更新 Entity 資料後，再呼叫 SaveChanges()方法回寫到資料庫。
3. CRUD 的四種作業，除了查詢外，其餘更新、新增和刪除最終皆須呼叫 SaveChanges()方法，EF 才會真正將異動資料回寫資料庫。

9-5 Model First 模型優先

Model First 是以 EDM 模型為優先考量的本位主義，先建立.edmx 模型，接著在模型中建加入 Entities 實體及 Association 關聯，最後從模型產生出相對應的新資料庫、資料表及關聯性。

範例 9-3 以 Model First 的 EDM 模型產生新資料庫

在此欲建立一個部落格應用程式，Model First 的順序是先建立 EDM 模型，然後於其中建立 User（使用者）、Blog（部落格）和 Post（貼文）三個 Entities 實體，以及建立三個 Entities 的 Association 關聯，然後透過 EF 一次新增多筆資料到資料庫：

step01 新增 EF_ModelFirst 主控台專案→加入 BlogDataModel.edmx 實體資料模型檔→選擇「空的 EF Designer 模型」→【完成】。

圖 9-17 加入實體資料模型

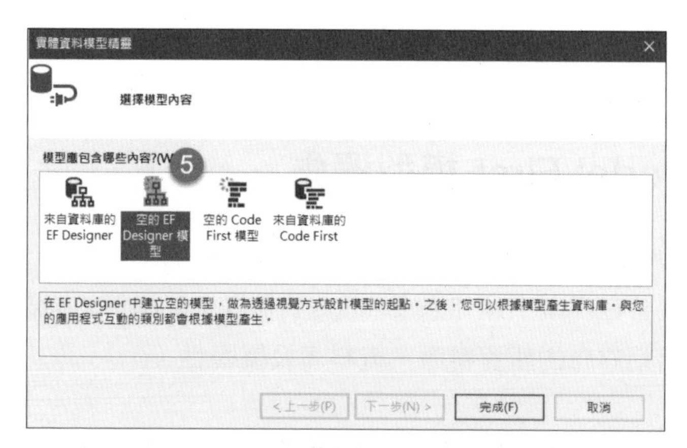

圖 9-18 選擇空的 EF Designer 模型

step02 新增 Entity 實體，在模型空白處按滑鼠右鍵→【加入新項目】→【實體】→將實體名稱命名為「User」，屬性名稱改為「UserId」→【確定】。

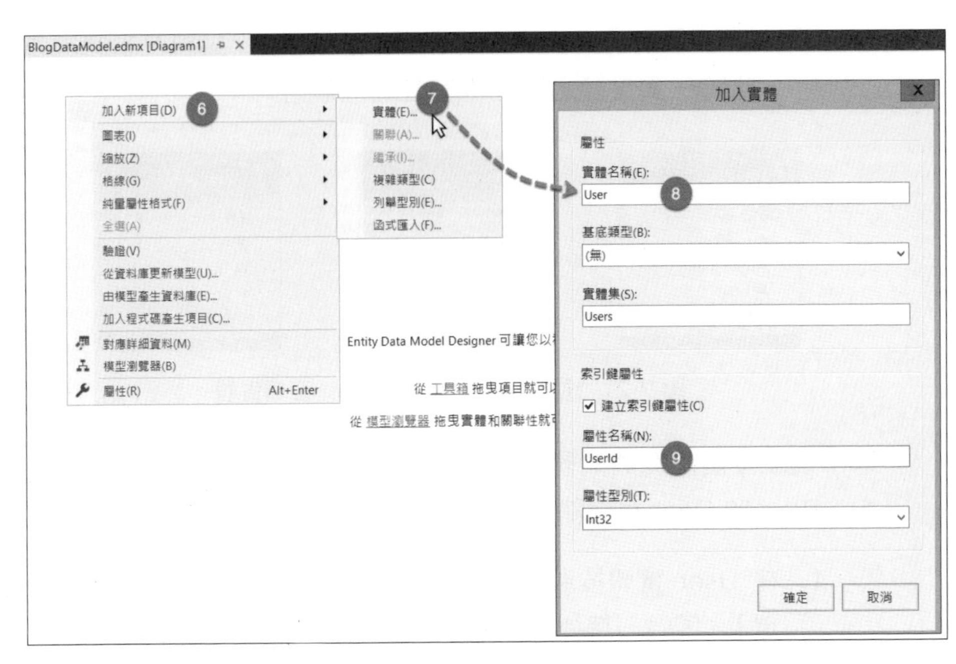

圖 9-19　建立 User 實體

step03 在 User 實體按滑鼠右鍵→【加入新項目】→【純量屬性】→將新增的屬性改名為「UserName」，再依此新增 Email 純量屬性。

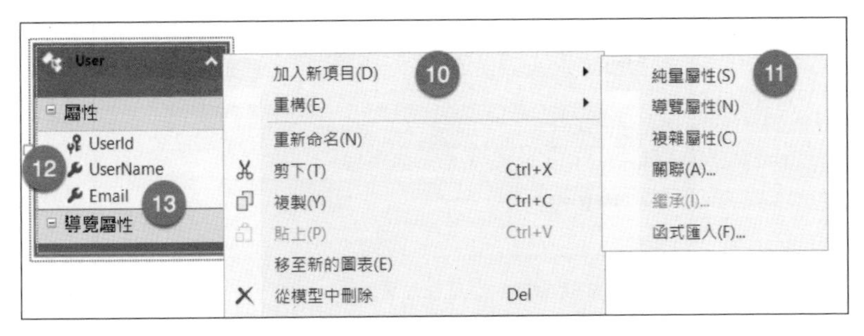

圖 9-20　建立 User 實體及純量屬性

step04 請仿照步驟 3 及 4，建立如下 Blog 及 Post 實體及相關純量屬性。此時三個實體之間尚未有任何關聯性。

圖 9-21　建立 User、Blog 和 Post 三個實體

step05 建立實體之間的關聯（Association）。在此建立 User 和 Blog、Blog 和 Post 兩個關聯性。

1. 在 User 實體按滑鼠右鍵→【加入新項目】→【關聯】→【確定】。因為一個使用者可以有多個 Blog，所以 User 對 Blog 關係是一對多，不必做任何調整。

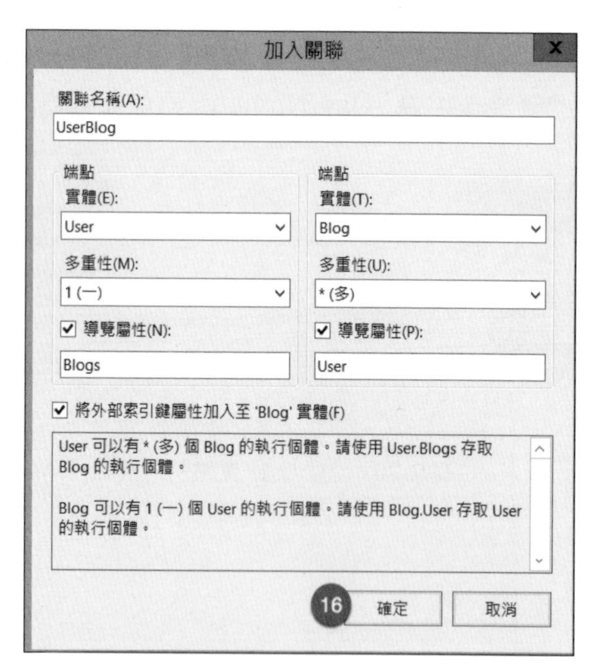

圖 9-22　建立 User 與 Blog 實體之間的關聯

2. 在 Blog 實體按滑鼠右鍵→【加入新項目】→【關聯】→【確定】。因為一個 Blog 可以有多個 Post 貼文，所以 Blog 對 Post 關係是一對多，不必做任何調整。完成後，在 Blog 實體會新增一個 UserUserId 屬性，它是對 User 實體的 Foreign Key，而 Post 實體也會新增一個 BlogBlogId 屬性，它是對 Blog 實體的 Foreign Key。

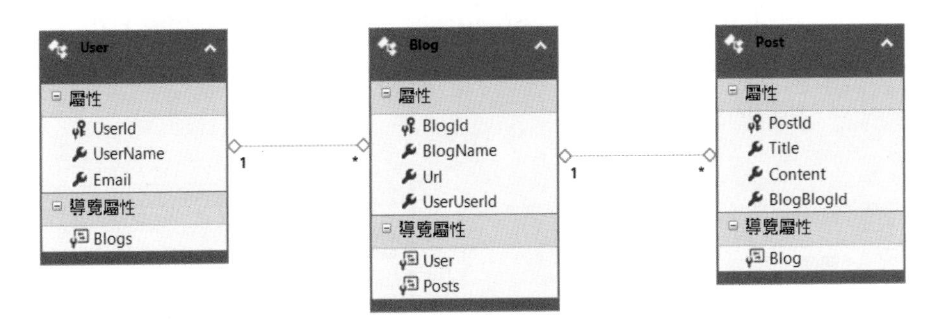

圖 9-23 建立三個實體之間的關聯

step06 在模型空白處按滑鼠右鍵→【屬性】→將實體容器名稱改為「BlogContext」。改成 BlogContext 是為了配合 EF 的程式習慣，後續 CRUD 程式就會用到 BlogContext 名稱。

圖 9-24 將實體容器名稱改為 BlogContext

step07 模型設計好之後，接著要產生出對應的 SQL Server 資料庫，方式是在模型空白處按滑鼠右鍵→選擇【由模型產生資料庫】→【新增連接】→伺服器名稱輸入「(localdb)\mssqllocaldb」→維持【Windows 驗證】→選取或輸入資料庫名稱「ModelFirst.BlogDB」，系統會提示資料庫不存在，詢問是否要建立→按【Yes】產生空的 ModelFirst.BlogDB 資料庫→【下一步】→選擇【Entity Framework 6.x】→【下一步】→按【完成】將 BlogDataModel.
edmx.sql 儲存。

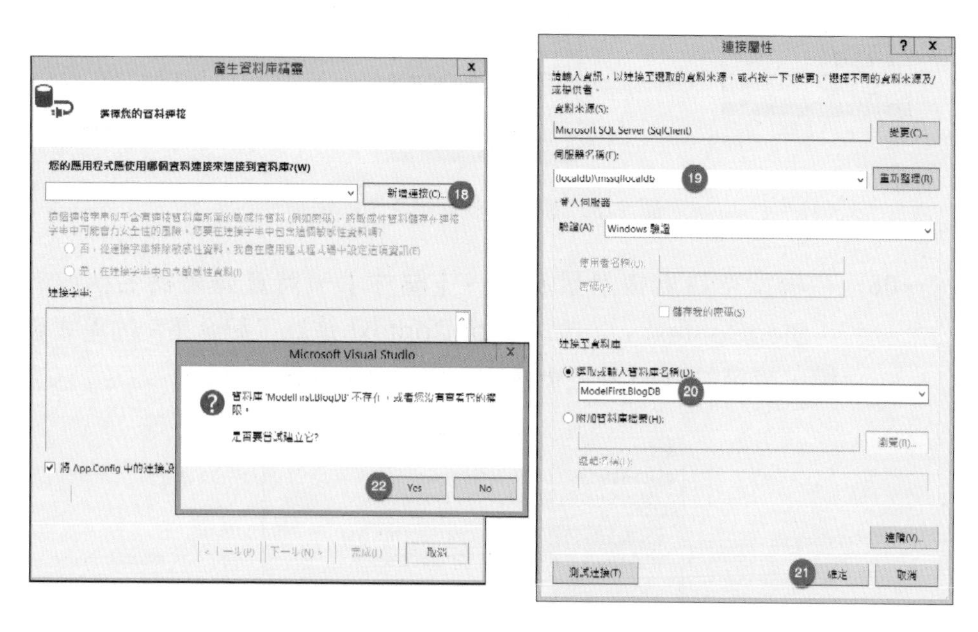

圖 9-25 建立 ModelFirst.BlogDB 資料庫

圖 9-26 儲存 SQL 命令程式

step08 前一步驟建立了空的 ModelFirst.Blog 資料庫，但尚未有任何的資料表。而 BlogDataModel.edmx.sql 便是用來建立 Users、Blogs 和 Posts 三個資料表及關聯的 SQL 命令，開啟它，按左上角的執行按鈕→選擇本機的 MSSQLLocalDB→【連接】，執行建立工作。

圖 9-27 建立 Users、Blogs 和 Posts 資料表及關聯

step09 在 Visual Studio 的【檢視】→【SQL Server 物件總管】→於 (localdb)\MSSQLLocalDB 執行個體找到 ModelFirst.BlogDB 資料庫，檢視是否有 Users、Blogs 和 Posts 三個資料表。

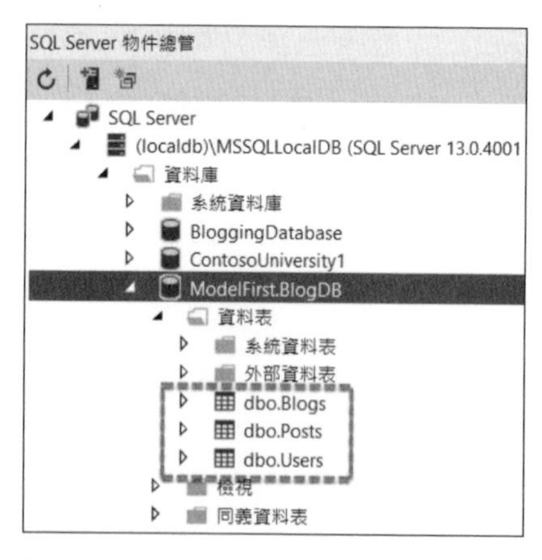

圖 9-28 檢視 ModelFirst.BlogDB 資料庫中的三個資料表

step 10　在三個資料表任一上按滑鼠右鍵→【檢視資料】，可看到資料行，但無任何資料記錄。

以上 Model First 建模過程有點長，若你不曾建過，可能需要多幾次練習，慢慢地就能體會相關細節在做什麼。

範例 9-4　用 EF 程式對 BlogDataModel 資料模型做資料新增及查詢

有了前面的模型和資料庫，在這講解三種 EF 程式新增資料的技巧，並做資料查詢顯示，資料樣本如下所示。

dbo.Users [資料]

UserId	UserName	Email
1	聖殿祭司	dotnetcool@gmail.com
2	David	david@gmail.com
3	Mary	mary@gmail.com

dbo.Blogs [資料]

BlogId	BlogName	Url	UserUserId
1	DotNet開發...	http://www.dotnetblog.com.tw	1
2	David's Blog	http://www.davidblog.com	2
3	Mary's Blog	http://www.maryblog.com	3

dbo.Posts [資料]

PostId	Title	Content	BlogBlogId
1	I am 聖殿祭司.	I love Mvc!	1
2	I am David.	I love Entity Framework!	2
3	I am Mary	I love Razor!	3
4	I am 祭司.	I love sports!	1
5	I am 奚江華.	I love coding!	1

圖 9-29　以 EF 程式做資料的新增與查詢

請參考 EF_ModelFirst 專案的 Program.cs 程式，以下是整體程式輪廓，有三個新增資料的方法，及一個顯示資料的方法：

Program.cs

```
using System;
using System.Collections.Generic;
using System.Linq;

namespace EF_ModelFirst
{
    class Program
    {
        static void Main(string[] args)
        {
            AddDataBasic();    //以foreach(){ Add()方法}新增Entity資料
            AddData();         //以List<T>.Foreach(x=>{ Add()方法})Entity資料
            AddRangeData();    //以AddRange(List<T>集合)方法新增Entity資料

            DisplayData();     //顯示資料
        }
```

```
        //基本典型使用 Add()方法加入 Entity 資料
        static void AddDataBasic() ◄── 以 foreach(){ Add()方法}新增 Entity 資料
        {
          ...
        }

        //使用 Add()方法加入 Entity 資料
        static void AddData() ◄── 以 List<T>.Foreach(x=>{ Add()方法})Entity 資料
        {
          ...
        }

        //使用 AddRange()方法加入 Entity 資料
        static void AddRangeData() ◄── 以 AddRange(List<T>集合)方法新增 Entity 資料
        {
          ...
        }

        //查詢並顯示資料
        static void DisplayData() ◄── 顯示資料
        {
            ...
        }
    }
}
```

以下來看這幾個程式區塊：

✦ AddDataBasic()區塊

在此先建立 List<T>泛型集合，然後用 foreach(){...}迴圈逐筆取出 List<T>集合中的項目，再以 Add()方法一一加入到 Entity 集合，最後再呼叫 SaveChanges()方法將資料新增到 SQL Server 資料庫。

```
//以 foreach(){ Add()方法}新增 Entity 資料
static void AddDataBasic()
{
    //建立 List 泛型集合                    泛型集合中包含三筆 User 物件資料
    List<User> users = new List<User>
    {
        new User { UserName="聖殿祭司", Email="dotnetcool@gmail.com" },
        new User { UserName="David", Email="david@gmail.com"},
        new User { UserName="Mary", Email="mary@gmail.com"}
    };
```

三筆 Blog 物件資料

```
List<Blog> blogs = new List<Blog>
{
    new Blog { BlogName="DotNet 開發聖殿", Url="http://www.dotnetblog.com.tw",
                UserUserId=1 },
    new Blog { BlogName="David's Blog", Url="http://www.davidblog.com",
                UserUserId=2},
    new Blog { BlogName="Mary's Blog", Url="http://www.maryblog.com",
                UserUserId=3}
};

List<Post> posts = new List<Post>
{
    new Post { Title="I am 聖殿祭司.", Content="I love Mvc!", BlogBlogId=1 },
    new Post { Title="I am David.", Content="I love Entity Framework!",
            BlogBlogId=2 },
    new Post { Title="I am Mary", Content="I love Razor!", BlogBlogId=3 }
};
```

三筆 Post 物件資料

```
BlogContext context = new BlogContext();
```

DbContext 物件

```
//檢查資料是否存在，若無則新增資料
if (context.Users.Any())
{
    Console.WriteLine("樣本資料己存在，不新增資料");
    return;
}

//將資料加入到 Users 實體中
foreach (var item in users)
{
    context.Users.Add(item);
}
context.SaveChanges();   //呼叫 SaveChanges()儲存異動
Console.WriteLine("Users 資料新增完成.");

//將資料加入到 Blogs 實體中
foreach (var item in blogs)
{
    context.Blogs.Add(item);
}
context.SaveChanges();
Console.WriteLine("Blogs 資料新增完成.");
```

將 List 集合中項目逐一加入到 Entity 集合中

SaveChanges()可將 Entity 集合異動資料儲存回 SQL Server 資料庫

```
    //將資料加入到 Posts 實體中
    foreach (var item in posts)
    {
        context.Posts.Add(item);
    }
    context.SaveChanges();
    //也可以用苦力語法建立單一筆 Entity 資料
    Post post = new Post();
    post.Title = "I am 祭司.";
    post.Content = "I love sports!";          ◄── 逐一指定屬性值建立單一筆 Entity
    post.BlogBlogId = 1;
    context.Posts.Add(post);
    context.SaveChanges();

    //或者用聰明一點的物件初始化語法建立 Entity
    var easyPost = new Post { Title = "I am 奚江華.", Content = "I love coding!",
                                BlogBlogId = 1 };
    context.Posts.Add(easyPost);               以 C#物件初始化語法建立單一筆 Entity
    context.SaveChanges();

    Console.WriteLine("Posts 資料新增完成.");

    Console.WriteLine("AddDataBasic()執行完成，請按任意鍵離開...");
    Console.ReadKey();

    context.Dispose();  //關閉資料庫所佔連線
}
```

✦ AddData()區塊

在此先建立 List<T>泛型集合，然後用 List<T>.Foreach(...)逐筆取出 List<T>集合中的項目，再以 Add()方法一一加入到 Entity 集合，最後再呼叫 SaveChanges()方法將資料新增到 SQL Server 資料庫。

```
//以 List<T>.Foreach(x=>{ Add()方法})新增 Entity 資料
static void AddData()
{
    //建立 List 集合
    List<User> users = new List<User>
    {
        new User { UserName="Bob", Email="bob@gmail.com" },
        new User { UserName="Johnson", Email="johnson@gmail.com"},
```

```
    new User { UserName="Lucy", Email="lucy@gmail.com"}
};

List<Blog> blogs = new List<Blog>
{
    new Blog { BlogName="Bob's Blog", Url="http://www.bobblog.com.tw",
               UserUserId=4 },
    new Blog { BlogName="Johnson's Blog", Url="http://www.johnsonblog.com",
               UserUserId=5},
    new Blog { BlogName="Lucy's Blog", Url="http://www.lucyblog.com",
               UserUserId=6}
};

List<Post> posts = new List<Post>
{
    new Post { Title="I am Tony.", Content="I love JavaScript!", BlogBlogId=4 },
    new Post { Title="I am David.", Content="I love jQuery Mobile!",
               BlogBlogId=5 },
    new Post { Title="I am Mary", Content="I love LINQ!", BlogBlogId=6 }
};

//將 List 加入到 Entity 集合
BlogContext ctx = new BlogContext();

///檢查 UserId 為 4 的資料是否存在?若無則新增資料
if (ctx.Users.Find(4) != null)
{
    Console.WriteLine("樣本資料已存在，不新增資料");
    return;
}

users.ForEach(x => ctx.Users.Add(x));
ctx.SaveChanges();    //呼叫 SaveChanges()儲存異動
Console.WriteLine("Users 資料新增完成.");

blogs.ForEach(x => ctx.Blogs.Add(x));
ctx.SaveChanges();
Console.WriteLine("Blogs 資料新增完成.");

posts.ForEach(x => ctx.Posts.Add(x));
ctx.SaveChanges();
Console.WriteLine("Posts 資料新增完成.");
```

```
    ctx.Dispose();

    Console.WriteLine("AddData()執行完成,請按任意鍵離開...");
    Console.ReadKey();
}
```

+ AddRangeData()區塊

比較特別的是，使用 AddRange()直接將泛型集合加入 Entity 實體集中，完全不需借助 foreach()或 ForEach()。

```
//以 AddRange()方法新增 Entity 資料
static void AddRangeData()
{
    //建立 List 集合
    List<User> users = new List<User>
    {
        new User { UserName="John", Email="john@gmail.com" },
        new User { UserName="Tom", Email="tom@gmail.com"},
        new User { UserName="Rose", Email="rose@gmail.com"}
    };

    List<Blog> blogs = new List<Blog>
    {
        new Blog { BlogName="John's Blog", Url="http://www.johnblog.com",
                   UserUserId=7 },
        new Blog { BlogName="Tom's Blog",  Url="http://www.tomblog.com",
                   serUserId=8 },
        new Blog { BlogName="Rose's Blog", Url="http://www.roseblog.com",
                   UserUserId=9 },
        new Blog { BlogName="Code Magic 碼魔法", Url="http://www.codemagic.com.tw",
                   UserUserId=1 }
    };

    List<Post> posts = new List<Post>
    {
        new Post { Title="I am John.", Content="I love Bootstrap!", BlogBlogId=7 },
        new Post { Title="I am Tom.", Content="I love jQuery!", BlogBlogId=8 },
        new Post { Title="I am Rose.", Content="I love HTML5!", BlogBlogId=9 }
    };

    //將 List 加入到 Entity 集合
    using (var ctx = new BlogContext())
```

```
    {
        //檢查 UserId 為 7 的資料是否存在?若無則新增資料
        var user = ctx.Users.Find(7);
        if (user == null)
        {
            ctx.Users.AddRange(users);
            ctx.SaveChanges();    //呼叫 SaveChanges()儲存異動

            ctx.Blogs.AddRange(blogs);   ← 以 AddRange()直接將 List 集合項目加入 Entity 集合
            ctx.SaveChanges();

            ctx.Posts.AddRange(posts);
            ctx.SaveChanges();
        }
        else
        {
            Console.WriteLine("樣本資料已存在, 不新增資料");
            return;
        }
    }

    Console.WriteLine("AddRange()執行完成,請按任意鍵離開...");
    Console.ReadKey();
}
```

✦ DisplayData()區塊

這裡顯示 EF 實體資料，除了使用之前的 foreach()迴圈外，還展示了 List 的 ForEach(...)方法。

```
//查詢並顯示資料
static void DisplayData()
{
    //這裡的 db 是指 EF 的 DbContext,而非 SQL Server 的 db 資料庫
    using (var db = new BlogContext())
    {
        Console.WriteLine("\n 顯示所有 Users:");
        Console.WriteLine("==========================");

        //以 LINQ 查詢

        var allUsers = from u in db.Users     ← 以 LINQ 查詢
                       select u;
```

```
foreach (var item in allUsers)
{
    Console.WriteLine($"{item.UserId}, {item.UserName}, {item.Email}");
}

Console.WriteLine("\n 顯示某些條件的 Users:");
Console.WriteLine("==========================");

//以 LINQ 查詢,過濾與排序
var filter = from u in db.Users
             where u.UserId >= 2 && u.UserId <= 5
             orderby u.UserName descending
             select u;

foreach (var item in filter)
{
    Console.WriteLine($"{item.UserId}, {item.UserName}, {item.Email}");
}

Console.WriteLine("\n 顯示指定的 Users:");
Console.WriteLine("==========================");

var specificUsers = db.Users.ToList();

//在 ForEach()方法中判斷做篩選
specificUsers.ForEach(x =>
{
    if (x.UserName.Contains("祭司") || x.UserName == "Mary" || x.UserName
      == "John")
    {
        Console.WriteLine($"{x.UserId}, {x.UserName}, {x.Email}");
    }
});

Console.WriteLine("\n 顯示所有 Blogs:");
Console.WriteLine("==========================");

var allBlogs = from b in db.Blogs
               select b;

allBlogs.ToList().ForEach(b =>
```

以 LINQ 查詢，過濾與排序

在 ForEach()方法中判斷做篩選

```
            {
                Console.WriteLine($"{b.BlogName}, {b.Url}, Owner: {b.User.UserName}");
            });

            Console.WriteLine("\n 顯示所有 Posts 貼文:");
            Console.WriteLine("==========================");

            var allPosts = from u in db.Posts
                           select u;

            allPosts.ToList().ForEach(p=>
            {
                Console.WriteLine($"{p.PostId}, {p.Title}, {p.Content}, " +
                    $"BlogBlogId : {p.BlogBlogId}, BlogName: {p.Blog.BlogName}");
            });
        }

        Console.WriteLine("");
        Console.WriteLine("請按任意鍵離開...");
        Console.ReadKey();
    }
```

9-6 檢視 EF 產生的 DbContext 及實體資料模型檔

在了解 Database First 與 Model First 建立過程後，此二種模式除了建立.edmx 檔外，最終還會產出 DbContext 及實體資料模型的.cs 類別檔。

圖 9-30 Database First 產出的類別檔

圖 9-31 Model First 產出的類別檔

那 DbContext 及資料模型的類別檔是作什麼用？DbContext 就是 EF 負責對資料庫作業的一個 Context 環境，那資料模型類別檔是 Entities 實體定義。例如在 Model 中建立一個視覺化的 User 實體，那麼最後就會產出一個 User.cs 類別定義。然而有了 DbContext 及實體資料模型類別檔，才能撰寫 EF 的 CRUD 程式。

以圖 9-23 來說，EF_ModelFirst 專案在 Model 中建立了三個 Entities 實體，最終會產生 User.cs、Blog.cs 和 Post.cs 三個實體類別檔，而 DbContext 不僅負責對 SQL Server 資料庫作業，裡面也宣告了三個 Entity Set 實體集定義：

BlogConext.cs

```
namespace EF_ModelFirst
{
    using System;
    using System.Data.Entity;
    using System.Data.Entity.Infrastructure;      繼承 DbContext，負責對資料庫作業

    public partial class BlogContext : DbContext
    {
        public BlogContext(): base("name=BlogContext")
        {
        }

        protected override void OnModelCreating(DbModelBuilder modelBuilder)
        {
            throw new UnintentionalCodeFirstException();
        }

        public DbSet<User> Users { get; set; }
        public DbSet<Blog> Blogs { get; set; }  ◄── Entity Set，對應資料庫 Tables
        public DbSet<Post> Posts { get; set; }
    }
}
```

User.cs

```
namespace EF_ModelFirst
{
    using System;
    using System.Collections.Generic;

    public partial class User  ◄── User 實體定義
    {
        public User()
        {
            this.Blogs = new HashSet<Blog>();
        }

        public int UserUserId { get; set; }
        public string UserName { get; set; }
        public string Email { get; set; }
```

```
        public virtual ICollection<Blog> Blogs { get; set; }
    }
}
```

Blog.cs

```
namespace EF_ModelFirst
{
    using System;
    using System.Collections.Generic;

    public partial class Blog  ◀── Blog 實體定義
    {
        public Blog()
        {
            this.Posts = new HashSet<Post>();
        }

        public int BlogBlogId { get; set; }
        public string BlogName { get; set; }
        public string Url { get; set; }
        public int UserUserId { get; set; }

        public virtual User User { get; set; }
        public virtual ICollection<Post> Posts { get; set; }
    }
}
```

Post.cs

```
namespace EF_ModelFirst
{
    using System;
    using System.Collections.Generic;

    public partial class Post  ◀── Blog 實體定義
    {
        public int PostId { get; set; }
        public string Title { get; set; }
        public string Content { get; set; }
        public int BlogBlogId { get; set; }

        public virtual Blog Blog { get; set; }
    }
}
```

本節談論 EF 設計工具產出類別檔的用意，一方面是説明它們是用來讓你撰寫 EF CRUD 程式的根源，另一方面是為下一章 Code First 作預告鋪陳，因為 Code First 是完全以手工建立 DbContext 及實體資料模型的類別檔，且沒有視覺化的.edmx 設計工具支援。但在本質上，三者幾乎是用同一套觀念在運作，Code First 細節下一章會再詳談。

9-7 從資料庫更新模型 / 由模型產生資料庫

無論是 Database First 或 Model First 模式，在設計階段或是上線營運階段，一定會遇到資料庫或 Model 設計異動，這時就會涉及二者更新的需求，而 EF 設計工具有兩個功能在處理這類需求：

1. Database First 的「從資料庫更新模型」：因為資料庫定義變更了，如調整 Schema 綱要或新增欄位，用它把資料庫變更後的定義更新到.edmx 模型檔。
2. Model First 的「由模型產生資料庫」：因為 .edmx 模型設計有變動，如新增 Entity、新增純量屬性或是建立關聯，用它把最新的模型定義更新回資料庫。

做法很簡單，只要在.edmx 的設計畫面空白處按滑鼠右鍵，可看到「從資料庫更新模型」及「由模型產生資料庫」兩個功能。

圖 9-32 資料庫與模型更新

範例 9-5 在 Database First 模式下，將資料庫 Table 新增的欄位更新至 EDM 模型

在此示範 Database First 的「從資料庫更新模型」，在 Table 新增一個欄位，並更新至 EDM 模型，請開啟 EF_DatabaseFirst 專案：

step01 在【檢視】→SQL Server 物件總管→MSQLLocalDB 找到 Northwind 資料庫→在 dbo.Customers 資料表按滑鼠右鍵→【檢視表設計工具】→新增一個 Email 欄位→【更新】→【更新資料庫】。

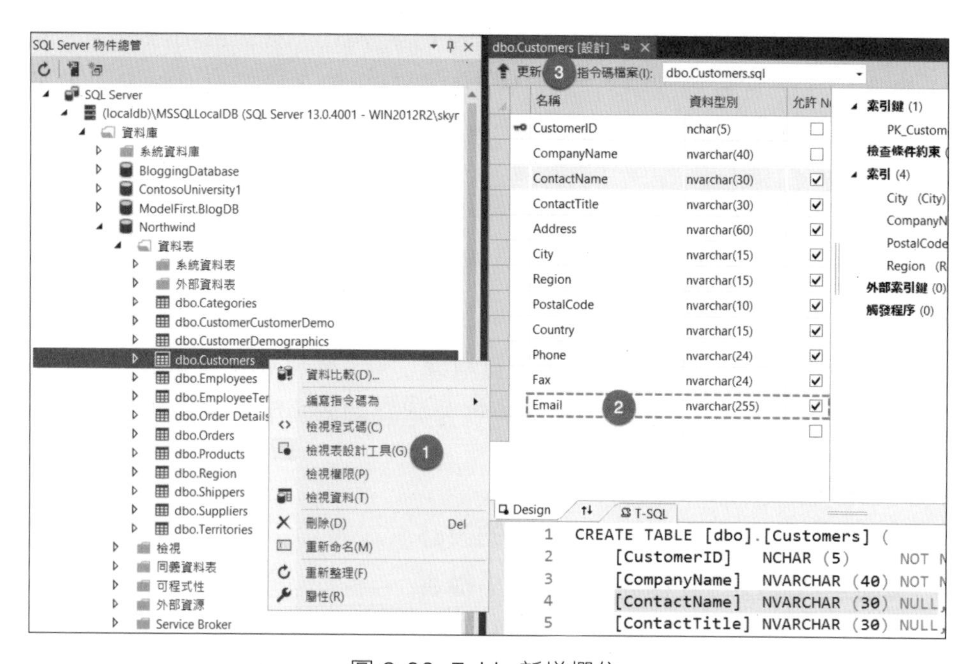

圖 9-33 Table 新增欄位

step02 在 Customers 資料表按滑鼠右鍵→【檢視資料】，在最右端會出現新的 Email 欄位。

step03 開啟 NorthwindModel.edmx，於空白處按滑鼠右鍵→【從資料庫更新模型】→點選【重新整理】的 Customers 資料表→【完成】。然後在 EDM 的 Customer 實體就會出現 Email 屬性。

圖 9-34 將資料庫的 Customers 資料表更新至 EDM 模型

若想回復原狀，將 Customers 資料表的 Email 欄位移除，再利用「從資料庫更新模型」更新 EDM 模型。但之後會得到「屬性'Email'未對應」的錯誤，因為它不會主動洗掉 EDM 模型中沒有對應的屬性，解決方式是必須手動將 EDM 中將 Customer 實體的 Email 屬性刪除，然後再次執行「從資料庫更新模型」就會正常了。

範例 9-6 在 Model First 模式下，將改變後的 EDM 模型設計更新至資料庫

在此示範 Model First 的「由模型產生資料庫」，請開啟 EF_ModelFirst 專案，先確認模型、資料庫和樣本資料皆已建立，在這要對資料模型中的 User 實體做變更，然後用「由模型產生資料庫」把變更後的模型更新到資料庫，步驟如下：

step**01** 開啟 BlogDataModel.demx→在 User 實體按滑鼠右鍵選擇【加入新項目】→【純量屬性】→命名為「Phone」→按 Ctrl+S 儲存，然後系統會產生新的 User.cs 類別檔。

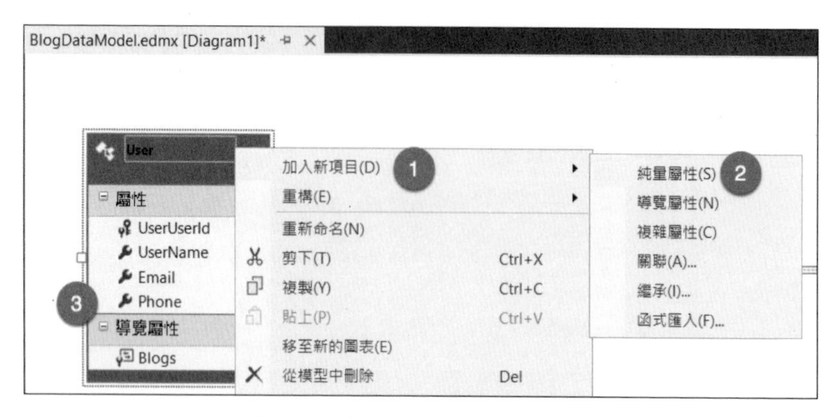

圖 9-35 加入一個新的純量屬性

step**02** 檢視 User.cs 檔，裡面會多了「public string Phone { get; set; }」一行程式，表示模型確實已變更。

step**03** 在更新資料庫前，先在【檢視】→SQL Server 物件總管的 MSQLLocalDB 找到 ModelFirst.BlogDB 資料庫→資料表→在 dbo.Users 按滑鼠右鍵→【檢視資料】，確認目前資料表有三個欄位與九筆記錄。

dbo.Users [資料]　最大資料列(O): 1000

UserUserId	UserName	Email
1	聖殿祭司	dotnetcool@gmail.com
2	David	david@gmail.com
3	Mary	mary@gmail.com
4	Bob	bob@gmail.com
5	Johnson	johnson@gmail.com
6	Lucy	lucy@gmail.com
7	John	john@gmail.com
8	Tom	tom@gmail.com
9	Rose	rose@gmail.com

圖 9-36 Users 資料表欄位與資料記錄

step04 在 BlogDataModel.demx 空白處按滑鼠右鍵→選擇【由模型產生資料庫】→系統會產生新的 BlogDataModel.edmx.sql→按 BlogDataModel.edmx.sql 畫面左上角的執行圖示（Ctrl+Shift+E）→選擇本機的 MSSQLLocalDB→按【連接】將資料庫更新。

step05 再次瀏覽檢視 Users 資料表，會發現多了一個 Phone 欄位，表示更新成功。

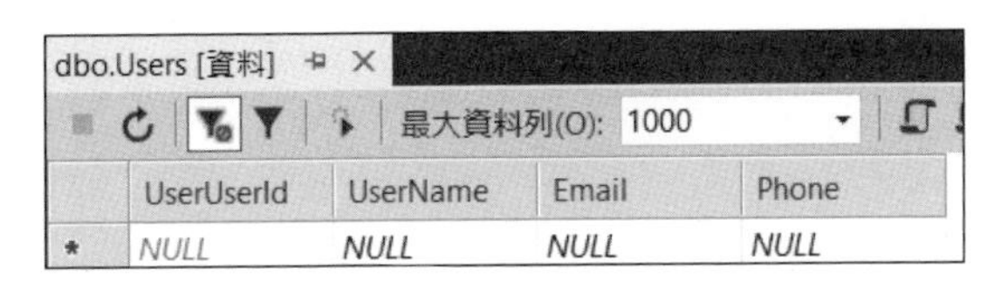

圖 9-37 更新後的 Users 資料表

> **TIP**
>
> **請再次將 BlogDataModel.demx 的 User 實體之 Phone 屬性刪除，重複先前整個步驟，將模型與資料庫還至原本狀態，做第二次練習。**

Database First 與 Model First 更新後的資料消失問題

但相信您也注意到一個現象是，更新後的“資料記錄消失了”，對的，確實是消失了！由 Model First 模型更新回資料庫之所以消失的原因，是因為這個 EF Designer 設計工具並未提供完整的變更比對，僅僅是透過死板板.edmx.sql 命令，將所有資料表 drop 掉，然後再建立新的，所以資料當然會消失。

那麼這種不合理的現象如何解決？目前或未來，微軟並未打算提供解決方案，因為無論 Database First 或 Model First 都是早期的技術，有許多地方早已不合時宜，故不打算對它再做投資。且早已宣告將重心移往 Code First 模式，利用 Code First 的 Migrations 機制不但可以做到模型對資料庫的更新，還可完整保留資料與異動歷程，這是它最大優勢之一。

不過切勿以為，既然 Code First 是現在及未來的主流，所以本章所談 Database First 及 Model First 乾脆就略過，範例也不需練習。若真的略過，下一章 Code First 你會有很多地方不理解，甚至是憑空冒出，屆時將會舉步維艱。故將本章 Database First 及 Model First 觀念完全吸收、範例熟練，下一章 Code First 將會水到渠成，信手拈來般容易！

9-8 結論

本章說明了什麼是 ORM，以及 Entity Framework 框架支援的 ORM 功能，EF 可以簡化開發人員撰寫後端 ADO.NET 資料庫程式的必要性，加速開發工作的進行。同時展示了 Database First 和 Model First 建立的流程，其中最重要的是 Entity Data Model 實體資料模型的建立，有了 EDM 後，就可以透過 DbContext 和 DbSet<T>對 EDM 進行 CRUD 資料操作，然後由 EF 背後處理與資料庫溝通的瑣碎作業。

Entity Framework 與資料庫存取（二）：Code First 程式優先

10 CHAPTER

接續前一章，本章介紹 EF 開發的第三種模式 Code First，它有許多觀念和技巧與 Database First / Model First 系出同源。若您已熟讀前一章，本章所談的 Code First 會很容易理解，但若未讀過前一章，會 Lost 掉許多重要基礎，建議勿跳章，請返回前一章打好基礎再回來研讀。

10-1 什麼是 Code First 程式優先

如果說 Database First 和 Model First 的模型設計必須仰賴 EF 提供的視覺化工具，那麼對 Code First 來說，便徹底揚棄了對 EF 視覺化設計工具的使用，取而代之的是以手工程式建立出：❶Entity 類別、❷DbContext 類別、❸DbSet<T>實體集、❹Navigation Property 導覽屬性和❺Association 關聯等，再搭配一些 Code First 獨有機制，以此構成 Code First 以程式為優先的本位主義精神。

首先對三種開發模式做一些特質比較，在資料庫存在與否上，Database First 適合既有存在的資料庫，而 Model First 適合用來建立全新的資料庫，而 Code First 好處是同時適用兩者，無論是既有資料庫，或建立全新的資料庫。

若以誕生時間來看，Database First 和 Model First 最早出現，等於是早期的產物，在現代開發的潮流上，有許多地方已不合時宜，為了避開這兩種早期模式的侷限性，因此微軟才主推 Code First 成為唯一的主流（包括 EF Core）。

上一章 Database First 和 Model First 的使用上，都必須建立.edmx 檔，用 EF 的模型設計工具來管理 Model 模型。但是 Code First 是以程式為第一優先的本位主義，完全用類別程式來定義模型、DbConetext 等物件，同時支援既有或新的資料庫。此外還有 Migrations 資料庫更新（不會刪除原有資料）、種子資料佈建機制，這是 Database First 和 Model First 所沒有的。

表 10-1　EF 三種開發模式之比較

	Database First	Model First	Code First
優先主義	資料庫優先	模型優先	程式優先
針對資料庫場景	既有資料庫	新建資料庫	• 既有資料庫 • 新資料庫
模型建立方向	由既有資料庫導出模型	由模型建立新資料庫	• 由既有資料庫導出模型 • 由模型建立新資料庫
建立.edmx 檔	✓	✓	
EDM 視覺化工具	✓	✓	
模型定義格式	XML	XML	Class 類別
Entity Class	工具自動產生	工具自動產生	手工撰寫/工具產生
DbContext 類別	工具自動產生	工具自動產生	手工撰寫/工具產生
DbSet<T>	工具自動產生	工具自動產生	手工撰寫/工具產生
Migrations 資料庫			✓
樣本資料佈建機制			✓

TIP

Code First 模式，如果是建立新資料庫，Model 和 DbContext 類別必須手工撰寫；若是既有資料庫，剛好有工具可幫忙產出類別（但也可以手寫）。

10-2 在主控台專案用 Code First 建立新資料庫

在此先用 Console 主控台演示 Code First 的 CRUD，讓你捕捉最原始的 Code First 建立過程及語法，而後再用 MVC 專案說明二者如何搭配使用。

範例 10-1 在主控台專案以 Code First 建立新資料庫

在此以建立部落格應用程式為例，使用 Code First 建立 Model 和 DbContext 類別，於執行時 Code First 會自動從前二者建立新的資料庫，並可進行 CRUD 操作，步驟如下：

step01 建立 EF_CodeFirstNewDB 主控台專案，以 NuGet 安裝 EntityFramework 套件。

step02 新增 Models 資料夾，加入 User.cs、Blog.cs 和 Post.cs 三個 Entity 實體類別檔。

Models\User.cs

```
using System.Collections.Generic;
namespace EF_CodeFirstNewDB.Models
{
    public partial class User
    {
        public int Id { get; set; }       //Primary Key
        public string UserName { get; set; }
```

```
        public string Email { get; set; }

        //Navigation Property 導覽屬性
        public virtual ICollection<Blog> Blogs { get; set; }
    }
}
```

Models\Blog.cs

```
using System.Collections.Generic;
using System.ComponentModel.DataAnnotations.Schema;

namespace EF_CodeFirstNewDB.Models
{
    public partial class Blog
    {
        public int BlogId { get; set; }       //Primary Key
        public string BlogName { get; set; }
        public string Url { get; set; }
        public int UserId { get; set; } //Foreign Key 欄位

        //Navigation Property 導覽屬性
        [ForeignKey("UserId")]
        public virtual User User { get; set; }
        public virtual ICollection<Post> Post { get; set; }
    }
}
```

Models\Post.cs

```
namespace EF_CodeFirstNewDB.Models
{
    public partial class Post
    {
        public int PostId { get; set; }       //Primary Key
        public string Title { get; set; }
        public string Content { get; set; }
        public int BlogId { get; set; }  //Foreign Key 欄位

        //Navigation Property 導覽屬性
        public virtual Blog Blog { get; set; }
    }
}
```

step03 新增 BlogContext.cs 程式

Models\BlogContext.cs

```
namespace EF_CodeFirstTest.Models
{
    using System.Data.Entity;
    public partial class BlogContext : DbContext
    {
        public BlogContext(): base("BlogContext")
        {
        }

        public virtual DbSet<User> Users { get; set; }
        public virtual DbSet<Blog> Blogs { get; set; }
        public virtual DbSet<Post> Posts { get; set; }
    }
}
```


說明：

1. DbContext 類別是負責對資料庫作業，BlogConext 繼承了 DbContext 類別，就具備對資料庫作業的環境。
2. DbSet<T>表示一個 Entity 實體集，裡面包含多個 Entity 實體，同時提供 CRUD 的方法。

step04 以 Code First Migration 執行資料庫同步

1. Enable-Migrations
2. Add-Migration InitialDB
3. Update-Database

step05 在 Program.cs 建立 CRUD 讀寫程式：

Program.cs

```
using System;
using System.Linq;
using EF_CodeFirstNewDB.Models;

namespace EF_CodeFirstNewDB
{
    class Program
    {
        static void Main(string[] args)                    初始化 DbContext 類別實例
        {
            using (var context = new BlogContext())
                                   DbSet<User>
            {
                if (!context.Users.Any()) ◄── 檢查 Users 實體集是否存在任何實體資料
                {
                    //新增 Entity
                    User user = new User { UserName = "聖殿祭司",
   DbSet<T>的 Add 方法                        Email = "dotnetcool@gmail.com" };
                    context.Users.Add(user);     //將 Entity 加入 Users DbSet
                    context.SaveChanges();       //儲存異動，將資料寫入資料庫
                }


                //讀取資料
                foreach(var item in context.Users) ◄── DbSet<User>
                {
                    Console.WriteLine($"Name : {item.UserName}, Email :
                      {item.Email}");
                }

                Console.WriteLine("請按任一鍵離開...");
                Console.ReadKey();
            }
        }
    }
}
```

說明：以上會先檢查 Users 實體集中是否有任何的實體資料存在，若無則新增實體資料，然後呼叫 SaveChanges()將新增寫回資料庫，再予以讀取顯示資料。按 F5 執行便可看到一筆新增的資料。

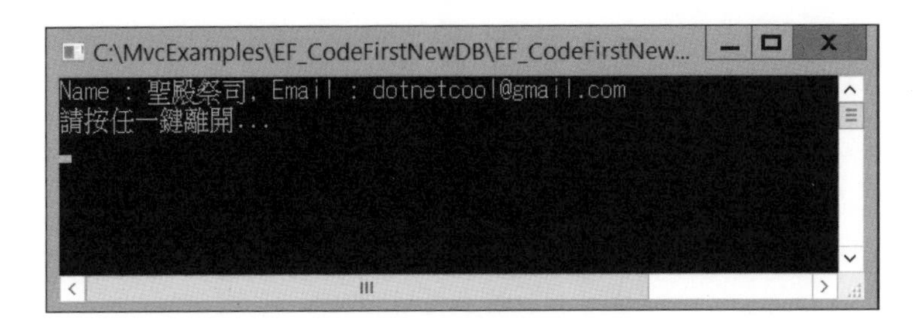

step06 在 SQL Server 物件總管檢視資料庫，資料庫名稱會以 namespace + DbContext 來命名，也就是「EF_CodeFirstNewDB.Models.BlogContext」的組合，裡面建立了 Users、Blogs 和 Posts 三個資料表。

Models\BlogContext.cs

```
namespace EF_CodeFirstNewDB.Models   ← 1。Namespace 名稱
{
    using System.Data.Entity;
    public partial class BlogContext : DbContext
    {                        ↑ 2。DbContext 名稱
        public DbSet<User> Users { get; set; }
        public DbSet<Blog> Blogs { get; set; }
        public DbSet<Post> Posts { get; set; }
    }
}
```

說明：應用程式若未指定 Code First 的資料庫名稱，那麼 Code First 的 Convention 就會自動以「namespace + DbContext 名稱」來命名資料庫。

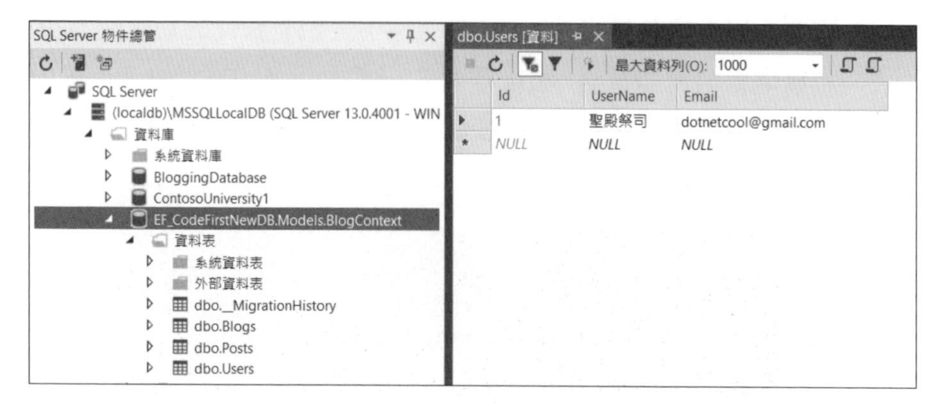

圖 10-1　檢視資料庫與資料記錄

資料庫以「namespace+ DbContext」命名只是 Code First 預設原則，卻未必合乎你的需求，例如想將資料庫命名為「CodeFirst.BlogDB」，此時只需調整：❶在組態檔建立 <connectionStrings />連線資訊，❷ 於 DbContext 中指定這個資料庫連線名稱，再次執行時，便會是新的資料庫名稱，請繼續下二步驟。

step07　在 App.Config 組態檔（MVC 專案為 Web.config）建立資料庫連線設定。

App.Config

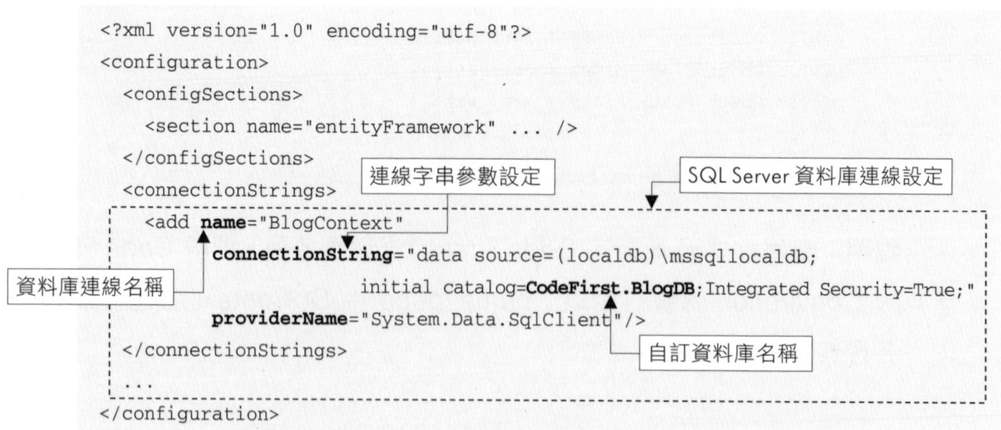

```
<?xml version="1.0" encoding="utf-8"?>
<configuration>
  <configSections>
    <section name="entityFramework" ... />
  </configSections>
  <connectionStrings>
    <add name="BlogContext"
      connectionString="data source=(localdb)\mssqllocaldb;
                 initial catalog=CodeFirst.BlogDB;Integrated Security=True;"
      providerName="System.Data.SqlClient"/>
  </connectionStrings>
  ...
</configuration>
```

step08 在 BlogContext.cs 加入預設建構式，並指定使用 App.config 中的 BlogContext 資料庫連線。

BlogContext.cs

```
namespace EF_CodeFirstNewDB.Models
{
    using System.Data.Entity;
    public partial class BlogContext  : DbContext
    {
        public BlogContext(): base("BlogContext")
        {
        }
        public DbSet<User> Users { get; set; }
        public DbSet<Blog> Blogs { get; set; }
        public DbSet<Post> Posts { get; set; }
    }
}
```

1。類別的預設設建構式

2。指定使用組態檔中的 BlogContext 連線名稱

說明：

1. 再次按 F5 執行，若畫面能正常顯示資料，表示設定正確，於 SQL Server 物件總管中重新整理，便會出現 CodeFirst.BlogDB 資料庫。
2. 如本機同時存在 SQL Express 和 LocalDB 執行個體，First Code 會優先將資料庫建立在 SQL Express 中，其次才是 LocalDB。

10-3 主控台專案用 Code First 存取現有資料庫

Code First 也能存取現有資料庫，其作法是根據現有資料庫結構產生出對應的 Entity 類別、DbContext 衍生類別，自動幫你產生出這些原本需手寫的程式（當然你也可以自行手寫去對應既有的資料庫）。

範例 10-2 在主控台專案以 Code First 存取現有資料庫

這裡以既有的 Northwind 資料庫為存取對象，利用 Code First 幫你產生出 Entity 實體類別檔、DbContext 檔，步驟如下：

step01 建立 EF_CodeFirstExistingDB 主控台專案，在專案按滑鼠右鍵→【加入】→【新增項目】→【ADO.NET 資料實體模型】，命名為「NorthwindDataModel」→【新增】→【來自資料庫的 Code First】。

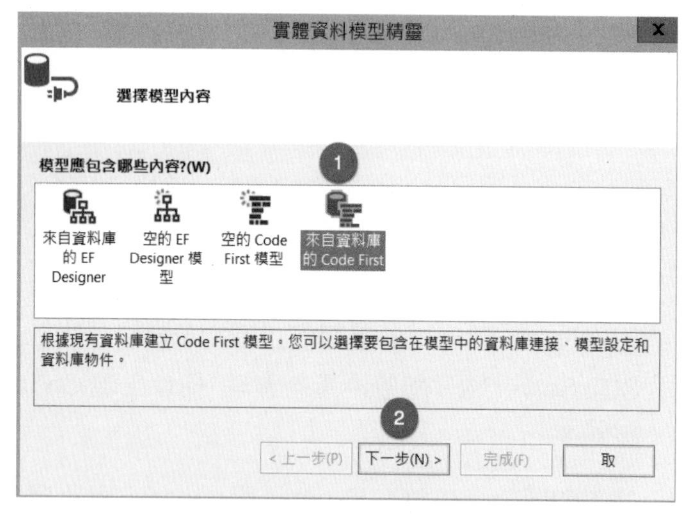

圖 10-2 使用來自資料庫的 Code First 模型樣板

step02 連接到 LocalDB 的 Northwind 資料庫，並將連接設定儲存為「NorthwindContext」。

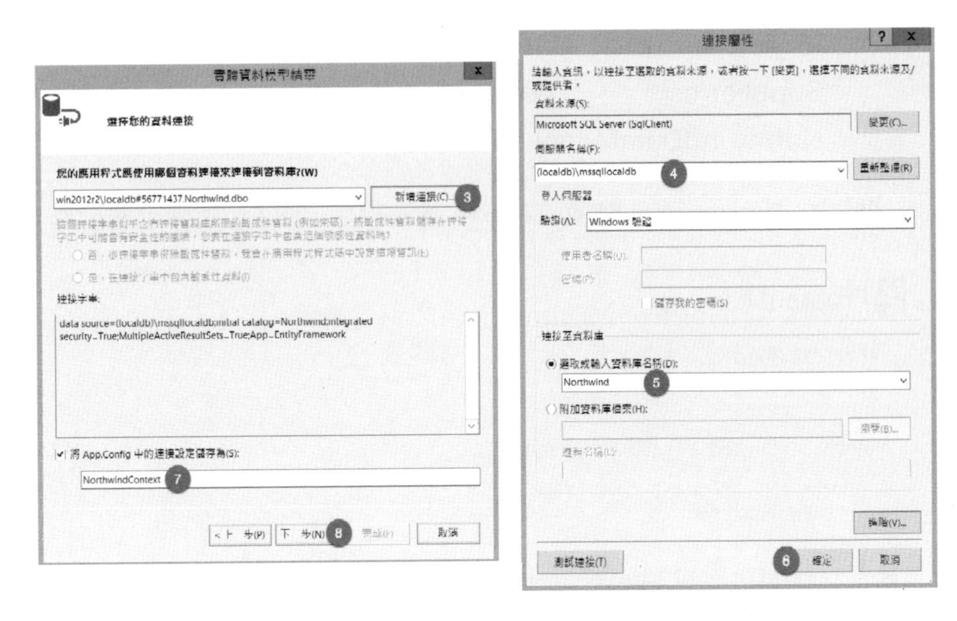

圖 10-3 連接到 Northwind 資料庫

step03 勾選 Categories、Products 和 Suppliers 三個資料表加入 EDM 模型→【完成】。

圖 10-4 將資料表加入 EDM 模型

step04 專案中會產出：❶Entity 類別 Product.cs、Customer.cs、Supplier.cs，❷ DbContext 衍生類別 NorthwindDataModel.cs，❸App.config 的資料庫連線設定。

step05 在 Program.cs 建立 EF 資料讀取程式，按 F5 執行可看到結果。

Program.cs

```
using System;
using System.Linq;

namespace EF_CodeFirstExistingDB
{
    class Program
    {
        static void Main(string[] args)
        {
            //初始化 DbContext 實體
            using (var context = new NorthwindDataModel())
            {
                //以 LINQ 查詢 DbContext 中的 Products
                var products = from p in context.Products
                               select p;

                //讀取 products 中的項目
                foreach (var item in products)
                {
                    Console.WriteLine($"{item.ProductID}, {item.ProductName},
                      {item.UnitPrice}");
                }

                Console.WriteLine("請按任一鍵離開...");
                Console.ReadKey();
            }
        }
    }
}
```

10-4 在 MVC 專案中使用 Code First

雖然同是 Code First，但因 MVC 專案還多了 Controller 和 View 需要產出及設定，所以會多一些步驟，同時也會摻雜一些 MVC 的程式碼。如果你做過了前面主控台範例程式，一定能辨別出哪些是 MVC 的額外步驟與程式碼。

10-4-1 在 MVC 專案中以 Code First 建立新資料庫

若是建立新資料庫，Code First 在 MVC 專案的建立過程如下：

1. 建立 Entity 類別模型
2. 建立 Entity 之間的 Navigation Property 及 Association 關聯設定
3. 建立 DbContext 衍生類別，並宣告公開的 DbSet<T>實體集
4. 在 Web.config 建立資料庫連線設定，供 DbContext 衍生類別使用
5. 以 Scaffolding 產出 CRUD 的 Controller 及 Views
6. 執行時 EF 會根據 Model 模型建立出對應的資料庫及關聯

範例 10-3 在 MVC 使用 Code First 建立部落格 CRUD 網頁程式

在 MVC 中使用 Code First 建立 Blog 部落格的 Web 應用程式，並提供網頁的 CRUD 功能，步驟如下：

step01 新增 MVC 專案「Mvc_CodeFirstBlog」，以 NuGet 安裝 EntityFramework 套件。

step02 在 Models 資料夾中建立 User.cs、Blog.cs 和 Post.cs 三個 Entity 類別檔，每個 Entity 的屬性成員如同既往，實際請參考專案程式。

step03 在 Models 資料夾中建立繼承 DbContext 的 BlogContext 類別程式。

Models\BlogContext.cs

```
using System.Data.Entity;
namespace Mvc_CodeFirstCRUD.Models
{
    public partial class BlogContext : DbContext ◄── 繼承 DbContext
    {
        public BlogContext():base("BlogConnection")
        {                        ▲── 指定 Web.config 中的資料庫連線
        }
        public DbSet<User> Users { get; set; }
        public DbSet<Blog> Blogs { get; set; } ◄── 三個 Entity Sets
        public DbSet<Post> Posts { get; set; }
    }
}
```

說明：DbSet<T>是 Entity Set 實體集，也就是一個 DbSet 中包含許多 Entity 實體資料，而從資料庫回傳的結果集就是儲存在 DbSet 之中。

step04 在 Web.config 建立資料庫連線設定

Web.config

```
<?xml version="1.0" encoding="utf-8"?>
<configuration>
  <configSections>
    <section name="entityFramework" ... />
  </configSections>
  <connectionStrings>
    <add name="BlogConnection"
        connectionString="data source=(localdb)\mssqllocaldb;
          initial catalog=MvcBlogDB;Integrated Security=True;
          AttachDbFilename=|DataDirectory|\BlogDBFile.mdf"
        providerName="System.Data.SqlClient"/>
  </connectionStrings>
  ...
</configuration>
```

指資料庫名稱 MvcBlogDB

資料庫檔案位於專案的 App_Data 資料夾

step05 在 Controllers 資料夾加入 UsersController 控制器→【具有檢視、使用 Entity Framework 的 MVC 5 控制器】。

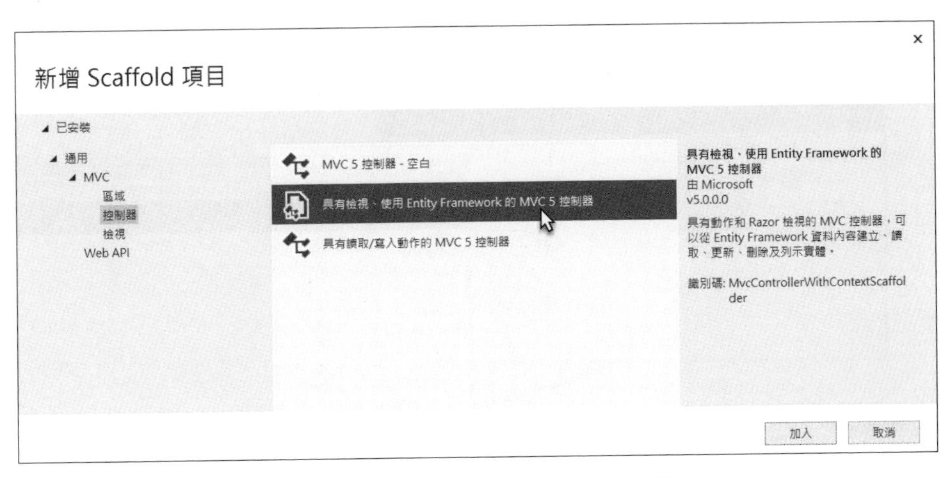

圖 10-5 用 Scaffolding 產生 Controller 及 Views

接著指定模型類別為「User」，資料內容類別為「BlogContext」→按【加入】，最後按 Ctrl+Shift+B 建置專案。

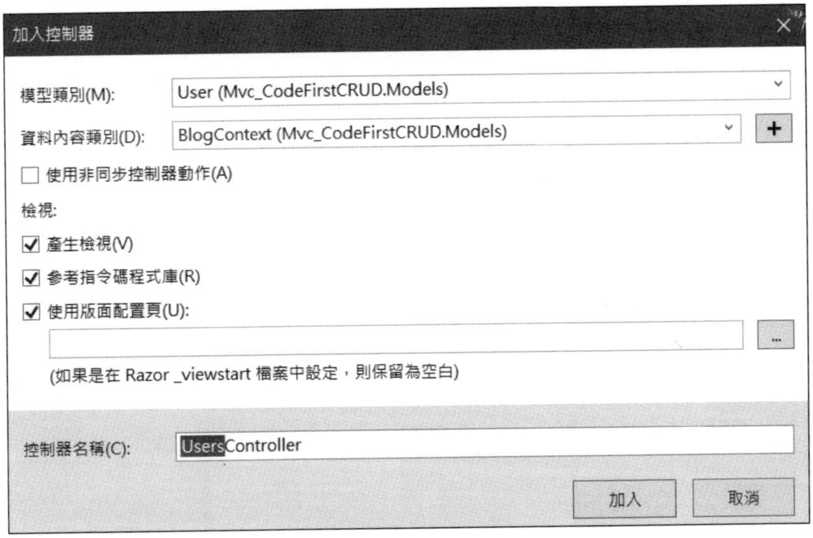

加入控制器

模型類別(M): User (Mvc_CodeFirstCRUD.Models)

資料內容類別(D): BlogContext (Mvc_CodeFirstCRUD.Models)

☐ 使用非同步控制器動作(A)

檢視:

☑ 產生檢視(V)

☑ 參考指令碼程式庫(R)

☑ 使用版面配置頁(U):

(如果是在 Razor _viewstart 檔案中設定，則保留為空白)

控制器名稱(C): UsersController

加入　取消

圖 10-6 指定 Model 和 DbContext 類別

step06 在 Views\Users\Index.cshtml 按滑鼠右鍵→【在瀏覽器中檢視】→點擊 Create New→建立一筆新的使用者資料，然後畫面會自動返回 Index，顯示剛新增的記錄。

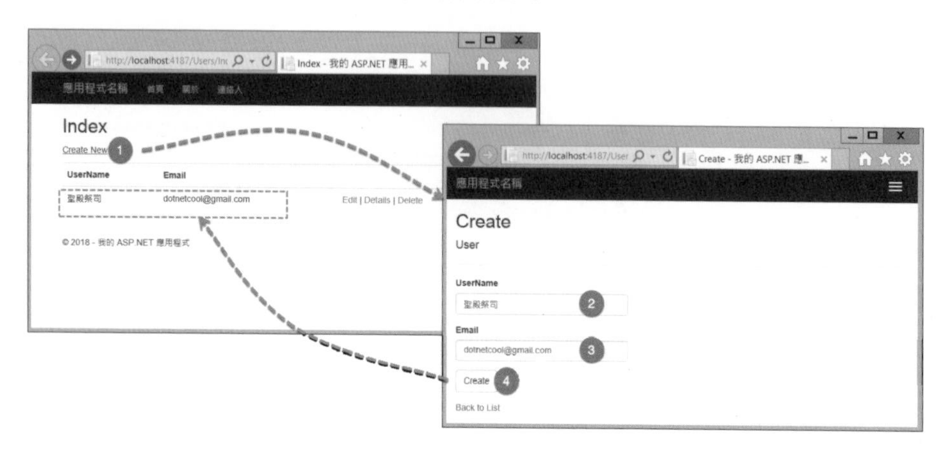

圖 10-7 新增使用者資料

step07 檢視 LocalDB 資料庫，點選方案總管右上角的【顯示所有檔案】，然後 App_Data 資料夾下會出現 BlogDBFile.mdf（因連線字串中 AttachDbFilename 參數指定的名稱），雙擊 BlogDBFile.mdf，在伺服器總管中會出現 BlogDBFile.mdf 資料庫，然後瀏覽 Users 資料表，檢視新增的資料。

圖 10-8 檢視 BlogDbFile.mdf 檔案及資料庫

一個切換檢視工具是在 BlogDBFile.mdf 資料庫按右鍵→擇【在 SQL Server 物件總管中瀏覽】。

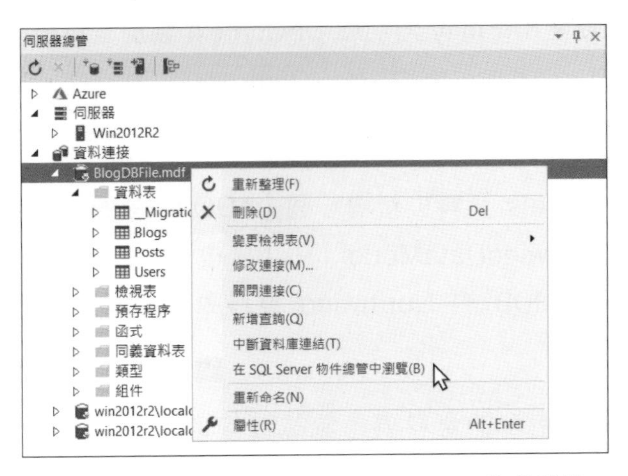

圖 10-9 從檔案總管切換至 SQL Server 物件總管

step08 目前為止只產生了 Users 控制器及其 Views，剩下的 Blogs 和 Posts 控制器及 Views 請仿照前述步驟產生，並瀏覽 Views\Blogs\Index 和 Views\Posts\Index，各新增一筆資料，以完成資料建立。

10-4-2 MVC 專案中以 Code First 存取現有資料庫

對於已存在的資料庫，Code First 也能配合現有既存的資料庫使用，在 MVC 專案 Code First 建立過程為：

1. 加入 EDM 模型，連接到既有資料庫，選擇欲包含的 Tables 資料表，然後 EF 會產生 Entity 類別、DbContext 衍生類別和 Web.config 資料庫連線設定。

2. 然後以 Scaffolding，從 Entity 類別和 DbContext 衍生類別產出具備 CRUD 功能的 Controller 及 Views。

範例 10-4 在 MVC 使用 Code First 從既有資料庫產生 CRUD 網頁程式

在此以現有的 Northwind 資料庫為示範對象，用 Code First 從 Northwind 產生出 Entity 類別和 DbContext 類別，然後再用 Scaffolding 建立出有 CRUD 功能的 Controller 及 Views，於此沿用 Mvc_CodeFirstBlog 專案：

step01 在 Models 資料夾新增一個【ADO.NET 實體資料模型】，命名「NorthwindDataModel」→【來自資料庫的 Code First】→連接到 LocalDB 的 Northwind 資料庫，將連接儲存為「Northwind Context」。

step02 選擇要包含的資料表，象徵性勾選 Categories、Products 和 Suppliers。

圖 10-10 選擇要包含的資料表

後在 Models 資料夾會產出三個 Entity 類別檔：Category.cs、Product.cs 和 Supplier.cs，一個 DbContext 類別檔：NorthwindDataModel.cs，及 Web.config 中的 NorthwindContext 資料庫連線設定（完成後請建置編譯專案）。

step03 建立顯示產品資料的控制器，在 Controllers 資料夾中新增控制器→【具有檢視、使用 Entity Framework 的 MVC 5 控制器】→指定 Model class 為「Product」，Data context class 為「NorthwindDataModel」，最後 Scaffolding 會產出具備 CRUD 功能的 Products 控制器及相關 Views。

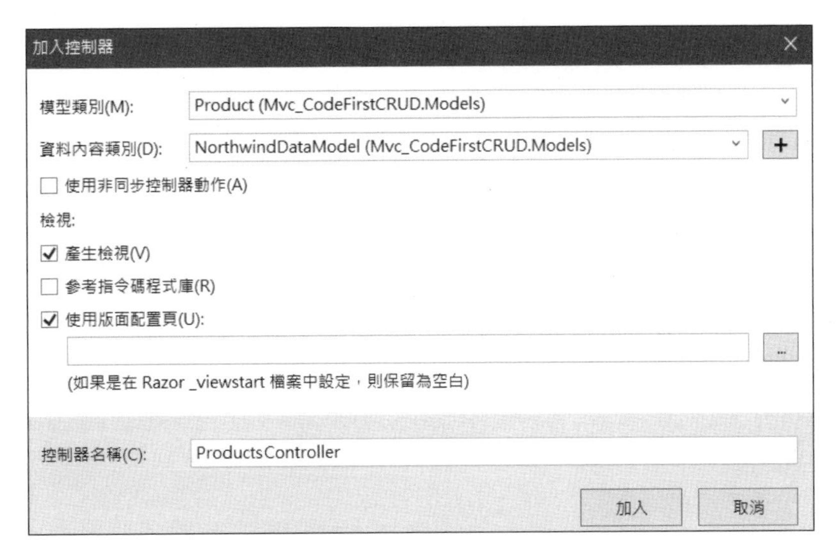

圖 10-11　從模型類別和資料內容類別產出 Controller 及 Views

step04 瀏覽 Views\Products\Index.cshtml 可看到產品清單，然後點選 Edit、Details 和 Delete 超連結，測試功能是否正常。

後續為避免更動 Northwind 資料庫樣本資料，就不示範新增、刪除與修改的操作，若你有興趣的話可自行練習。

10-5 DbContext 與 DbSet 類別之功用

前面 BlogContext.cs 中包含了 DbContext 與 DbSet 類別，它們是撰寫 Code First 程式一定會用到的，前者是負責對資料庫作業的 Context 環境，後者提供 Entity 實體集的 CRUD 方法。

❖ DbContext 類別

DbContext 類別屬於 Entity Framework 範疇，需安裝 EF 後才能使用，繼承階層如下。

```
System.Object
  System.Data.Entity.DbContext
    System.Data.Entity.Infrastructure.TransactionContext
    System.Data.Entity.Migrations.History.HistoryContext
```

DbContext 類別是負責提供對資料庫作業所需環境及功能。一直以來，在使用 EF 的 CRUD 語法前，一定要先初始化一個 DbContext 物件環境：

```
using (var context = new BlogContext())
{
    //CRUD 語法        初始化一個 DbContext 的衍生類別
    …
}
```

而 BlogContext 程式如下：

Models\BlogContext.cs

```
public partial class BlogContext : DbContext    ← 繼承 DbContext 類別
{
    public BlogContext(): base("BlogContext")
    {                                            在預設建構式指定資料庫線
    }
```

```
    public DbSet<User> Users { get; set; }
    public DbSet<Blog> Blogs { get; set; }  ◄── 一個 DbSet 會對映一個資料庫 Table
    public DbSet<Post> Posts { get; set; }
}
```

DbContext 的衍生類別中，可看到三個重要部分：

1. 繼承 DbContext 類別，而 DbContext 作用就是負責和資料庫的作業
2. 在預設建構式中指定資料庫線
3. DbSet 代表了 Entity 集合，同時也是 EF 的 CRUD 直接作業對象

分別地說，DbContext 負責提供對資料庫的環境功能，而 CRUD 功能是由 DbSet 提供。例如以下使用 Add 或 Remove 方法時，它是 DbSet 類別所提供，而 SaveChanges()將異動寫回資料庫，是由 DbContext 類別提供。

```
                       DbSet 的功能
User user = new User { UserName = "聖殿祭司", Email = "dotnetcool@gmail.com" };
context.Users.Add(user);       //將 Entity 加入 Users DbSet
context.SaveChanges();         //儲存異動，將資料寫入資料庫
                       DbContext 的功能
```

以下是 DbContext 類別提供的屬性及重要方法。

表 10-2 DbContext 類別屬性

屬性	說明
ChangeTracker	對 DbContext 之 Entity 變動追蹤功能提供存取。
Configuration	對 DbContext 的組態選項提供存取。
Database	為此 DbContext 建立 Database 執行個體，允許針對底層資料庫執行建立、刪除或存在檢查。

表 10-3 DbContext 類別重要方法

方法	說明
Entry(Object)	取得給定實體的 DbEntityEntry 物件，以便提供有關此實體之資訊的存取權以及針對此實體執行動作的能力。
Entry<TEntity>(TEntity)	取得給定實體的 DbEntityEntry<TEntity> 物件，以便提供有關此實體之資訊的存取權以及針對此實體執行動作的能力。
GetValidationErrors()	驗證追蹤的實體，並傳回包含驗證結果的 DbEntityValidationResult 集合。
OnModelCreating(DbModel Builder)	此方法的呼叫時機是在初始化衍生內容的模型時，但在鎖定此模型及使用此模型初始化內容之前。此方法的預設實作不會做任何事，但是可以在衍生類別中覆寫它，以便可以進一步設定此模型然後再將它鎖定。
SaveChanges()	將此內容中所做的所有變更儲存到基礎資料庫。
SaveChangesAsync()	將此內容中所做的所有變更非同步儲存到基礎資料庫。
SaveChangesAsync(Cancellation Token)	將此內容中所做的所有變更非同步儲存到基礎資料庫。
Set(Type)	傳回非泛型 DbSet 執行個體來存取內容中給定類型的實體和基礎存放區。
Set<TEntity>()	傳回 DbSet<TEntity> 執行個體來存取內容中給定類型的實體和基礎存放區。
ShouldValidateEntity(DbEntity Entry)	可讓使用者覆寫只驗證 Added 和 Modified 實體之預設行為的擴充點。
ValidateEntity(DbEntityEntry, IDictionary<Object, Object>)	可讓使用者自訂實體驗證或篩選出驗證結果的擴充點。 由 GetValidationErrors() 呼叫。

- ✧ DbContext 類別完整列表
- ✧ https://bit.ly/3nebl1k

❖ DbSet 類別

DbSet 是在 DbContext 類別層級公開的屬性，DbSet 代表實體集（Entity Set），這是什麼意思呢？如果說一個 Entity 對應 Table 中的一個 Row 資料列，那麼一個 DbSet 對應的就是一個 Table。一個 Table 是許多 Rows 資料列的集合，那麼 DbSet 就是許多 Entities 的集合。對 SQL Server 回傳的結果集，EF 會將其轉換並儲存到 DbSet 中。

DbSet 類別繼承階層如下。

```
System.Object
  System.Data.Entity.Infrastructure.DbQuery<TResult>
    System.Data.Entity.DbSet<TEntity>
```

EF 的 CRUD 功能實際是由 DbSet 類別提供，而非 DbContext，以下是 DbSet 所提供的方法。

✦ Read 查詢資料

```
using (var context = new NorthwindContext())
 {
     var products = from p in context.Products   ◄── DbSet
                    select p;
     …
 }
```

✦ Update 更新資料

```
using (var db = new NorthwindContext())
{
    //以 find(id)找尋資 Entity
    var p = db.Products.Find(64);   ◄── DbSet 的 Find 方法
    p.UnitsInStock = 13;
    db.SaveChanges(); //儲存變更
}
```

✦ Create 新增資料

```
using (var db = new NorthwindContext())
{
    //新增一筆 Product Entity
    Product p = new Product { ProductName = "Car", UnitPrice = 100000,
      UnitsInStock = 1, UnitsOnOrder = 10 };
    //用 Add()方法將 Entity 加入到 Products
    db.Products.Add(p); ← DbSet 的 Add 方法
    //呼叫 SaveChanges()儲存變更時,新增至資料庫
    db.SaveChanges();
}
```

✦ Delete 刪除資料

```
using (var db = new NorthwindContext())
{
    //用 id 找尋 Entity
    var p = db.Products.Find(10); ← DbSet 的 Find 方法
    //用 Remove()將 Entity 標記為刪除,
    db.Products.Remove(p); ← DbSet 的 Remove 方法
    db.SaveChanges();
}
```

以下是 DbSet 類別屬性及重要方法。

表 10-4 DbSet 類別屬性

屬性	說明
Local	取得 ObservableCollection<T>，代表此集合中所有 Added、Unchanged 和 Modified 實體的本機檢視。當從內容中加入或移除實體時，此本機檢視會維持同步的狀態。同樣地，從本機檢視加入或移除的實體將會自動加入至內容中或是從內容中移除。

表 10-5 DbSet 類別重要方法

方法	說明
Add(TEntity)	將 Entity 實體加入 DbSet。
AddRange(IEnumerable<TEntity>)	將 Entity 實體集合加入 DbSet。
AsNoTracking()	傳回新的查詢，其中傳回的實體將不會在 DbContext 中快取。(繼承自 DbQuery<TResult>)。
Attach(TEntity)	將給定的實體附加至集合基礎內容中。也就是說，此實體會放在 Unchanged 狀態的內容中，就像是已經從資料庫讀取一樣。
Create()	針對此集合的類型建立實體的新執行個體。
Create<TDerivedEntity>()	針對此集合的類型或是衍生自此集合之類型的類型，建立實體的新執行個體。
Find(Object[])	尋找具有給定主索引鍵值的實體。
FindAsync(CancellationToken, Object[])	非同步尋找具有給定主索引鍵值的實體。
FindAsync(Object[])	非同步尋找具有給定主索引鍵值的實體。
Include(String)	指定要包含在查詢結果中的相關物件。(繼承自 DbQuery<TResult>)。
Remove(TEntity)	將指定的 Entity 實體標記為 Deleted。
RemoveRange(IEnumerable<TEntity>)	將給定的 Entity 實體集合標記為 Deleted
SqlQuery(String, Object[])	建立原始 SQL 查詢，此查詢將會傳回此集合中的實體。根據預設，傳回的實體會由內容所追蹤，這可藉由在傳回的 DbSqlQuery<TEntity>上呼叫 AsNoTracking 來變更。

此外 DbSet 還有大量的擴充方法，請自行參考。

✧ DbSet 類別完整列表

https://bit.ly/3qFFf0n

10-6 以 Code First Migrations 將 Model 異動更新到資料庫

在解釋 Code First Migrations 之前，先來了解 Migration 一詞背後隱含的意義，Migration 的中文是遷移或遷徙，而所謂的遷徙是包含變更項目與版本歷程的軌跡。那麼 Code First Migrations 也是這種精神，它是用來將 Model 的變動更新到資料庫的一種機制。事實上在 7-4-1 小節時，就曾用到 Code First Migrations 產生資料庫及樣本資料，故對此應不陌生。

然誠如前所說，Migrations 不僅提供更新功能，對於每次 Migration 還保留了名稱及變更項目的記錄，這如同歷程的概念，可讓您事後追查或回溯每個 Migration 所做的異動，而不是只進行變更，但無法回溯的粗糙做法。此外，Migrations 除了用來將模型異動更新到資料庫，還能做資料庫種子樣本資料的建立或更新，它在練習 Lab 時是蠻實用的功能。

Code First Migrations 使用方式分第一次及每次異動更新：

- 第一次初始化
  1. 在套件管理器主控台中以 Enable-Migrations 命令啟用 Migrations 功能
  2. 若需新增種子資料，可在 Configuration.cs 的 Seed()方法建立樣本資料
  3. Add-Migration xxx（xxx 是 Migration 異動名稱）
  4. 以 Update-Database 命令對 SQL Server 資料庫作更新
- 每次異動更新
  1. Add-Migration xxx
  2. Update-Database

使用 Migrations 的時機有：當 Model 設計有變化，例如新增 Property 屬性、變更 Property 型別、變更 Property 名稱、Property 套用 Data Annotations 等，每次有了變動就利用 Add-Migration 建立異動檔，然後以 Update-Database 對 SQL Server 資料表綱要作更新，而非自行用 SQL Server 管理工具去手動調整資料表綱要。

範例 10-5 用 Code First Migrations 將 Model 異動更新到資料庫

於此沿用 Mvc_CodeFirstCRUD 專案，先前已建立好 Model 相關檔案及現成 SQL 資料庫，在這將對 Model 的 Property 做一些調整及新增樣本資料，步驟如下：

step01 將專案 App_Data\BlogDBFile.mdf 檔案刪除，後面用 Migrations 建立全新的資料庫。

step02 在 NuGet 套件管理器主控台執行「Enable-Migrations」命令，但你會遭遇一個以前未見過的錯誤，警告專案中有多個 DbContext 檔，因而無法認定你想啟用哪個。

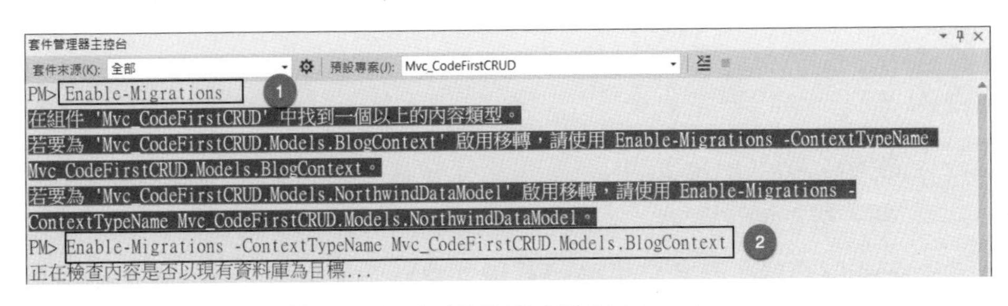

圖 10-12 在 MVC 專案啟用 Migration

step03 調整方式是加上-ContextTypeName 參數，指明 DbContext 檔。之後在專案中會產生 Migrations 資料夾，裡面有 Configuration.cs。

```
PM> Enable-Migrations -ContextTypeName Mvc_CodeFirstCRUD.Models.BlogContext
```

step04 在 Configuration.cs 的 Seed()方法建立種子資料。

Migrations\Configuration.cs

```
namespace Mvc_CodeFirstCRUD.Migrations
{
    using System.Data.Entity.Migrations;
    using Mvc_CodeFirstCRUD.Models;
    internal sealed class Configuration :
      DbMigrationsConfiguration<Mvc_CodeFirstCRUD.Models.BlogContext>
    {
        public Configuration()
        {
            AutomaticMigrationsEnabled = false;
        }

        protected override void Seed(Mvc_CodeFirstCRUD.Models.BlogContext context)
        {
        //建立三筆種子資料
            context.Users.AddOrUpdate(x => x.Id, new User { Id = 1,
              UserName = "Kevin ", Email = "kevin@gmail.com" });
            context.Users.AddOrUpdate(x => x.Id, new User { Id = 2,
              UserName = "David ", Email = "david@gmail.com" });
            context.Users.AddOrUpdate(x => x.Id, new User { Id = 3,
              UserName = "Tom ", Email = "tom@gmail.com" });
        }
    }
}
```

建立種子資料

說明：AddOrUpdate()方法是用來做樣本資料的新增或更新，方法中第一個參數 X=>X.UserId 是指比對的 Key 值，第二個參數是新增的 Entity 資料。至於它會執行新增或更新，端視於 Entity 資料是否已存在資料庫，若無則 Add 新增，若有異動則做 Update。

step05 在 NuGet 套件管理器主控台執行「Add-Migration InitialCreate」命令建立第一個 Migration 檔，隨後會產生如 202111190705192_InitialCreate.cs（前段是 Timestamp 日期流水號）。類別檔中包含 Up()和 Down()兩個方法，前者是用來建立 Table、Primary Key、Foreign Key 和 Index，後者是用來刪除掉它們。

step06 以「Update-Database -Verbose」命令更新資料庫，而-Verbose 參數的作用是顯示執行的 SQL 命令。這個命令會執行 202111190705192_InitialCreate.cs 檔的內容，建立資料庫、資料表，索引及關聯。

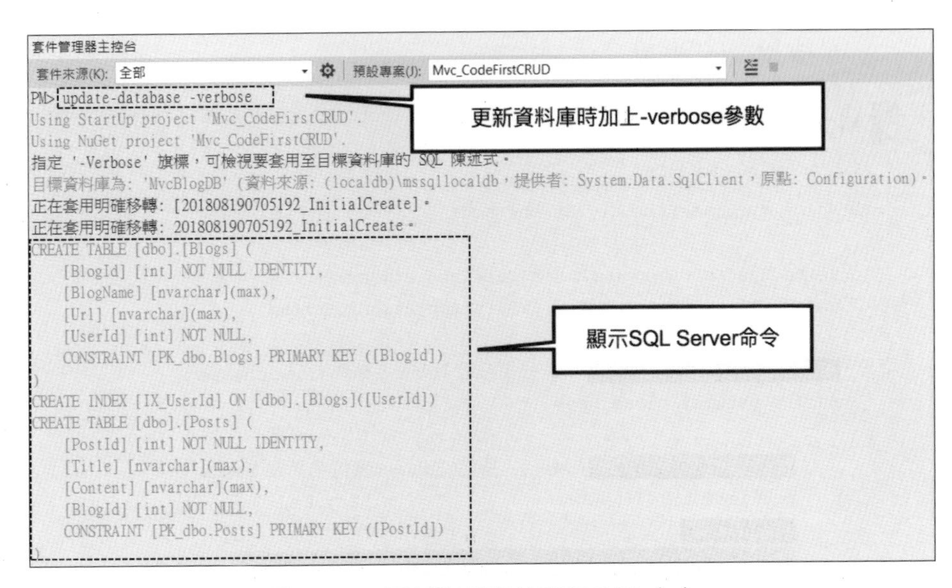

圖 10-13 更新資料庫並顯示 SQL 命令

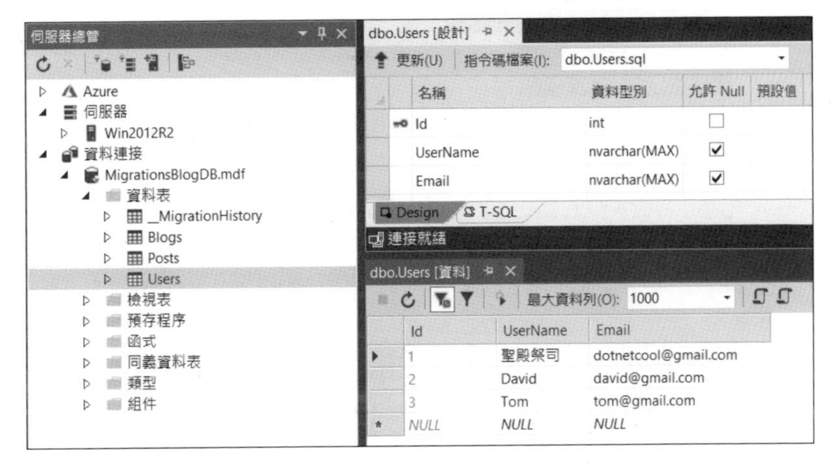

圖 10-14 Update-Database 第一次建立的資料庫

之後無論任何時候，想新增或修改樣本資料，請直接在 AddOrUpdate(...)方法中修改，然後執行 Update-Database 命令更新資料庫，不需用 Add-Migration 產生 Migration 檔。

step07 替 User 類別新增 Phone 屬性及套用 Data Annotations，以營造 Model 變動。

Models\User.cs

```
using System.Collections.Generic;
namespace Mvc_CodeFirstMigrations.Models
{
    using System.ComponentModel.DataAnnotations;
    using System.ComponentModel.DataAnnotations.Schema;

    [Table("CompanyUser")]        ← 指定 Table 名稱為 CompanyUser
    public partial class User
    {
        [Column("UserId")]        ← 指定 Column 欄位名稱為 UserId
        public int Id { get; set; }      //Primary Key
        [Required]
        [StringLength(50, ErrorMessage = "Name 必須輸入!")]
        public string UserName { get; set; }
        [Required, StringLength(255)]
        [Column("PersonalEmail")]        ← 指定 Column 欄位名稱為 PersonalEmail
        public string Email { get; set; }
        [StringLength(15)]
        public string Phone { get; set; }

        //Navigation Property
        public virtual ICollection<Blog> Blogs { get; set; }
    }
}
```

step08 因 Model 有了變動，在更新回資料庫之前，需執行「Add-Migration UserDataAnnotations」建立第二個 Migration 異動檔。

Migrations\UserDataAnnotations.cs

```
namespace Mvc_CodeFirstMigrations.Migrations
{
    using System;
    using System.Data.Entity.Migrations;

    public partial class UserDataAnnotations : DbMigration
    {
        public override void Up()
        {
            RenameTable(name: "dbo.Users", newName: "CompanyUser");
            RenameColumn(table: "dbo.CompanyUser", name: "Id", newName: "UserId");
            RenameColumn(table: "dbo.CompanyUser", name: "Email",
              newName: "PersonalEmail");
            AlterColumn("dbo.CompanyUser", "UserName",
              c => c.String(nullable: false, maxLength: 50));
            AlterColumn("dbo.CompanyUser", "PersonalEmail",
              c => c.String(nullable: false, maxLength: 255));
            AlterColumn("dbo.CompanyUser", "Phone", c => c.String(maxLength: 15));
        }

        public override void Down()
        {
            AlterColumn("dbo.CompanyUser", "Phone", c => c.String());
            AlterColumn("dbo.CompanyUser", "PersonalEmail", c => c.String());
            AlterColumn("dbo.CompanyUser", "UserName", c => c.String());
            RenameColumn(table: "dbo.CompanyUser", name: "PersonalEmail",
              newName: "Email");
            RenameColumn(table: "dbo.CompanyUser", name: "UserId", newName: "Id");
            RenameTable(name: "dbo.CompanyUser", newName: "Users");
        }
    }
}
```

套用 Data Annotations 所產生的異動

step09 最後執行 Update-Database 命令，它將執行 UserDataAnnotations.cs 程式內容以更新資料庫。之後察看資料表名稱變成 CompanyUser，其餘的也都套用了變更。

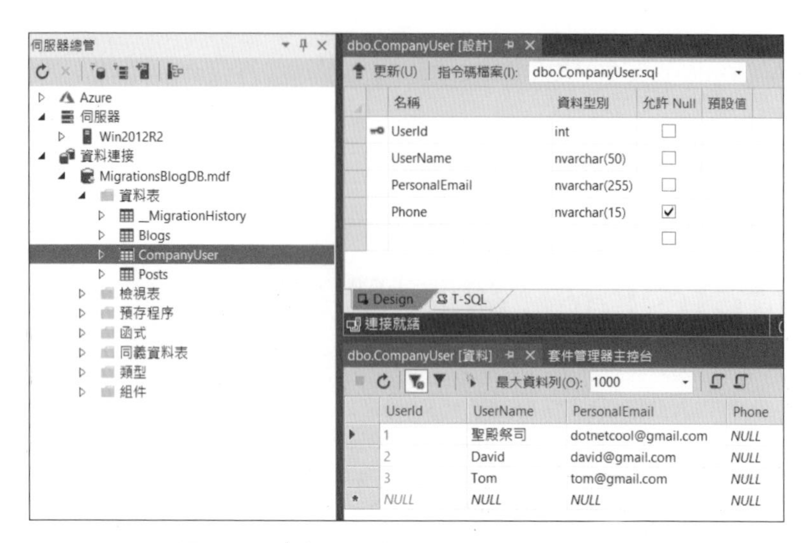

圖 10-15 將 User 模型異動更新回資料庫

順道一提，佈建種子樣本資料，除了用 Code First Migrations 手工執行佈建外，還可用第三章的 Database Initialize 機制，它是在應用程式啟動時，一併自動建立樣本資料，不像 Code First Migrations 必須人為介入下指令，二者差異最明顯之處便在於此，Migrations 是手動，Database Initialize 是自動建立資料。

10-7 結論

Code First 是以程式為優先的本位主義，不但可配合現有資料庫，也可用來建立全新的資料庫，與 Database First 和 Model First 相較下，最大的特點是以程式建立 Model 模型及 DbContext 類別，相對的在使用上需要更多記憶，並注意許多細節。同時它還具備獨有的 Migrations 可做資料庫結構異動和佈建種子資料，可說是現在及未來最重要的開發模式。

Unit Test 單元測試

CHAPTER 11

所謂的單元測試（Unit testing）是以測試程式一小部分功能為目的。而所謂的一小部分通常是一個方法、API 或是介面，藉由測試這些單元的執行結果與預期是否相符，相符則測試成功，反之則失敗。而本章以 Visual Studio 內建的單元測試功能為例，說明如何撰寫單元測試程式來進行單元測試。

11-1 建立 MVC 新專案時，一併建立單元測試專案

建立單元測試專案有事前和事後兩種，在建立 MVC 新專案時，一併建立單元測試專案，屬於事前建立，這是最省力的方式。

範例 11-1 在 MVC 新專案中一併建立單元測試

建立 MVC 新專案時，一併建立單元測試專案，步驟如下：

step01 建立 ASP.NET MVC 專案

新增 Mvc5WebApp 專案，將「也建立單元測試的專案」打勾，會一併建立單元測試專案。

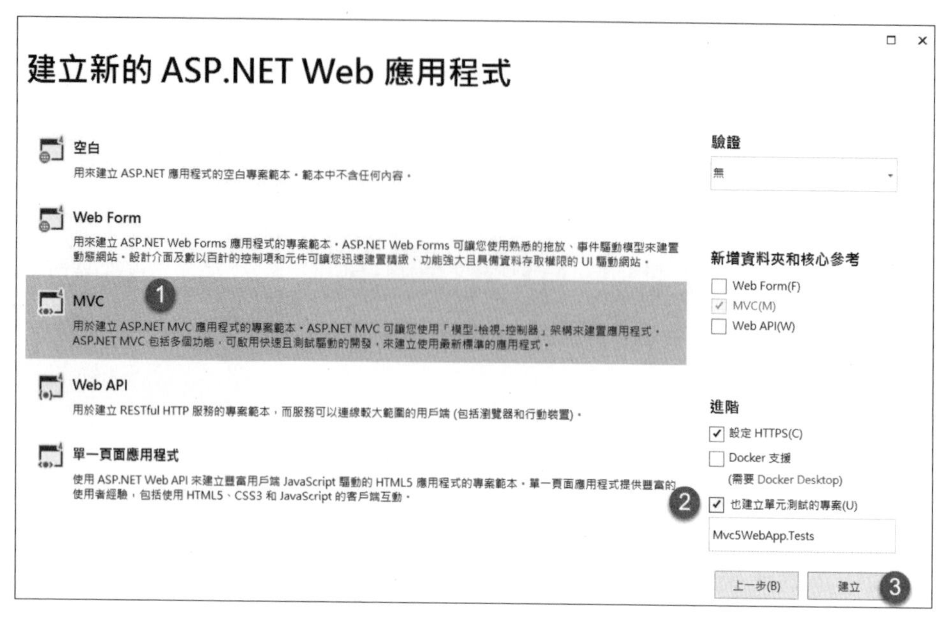

圖 11-1　建立 MVC 專案時一併新增單元測試專案

step02 檢視 Home 控制器及對應的單元測試

以下是 MvcWebApp 專案中的 Home 控制器及三個 Actions 方法。

Controllers\HomeController.cs

```
public class HomeController : Controller
{
    public ActionResult Index()
    {
        return View();
    }

    public ActionResult About()
    {
        ViewBag.Message = "Your application description page.";

        return View();
    }

    public ActionResult Contact()
```

```
    {
        ViewBag.Message = "Your contact page.";

        return View();
    }
}
```

為測試上面 Home 控制器及三個 Actions 方法，Mvc5WebApp. Tests 專案預設會自動建立對應的 HomeControllerTest.cs 來做單元測試，以下是三個 Actions 的單元測試程式：

Controllers\HomeControllerTest.cs

```
using Microsoft.VisualStudio.TestTools.UnitTesting;
using Mvc5WebApp.Controllers;

namespace MvcUnitTest.Tests.Controllers
{
    [TestClass]
    public class HomeControllerTest
    {
        [TestMethod]
        public void Index()
        {
            //Arrange(初始化、配置、設定)
            HomeController controller = new HomeController();
            //Act(動作執行)
            ViewResult result = controller.Index() as ViewResult;
            //Assert(斷言,評估執行結果是否符合預期)
            Assert.IsNotNull(result);
        }

        [TestMethod]
        public void About()
        {
            // Arrange
            HomeController controller = new HomeController();
            // Act
            ViewResult result = controller.About() as ViewResult;
            // Assert
            Assert.AreEqual("Your application description page.", result.ViewBag.
            Message);
        }
```

測試類別 Attribute（[TestClass]）

測試方法 Attribute（[TestMethod]）

Index 動作方法的單元測試

About 動作方法的單元測試

```
        [TestMethod]
        public void Contact()
        {
            // Arrange
            HomeController controller = new HomeController();
            // Act
            ViewResult result = controller.Contact() as ViewResult;
            // Assert
            Assert.IsNotNull(result);
        }
    }
}
```

Contract 動作方法的單元測試

說明：

1. [TestClass]和[TestMethod]的作用，有套用的才會測試，沒套用的就不測試。
2. Arrage 區段是初始化類別、配置環境、設定變數等等。
3. Act 是實際呼叫執行 Method、Function 或 API，並回傳一個結果。
4. Assert 是評估執行的結果是否符合預期，若符合則通過測試，反之為失敗。

step03 以 Test Explorer 進行單元測試

在【測試】→【執行】按鈕→【Test Explorer】→點選 Test Explorer 視窗左上角的「全部執行」，執行單元測試。

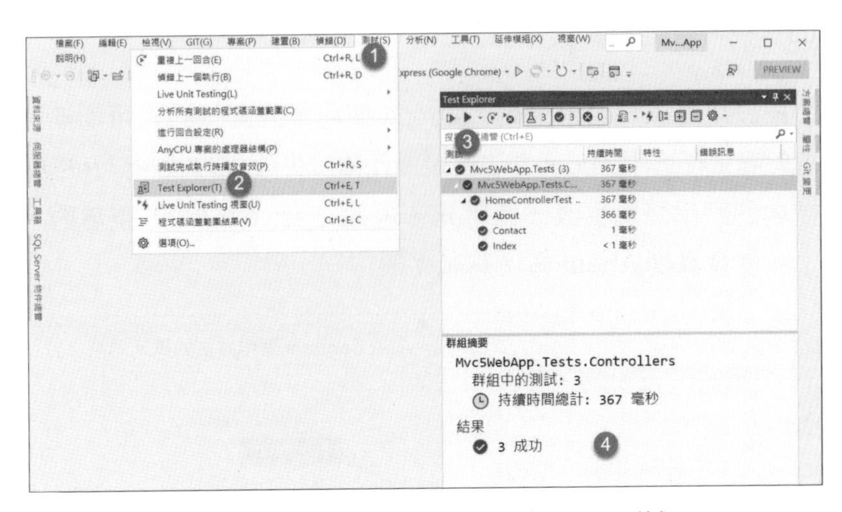

圖 11-2 以 Test Explorer 視窗執行單元測試

step04 檢視單元測試結果

在 Test Explorer 視窗中，可看到所有測試皆為綠色打勾狀態圖示，這表示所有測試全部通過。並且雙擊視窗的 About 測試，Visual Studio 會自動開啟其對應的程式碼，在 About()動作方法前面有一個綠色打勾圖示，在程式視窗中表示這個 Action 通過測試。

```
25        Assert.IsNotNull(result);
26    }
27
28    [TestMethod]
29    public void About()
30    {
31        // Arrange
32        HomeController controller = new HomeController();
33
34        // Act
35        ViewResult result = controller.About() as ViewResu
36
37        // Assert
38        Assert.AreEqual("Your application description page
39    }
40
41    [TestMethod]
42    public void Contact()
43    {
```

圖 11-3 檢視單元測試結果

step05 模擬單元測試失敗

由於以上測試全部通過，第一次使用單元測試的人可能無法體會這樣能幹嘛？在這用 About 方法模擬單元測試失敗，將 Assert.AreEqual("....") 引號內的字串隨意更改一個字元，再按 Test Explorer 視窗的「全部執行」，就會看到 About 方法測試失敗。

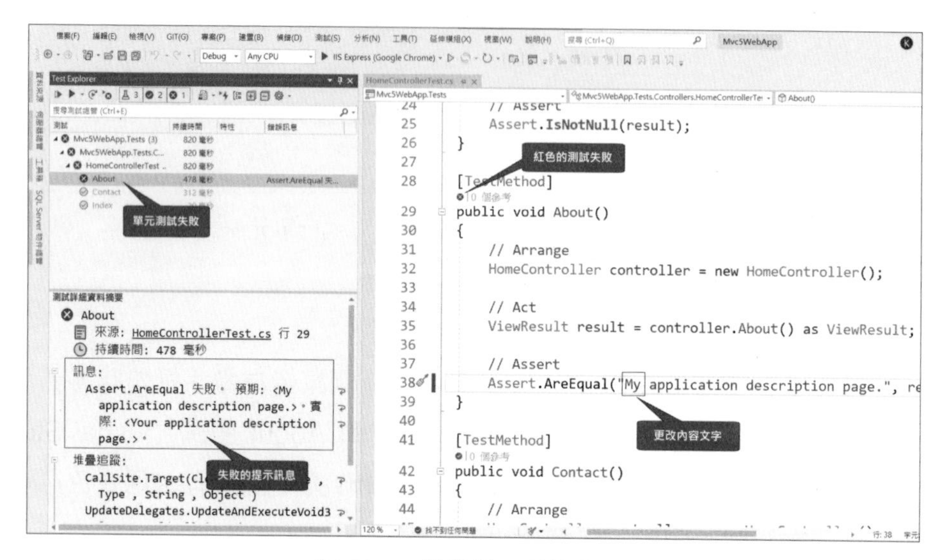

圖 11-4 模擬單元測試失敗

從這可瀏覽專案中有哪些測試通過及不通過，檢視失敗訊息可快速了解測試失敗的原因，以便快速修正。

step06 測試 Action 回傳結果不是 Null 值

以下是 Mvc5WebApp 專案中的 Products 控制器的 ProductsList() 動作方法，將對它撰寫單元測試：

Controllers\ProductsController.cs

```
public ActionResult ProductsList()
{
    List<Product> products = new List<Product>
```

```
    {
        new Product{ Id=1, Name="MacBook", Price=1500},
        new Product{ Id=2, Name="iPhone", Price=400},
        new Product{ Id=3, Name="iWatch", Price=399}
    };

    return View("ProductsList", products);
}
```

在 Mvc5WebApp.Test 專案的新增單元測試，以測試 ProductsList() 動作方法回傳結果不是 Null 值。

Controllers\ProductsControllerTests.cs

```
using System.Web.Mvc;
using Microsoft.VisualStudio.TestTools.UnitTesting;
using Mvc5WebApp.Controllers;
namespace Mvc5WebApp.Tests.Controllers
{
    [TestClass]
    public class ProductsControllerTest
    {
        //測試 Action 回傳結果不是 Null 值
        [TestMethod]
        public void ProductsList_ReturnResult_IsNotNull()
        {
            //Arrange
            ProductsController controller = new ProductsController();
            //Act
            ViewResult result = controller.ProductsList() as ViewResult;
            //Assert
            Assert.IsNotNull(result);
        }
    }
}
```

然後在此方法上按滑鼠右鍵→【執行測試】，看看測試是否通過。

step07 測試傳入不同 id 值，Action 回傳型別是否符合預期

以下是 Mvc5WebApp 專案中 Products 控制器的 FindProduct()方法，依傳入 id 值的不同，會回傳三種不同的結果型別：❶HttpNotFound、❷ ViewResult 和❸RedirectToRouteResult。

Controllers\ProductsController.cs

```
public ActionResult FindProductById(int? id)
{
    if (id==null || id < 1 || id > 5)
    {
        var result = HttpNotFound("Id is illegal."); ◄── 結果 1
        return result;
    }

    List<Product> products = new List<Product>
    {
        new Product{ Id=1, Name="MacBook", Price=1500},
        new Product{ Id=3, Name="iPhone", Price=400},
        new Product{ Id=5, Name="iWatch", Price=399}
    };

    var product = products.Where(p => p.Id == id);

    if (product.Count()==0)
    {
        return RedirectToAction("ListProducts", "Home"); ◄── 結果 2
    }

    return View(product); ◄── 結果 3
}
```

那麼在 Mvc5WebApp.Tests 專案建立下面單元測試，分別傳入不同的 id 值，以檢測回傳結果是否符合預期的型別：❶ HttpNotFound、❷ ViewResult 或 ❸ RedirectToRouteResult。

Controllers\ProductsControllerTest.cs

```
//傳入不同 id 值尋找產品，依不同 id 值回傳的結果型別是否符合預期
[TestMethod]
public void FindProductById_DifferentIdValue_IsExpectedType()
{
    // Arrange
    ProductsController controller = new ProductsController();

    // Act
    //Find Product by ID
    var result1 = controller.FindProductById(null) as HttpNotFoundResult;
    var result2 = controller.FindProductById(0) as HttpNotFoundResult;
```

```
    var result3 = controller.FindProductById(3) as ViewResult;
    var result4 = controller.FindProductById(2) as RedirectToRouteResult;

    //Assert
    //判斷傳入不同參數時，其回傳型別是否符合預期
    Assert.IsInstanceOfType(result1, typeof(HttpNotFoundResult));
    Assert.IsInstanceOfType(result2, typeof(HttpNotFoundResult));
    Assert.IsInstanceOfType(result3, typeof(ViewResult));
    Assert.IsInstanceOfType(result4, typeof(RedirectToRouteResult));
}
```

以上測試 FindProductById_DifferentIdValue_IsExpectedType 方法的命名是採用「方法名稱_測試情境_期望值」三段式原則，以構成良好的命名。然後在此方法上按滑鼠右鍵→【執行測試】。

step08 測試 Action 重新轉向時，目標 Controller 及 Action 名稱是否符合預期

```
//測試執行轉向時，目標控制器與動作方法名稱是否符合預期
[TestMethod]
public void FindProductById_Redirect_ControllerActionIsExpected()
{
    // Arrange
    ProductsController controller = new ProductsController();

    // Act
    //Find Product by ID
    var result = controller.FindProductById(2) as RedirectToRouteResult;

    //Assert
    Assert.AreEqual("Products", result.RouteValues["controller"]);
    Assert.AreEqual("ProductsList", result.RouteValues["action"]);
}
```

然後在此方法上按滑鼠右鍵→【執行測試】。

step09 測試產品數量否符合預期

```
//測試 Product 產品數量是否符合預期
[TestMethod]
public void ProductsList_CountModel_ProductNumbersIsExpected()
```

```
{
    //Arrange
    ProductsController controller = new ProductsController();
    //Act
    var result = controller.ProductsList() as ViewResult;
    int count = (result.Model as List<Product>).Count();
    //Assert
    Assert.AreEqual(3, count);
}
```

然後在此方法上按滑鼠右鍵→【執行測試】。

step 10 使用 Code Coverage 檢視程式涵蓋率

若想知道專案中有多少比例功能有被單元測試涵蓋到，可在【測試】→【分析所有測試的程式碼涵蓋範圍】，結果會顯示出涵蓋與未涵蓋率資訊。

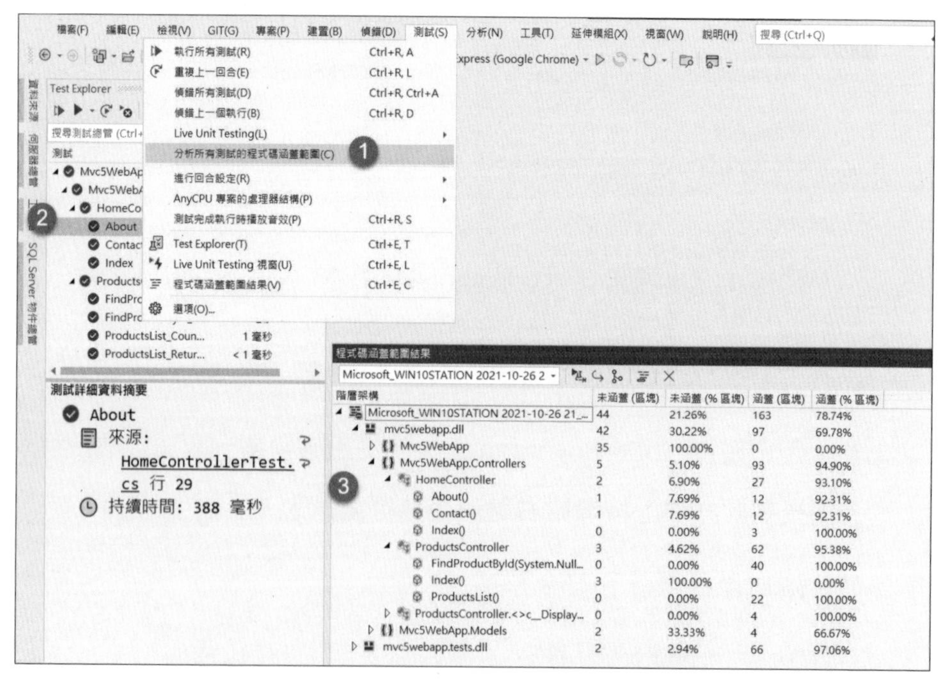

圖 11-5 用 Code Coverage 分析程式碼涵蓋率

TIP

程式碼涵蓋範圍（Code Coverage）此功能僅在 Visual Studio 企業版提供。

其中 About()與 Contact()動作方法各有一個區塊是未涵蓋到的，若雙擊 About()方法，會開啟程式，以特殊顏色標示未被測試的程式。

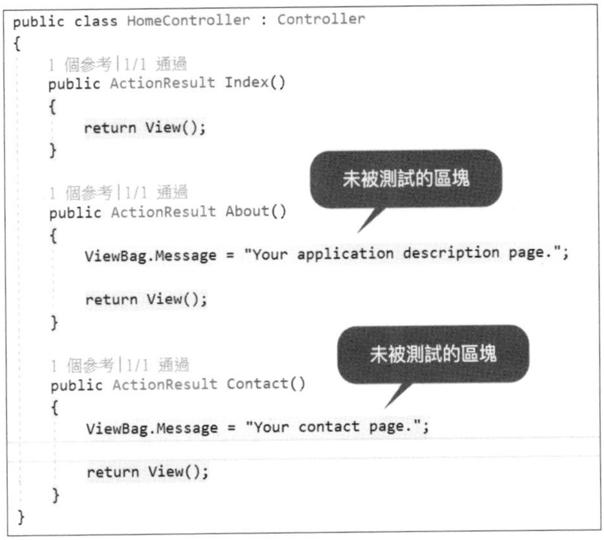

```
public class HomeController : Controller
{
    1 個參考|1/1 通過
    public ActionResult Index()
    {
        return View();
    }

    1 個參考|1/1 通過
    public ActionResult About()
    {
        ViewBag.Message = "Your application description page.";

        return View();
    }

    1 個參考|1/1 通過
    public ActionResult Contact()
    {
        ViewBag.Message = "Your contact page.";

        return View();
    }
}
```


圖 11-6 未被測試的 ViewBag 程式

但 ViewBag.Message 確實加入了測試，卻仍被警告為未涵蓋，這是怎麼回事？肇因為 ViewBag 是動態屬性（dynamic property），也就是動態型別，致使 Code Coverage 工具無法正確判斷，故認定該段程式未涵蓋。

解決方式是將所有的 ViewBag.Message 用 ViewData["Message"]取代，再執行【分析程式碼涵蓋範圍】即可全數通過。

step 11 以 Live Unit Testing 執行即時單元測試

如果 Visual Studio 是企業版，在【測試】→【Live Unit Testing】→【啟動】， Live Unit Testing 可執行即時單元測試，也就是不必手動執行單元測試。Live Unit Testing 可隨著程式更改而即時進行單元測試，並顯示即時測試結果。

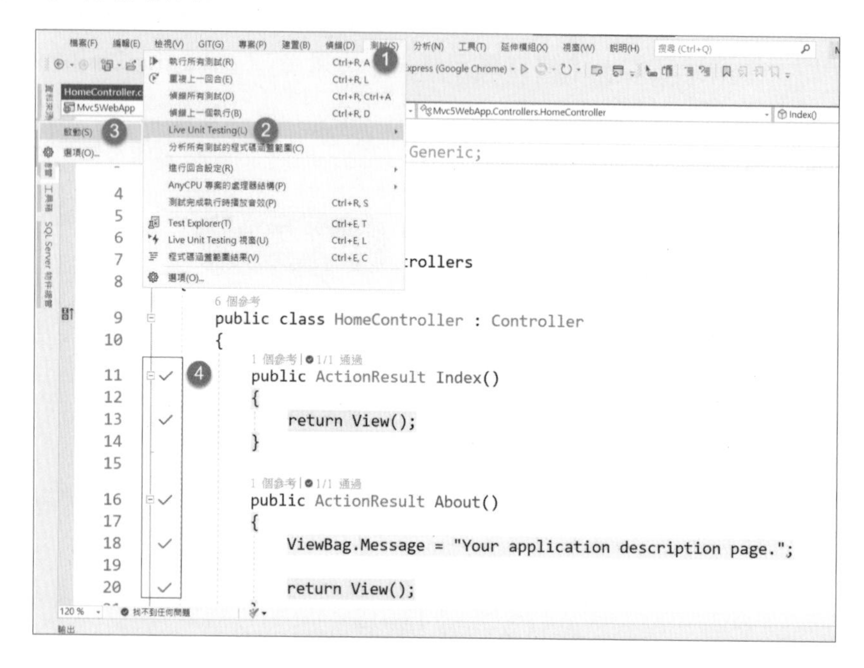

圖 11-7 開啟 Live Unit Test 即時單元測試

11-2 替既有專案建立單元測試

但若事後才要建立單元測試，或是替公司先前舊專案加上單元測試，就要用到本節所教兩種事後的方式。

範例 11-2 替既有 MVC 專案建立單元測試

若想替既有專案建立單元測試，可直接針對的 Controller 控制器來產生單元測試，這是最簡便的方法，步驟如下：

step01 針對 Controller 或 Action 建立單元測試

例如有一個既有 MVC 專案「Mvc5Existing」，在 HomeController 類別上按滑鼠右鍵→【建立單元測試】，就會建立 HomeController 類別及其下三個 Actions 方法的單元測試程式。

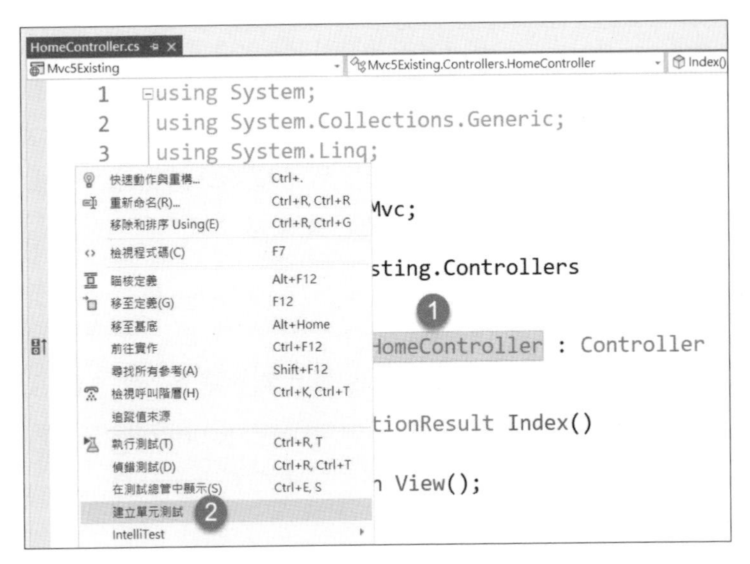

圖 11-8 從 Controller 建立單元測試

step02 設定單元測試專案選項

然後在建立單元測試的設定畫面，可對測試架構、名稱做調整，最後按【確定】建立測試專案。

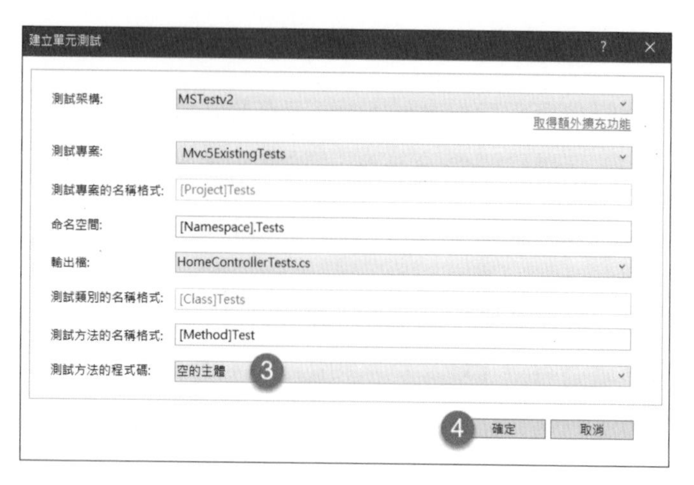

圖 11-9 設定單元測試選項

【測試方法的程式碼】的選項有：空的主體（Empty Body）、擲回 NotImplementedException、判斷提示（Assert failure）失敗，無論選擇哪一種都不妨礙單元測試專案的建立或測試。

step03 檢視產出的單元測試專案

系統會產出 Mvc5ExistingTests 單元測試專案，裡面會加入測試框架及 Mvc5Existing 專案之參考，而在 Controllers 資料夾中有 HomeControllerTests.cs 類別，可在其中撰寫 HomeController 的單元測試程式。

```
HomeControllerTests.cs
Mvc5ExistingTests | Mvc5Existing.Controllers.Tests.Hom | ContactTest()
 8
 9  namespace Mvc5Existing.Controllers.Tests
10  {
11      [TestClass()]
        0 個參考
12      public class HomeControllerTests
13      {
14          [TestMethod()]
            0 個參考
15          public void IndexTest()
16          {
17              //撰寫單元測試程式...
18          }
19
20          [TestMethod()]
            0 個參考
21          public void AboutTest()
22          {
23              //撰寫單元測試程式...
24          }
```

撰寫單元測試程

方案總管
搜尋方案總管 (Ctrl+;)
解決方案 'Mvc5Existing' (2 個專案 (共 2 個))
Mvc5Existing
Mvc5ExistingTests
Properties
參考
分析器
Microsoft.VisualStudio.TestPlatform.TestFramework
Microsoft.VisualStudio.TestPlatform.TestFramework.Extensions
Mvc5Existing
System
Controllers
HomeControllerTests.cs
packages.config

組件與專案參考

Home控制器的單元測試

圖 11-10　產出的單元測試專案

step04　在 Action 建立單元測試

後續如果 HomeController 加入了新的 Action 動作方法，可仿 Step 1，在新的 Action 上按滑鼠右鍵→【建立單元測試】設定組態選項。

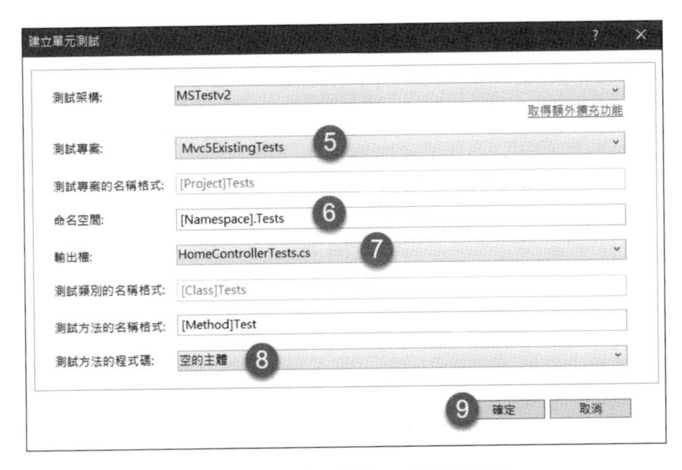

圖 11-11　設定單元測試組態

範例 11-3 在方案中新增測試專案，再針對既有專案建立測試程式

前一範例是在既有專案的 Controller 或 Action 上按滑鼠右鍵，以【建立單元測試】直接建立出單元測試專案。但在這要使用比較間接的方式，就是在方案中新增測試專案，然後再選擇要測試的既有專案，步驟如下：

step01 新增單元測試專案

在 Mvc5Existing 方案按滑鼠右鍵→【加入】→【新增專案】→【專案類型】→【測試】→【單元測試專案(.NET Framework)】→替專案命名「Mvc5UnitTesting」。

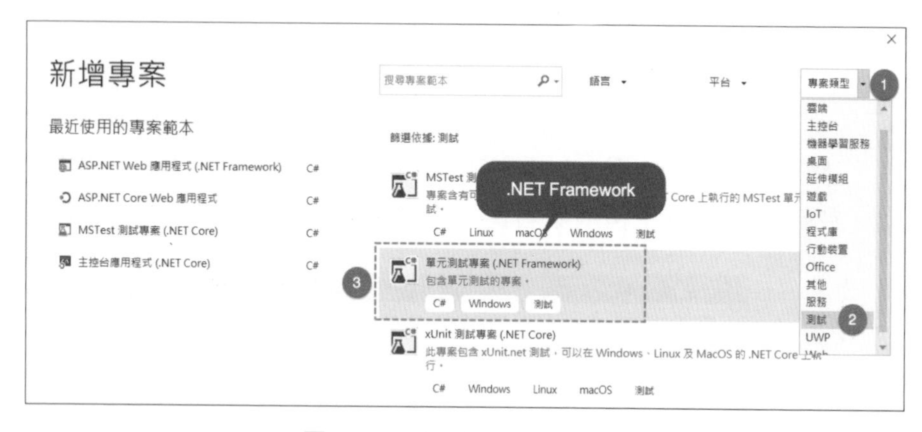

圖 11-12 新增單元測試專案

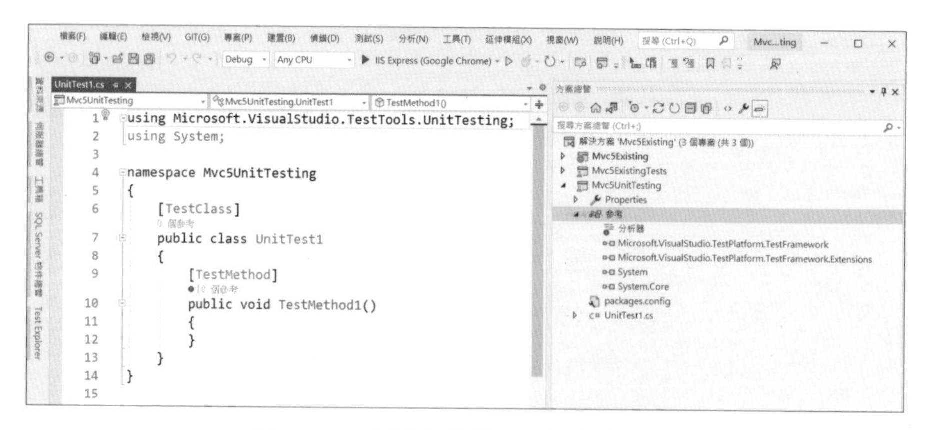


```
using Microsoft.VisualStudio.TestTools.UnitTesting;
using System;

namespace Mvc5UnitTesting
{
    [TestClass]
    public class UnitTest1
    {
        [TestMethod]
        public void TestMethod1()
        {
        }
    }
}
```

圖 11-13 新增後的單元測試專案樣板

step02 加入 MVC 目標專案的參考

那麼在這要加入測試的目標專案為「Mvc5Existing」，在 MvcUnitTesting 專案的【參考】按滑鼠右鍵→【加入參考】→在方案勾選「Mvc5Existing」專案→【確定】。

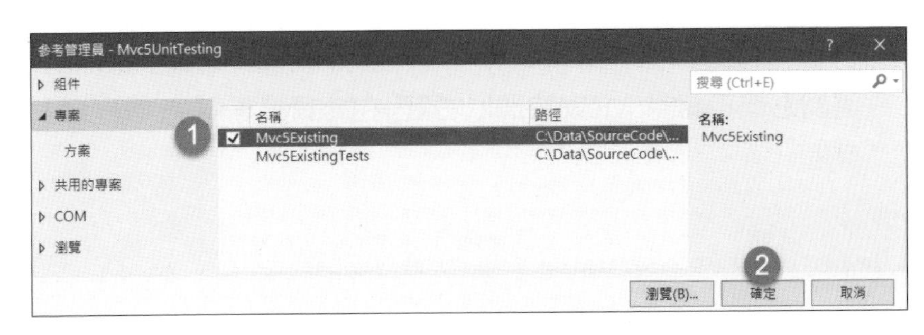

圖 11-14 加入測試目標專案參考

step03 新增 HomeControllerTest 測試類別

在單元測試專案中新增 Controllers 資料夾，然後增一個【基本單元測試】的 HomeControllerTest.cs 類別。

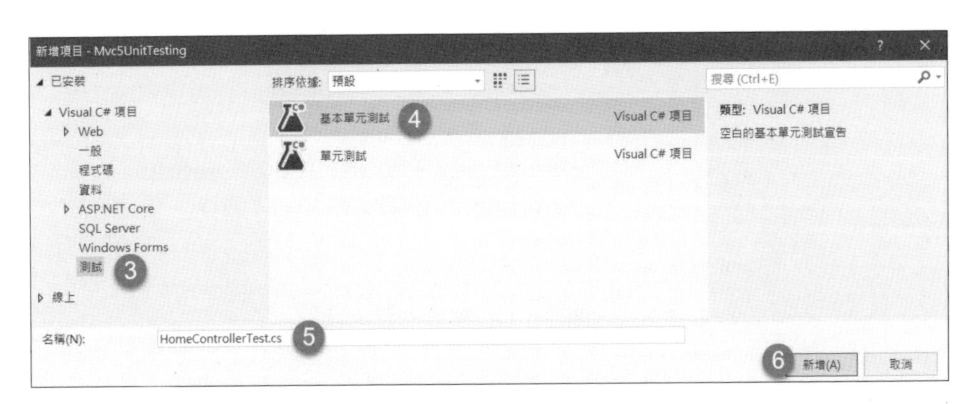

圖 11-15 新增基本單元測試

step04 在 HomeControllerTest.cs 中加入測試方法

1. uisng Mvc5Existing.Controllers;
2. 加入 Index()測試方法
3. 在 Index()中建立 HomeController controller = new HomeController();
4. 但當要建立以下 ViewResult 時，會發現 IntelliSense 無法給予提示，因為它無不認得 ViewResult，原因在於測試專案中欠缺 MVC 組件參考

```
//Act
ViewResult result = controller.Index() as ViewResult;
```

```
HomeControllerTest.cs*
Mvc5UnitTesting    Mvc5UnitTesting.Controllers.HomeController    Index()
1  using System;
2  using Microsoft.VisualStudio.TestTools.UnitTesting;
3  using Mvc5Existing.Controllers;
4
5  namespace Mvc5UnitTesting.Controllers
6  {
7      [TestClass]
       0 個參考
8      public class HomeControllerTest
9      {
10         [TestMethod]
           0 個參考
11         public void Index()
12         {
13             //Arrange(初始化、配置、設定)
14             HomeController controller = new HomeController();
15
16             //Act(動作執行)
17             ViewResult result = controller.Index() as ViewResult;
18
19             //Assert(斷言,評估執行結果是否符合預期)
20         }
21     }
22 }
```

圖 11-16 建立測試方法

step05 加入 System.Web.mvc 組件參考

在測試專案的【參考】按滑鼠右鍵→【加入參考】→【瀏覽】路徑指向 MVC 專案的 Bin 目錄(C:\...\Mvc5Existing\bin)→選取【System.Web.Mvc.dll】→【確定】→勾選【System.Web.Mvc.dll】組件→【確定】。

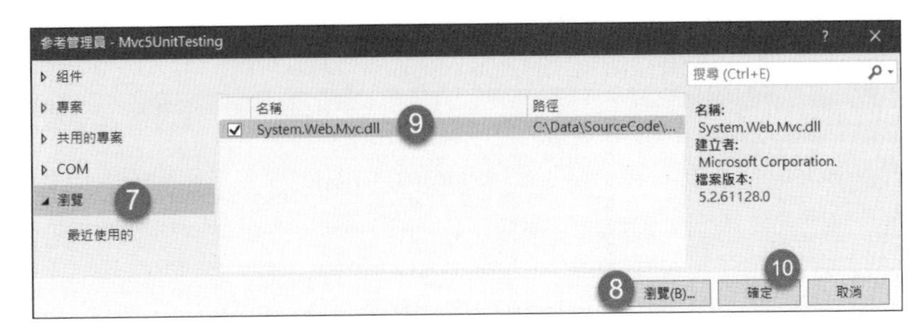

圖 11-17 加入 System.Web.mvc 組件參考

在 HomeControllerTest.cs 即可正常建立測試程式：

```
using System;
using Microsoft.VisualStudio.TestTools.UnitTesting;
using Mvc5Existing.Controllers;
using System.Web.Mvc;

namespace Mvc5UnitTesting.Controllers
{
    [TestClass]
    public class HomeControllerTest
    {
        [TestMethod]
        public void Index_ReturnResult_IsNotNull()

        {
            //Arrange(初始化、配置、設定)
            HomeController controller = new HomeController();

            //Act(動作執行)
            ViewResult result = controller.Index() as ViewResult;

            //Assert(斷言,評估執行結果是否符合預期)
            Assert.IsNotNull(result);
        }
    }
}
```

將 Index()更名為 Index_ReturnResult_InNotNull()

step06 在 Test Explorer 的 MVC 5 UnitTesting 按滑鼠右鍵→執行。

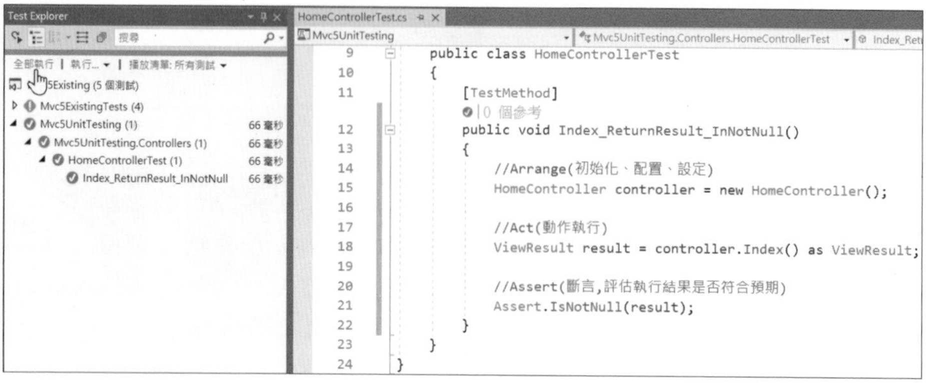

Test Explorer

全部執行 | 執行... | 播放清單: 所有測試

5Existing (5 個測試)
- Mvc5ExistingTests (4)
- Mvc5UnitTesting (1) 66 毫秒
  - Mvc5UnitTesting.Controllers (1) 66 毫秒
    - HomeControllerTest (1) 66 毫秒
      - Index_ReturnResult_InNotNull 66 毫秒

HomeControllerTest.cs

```
 9     public class HomeControllerTest
10     {
11         [TestMethod]
           0 個參考
12         public void Index_ReturnResult_InNotNull()
13         {
14             //Arrange(初始化、配置、設定)
15             HomeController controller = new HomeController();
16
17             //Act(動作執行)
18             ViewResult result = controller.Index() as ViewResult;
19
20             //Assert(斷言,評估執行結果是否符合預期)
21             Assert.IsNotNull(result);
22         }
23     }
24 }
```

圖 11-18 執行單元測試

11-3 結論

單元測試的作用在於發掘程式潛在問題，透過不同執行條件的模擬，評估其結果是否與預期中的相符，如果相符表示程式執行正確性愈高，若測試不通過，亦可在正式上線前及時進行問題修正，以此提升軟體品質。

將 MVC 程式部署到 Microsoft Azure 雲端

12 CHAPTER

本章介紹申請免費試用的 Microsoft Azure 雲端帳號、MVC 程式及種子資料建立，再到使用 Visual Studio 建立 Azure App Service 發佈設定檔，最終將 MVC 應用程式發佈到 Azure 雲端平台，成為雲端網頁程式或服務。

12-1 Azure App Service 概觀

本章是將 MVC 應用程式部署到 Microsoft Azure 的「App Service」，它是用來裝載 Web 應用程式、REST API 和行動後端服務。你可使用的語言有.NET、.NET Core、Java、Ruby、Node.js、PHP 或是 Python，應用程式在 Windows 和 Linux 環境中都可輕易執行與擴展。

App Service 不僅將 Microsoft Azure 威力加入到你的應用程式，如 Security 安全性、Load Balancing 負載平衡、自動擴展和自動化管理。還可獲得其 DevOps 能力，例如從 Azure DevOps、GitHub、Docker Hub 或其他資源進行持續部署（CD，Continuous Deployment），以及獲得 Package Management 套件管理、Staging 預備環境、自訂 Domain 網域、SSL 憑證的管理能力。

在使用 App Service 時，只需就您所使用的 Azure 計算資源支付費用。您所使用的計算資源取決於您用來執行 Web Apps 的 App Service 方案。如需詳細資訊，請參閱 Azure Web Apps 中的 App Service 方案說明。

- Azure Web Apps 中的 App Service 方案
  http://bit.ly/2IeblKt

12-2 註冊免費 Azure 雲端帳號

欲將 MVC 應用程式部署到 Microsoft Azure(簡稱 Azure)雲端平台，首先需註冊一個 Azure 雲端帳號，可申請免費試用的 Azure 帳號，過程會用到三個東西：　微軟網站登入帳號、　手機門號及　信用卡。第一必須有微軟網站的使用者帳號，第二是接收驗證碼的手機門號，最後須一張有效的信用卡。申請免費 Azure 會對你的信用卡刷 1 美金交易，以驗證其有效性，並在 3-5 天刷退返還，也就是不會收取任何費用。

範例 12-1　申請免費試用的 Azure 帳號

以下是申請免費試用的 Azure 帳號之步驟：

step01 到 Microsoft Azure 網站申請免費試用雲端帳號

https://azure.microsoft.com/zh-tw/free/

如果是學生身份，特別是沒有信用卡的話，可參考 Azure 學生方案 https://azure.microsoft.com/zh-tw/free/students/

圖 12-1 申請免費的 Microsoft Azure 試用

step02 以 Microsoft 帳戶登入

如果你已有 Microsoft 帳戶則直接登入，若沒有，請申請新的帳號後登入。

圖 12-2 以 Microsoft 帳戶登入

step03 輸入個人基本資料

Microsoft Azure
ironskymax@outlook.com 登出
Azure 免費帳戶註冊
前 30 天享有 $6,300 個點數，之後免費繼續使用
1 關於您
國家/地區
台灣
名字
江華
姓氏
奚
電子郵件地址
電話
統一編號
選擇性
繼續即表示您認知隱私權聲明與訂用帳戶合約
下一步
包含項目
12 個月的免費產品
前 30 天免費存取熱門產品，例如虛擬機器、儲存體和資料庫，升級至隨用隨付訂用帳戶後，即可享有 12 個月免費存取。
$200 的點數
前 30 天超過免費產品用量可使用您的 $200 試用任何 Azure 服務。
25 項以上永遠免費的產品
利用 25 個以上永遠免費的產品，包括無伺服器，容器及人工智慧。前 30 天可免費使用，選擇升級後，即可永遠免費使用。
不會自動收費
除非您選擇升級，否則無需付費。在前 30 天屆滿前，您會收到通知，並可升級至隨用隨付訂用帳戶，使用該帳戶時，您只需為超過免費用量的資源付費。

圖 12-3 輸入個人資料

step04 以手機進行身份驗證

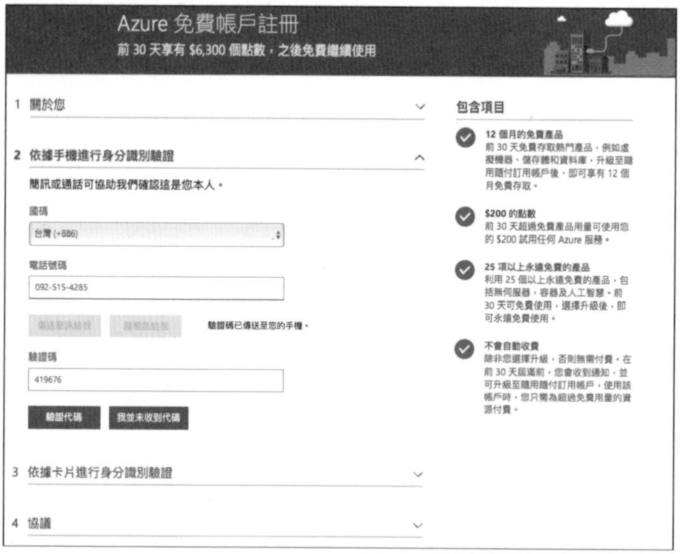

Azure 免費帳戶註冊
前 30 天享有 $6,300 個點數，之後免費繼續使用
1 關於您
2 依據手機進行身分識別驗證
簡訊或通話可協助我們確認這是您本人。
國碼
台灣 (+886)
電話號碼
092-515-4285
傳送簡訊給我 撥電話給我 驗證碼已傳送至您的手機。
驗證碼
419676
驗證代碼 我並未收到代碼
3 依據卡片進行身分識別驗證
4 協議
包含項目
12 個月的免費產品
前 30 天免費存取熱門產品，例如虛擬機器、儲存體和資料庫，升級至隨用隨付訂用帳戶後，即可享有 12 個月免費存取。
$200 的點數
前 30 天超過免費產品用量可使用您的 $200 試用任何 Azure 服務。
25 項以上永遠免費的產品
利用 25 個以上永遠免費的產品，包括無伺服器，容器及人工智慧。前 30 天可免費使用，選擇升級後，即可永遠免費使用。
不會自動收費
除非您選擇升級，否則無需付費。在前 30 天屆滿前，您會收到通知，並可升級至隨用隨付訂用帳戶，使用該帳戶時，您只需為超過免費用量的資源付費。

圖 12-4 以手機進行身份識別驗證

step05 以信用卡進行身份驗證

3 依據卡片進行身分識別驗證

我們需要您的信用卡號碼，以驗證您的身分識別並阻擋垃圾郵件及 Bot。
除非您升級，否則無須付費。

我們接受下列卡片:
VISA

持卡人姓名

卡號

到期日
月 年

CVV
相關說明

地址 1

地址行 2 (可省略)

城市

郵遞區號

國家/地區
台灣

下一步

$200 的點數
前 30 天超過免費產品用量可使用您的 $200 試用任何 Azure 服務。

25 項以上永遠免費的產品
利用 25 個以上永遠免費的產品，包括無伺服器，容器及人工智慧。前 30 天可免費使用，選擇升級後，即可永遠免費使用。

不會自動收費
除非您選擇升級，否則無需付費。在前 30 天屆滿前，您會收到通知，並可升級至隨用隨付訂用帳戶，使用該帳戶時，您只需為超過免費用量的資源付費。

圖 12-5 以信用卡進行身份識別驗證

註冊成功後，在 portal.azure.com 登入，即可進入個人的 Azure 入口網站，這便是你個人的雲端建置與管理中心。

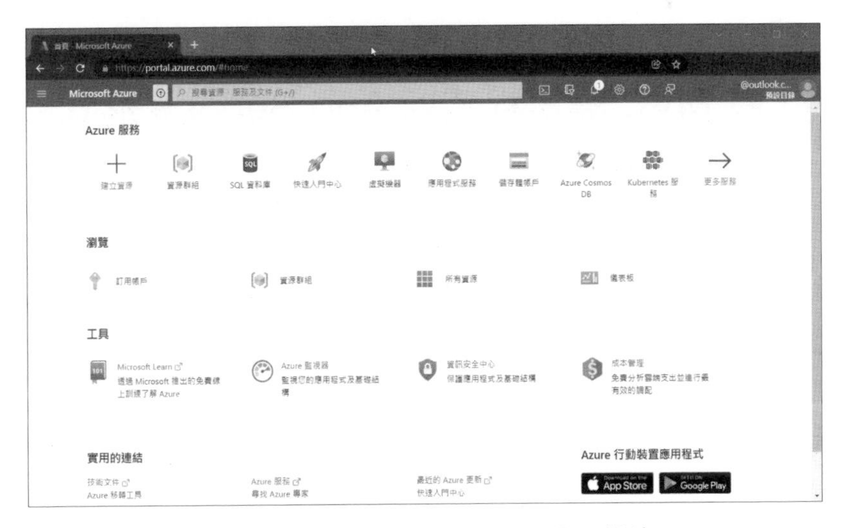

圖 12-6 個人的 Microsoft Azure 入口網站

那麼免費的 Azure 雲端方案到底提供什麼樣的試用內容？以下是 Microsoft Azure 網站條列的項目：

- **12 個月的免費產品**

  前 30 天免費存取熱門產品，例如虛擬機器、儲存體和資料庫，升級至隨用隨付訂用帳戶後，即可享有 12 個月免費存取

- **$200 的點數**

  前 30 天超過免費產品用量可使用您的$200 試用任何 Azure 服務

- **25 項以上永遠免費的產品**

  利用 25 個以上永遠免費的產品，包括無伺服器、容器及人工智慧。前 30 天可免費使用，選擇升級後，即可永遠免費使用

- **不會自動收費**

  除非您選擇升級，否則無需付費。在前 3 天屆滿前，您會收到通知，並可升級至隨用隨付訂用帳戶，使用該帳戶時，您只需為超過免費用量的資源付費

詳細請看 https://azure.microsoft.com/zh-tw/free/網址內容説明。

12-3 將 MVC 應用程式以 App Service 形式部署到 Azure 雲端

申請好免費試用的 Azure 帳號後，您可把握前 30 天的 200 美金額度，盡情使用或探索 Azure 各種功能，本節將練習將 MVC 應用程式部署至 Azure 的 App Service。

> **TIP**
> 在練習建立或部署 App 至 Azure 時，盡可能使用免費或最低額度的資源，以免還不到 30 天就用光 200 美金額度。同時記得服務不使用時要停止或刪除，才不致費用持續被計算。

範例 12-2 將 MVC 應用程式部署至 Azure 的 App Service

以系統管理員權限執行 Visual Studio，開啟「Mvc5Azure」專案，它是員工基本資料的網頁，裡面有 Employee 模型、EmployeeContext、Employees 控制器及 Views，並且利用 Code First Migration 建立種子資料，在應用程式發佈至 Azure App Service 時，一併佈建員工種子資料到雲端資料庫。

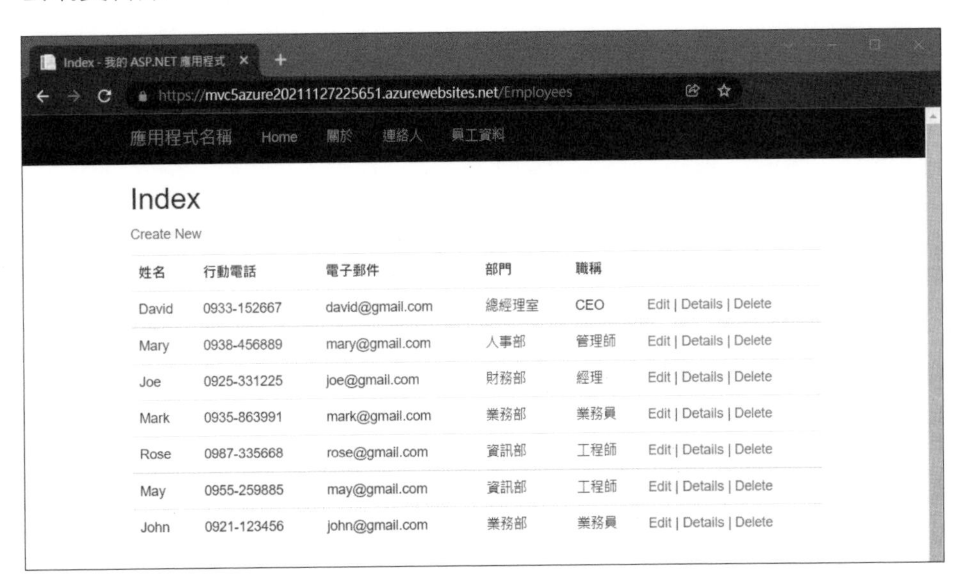

圖 12-7 部署到 Azure 的 MVC 員工基本資料專案

以下先來看幾個重要部分：

+ Employee 模型（員工資料模型）

Models\Employee.cs

```
using System.ComponentModel.DataAnnotations;
namespace Mvc5Azure.Models
{
    public class Employee
    {
        [Display(Name = "員工編號")]
        public int Id { get; set; }
        [StringLength(20)]
        [Display(Name = "姓名")]
        public string Name { get; set; }
        [Display(Name = "行動電話")]
        public string Mobile { get; set; }
        [Display(Name = "電子郵件")]
        public string Email { get; set; }
        [Display(Name = "部門")]
        public string Department { get; set; }
        [Display(Name = "職稱")]
        public string Title { get; set; }
    }
}
```

+ EmployeeContext（DbContext 為 EF 負責對資料庫作業的物件）

Data\EmployeeContext.cs

```
…
using Mvc5Azure.Models;
using System.Data.Entity;

namespace Mvc5Azure.Data
{
    public class EmployeeContext : DbContext
    {
        public EmployeeContext():base("name=EmployeeContext")
        {                                    ↑ 指定資料庫連線

        }
```

```
        public DbSet<Employee> Employees { get; set; }
    }
}
```

✦ Web.config 中的 EmployeeContext 資料庫連線

Web.config

```
<connectionStrings>
  <add name="EmployeeContext"
       connectionString="DataSource=(localdb)\MSSQLLocalDB;
          Initial Catalog=Mvc5AzureEmployeeDB;Integrated Security=True;
          MultipleActiveResultSets=True;
          AttachDbFilename=|DataDirectory|Mvc5AzureEmployeeDB.mdf"
    providerName="System.Data.SqlClient" />
</connectionStrings>
```

以下是部署 MVC 程式至 Azure App Service 的步驟：

step01 以 Code First Migrations 建立資料庫

在 Visual Studio 的【工具】→【NuGet 封裝管理員】→【套件管理器主控台】執行以下三個命令：

```
Enable-Migrations
Add-Migration InitialDB
Update-Database
```

step02 建立種子資料

在 Migrations\Configuration.cs 加入以下種子資料：

```
protected override void Seed(Mvc5Azure.Models.EmployeeContext context)
{
    context.Employees.AddOrUpdate(
        new Employee { Id = 1, Name = "David", Mobile = "0933-152667",
        Email = "david@gmail.com", Department = "總經理室", Title = "CEO" },
        new Employee { Id = 2, Name = "Mary", Mobile = "0938-456889",
        Email = "mary@gmail.com", Department = "人事部", Title = "管理師" },
```

```
            new Employee { Id = 3, Name = "Joe", Mobile = "0925-331225",
            Email = "joe@gmail.com", Department = "財務部", Title = "經理" },
            new Employee { Id = 4, Name = "Mark", Mobile = "0935-863991",
            Email = "mark@gmail.com", Department = "業務部", Title = "業務員" },
            new Employee { Id = 5, Name = "Rose", Mobile = "0987-335668",
            Email = "rose@gmail.com", Department = "資訊部", Title = "工程師" },
            new Employee { Id = 6, Name = "May", Mobile = "0955-259885",
            Email = "may@gmail.com", Department = "資訊部", Title = "工程師" },
            new Employee { Id = 7, Name = "John", Mobile = "0921-123456",
            Email = "john@gmail.com", Department = "業務部", Title = "業務員" }
            );
}
```

在【套件管理器主控台】執行以下命令：

```
Add-Migration AddSeedData
Update-Database
```

step03 在專案按滑鼠右鍵→【發佈】→【Azure】→【App Service(Windows)】→新增 App Service 執行個體，建立 MVC 程式的發佈組態設定。

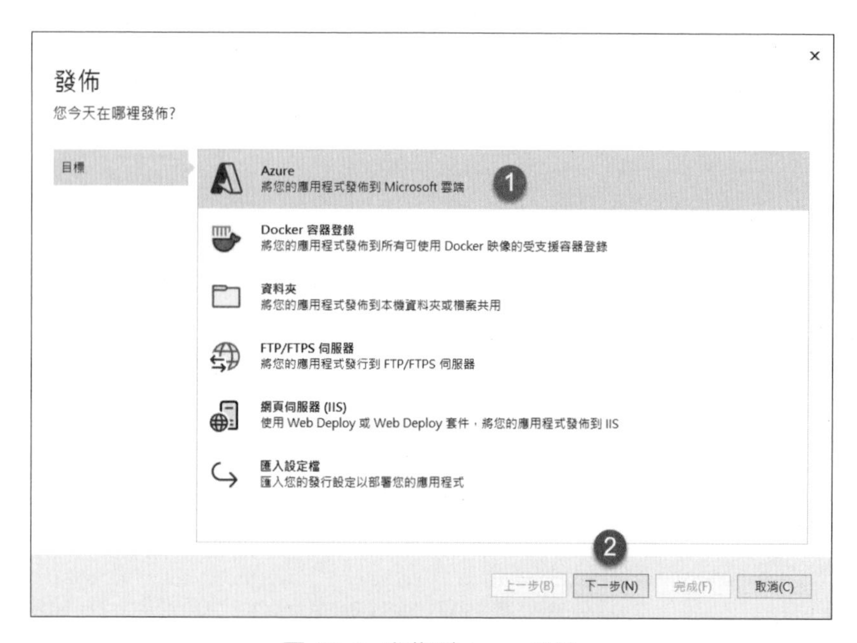

圖 12-8 發佈到 Azure 雲端

發佈
您想要使用哪一項 Azure 服務來代管您的應用程式?
目標
特定目標
App Service (Windows)
將您的應用程式程式碼發行到易於縮放的受控基礎結構
3
Azure 容器登錄
將您的應用程式以 Docker 映像發佈到 Azure Container Registry
Azure 虛擬機器
管理您自己的基礎結構
4
上一步(B)
下一步(N)
完成(F)
取消(C)

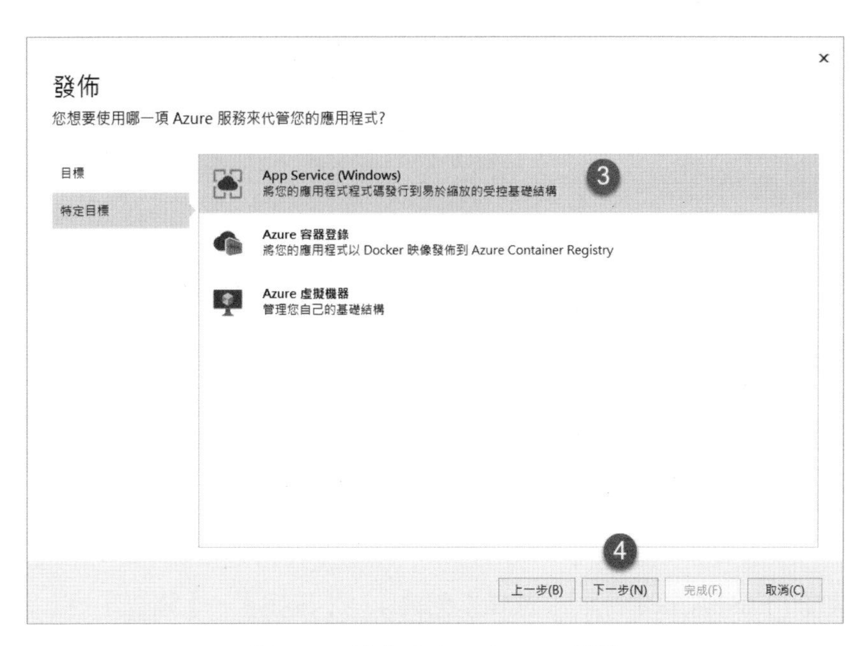

圖 12-9 發佈成 App Service 類型

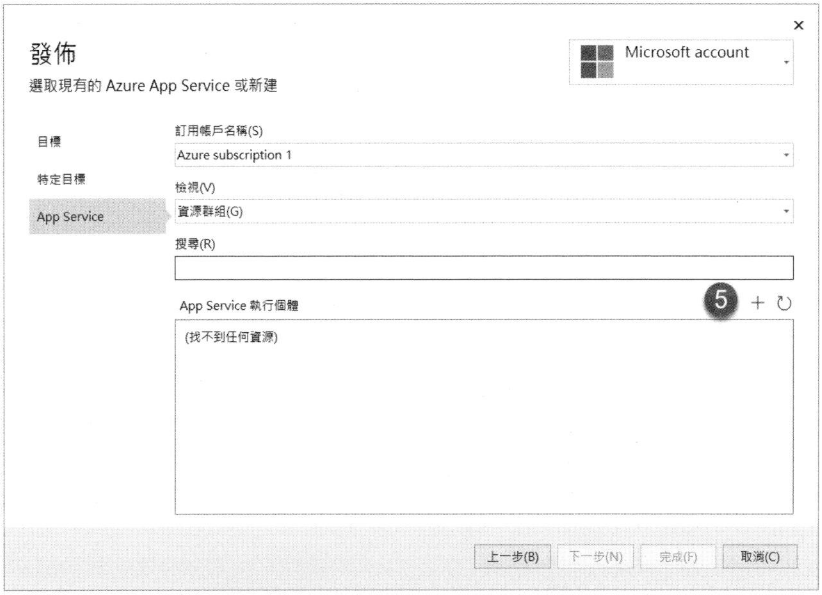

發佈
選取現有的 Azure App Service 或新建
Microsoft account
目標
特定目標
App Service
訂用帳戶名稱(S)
Azure subscription 1
檢視(V)
資源群組(G)
搜尋(R)
App Service 執行個體
5
(找不到任何資源)
上一步(B)
下一步(N)
完成(F)
取消(C)

圖 12-10 新增 App Service 執行個體

登入 Azure 帳號才能建立 App Service。

圖 12-11　登入 Azure 帳號

設定與建立 App Service 方案，按下主控方案右側的【新增】→位置選擇【East Asia】→大小選擇【免費】→【確定】→【建立】→【完成】。

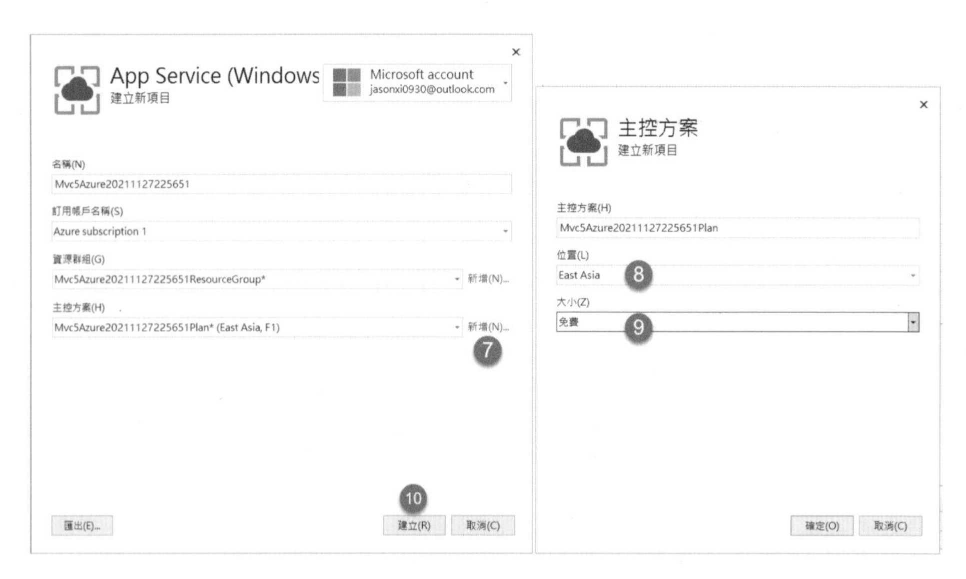

圖 12-12　設定與建立 App Service 方案

圖 12-13 完成發佈檔設定

編輯發佈檔，點擊【連線】的【驗證連線】，確認對 Azure 連線是否能通過驗證，成功才能進行後續步驟，否則就要重新建立或找出問題所在加以修正。

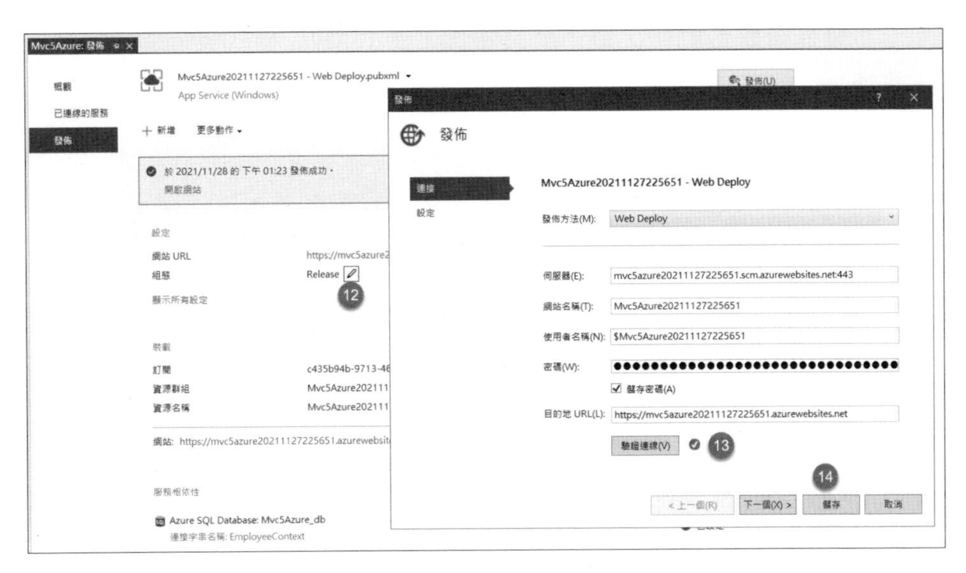

圖 12-14 驗證連線

step04 第一次發佈 MVC 程式到 Azure 雲端

之前的步驟全是建立發佈組態檔，不是真正的執行發佈，而本步驟則是根據建立好的發佈組態檔執行發佈，請點擊【發佈】，進行 MVC 程式發佈到 Azure 雲端。

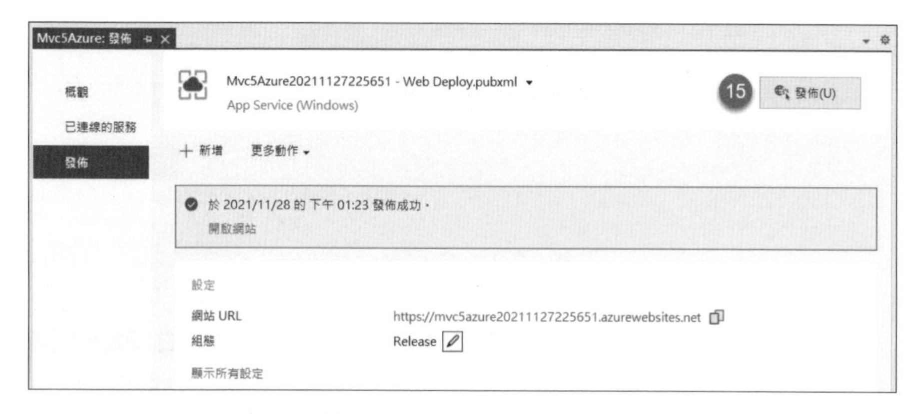

圖 12-15 第一次發佈 MVC 程式到 Azure 雲端

發佈後會自動帶出以下網頁畫面，表示 MVC 程式發佈到 Azure 雲端成功。

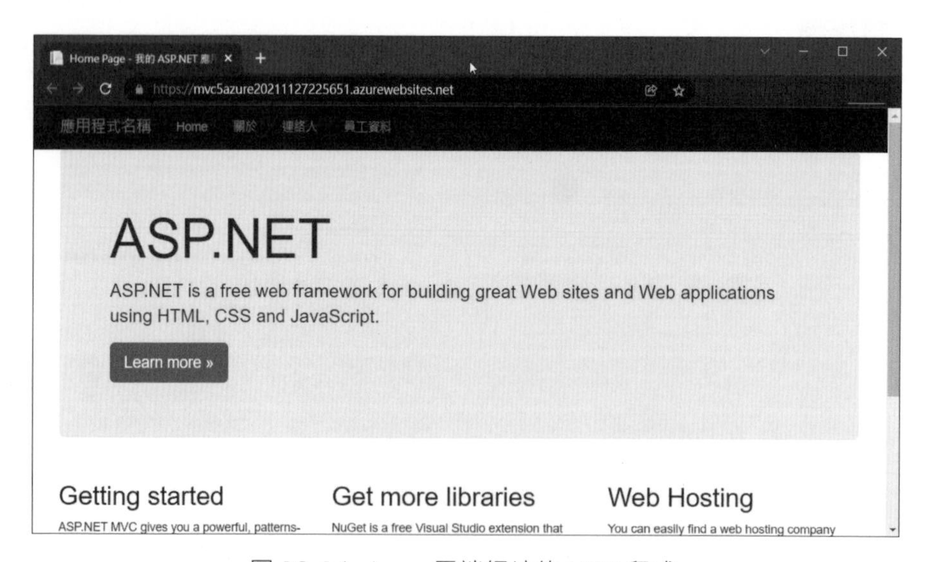

圖 12-16 Azure 雲端網站的 MVC 程式

step05 建立與設定 Azure SQL Database 資料庫

接下來設定 Azure SQL Database，目的是建立在 Azure 建立 MVC 程式的 Mvc5AzureEmployeeDB 資料庫、Employees 資料表及種子資料。

圖 12-17 建立與設定 Azure SQL Database 資料庫

圖 12-18 調整發佈檔組態設定

step06 第二次發佈 MVC 程式到 Azure 雲端

再次執行【發佈】，看到 MVC 網頁畫面後，點擊選單上【員工資料】超連結，而後會觸發 Code First Migration 建立 Employees 資料表及種子資料，最後將員工資料顯示在網頁上，至此 MVC 程式與資料庫部署到 Azure 雲端運作完全成功！

Index - 我的 ASP.NET 應用程式

https://mvc5azure20211127225651.azurewebsites.net/Employees

應用程式名稱 Home 關於 連絡人 員工資料

Index

Create New

姓名	行動電話	電子郵件	部門	職稱	
David	0933-152667	david@gmail.com	總經理室	CEO	Edit | Details | Delete
Mary	0938-456889	mary@gmail.com	人事部	管理師	Edit | Details | Delete
Joe	0925-331225	joe@gmail.com	財務部	經理	Edit | Details | Delete
Mark	0935-863991	mark@gmail.com	業務部	業務員	Edit | Details | Delete
Rose	0987-335668	rose@gmail.com	資訊部	工程師	Edit | Details | Delete
May	0955-259885	may@gmail.com	資訊部	工程師	Edit | Details | Delete
John	0921-123456	john@gmail.com	業務部	業務員	Edit | Details | Delete

圖 12-19 MVC 程式與資料庫部署到 Azure 雲端網站成功

發佈完成後，請至 Azure App Service 網址瀏覽員工資料：

✧ https://mvc5azure20211127225651.azurewebsites.net/Employees/Index

使用 SSMS 管理工具連線到 Azure SQL 資料庫

若想用 SSMS 管理工具連線到 Azure SQL 資料庫，方法如下：

1. 開啟 SSMS 管理工具，輸入 Azure SQL 的伺服器名稱、登入及密碼
2. 那要如何知道伺服器名稱、登入及密碼？在圖 12-18 的 EmployeeContext 中就有連線資訊，只要複製貼上後，即可進行連線
3. 連線過程可能會需要登入 Azure 帳號，並將用戶端 IP 加入防火牆中

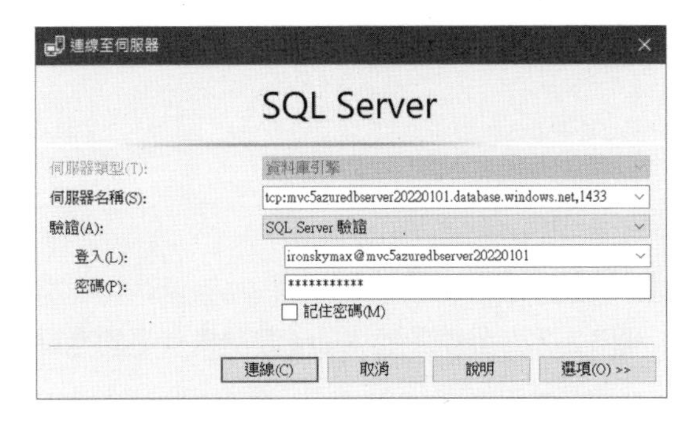

圖 12-20 用 SSMS 連線 Azure SQL 資料庫

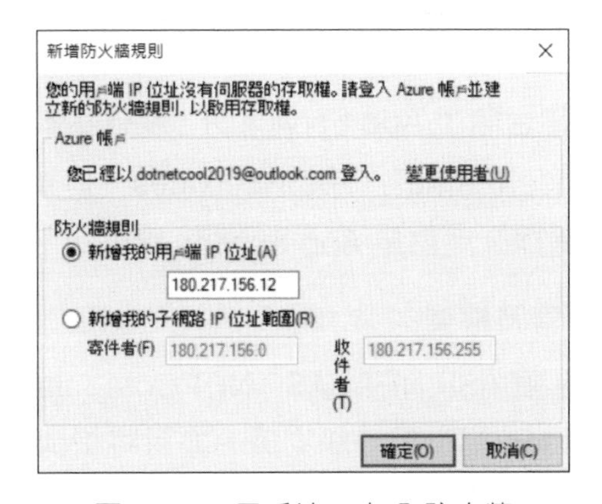

圖 12-21 用戶端 IP 加入防火牆

哪個雲端機房回應速度是最快的？

在將 MVC 應用程式部署到 Azure 時，要選擇哪一個機房，其網路回應速度是最快的？可到以下網址了解你所在位置連至各機房的速度，選擇平均延遲速度最小的，速度會比較快。

✧ https://azurespeedtest.azurewebsites.net/

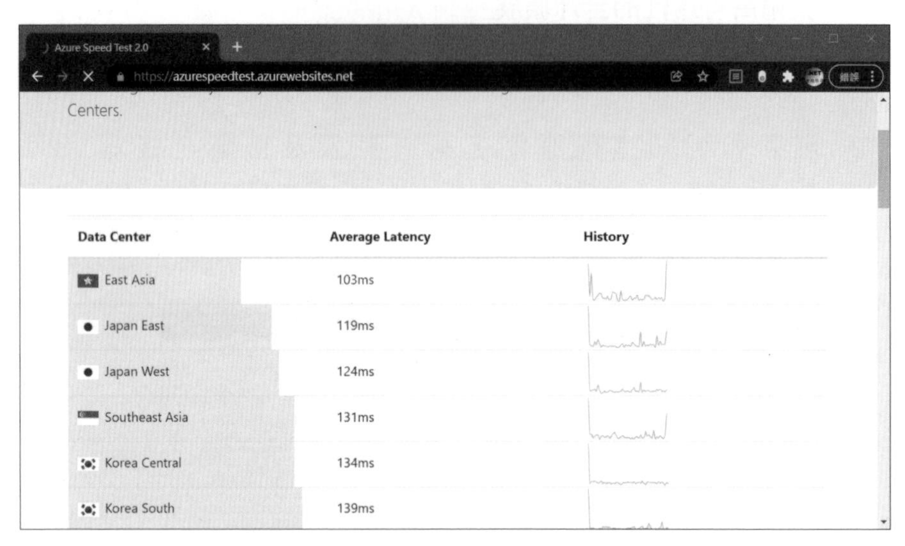

圖 12-22 全球各地 Azure 雲端機房平均延遲速度

12-4 為何選擇使用 Azure App Service

Azure 雲端平台除了 App Service 外，還有許多技術方案的選擇，如：虛擬機器、Service Fabric、Cloud Services，但為何大部分情況下 App Service 是最佳選擇？理由是 App Service 提供以下功能特點：

✦ **支持多種語言及框架**

App Service 對 ASP.NET、ASP.NET Core、Java、Ruby、Node.js、PHP 或 Python 提供第一級支援。亦可將 PowerShell、其他指令碼或可執行檔做為背景服務來執行

- **DevOps 最佳化**

  以 Azure DevOps、GitHub、BitBucket、Docker Hub 或 Azure Container Registry 設定持續整合與部署。透過測試及預備環境升級更新。使用 Azure PowerShell 或跨平台命令列介面 (CLI)管理你 App Service 應用程式

- **具備高可用性的全球擴展**

  可手動或自動方式向上或水平擴展，裝載你的 apps 在微軟全球資料中心的任何地方，以及 App Service SLA 保證高可用性

- **SaaS 平台及內部部署資料的連結能力**

  可選擇超過 50 種企業系統（如 SAP）、SaaS 服務（如 Salesforce）和 internet services(如 Facebook)連接器。使用 Hybrid Connections 和 Azure Virtual Networks 存取內部部署資料

- **安全性與合規性**

  App Service 為 ISO、SOC 和 PCI 相容。可使用 Azure Active Directory 或社交登入 (Google、Facebook、Twitter 和 Microsoft) 驗證使用者。建立 IP 位址限制和管理服務身分識別

- **廣泛的應用程式範本**

  從 Azure Marketplace 中的廣泛應用程式範本清單中進行選擇，例如 WordPress、Joomla 和 Drupal

- **與 Visual Studio 整合**

  Visual Studio 中專用工具可簡化和有效率地建立、部署和偵錯工作

- **API and Mobile 功能**

  Web Apps 為 RESTful API 方案提供交鑰匙 CORS 支援。並可藉由啟用驗證、離線資料同步和推播通知等功能，簡化行動應用程式案例

- **Serverless 無伺服器程式**

  可隨需執行程式碼片段或指令碼，而不必明確佈建或管理基礎結構，而且只須就程式碼實際使用的計算時間支付費用

除了 App Service 外，Azure 亦提供其他服務可用於裝載 Web 網站和應用程式。在大多數場景，App Service 是最佳的選擇。對於微服務架構請考慮使用 Service Fabric。若需要更大的控制權，請考慮 Azure Virtual Machines。

12-5 結論

本章就 MVC 應用程式部署到 Microsoft Azure 進行了介紹，從申請、組態到發佈過程都一一示範，並解釋部署到 App Service 的原因及優勢，讓各位體驗到雲端方便與威力，同時搭上雲端流行的新趨勢。

新世代 ASP.NET Core MVC 應用程式初體驗

13 CHAPTER

.NET 6 是微軟新世代開發技術，不但實現了.NET 框架的大一統、跨平台開發與執行，同時整個框架亦始無前例的大改造，全新的 Runtime、框架函式庫、基礎服務與 CLI 命令工具。再輔以 Visual Studio 2022 開發工具的大力支援，著實讓人耳目一新，讓人迫不急待想探索其神祕魔力。

13-1 什麼是.NET（Core）？

.NET 6 針對行動裝置、桌面、IoT 和雲端應用程式提供統一的 SDK、基底函式庫及 Runtime 執行環境，完成了首次平台的大一統工作。那什麼是.NET（Core）？簡單來說它就是跨平台版本的.NET 框架，也是繼.NET Framework 之後的新世代版本，下表做幾個面向對比。

表 13-1 .NET Core 與.NET Framework 名詞對比

	跨平台新世代	傳統 Windows 平台
.NET 平台	.NET（Core）	.NET Framework
網頁技術	ASP.NET Core	ASP.NET
網頁 MVC 框架	ASP.NET Core MVC	ASP.NET MVC
支援作業系統	Windows, macOS, Linux	Windows

.NET（Core）的使命不僅是跨平台，更重要的是，它具備更小的模組顆粒，意謂模組更新迭代更快、更容易，同時吃資源更少、啟動速度更快，也適合在 Microservices 環境中執行，並支援 Cloud 雲端平台、Mobile、Gaming、AI、IoT 等應用開發，堪稱微軟下一個十年的主流平台。

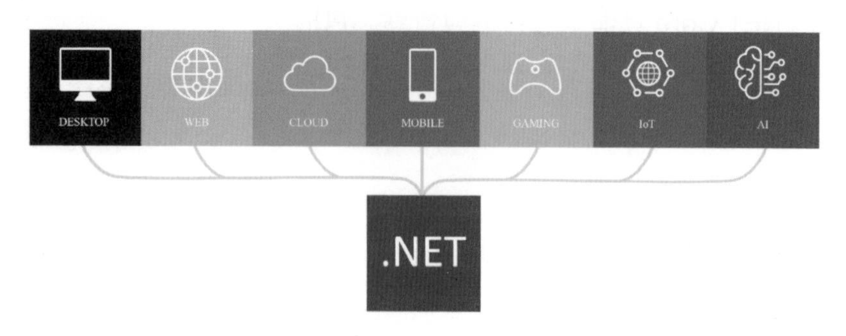

圖 13-1 .NET 平台支援軟體開發類型

❖ .NET Core 與.NET 名詞沿革與混淆

.NET 5 之前的命名是.NET Core 1、2 和 3，但到了.NET 5 時將 Core 的名稱拿掉，未來命名以.NET 6、7、8 方式延續下去，代表未來.NET 平台技術。前述立意雖好，但仍然無法擺脱其他方面混淆，原因是：

- .NET Core 3 之後沒有 4 版，而是 5 版，為避免和.NET Framework 4.x 混淆
- 但 5 版不叫.NET Core 5，而是.NET 5，強調這是未來.NET 實作
- .NET Core 3 世代的 MVC，因有 Core 字眼，故名 ASP.NET Core 3 MVC。那.NET 5 世代的 MVC，因移除 Core 字眼，所以 MVC 叫 ASP.NET 5 MVC？錯！仍叫 ASP.NET Core 5 MVC，目的是為避免和上一代 ASP.NET MVC 5 混淆
- 同樣地，Entity Framework Core 5.0 & 6 仍保留 "Core" 的名稱，以避免與上一代的 Entity Framework 5 和 6 混淆

故由上看來，Core 字眼仍牢牢存在 ASP.NET Core 及 EF Core 中，並未因.NET 移除了 Core 字眼而減少混淆。但本章論述，為同時涵蓋之前.NET Core 1、2、3 版本，故仍會以.NET Core 作為統稱。

❖ .NET Core 特色與賣點

.NET Core 具備眾多特色與賣點，包括：

- 跨平台執行：可在 Windows、Linux 及 macOS 作業系統上執行
- 跨架構一致性：在 x64、x86、ARM、ARM64、x64 Alpine 不同處理器架構執行.NET Core 程式仍保持相同的行為
- 跨平台開發工具：提供 Windows、Linux 及 macOS 作業系統上相對應的 Visual Studio 與 Visual Studio Code（簡稱 VS Code）開發工具，提供優質開發工具
- CLI 命令列工具：提供跨平台 CLI 命令列工具，可用於專案開發及 CI 連續整合的場景應用
- 彈性部署：可包含在您的應用程式中，也可以 side-by-side 並行安裝（用戶或機器範圍內），甚至可配合 Docker 容器使用
- 相容性：.NET Core 透過.NET Standard 與.NET Framework、Xamarin 和 Mono 保持相容性
- 開放原始碼：.NET Core 平台是使用 MIS 和 Apache 2 授權的開放原始碼
- 微軟技術支援：微軟對每個.NET Core 版本提供相對應的支援政策

在這 Highlight 一下，若有以下軟體環境面需求，特別適合使用.NET Core：

- 有跨平台需求
- 針對 Microservice

- 使用 Docker Containers
- 需要高效能及可擴展的系統
- 每個應用程式需要 side-by-side 的.NET 版本

13-2 .NET Core、ASP.NET Core、ASP.NET Core MVC 傻傻分不清

在網路上，對於.NET Core 一詞的意涵，常可看到.NET Core / ASP.NET Core / ASP.NET Core MVC 三種描述，此為同一件事，抑或不同？若您曾開發過任何.NET Framework 應用程式，下圖的對比就很直觀了。

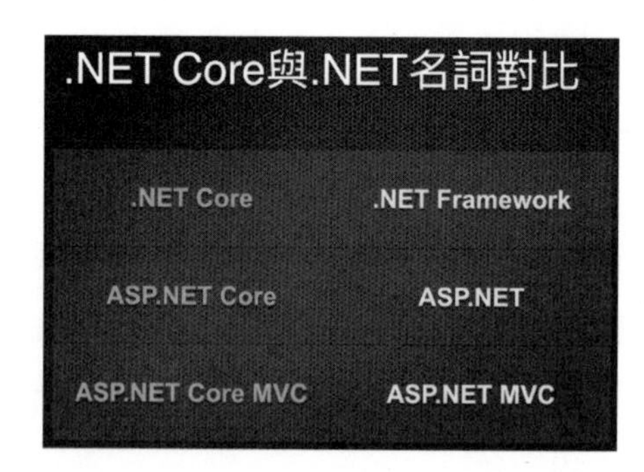

圖 13-2 .NET Core 與.NET 技術名詞對比

.NET Core 的對比就是.NET Framework，ASP.NET Core 對比是 ASP.NET，最後 ASP.NET Core MVC 則對比 ASP.NET MVC，相信應該很好理解。那麼.NET Core 實指什麼技術？.NET Core 係指平台框架，代表最廣泛的技術定義，而 ASP.NET Core 則代表網頁技術，而 ASP.NET Core MVC 則代表 ASP.NET Core 網頁技術中的 MVC 開發框架。

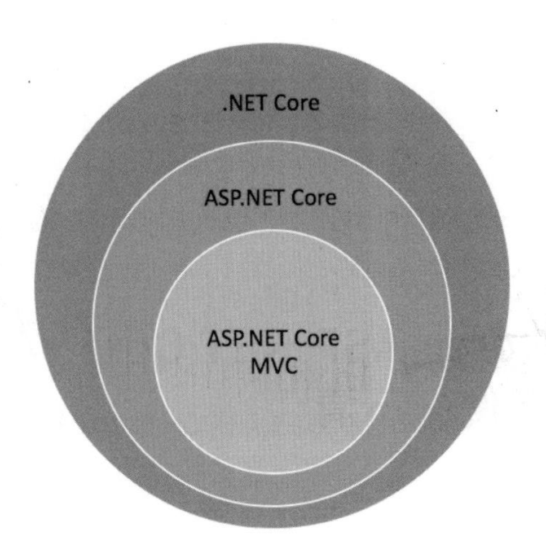

圖 13-3 .NET Core 範圍層級

表 13-2 .NET Core 技術類型之應用程式

技術類型	應用程式類型
.NET Core	ASP.NET Core、Console、WPF、Windows Form、Entity Framework Core 等
ASP.NET Core	MVC、Razor Page、Blazor、Web API、SignalR、gRPC Service、Worker Service
ASP.NET Core MVC	MVC 框架

TIP

.NET Core 3.0 開始支援 WPF 和 Windows Form 應用程式，但僅限於 Windows 平台，而不能跨 macOS 和 Linux。

以.NET Core 書籍來說，也真的有依這三種層級範圍作命名，不同命名方式代表內容聚焦於何種主題，以及技術探討跨越的深廣度。

圖 13-4 .NET Core 書籍不同命名

13-3 .NET 6 平台架構與組成元件

.NET 6 平台由四大部分組成：

1. .NET Runtime 與.NET 框架函式庫

   .NET Runtime 提供型別系統、組件載入、GC 垃圾收集器、原生交互操作性（Native interoperability）與其他基本服務

   .NET 框架函式庫（Framework Libraries）提供基礎資料型別、基礎工具服務

2. ASP.NET Core Runtime

   ASP.NET Core Runtime 提供框架用以建立 Web Apps、IoT 和行動後台等現代化、雲端及互聯網應用程式

3. .NET SDK 與語言編譯器

   .NET SDK 開發套件提供了開發.NET Core 應用程式所需的 Runtime、框架函式庫與 CLI 命令列工具，以及 C#及 F#語言編譯器的支援

4. dotnet 命令：用於啟動.NET 應用程式和 CLI 工具，它會選擇並裝載執行階段，提供組件載入原則，並啟動應用程式和工具

圖 13-5 .NET 6 大一統平台架構

13-4 ASP.NET Core Fundamentals 基礎服務概觀

若要理解 ASP.NET Core 框架全貌，可從它的基礎服務與機制探索起，了解它提供哪些功能，這些服務又是如何交織運作，便能概要掌握其總體技術光譜，下面是 ASP.NET Core 框架的基礎服務大分類圖。

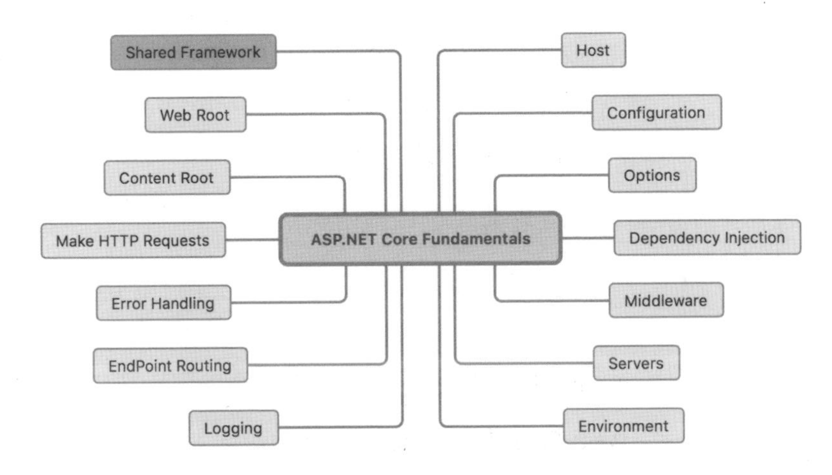

圖 13-6 ASP.NET Core Fundamental 基礎服務大分類

這些服務支撐起整個 ASP.NET Core 應用程式的運行，而服務之間也彼此協同與連動，下面說明每個服務概要功能：

- Host：裝載與執行.NET Core 應用程式的主機環境，它封裝了所有 App 資源，如 Server、Middleware、DI 和 Configuration，並實作 IHostedService
- Server：指 HTTP Server 或 Web Server 伺服器，用於監聽 HTTP 請求與回應的網頁伺服器
- Dependency Injection：相依性注入，ASP.NET Core 內建 DI Container 容器
- Middleware：在處理 HTTP 請求的管線中，包含一系列 Middleware 中介軟體元件
- Configuration 組態：ASP.NET Core 的組態框架，提供 Host 和 App 所需的組態存取系統
- Options：是指 Options Pattern 選項模式，用類別來表示一組設定，.NET Core 中大量使用選項模式設定組態
- Environment：環境變數與機制，內建 Development、Staging 與 Production 三種環境
- Logging：資訊或事件的記錄機制
- Routing：自 ASP.NET Core 3.0 開始採用端點路由，它負責匹配與派送 HTTP 請求到應用程式執行端點
- Error Handling：負責錯誤處理的機制
- Make HTTP Request：是 IHttpClientFactory 實作，用於建立 HttpClient 實例
- Content Root：內容根目錄，代表專案目前所在的基底路徑
- Web Root：Web 根目錄，專案對外公開靜態資產的目錄
- Shared Framework：共享的框架組件

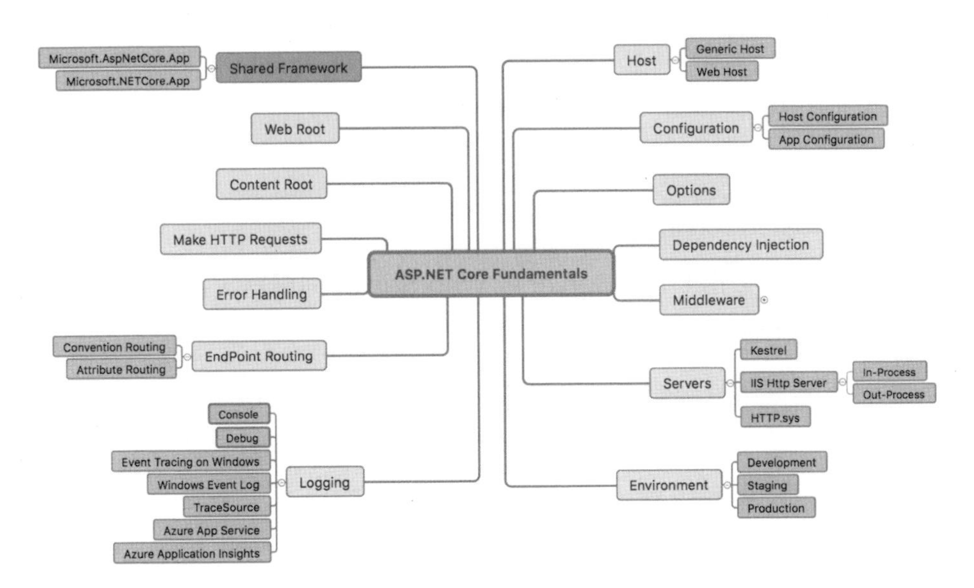

圖 13-7　ASP.NET Core Fundamental 基礎服務明細

以上 Fundamentals 服務如何影響 ASP.NET Core App？較為顯著的有：

- 掌控 ASP.NET Core App 系統運作
- 提供 Hosting 和 Web Server 組態設定
- 提供各種環境變數與組態值設定
- 提供多重環境組態設定：Development、Staging 和 Production
- 提供 DI 及 Middleware 設定
- 提供效能調校、Logging 等一堆功能

是故，開發人員若想全面掌握 ASP.NET Core，必需熟悉這些基礎服務知識與技巧，方能輕鬆駕馭。然而在篇幅有限情況下，只能針對與初學者最相關的兩個功能介紹，一是 DI 相依性注入，二是 Configuration 組態，二者是使用 EF Core 資料存取時必定會用到的功能，以下是說明。

13-5 DI 相依性注入

ASP.NET Core 內建支援 DI（Dependency Injection）相依性注入，它是為了將設計與實作之相依性進行 IoC 控制反轉（Inversion of Control），讓程式間變成鬆散耦合。ASP.NET Core 內建原生的 DI Container 容器，用來支援建構函式注入（Constructor Injection）。

以下對幾個名詞稍做解釋：

- 控制反轉有兩個層面意義，一是相依性物件的獲得被反轉了，二是控制權被反轉
- 實現控制反轉方式有兩種，一是相依性注入，另一是相依性查找（lookup），前者是被動取得相依性注入的物件，後者則是透過物件查找
- DI Container 是相依性注入的框架實作，管理相依性物件的建立與生命週期，同時亦負責將相依性物件注入到服務或類別中

而 .NET 6 的 DI Container 是位於 Program.cs 中，利用 builder.Services.Add 開頭的方法做 DI 相依性註冊：

Program.cs

```
using Microsoft.EntityFrameworkCore;
using CoreMvcApp.Data;
using Microsoft.Extensions.DependencyInjection;

var builder = WebApplication.CreateBuilder(args);

// Add services to the container.
builder.Services.AddControllersWithViews();

builder.Services.AddDbContext<FriendContext>(options =>

options.UseSqlServer(builder.Configuration.GetConnectionString("FriendContext")));

var app = builder.Build();
...
```

在 DI 容器中註冊相依性

DI 相依性注入優點

DI 相依性注入好處有：❶ 抽象化特定實作、❷ 鬆散耦合和❸ 易於單元測試。而 DI 實作過程如下：

- 使用 interface 來抽象化 Dependency 相依性實作
- 透過 Service Container 註冊 Dependency「相依性」和「實作」間的關係。而.NET 6 服務的相依性是在 Program.cs 的 Service Container 中註冊
- 使用 DI 注入相依性服務，是在類別建構函式中注入（Constructor Injection）服務實例。DI 框架負責：❶ 建立相依服務的 instance 實例，❷ 注入的相依性物件不再使用時的 disposing

13-6 Configuration 組態設定與存取

ASP.NET Core 組態是基於 Key-Value Pairs 形式，組態提供者（Configuration Providers）從各種組態來源讀取資料後，再以 Key-Value 成對的方式儲存在組態系統中。

例如 ASP.NET Core 專案預設有 launchSettings.json 和 appsettings.json 兩個組態檔，前者是本機開發電腦環境組態檔，後者是給應用程式使用的組態檔，下面是 appsettings.json 組態內容。

appsettings.json

```
{
  "Logging": {
    "LogLevel": {
      "Default": "Information",
      "Microsoft.AspNetCore": "Warning"
    }
  },
```

預設組態設定

資料庫連線字串設定

```
  "AllowedHosts": "*",
  "ConnectionStrings": {
    "FriendContext": "Server=(localdb)\\mssqllocaldb;Database=FriendDB;
      Trusted_Connection=True;MultipleActiveResultSets=true"
  },
  "Developer": {
    "Name": "聖殿祭司",
    "Email": "dotnetcool@gmail.com",
    "Website" :  "https://www.codemagic.com.tw"
  }
}
```

自訂組態設定

在新建 ASP.NET Core MVC 專案時，appsettings.json 僅有 Logging 和 AllowedHosts 兩區段，在此新增 ConnectionStrings 和 Developer 區段設定。以下 View 用@inject 注入 IConfiguration 實例，藉注入的實例存取 ConnectionStrings 和 Developer 兩區段設定值。

Views/Config/ReadAppsettings.cshtml

```
@using Microsoft.Extensions.Configuration
@inject IConfiguration configuration

@{
    ViewData["Title"] = "ReadAppsettings";
}

<div class="row align-items-md-stretch">
    <div class="h-100 p-5 text-white bg-dark rounded-3">
        <h1>讀取 appsettings.json 組態設定值</h1>
    </div>
</div>

<p>FriendContext 資料庫連線 : @configuration.GetConnectionString
("FriendContext")</p>
<p>FriendContext 資料庫連線 : @configuration["ConnectionStrings:
FriendContext"]</p>

Developer 資訊如下:
<ul>
    <li>Name : @(configuration.GetValue<string>("Developer:Name"))</li>
```

注入組態相依性物件

讀取 ConnectionString 區段組態

讀取 Developer 區段組態

```
    <li>Email: @(configuration.GetValue<string>("Developer:Email", "找不到
Email"))</li>
    <li>Website: @(configuration.GetSection("Developer:Website").Value)</li>
</ul>
```

圖 13-8 讀取組態值

appsettings.json 組態檔若有中文，網頁通常會顯示亂碼，請在 Visual Studio【檔案】→【另存 appsettings.json 為】→選擇儲存按鈕右側下拉選單【以編碼方式儲存】→【是(Y)】→編碼方式選擇「Unicode(UTF-8)-字碼頁 65001」→【確定】，就可正常顯示中文。

進階儲存選項
C:\Data\SourceCode\MvcExamples4nd\Chapter15\CoreMvcApp\CoreMvcApp\appsettings.json
編碼方式(E):
Unicode (UTF-8 有簽章) - 字碼頁 65001
行尾結束符號(L):
目前的設定值
確定 取消

圖 13-9 以 UTF-8 編碼格式儲存

13-7 建立 ASP.NET Core MVC 資料庫應用程式

本節以 ASP.NET Core 6 MVC 作為示範，故須使用 VS 2022 建立專案，而 VS 2019 最多只能建立 ASP.NET Core 5 MVC，雖說二者皆可進行練習，但 ASP.NET Core 5 MVC 的 DI 是在 Startup.cs 中註冊，而 Startup.cs 檔在 ASP.NET Core 6 MVC 預設的專案樣板中已不復存在，而是整併到 Program.cs 中，須注意這差別。

範例 13-1 以 ASP.NET Core MVC 及 EF Core 建立 Friend 朋友通訊錄程式

在此建立 Friend 朋友通訊錄網頁資料庫程式，包括了典型 MVC 程式：Model 模型、DbContext、種子資料、DI 相依性注入、appsettings.json 的資料庫連線、資料庫 Migration，再到 Controller、Action 及 View 的產生，步驟如下：

step01 建立 ASP.NET Core 6 MVC 專案

在 VS 2022 新增【ASP.NET Core Web 應用程式(Model-View-Controller)】→【下一步】→專案名稱輸入「CoreMvcApp」→架構選擇【.NET 6(長期支援)】→【建立】。

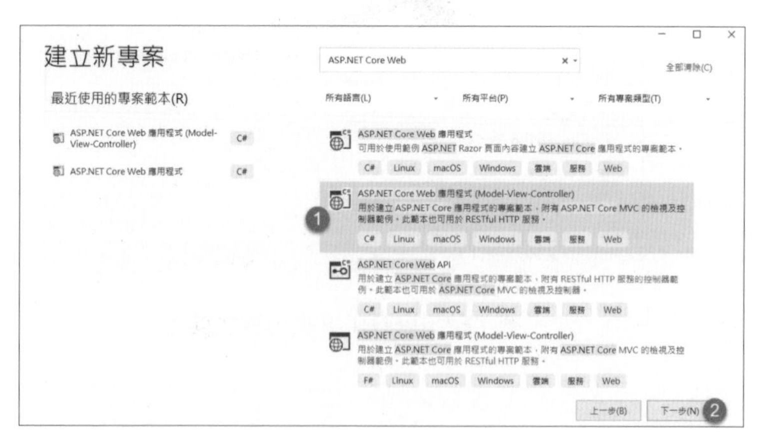

圖 13-10 選擇 ASP.NET Core Web 應用程式(Model-View-Controller)範本

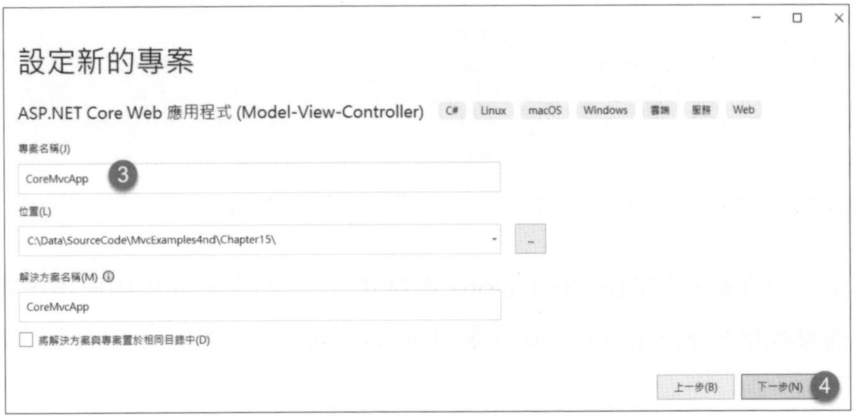

設定新的專案

ASP.NET Core Web 應用程式 (Model-View-Controller) C# Linux macOS Windows 雲端 服務 Web

專案名稱(J)

CoreMvcApp ③

位置(L)

C:\Data\SourceCode\MvcExamples4nd\Chapter15\

解決方案名稱(M)

CoreMvcApp

將解決方案與專案置於相同目錄中(D)

上一步(B) 下一步(N) ④

圖 13-11　建立 ASP.NET Core MVC 專案

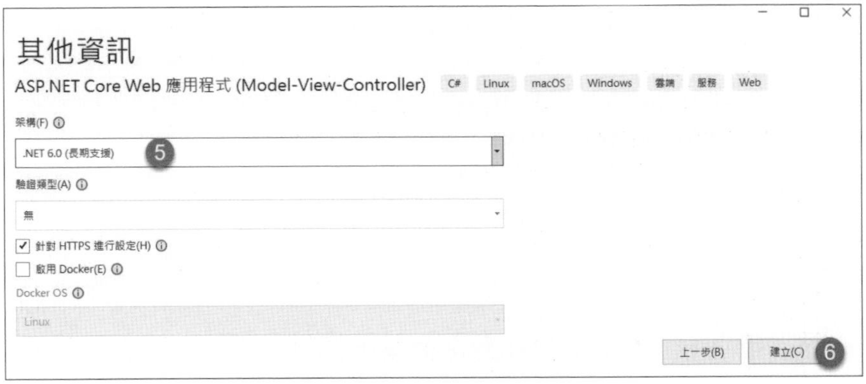

其他資訊

ASP.NET Core Web 應用程式 (Model-View-Controller) C# Linux macOS Windows 雲端 服務 Web

架構(F)

.NET 6.0 (長期支援) ⑤

驗證類型(A)

無

針對 HTTPS 進行設定(H)

啟用 Docker(E)

Docker OS

Linux

上一步(B) 建立(C) ⑥

圖 13-12　選擇.NET 6 架構

step02　建立 Friend 資料模型

在 Models 資料夾新增一 Friend.cs 類別檔，並加入以下屬性。

Friend.cs

```
namespace CoreMvcApp.Models
{
    #nullable disable   ◄── 將 nullable 設定關閉
    public class Friend
    {
        public int Id { get; set; }
        public string Name { get; set; }
```

```
        public string Email { get; set; }
        public string Mobile { get; set; }
    }
}
```

step03 將專案的 Nullable 設定改為 disable 關閉

在專案按滑鼠右鍵→【編輯專案檔】→將<Nullable>區段設定值改成 disable，目的是為了避免是宣告 Model 模型屬性時所引發的 CS8618 錯誤。

CoreMvcApp.csproj

```
<Project Sdk="Microsoft.NET.Sdk.Web">

  <PropertyGroup>
    <TargetFramework>net6.0</TargetFramework>
    <Nullable>disable</Nullable>  ← 改成 disable
    <ImplicitUsings>enable</ImplicitUsings>
  </PropertyGroup>
  ...
</Project>
```

step04 建立 FriendContext 類別及種子資料

在專案新增 Data 資料夾，加入 FriendContext.cs 類別檔程式與種子資料。

Data/FriendContext.cs

```
global using Microsoft.EntityFrameworkCore;
global using CoreMvcApp.Models;

namespace CoreMvcApp.Data
{
    public class FriendContext : DbContext
    {
        public FriendContext(DbContextOptions<FriendContext> options) :
base(options)
```

```
        {
        }

        public DbSet<Friend> Friends { get; set; }

        //建立種子資料
        protected override void OnModelCreating(ModelBuilder modelBuilder)
        {
          modelBuilder.Entity<Friend>().ToTable("MyFriend").HasData(
            new Friend { Id=1, Name="Mary", Email="mary@gmail.com",
                  Mobile="0922355822" },
            new Friend { Id=2, Name="David", Email="david@gmail.com",
                  Mobile="0933123456" },
            new Friend { Id=3, Name="Rose", Email="rose@gmail.com",
                  Mobile="0955888163" }
                );
        }
    }
}
```

在 DI 容器中註冊 FriendContext

在 Program.cs 的 DI Container 註冊 FriendContext，如此才能透過 DI 將 FriendContext 實例注入到程式中。

Program.cs

```
var builder = WebApplication.CreateBuilder(args);

// Add services to the container.
builder.Services.AddControllersWithViews();

builder.Services.AddDbContext<FriendContext>(options =>
    options.UseSqlServer(builder.Configuration.GetConnectionString
      ("FriendContext")));

var app = builder.Build();
...
```

註冊 FriendContext

讀取資料庫連線設定

step05 在 appsettings.json 新增 FriendContext 資料庫連線設定

上一步驟會抓取 FriendContext 資料庫連線設定，故須在 appsettings.json 中加入。

appsettings.json

```
{
  "Logging": {
    "LogLevel": {
      …
    }
  },
  "AllowedHosts": "*",
  "ConnectionStrings": {
    "FriendContext": "Server=(localdb)\\mssqllocaldb;Database=FriendDB;
      Trusted_Connection=True;MultipleActiveResultSets=true"
  },
  "Developer": {
    …
  }
}
```

加入資料庫連線字串設定

step06 以 Migration 產生 FriendDB 資料庫及種子資料

在【工具】→【NuGet 套件管理員】→【套件管理器主控台】執行以下兩道命令，以 Migration 產生 FriendDB 資料庫及種子資料。

```
Add-Migration InitialDB
Update-Database
```

```
套件管理器主控台
套件來源(K): 全部    預設專案(J): CoreMvcApp
PM> Add-Migration InitialDB
Build started...
Build succeeded.
Microsoft.EntityFrameworkCore.Infrastructure[10403]
      Entity Framework Core 6.0.0 initialized 'FriendContext' using provider 'Microsoft.EntityFrameworkCore.SqlServer:6.0.0' with options: None
To undo this action, use Remove-Migration.
PM> Update-Database
Build started...
Build succeeded.
Microsoft.EntityFrameworkCore.Infrastructure[10403]
      Entity Framework Core 6.0.0 initialized 'FriendContext' using provider 'Microsoft.EntityFrameworkCore.SqlServer:6.0.0' with options: None
Microsoft.EntityFrameworkCore.Database.Command[20101]
      Executed DbCommand (207ms) [Parameters=[], CommandType='Text', CommandTimeout='60']
      CREATE DATABASE [FriendDB];
```

圖 13-13 以 Migration 產生 FriendDB 資料庫及種子資料

step07 以 SSMS 檢視 FriendDB 資料庫及種子資料

上一步驟若正確完成，則在 SQL Server 中可看見 FriendDB 資料庫，在 Friends 資料表中有三筆種子資料，後續會用程式讀取並顯示。

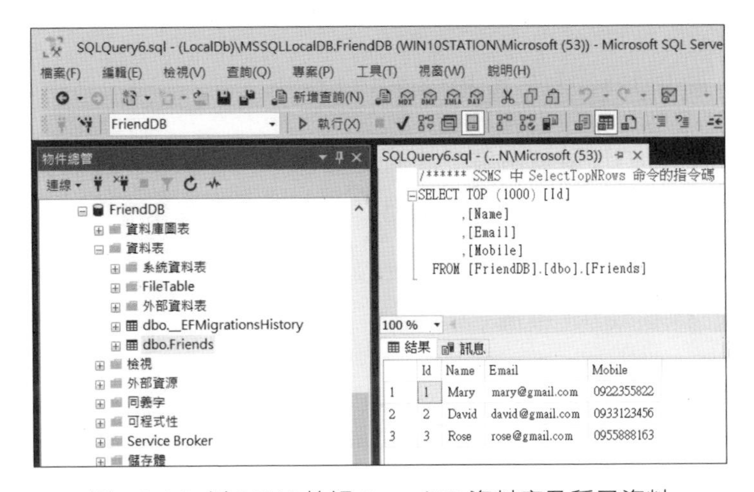

圖 13-14 以 SSMS 檢視 FriendDB 資料庫及種子資料

step08 建立 Friends 控制器

在 Controllers 資料夾新增 Friends 控制器，並建立以下程式。

```
using Microsoft.AspNetCore.Mvc;

namespace CoreMvcApp.Controllers
{
```

```
public class FriendsController : Controller
{
    private readonly FriendContext _context;

    public FriendsController(FriendContext context)
    {
        _context = context;
    }

    public async Task<IActionResult> Index()
    {
        List<Friend> friends = await _context.Friends.ToListAsync();

        return View(friends);
    }
}
}
```

以 DI 注入 FriendContext

以 FriendContext 讀取 Friends 資料表

step09 從 Index()產生 Index.cshtml 檢視

在 Index()按滑鼠右鍵→【新增檢視】→【Razor 檢視】→範本選擇【List】→模型類別選擇【Friend】→【新增】建立檢視。

新增 Razor 檢視

檢視名稱(N) Index

範本(T) List

模型類別(M) Friend (CoreMvcApp.Models)

資料內容類別(D) FriendContext (CoreMvcApp.Data)

選項

☐ 建立成局部檢視(C)

☐ 參考指令碼程式庫(R)

☑ 使用版面配置頁(U)

(若在 Razor _viewstart 檔案中設定，請保留空白)

新增 取消

圖 13-15 新增 Index 檢視

step 10 按 F5 執行並瀏覽 Friends/Index 網址

Index - CoreMvcApp

https://localhost:7286/Friends/Index

CoreMvcApp Home Privacy

Index

Create New

Name	Email	Mobile	
Mary	mary@gmail.com	0922355822	Edit | Details | Delete
David	david@gmail.com	0933123456	Edit | Details | Delete
Rose	rose@gmail.com	0955888163	Edit | Details | Delete

圖 13-16 瀏覽 Friends/Index 網址資料

13-8 結論

本章闡述了.NET Core 技術之意涵，並揭櫫組成平台功能的各項技術區塊，在這些新技術堆疊的協助下，開創了跨平台開發與執行之新局面。最後藉由一個 MVC 資料庫範例程式，勾勒出建立 ASP.NET Core 完整過程，讓您了解與比較它與上一代 ASP.NET MVC 5 二者間的異同。